张景中科普文集

ZHANG
JINGZHONG
KEPU WENJI

张景中◎著

超级画板自由行

長江出版傳媒
湖北科学技术出版社

图书在版编目(CIP)数据

超级画板自由行 / 张景中著. —武汉：湖北科学技术出版社，2017.6

ISBN 978-7-5352-9546-0

Ⅰ. ①超… Ⅱ. ①张… Ⅲ. ①数学教学—计算机辅助教学—应用软件—少年读物 Ⅳ. ①01-49

中国版本图书馆CIP数据核字（2017）第172455号

丛书策划：何　龙　谢俊波

责任编辑：王小芳　　　　封面设计：喻　杨

出版发行：湖北科学技术出版社　　　　电话：027-87679451

地　　址：武汉市雄楚大街268号　　　　邮编：430070

（湖北出版文化城B座13-14层）

网　　址：http://www.hbstp.com.cn

印　　刷：武汉市金港彩印有限公司　　　　邮编：430023

710×1010　1/16　　　　21印张　　350千字

2017年8月第1版　　　　2017年8月第1次印刷

定价：72.00元

总序

ZONGXU

感谢湖北科学技术出版社督促我将这30多年里写的科普作品回顾整理一下。我想人的天性是懒的，就像物体有惰性。要是没什么鞭策，没什么督促，很多事情就做不成。我的第一本科普书《数学传奇》，就是在中国少年儿童出版社的文赞阳先生督促下写成的。那是1979年暑假，他到成都，到我家里找我。他说你还没有出过书，就写一本数学科普书吧。这么说了几次，盛情难却，我就试着写了，自己一读又不满意，就撕掉重新写。那时没有电脑或打字机，是老老实实用笔在稿纸上写的。几个月下来，最后写了6万字。他给我删掉了3万，书就出来了。为什么要删？文先生说，他看不懂的就删，连自己都看不懂，怎么忍心印出来给小朋友看呢？书出来之后，他高兴地告诉我，很受欢迎，并动员我再写一本。

后来，其他的书都是被逼出来的。湖南教育出版社出版的《数学与哲学》，是我大学里高等代数老师丁石孙先生主编的套书中的一本。开策划会时我没出席，他们就留了"数学与哲学"这个题目给我。我不懂哲学，只好找几本书老老实实地学了两个月，加上自己的看法，凑出来交卷。书中对一些古老的话题如"飞矢不动""白马非马""先有鸡还是先有蛋""偶然与必然"，冒昧地提出自己的看法，引起了读者的兴趣。此书后来被3家出版社出版。又被选用改编为数学教育方向的《数学哲学》教材。其中许多材料还被收录于一些中学的校本教材之中。

《数学家的眼光》是被陈效师先生逼出来的。他说，您给文先生写了书，他退休了，我接替他的工作，您也得给我写。我经不住他一再劝说，就答应下来。一答应，就像是欠下一笔债似的，只好想到什么就写点什么。5年积累下来，写成了 6 万字的一本小册子。

这是外因，另外也有内因。自己小时候接触了科普书，感到帮助很大，印象很深。比如苏联伊林的《十万个为什么》《几点钟》《不夜天》《汽车怎样会跑路》；我国顾均正的《科学趣味》和他翻译的《乌拉·波拉故事集》，刘薰宇的《马先生谈算学》和《数学的园地》，王峻岑的《数学列车》。这些书不仅读起来有趣，读后还能够带来悠长的回味和反复的思索。还有法布尔的《蜘蛛的故事》和《化学奇谈》，很有思想，有启发，本来看上去很普通的事情，竟有那么多意想不到的奥妙在里面。看了这些书，就促使自己去学习更多的科学知识，也激发了创作的欲望。那时我就想，如果有人给我出版，我也要写这样好看的书。

法布尔写的书，以十大卷的《昆虫记》为代表，不但是科普书，也可以看成是科学专著。这样的书，小朋友看起来趣味盎然，专家看了也收获颇丰。他的科学研究和科普创作是融为一体的，令人佩服。

写数学科普，想学法布尔太难了。也许根本不可能做到像《昆虫记》那样将科研和科普融为一体。但在写的过程中，总还是禁不住想把自己想出来的东西放到书里，把科研和科普结合起来。

从一开始，写《数学传奇》时，我就努力尝试让读者分享自己体验过的思考的乐趣。书里提到的“五猴分桃”问题，在世界上流传已久。20 世纪 80 年代，诺贝尔奖获得者李政道访问中国科学技术大学，和少年班的学生们座谈时提到这个问题，少年大学生们一时都没有做出来。李政道介绍了著名数学家怀德海的一个巧妙解答，用到了高阶差分方程特解的概念。基于函数相似变换的思想，我设计了“先借后还”的情景，给出一个小学生能够懂的简单解法。这个小小的成功给了我很大的启发：写科普不仅仅是搬运和解读知识，也要深深地思考。

在《数学家的眼光》书中，提到了祖冲之的密率 355/113 有什么好处的问题。数学大师华罗庚在《数论导引》一书中用丢番图理论证明了，所有分母不超过 366 的分数中，355/113 最接近圆周率 π。另一位数学家夏道行，在他的《e 和 π》一书中用连分数理论推出，分母不超过 8000 的分数中，355/113 最接近圆周率 π。在学习了这些方法的基础上我做了进一步探索，只用初中数学中的不等式知识，不多几行的推导就能证明，分母不超过 16586 的分数中，355/113 是最接近 π 的冠军。而 52163/16604 比 355/113 在小数后第七位上略精确一点，但分母却大了上百倍！

我的老师北京大学的程庆民教授在一篇书评中，特别称赞了五猴分桃的新解法。著名数学家王元院士，则在书评中对我在密率问题的处理表示欣赏。学术前辈的鼓励，是对自己的鞭策，也是自己能够长期坚持科普创作的动力之一。

在科普创作时做过的数学题中，我认为最有趣的是生锈圆规作图问题。这个问题是美国著名几何学家佩多教授在国外刊物上提出来的，我们给圆满地解决了。先在国内作为科普文章发表，后来写成英文刊登在国外的学术期刊《几何学报》上。这是数学科普与科研相融合的不多的例子之一。佩多教授就此事发表过一篇短文，盛赞中国几何学者的工作，说这是他最愉快的数学经验之一。

1974 年我在新疆当过中学数学教师。一些教学心得成为后来科普写作的素材。文集中多处涉及面积方法解题，如《从数学教育到教育数学》《新概念几何》《几何的新方法和新体系》等，源于教学经验的启发。面积方法古今中外早已有了。我所做的，主要是提出两个基本工具（共边定理和共角定理），并发现了面积方法是具有普遍意义的几何解题方法。1992 年应周咸青邀请访美合作时，从共边定理的一则应用中提炼出消点算法，发展出几何定理机器证明的新思路。接着和周咸青、高小山合作，系统地建立了几何定理可读证明自动生成的理论和算法。杨路进一步把这个方法推广到非欧几何，并发现了一批非欧几何新定理。国际著名计算机科学家保伊尔（Robert S. Boyer）将此誉为计算机处理几何问题发展道路上的里程碑。这一工作获 1995 年中国科学院自然科学一等奖和 1997 年国家自然科学二等奖。从教学到科普又到科学研究，20 年的发展变化实在出乎自己的意料！

在《数学家的眼光》中，用一个例子说明，用有误差的计算可能获得准确的结果。基于这一想法，最近几年开辟了“零误差计算”的新的研究方向，初步有了不错的结果。例如，用这个思想建立的因式分解新算法，对于两个变元的情形，比现有方法效率有上千倍的提高。这个方向的研究还在发展之中。

1979—1985 年，我在中国科学技术大学先后为少年班和数学系学生讲微积分。在教学中对极限概念和实数理论做了较深入的思考，提出了一种比较容易理解的极限定义方法——“非 ε 语言极限定义”，还发现了类似于数学归纳法的“连续归纳法”。这些想法，连同面积方法的部分例子，构成了 1989 年出版的《从数学教育到教育数学》的主要内容。这本书是在四川教育出版社余秉本女士督促下写出来的。书中第一次提出了“教育数学”的概念，认为教育数学的任务是“为了数学教育的需要，对数学的成果进行再创造。”这一理念渐渐被更多的学者和老师们认同，导致 2004 年教育数学学会（全名是“中国高等教育学会教育数学专业委员会”）的诞生。此后每年举行一次教育数学年会，交流为教育而改进数学的心得。这本书先后由三家出版社出版，从此面积方法在国内被编入多种奥数培训读物。师范院校的教材《初等几何研究》（左铨如、季素月编著，上海科技教育出版社 1991 年出版）中详细介绍了系统面积方法的基本原理。已故的著名数学家和数学教育家，西南师大陈重穆教授在主持编写的《高效初中数学实验教材》中，把面积方法的两个基本工具“共边定理”和“共角定理”作为重要定理，教学实验效果很好。1993 年，四川都江教育学院刘宗贵老师根据此书中的想法编写的教材《非 ε 语言一元微积分学》在贵州教育出版社出版在教学实践中效果明显，后来他还发表了论文。此后，重庆师范学院陈文立先生和广州师范学院萧治经先生所编写的微积分教材，也都采用了此书中提出的“非 ε 语言极限定义”。

10 多年之后，受林群先生研究工作的启发带动，我重启了关于微积分教学改革的思考。文集中有关不用极限的微积分的内容，是 2005 年以来的心得。这方面的见解，得到著名数学教育家张奠宙先生的首肯，使我坚定了投入教学实践的信心。我曾经在高中尝试过用 5 个课时讲不用极限的微积分初步。又在南方科技大学试讲，用 16 个课时不用极限讲一元微积分，严谨论证了所有的基本定理。初步实验的效果尚可，系统的教学实践尚待开展。

也是在 2005 年后，自己对教育数学的具体努力方向有了新的认识。长期以来，几何教学是国际上数学教育关注的焦点之一，我也因此致力于研究更为简便有力的几何解题方法。后来看到大家都在删减传统的初等几何内容，促使我作战略调整的思考，把关注的重点从几何转向三角。2006 年发表了有关重建三角的两篇文章，得到张奠宙先生热情的鼓励支持。这方面的想法，就是《一线串通的初等数学》一书的主要内容。书里面提出，初中一年级就可以学习正弦，然后以三角带动几何，串联代数，用知识的纵横联系驱动学生的思考，促进其学习兴趣与数学素质的提高。初一学三角的方案可行吗？宁波教育学院崔雪芳教授先吃螃蟹，做了一节课的反复试验。她得出的结论是可行！但是，学习内容和国家教材不一致，统考能过关吗？做这样的教学实验有一定风险，需要极大的勇气，也要有行政方面的保护支持。2012 年，在广州市科协开展的“千师万苗工程”支持下，经广州海珠区教育局立项，海珠实验中学组织了两个初中班全程地实验。两个实验班有 105 名学生，入学分班平均成绩为 62 分和 64 分，测试中有三分之二的学生不会作三角形的钝角边上的高，可见数学基础属于一般水平。实验班由一位青年教师张东方负责备课讲课。她把《一线串通的初等数学》的内容分成 5 章 92 课时，整合到人教版初中数学教材之中。整合的结果节省了 60 个课时，5 个学期内不仅讲完了按课程标准 6 个学期应学的内容，还用书中的新方法从一年级下学期讲正弦和正弦定理，以后陆续讲了正弦和角公式，余弦定理这些按常规属于高中课程的内容。教师教得顺利轻松，学生学得积极愉快。其间经历了区里的 3 次期末统考，张东方老师汇报的情况如下：

从成绩看效果

期间经过三次全区期末统考。实验班学生做题如果用了教材以外的知识，必须对所用的公式给出推导过程。在全区 80 个班级中，实验班的成绩突出，比区平均分高很多。满分为 150 分，实验一班有 4 位同学获满分，其中最差的个人成绩 120 多分。

	实验 1 班平均分	实验 2 班平均分	区平均分	全区所有班级排名
七年级下期末	140	138	91	第一名和第八名
八年级上期末	136	133	87.76	第一名和第五名
八年级下期末	145	141	96.83	第一名和第三名

这样的实验效果是出乎我意料的。目前，广州市教育研究院正在总结研究经验，并组织更多的学校准备进行更大规模的教学实验。

科普作品，以“普”为贵。科普作品中的内容若能进入基础教育阶段的教材，被社会认可为青少年普遍要学的知识，就普得不能再普了。当然，一旦成为教材，科普书也就失去了自己作为科普的意义，只是作为历史记录而存在。这是作者的希望，也是多年努力的目标。

文集编辑工作即将完成之际，湖北科学技术出版社刘虹老师建议我写个总序。我从记忆中检索出一些与文集中某些内容有关的往事杂感，勉强塞责。书中不当之处，欢迎读者指正。

湖北科学技术出版社何龙社长和谢俊波主任热心鼓励我出版文集；还有华中师范大学国家数字化学习工程中心彭翕成老师（《绕来绕去的向量法》作者之一，该书中绝大多数例题和题解由他提供）为文集的出版付出了辛勤劳动，在此谨表示衷心的感谢。

2017 年 4 月

目 录

MULU

第一篇

走马观花

如果你是一位老师（特别是数学或物理老师）或者学生，而且有条件使用计算机，你应当用一用“Z+Z 超级画板”（以下简称“超级画板”）这款国产软件。它能节省你的劳动，活跃你的思维，给你的工作和学习带来很多乐趣。

本书所讲的，是超级画板的免费版本的功能。一个软件的免费版本有如此丰富多彩的内容，足以令人入迷，使人惊喜。

你可以在光盘上直接启动超级画板，也可以把它复制到你的硬盘或 U 盘上使用。

下面我们就开始吧！

一、打开界面看看试试

（一）启动

打开软件“超级画板 ZjzMath”。你可以把它复制到计算机的硬盘上再打开它，也可以直接打开来启动超级画板。

总之打开这个文件夹，可以能看到一个文件“MathZjz”的图标（图 1-1）。

用鼠标左键双击“MathZjz”的图标，就可以启动超级画板。为了以后的使用方便，你可以按下右键把这个图标拖到桌面上，创造一个快捷方式图标。以后只要双击这个快捷方式图标，就可以启动超级画板了。启动后屏幕画面上部如图1-2。

图 1-1

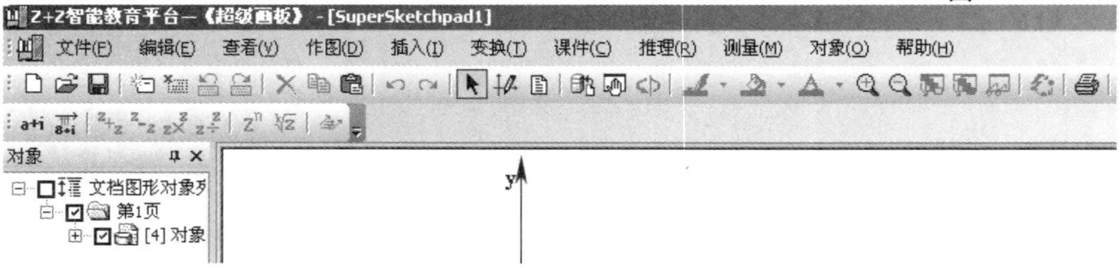

图 1-2

画面中有一个坐标系的大窗口是我们写字画图的地方，不妨简称“作图区”。作图区左方有一个较小的窗口，窗口左上角有“对象”两字。这个窗口叫作“图形对象工作区”。

（二）图形对象工作区

图形对象工作区有什么用？让我们试试。

先不看说明，自己动手试一试，是熟悉软件的好方法。

图形对象工作区里已经有几行字了。其中有一行如图 1-3。

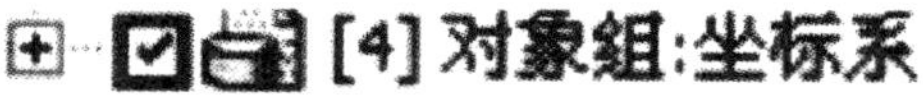

图 1-3

这里有“对象组：坐标系”几个字，什么意思？为什么前面有个数字“［4］”？小方框里的“＋”和“√”又有何作用？

单击带“√”的小方框，看看有什么反应。呵，“√”不见了。同时，作图区里的坐标系也消失了。再单击这个小方框，“√”又有了，坐标系又出现了。原来这个带“√”的小方框是负责作图区里的坐标系的隐藏或显示的。

再单击带“＋”的小方框，“＋”立刻变成了“－”。同时，这一行变成了图 1-4中的 5 行。

每行前面都有带“√”的小方框。单击第一行的带“√”的小方框，5 个

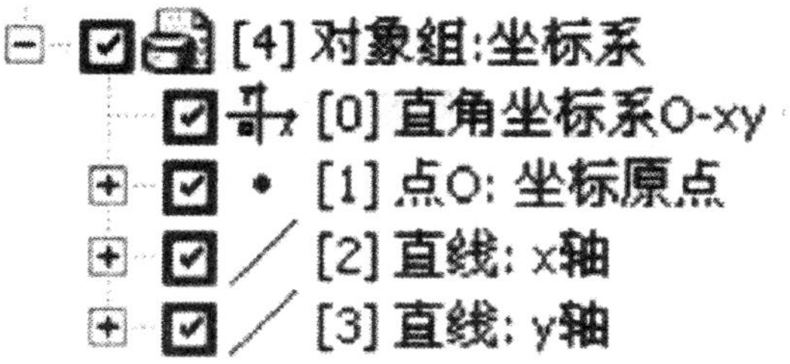

图 1-4

“√”就都消失了。当然，如我们所料，作图区的坐标系也隐藏了。再单击它，隐藏的东西又显示出来。分别单击下面的几个“√”，就知道它们都有什么作用了。

注意到这几行前面的数字“[0]、[1]、[2]、[3]”，就明白了数字“[4]”的来历。原来，坐标系是一个对象组，它由 0 号对象、1 号对象、2 号对象和 3 号对象组成。顺序排下来，它就是 4 号对象了。这样把对象编号编组，为今后的操作带来不少方便。

单击“对象组”所在一行前面的“−”，它又变回“+”，5 行又变成 1 行。

以后你在作图区画图写字时，超级画板会自动地把你创造的新对象进行编号，记录到对象工作区。

（三）画笔按钮

从作图区向上看，有一排或两排图标按钮，组成工具栏。工具栏上面是“菜单”。

这么多的菜单和按钮，用不着马上一个一个去了解它。先用一用最重要的。

在工具栏中部，有个按钮画了一支笔。它是自左而右的第 14 个按钮。把鼠标的光标移到这个按钮处，稍停，会出现“画笔”二字。今后，就叫它“画笔”按钮。

举一反三，鼠标的光标指着哪个按钮，就能读出哪个按钮的名字。

工具栏最左边 3 个，顺次是“新建”、“打开”和“保存”，其意自明，无须多说。

画笔按钮的右边是“文本”按钮，左边是“选择”按钮。

顾名思义，“画笔”按钮与画笔有关。

用鼠标左键单击（以下简称“单击”）“画笔”按钮，该按钮上多了一个方框，说明当前它被激活，画笔功能起作用了，进入了智能作图状态。

这时把鼠标的光标（以下简称“光标”）下移到作图区，光标从一个箭头变成了一只执笔的手。你可以试一试作图了。

单击一下，画出了一个点 A。

按下鼠标左键拖动（以下简称“拖动”），画出了一条线段 BC。

双击鼠标左键，但第二击不松开就拖动，就画出了一个圆。也可以右键拖动作圆。

光标移动到线段 BC 中部，这里会出现“中点”字样。这时单击，就作出了线段 BC 的中点。

这时看看左边的“对象工作区”，是不是多了几个对象？

超级画板悄悄地把你创建的几个对象编号记录下来了。如图 1-5。

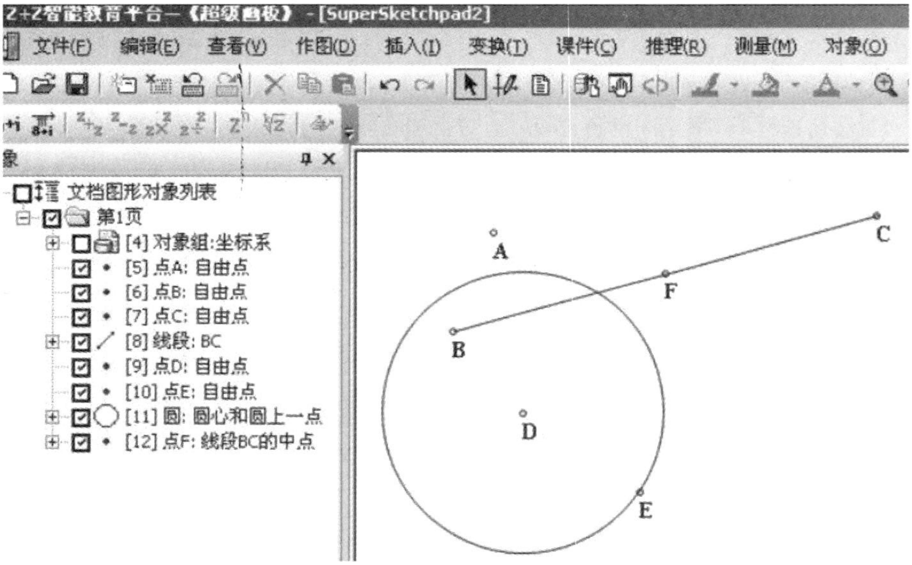

图 1-5

“对象工作区”里增加了 8 个对象。每个对象前面有个带“√”的小方框。单击它，“√”消失了，对应的对象也隐藏了。再单击，消失的对象又显示出来。

在“画笔”状态下能作的几何对象很多，下一节再详谈。

（四）文本按钮

画笔按钮的右边，是“文本”按钮。单击它，会出现“文本输入对话框”。在“文本输入对话框”里可以输入汉字、英文或数学公式。如图 1-6，在“文本输入对话框里”键入汉字和一些符号，作图区立刻出现一个文本框，对象工作区同时出现一个新对象。

单击“文本输入对话框”下方的“确定”按钮，对话框关闭，文本对象创建完成。

你会问，这里的根式分式是如何出来的？文本输入对话框中的其他按钮有何

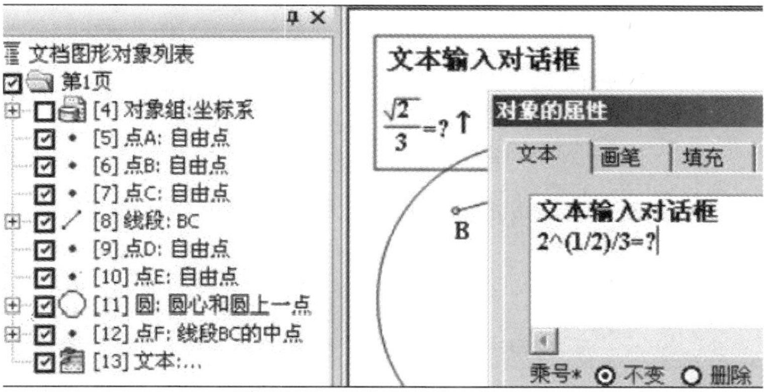

图 1-6

功能？这些问题，后面专有一节来讨论。并且将在具体例子中反复说明。

（五）选择按钮

现在转向“画笔”按钮左边的选择按钮。这是一个常用的按钮。

单击“选择”按钮，按钮上出现了一个外框，表明选择功能已被激活。

这时把光标指向圆周，圆周就会变成淡红色。指向线段或点，指向文本框，它们都会变色。光标离开它，它的颜色又会复原。

光标指向圆周单击一下，这个对象就被选择了。被选择的对象的编号“[11]”，会出现在作图区的下方。这时把鼠标的光标移开，圆周的颜色也不会恢复。

选择一个对象做什么呢？

选择了它，就可以对它进行种种操作。例如：

（1）删除它：按一下“Delete”键，或单击“删除”按钮（叉子图案），圆就不见了。

（2）改变线的粗细：单击“+”按钮变粗，“－”变细。如果选择的对象是点，则单击“+”按钮点变大，“－”变小；如果选择的对象是“文本”，则单击“+”按钮字变大，“－”字变小；如果没有选择任何对象，单击“+”按钮所有几何图形放大，“－”则缩小。

（3）改变线的颜色：单击“+”按钮左边第 3 个按钮（即“画线颜色”按钮）旁边的小黑三角，打开色盘。单击蓝色，圆周就变成蓝色了。

（4）给圆填充颜色：单击“+”按钮左边第 2 个按钮（即“填充颜色”按钮）旁边的小黑三角，打开色盘。单击黄色，圆内就染成黄色了。

（5）改变对象的透明度：多次单击“－”按钮右边的按钮（即“增加透明

度”按钮），对象的颜色会变淡直到消失；再多次单击“－”按钮右边第二个按钮（即“减少透明度”按钮），对象的颜色会变深直到复原。

（6）设定对图形对象跟踪：光标指着被选择的圆单击右键，会出现一张菜单，叫作“右键菜单”（以后这个操作就叫“打开右键菜单”）。在右键菜单里单击“跟踪”，就设定了对图形对象（圆）的跟踪。在左方“对象工作区”里，增加了一个“跟踪”对象。拖动此圆，它会在屏幕上留下一串痕迹，如图 1-7。任意单击可使痕迹消失。在左方“对象工作区”单击“跟踪”对象前面的小方框隐去“√”，可以隐藏跟踪痕迹。

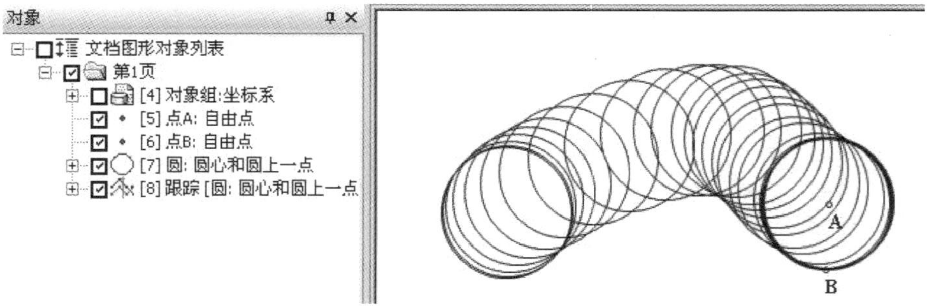

图 1-7

（7）打开“对象的属性”对话框：光标指着被选择的对象，打开右键菜单单击“属性”，即可打开该“对象的属性”对话框，如图 1-8。有关属性对话框的操作内容十分丰富，以后针对不同的对象分别详谈。

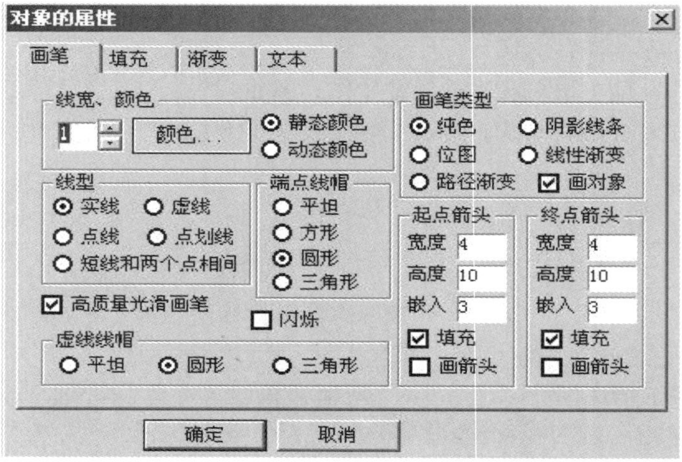

图 1-8

（8）还可以对选择的对象进行测量，以所选择的对象为基础来作图，等等。

从上面的说明，可见“选择”操作是多么重要。

如果要选择多个对象，可以同时按下“Ctrl”键来单击对象。也可以按一下“Insert”键，切换到可以多选的状态，就能连续选择了。要解除对对象的选择，在空白处单击即可。

两个图像比较接近时，在“对象工作区”选择比较方便。不妨一试。

（六）把常用菜单项变成按钮

按钮上方就是菜单。可以理解，注册了的软件比自由复制的软件功能更强，使用更方便。所以，免费版本里的有些菜单命令不能激活。

但是，当你看到这个免费版本软件的许多菜单命令不能激活时，不要失望。大量的功能可以通过“文本作图”来实现。

单击工具栏上方的菜单项“作图”，展开菜单。通常开始只展开一半。把鼠标的光标下移，使它全部展开，再单击菜单上的命令“文本作图”（以后这类操作步骤简称为：执行菜单命令“作图｜文本作图”），打开“文本命令作图对话框”，如图 1-9。

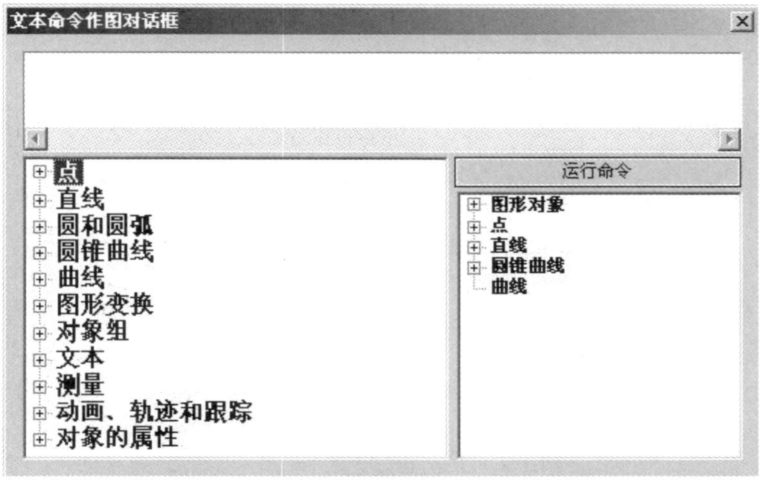

图 1-9

这个文本命令作图对话框，在本书中举足轻重，非同小可。后面要反复使用，不怕你不会，这里暂不细表。但是，如此常用的命令，每次都要打开两重菜单，未免有点啰唆。不如把它变成按钮，随手单击，便可打开。操作步骤如下：

将光标移到工具栏的右端，也就是一排按钮的最右边。单击这里的灰色小条，会出现一个按钮，上面有“增加或删除按钮（A）”字样。把光标移到这个按钮上稍停，会打开一个只含两项的菜单，如图 1-10。

图 1-10

单击“自定义”项，打开“自定义”对话框，如图 1-11。也可以在查看菜单下，选择工具栏，打开自定义对话框。

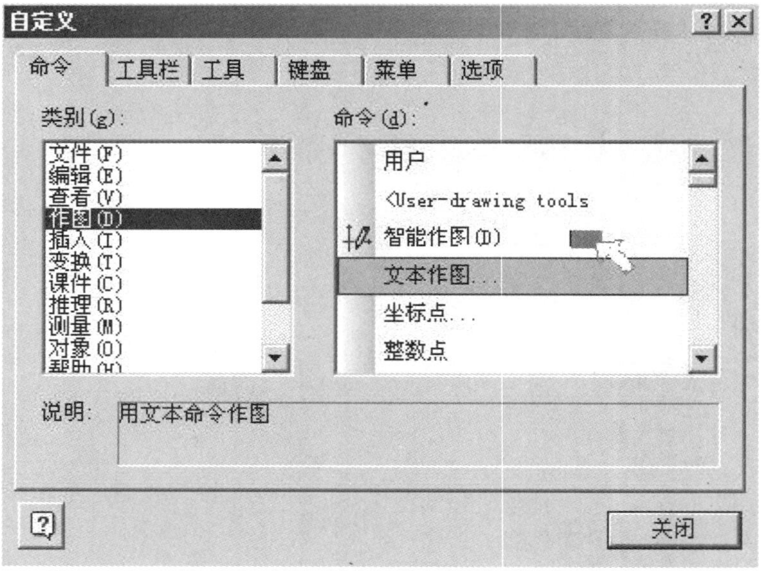

图 1-11

单击“自定义”对话框左栏中的“作图”，则作图菜单下的命令自动在右边栏里列出。将光标指着“文本作图”，按下鼠标左键，光标处会出现一个灰色的小矩形。如图 1-11，拖动鼠标，把灰色小矩形向上拖到工具栏里，工具栏里会出现一个“I”字，如图 1-12，这时松开鼠标左键，“文本作图”按钮就出现在工具栏里了（图 1-13）。

如果还想把一些常用的菜单命令拖到工具条里做成按钮，就继续操作。不

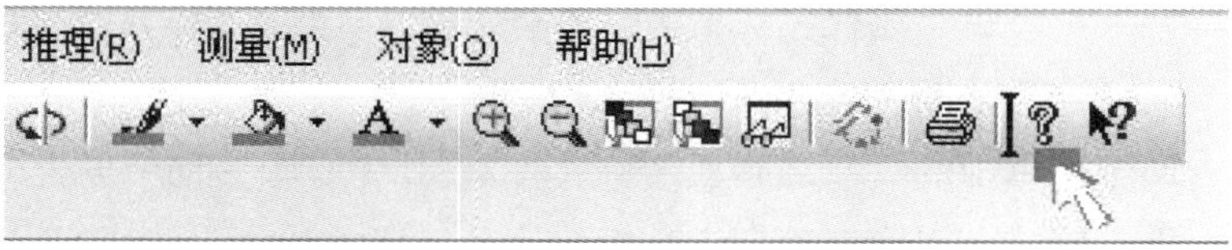

图 1-12

图 1-13

然，就单击对话框的“关闭”软件，结束操作。

如果你使用的版本，工具栏已经有文本作图、测量表达式等，则可直接点击使用。

（七）寻求帮助

有多种途径得到有关软件操作的帮助。

（1）执行菜单命令“帮助｜帮助主题”，打开“超级画板帮助系统”窗口（图 1-14）阅读。

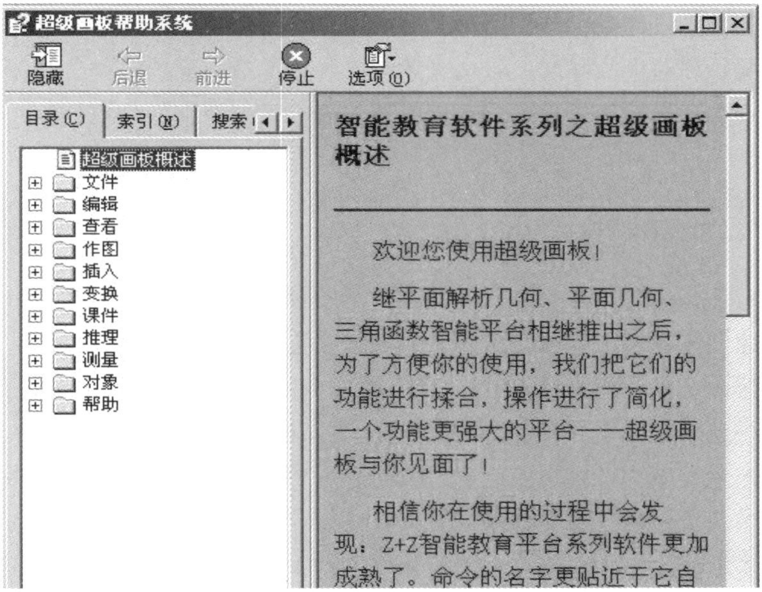

图 1-14

（2）打开一个菜单，鼠标光标指着一条菜单命令，按一下“F1”键，将会出现有关这一条命令的帮助。

（3）查阅本丛书中的《超级画板范例教程》，其中有很多细节的说明。

（4）在以下网站上得到有关超级画板的信息、资源和使用技巧。

www.zplusz.org。

（5）发邮件给作者。

二、智能作图挥洒自如

上面讲的第一个图标按钮就是“画笔”按钮。单击它，就进入了“智能作图”状态。

用手中的鼠标在屏幕上作几何图形，有用粉笔在黑板上画图的感觉。

你已经试过在智能作图状态作点、画线段、画圆以及作线段的中点了。更多的几何图形，如平行线、垂线、圆的切线等，又该如何作呢？

这里列出更多的智能作图的功能，请你边看边做，体验一下。

注意：不论是用“智能”作图、“菜单”作图还是“文本”作图，你所作出的图形，其中的有些点、线或圆是可以拖动的。在拖动时，图形变了，但图中的几何关系不变。中点还是中点，垂足还是垂足，交点还是交点，切线还是切线，等等。这叫作“动态几何作图”。

如果嫌操作说明太啰唆，可以先跳过去看看本节后面的小结。如果你熟悉计算机的一般操作，说不定看看小结做做练习就会了。个别操作有疑问，再倒过来查阅检索。

（一）自由点和网格点

单击，作出一个可以任意拖动的点。点是否命名和命名的初始字母可以在菜单项“对象”中选择。缺省时自动从 A 开始命名。

通过修改属性，可以把自由点变成网格点。这只要将光标指向该点单击右键，在右键菜单中单击“属性”，打开“对象的属性”对话框，如图 1-15。

在对话框左下部“整数网格点”前面的小方框中单击，使“√”出现，再单击“确定”结束操作。现在拖动该点，它只能在“整数网格点”处跳动了。

想要看见网格，可以在坐标系 x 轴下方附近单击以选择坐标系（作图区下方出现坐标系的编号［0］），再在右键菜单中单击“属性”，打开坐标系的“属性”对话框，如图 1-16。

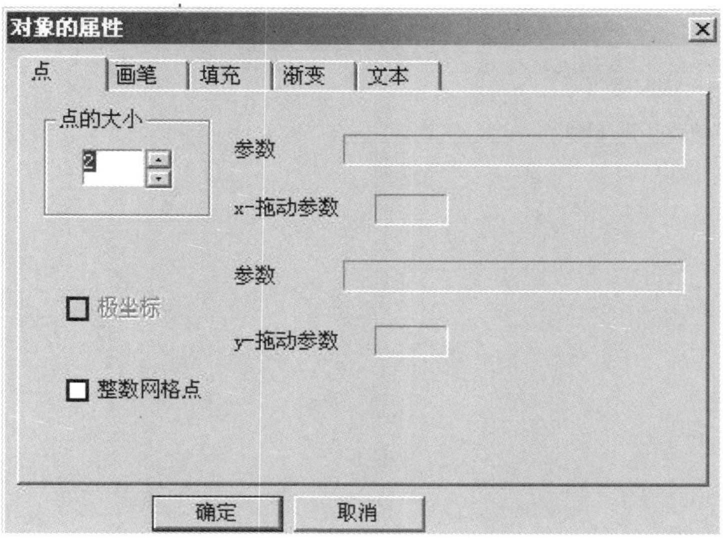

图 1-15

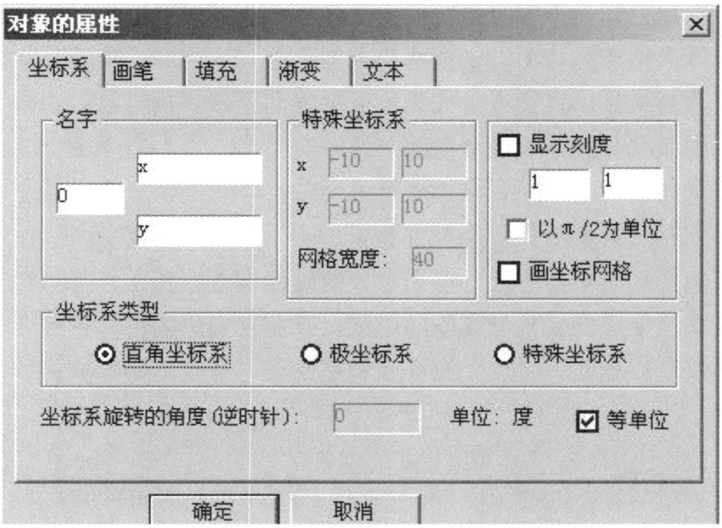

图 1-16

在对话框右部“画坐标网格”前面的小方框中单击，使“√”出现，再单击“确定”结束操作。网格出现了。再拖动该点，看见网格点了吧（图 1-17）（参看本书所附光盘中的文件“1-1 三种点 . zjz”)。

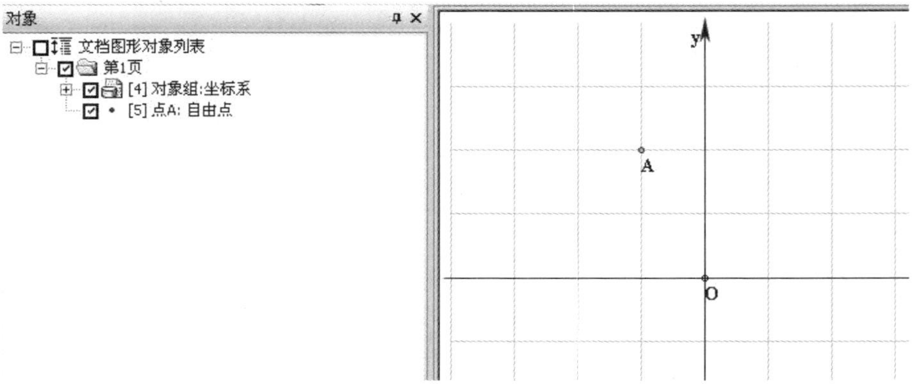

图 1-17

(二) 线段、直线和射线

按下鼠标左键拖动（以下简称“拖动”）画出线段。按下处和松开处分别作出线段的起点和终点。如果这里本来就有点，就不作出新点，仅仅是作连接两点的线段，或作出已知一个端点的线段。通过属性选择，可以把线段变成射线或直线。操作步骤类似于把自由点变成网格点的方法。

如果喜欢直接作出直线或射线，可以选择两个点，执行菜单命令“作图｜线段、向量、射线和直线｜直线（射线)”。

练习 画任意折线和任意多边形。

小技巧 在“对象工作区”操作也能打开“对象的属性表”。在工作区中用光标指着对象的名字单击右键，这个对象的属性表就打开了。你可以试试能不能利用属性表来改变点的大小和线段的粗细，改变它们的颜色，把线段变成射线或直线，把实线变成虚线等。这个属性表有点复杂，开始不必深究。以后会逐步熟悉的。

(三) 等长线段

拖动鼠标画线段时，如果正在画的线段和一条已有的线段 PQ 长度接近相等，会出现提示文字“相等”，同时线段 PQ 会变色。这时松开鼠标左键，就画出一条和 PQ 等长的线段。注意，有一个特殊情形，如果先画出了线段 PQ 接着由 Q 继续画线段时，出现“相等”提示并且线段 PQ 变色，这可能是所画线段与 PQ 等长，也可能是鼠标的光标位置和 P、Q 两点距离相等。在后一种情形，松开鼠标左键就得到一个以 PQ 为底的等腰 i 角形。前一种情形，得到的是以 Q 为顶点的等腰三角形，不过底边没有画出来，若需要就自己继续画出来。用这一功能可以方便地作等腰三角形。

（四）等边三角形

如果先画出了线段 PQ 接着由 Q 继续画线段时，出现“等边”提示并且线段 PQ 变色，松开鼠标左键就得到一个以 PQ 为边的等边三角形。

（五）垂直相等

如果先画出了线段 PQ 接着由 Q 继续画线段时，出现“垂直相等”提示并且线段 PQ 变色，松开鼠标左键就得到一个以 Q 为顶点的等腰直角三角形，不过它的底边没有画出来。使用这一功能，还可作正方形。

练习　作等腰三角形、等边三角形和等腰直角三角形。

（六）圆

先双击，第二击不松开接着拖动就能画出圆（动作不够快时，就会画出线段)。同时作出了圆心和圆周上的一个点。如果这里本来就有点，就不作出新点，仅仅是作已知圆心和（或）圆周上一点的圆。这里的鼠标操作属于左键双击，但第二击不松开就拖动了。

练习　画两个同心圆，两个半径相同的圆（能用色彩填充它吗)。

（七）线段的中点

光标移动到接近线段中点处，附近出现“中点”字样时单击即可。

练习　作一个任意三角形和它的三条中线。

（八）圆周上或线段上的点

鼠标移动到圆周或线段上要作点之处，圆周或线段会变色，这时单击即可。用这种方法也可以作出其他曲线上的点。

练习　分别以已知线段为底或为一腰，作一个等腰三角形和它的顶角的分角线。

（九）线段的延长线上的点

当鼠标移动到一条线段延长线的附近时，这条线段会变色，这时单击就作出了延长线上的点。注意，线段并没有延长，要延长就要再画一段。

（十）圆周或线段之间的交点

这包括圆周与圆周、线段与线段、线段与圆周 3 类交点。移动鼠标到交点位置，相交的两个对象都会变色，附近出现“交点”字样，这时单击即可。

练习 作菱形、正三角形、正方形。

（十一）线段延长线与圆周、线段或另一条线段的延长线的交点

移动鼠标到交点位置，相交的两个对象都会变色，附近出现“交点”字样，这时单击即可。

（十二）与已知线段垂直的线段

在拖动鼠标画线段时，如果已经画出（但尚未画完）的线接近垂直于一条已有的线段、射线或直线，这线段（射线或直线）会变色，附近会出现“垂直”字样。这时松开鼠标左键，就画出了一条垂直线段。用这一功能容易画出直角、中垂线等。

练习 作直角三角形、直角梯形、矩形。

（十三）点到直线（或射线、线段、线段的延长线）的垂足

用鼠标从直线外一点拖动画线段，当画到接近垂足位置，对应的直线变色并且出现“垂足”字样时，松开鼠标左键即可。

（十四）垂线与圆或直线的交点

画线段时，如果线段和直线 A 接近垂直，并且鼠标位置接近某对象 B（包括线段、射线、直线、线段延长线、圆周），直线 A 和对象 B 都会变色，附近会出现“垂直相交”字样。这时松开鼠标左键即可。

练习 作任意三角形三边的中垂线和它的外接圆。

练习 作任意三角形的三条高线。

（十五）与已知线段平行的线段

拖动鼠标画线段时，如果已经画出（但尚未画完）的线接近平行于一条已有的线段、射线或直线，这线段（射线或直线）会变色，附近会出现“平行”字样。这时松开鼠标左键，就画出了一条平行线段。

（十六）平行线与圆或直线的交点

画线段时，如果线段（尚未画完）和直线 A 接近平行，并且鼠标位置接近某对象 B（包括线段、射线、直线、线段延长线、圆周），直线 A 和对象 B 都会变色，附近会出现“平行相交”字样。这时松开鼠标左键即可。

（十七）平行四边形

拖动鼠标画线段时，如果已经画出（但尚未画完）的线段接近平行于并且长度接近等于一条已有的线段，已有的线段会变色，附近会出现“平行四边形”字样。这时松开鼠标左键，就画出了平行四边形。

练习 从一个任意三角形出发，作 3 个不同的平行四边形。

练习 作三角形的内接平行四边形。

（十八）圆的切线

拖动鼠标画线段时，如果已经画出（但尚未画完）的线段所在的直线接近于和一个圆相切，圆周会变色并且附近出现“相切”字样，这时松开鼠标左键，就画出了一条和圆相切的直线（没有切点）。

（十九）和直线相切的圆

拖动鼠标画圆时，如果已经画出（但尚未画完）的圆接近于和一条直线（或线段、射线、线段的延长线）相切，直线会变色并且附近出现“相切”字样，这时松开鼠标左键，就画出了一个和直线相切的圆（没有切点）。

（二十）切点

如果已有一条直线和一个圆相切，把鼠标移到切点处，直线和圆都会变色，并且附近出现“相交”字样，这时单击即可画出切点。

练习 作 1 个圆的外切四边形。

练习 作 3 个半径相等的圆，并使它们和同一条直线相切。

智能作图小结

上面列出了 20 条作图。但是对于熟悉电脑基本操作的读者，不必一条一条地看着说明去学。掌握下面 3 条基本规律便能举一反三，得心应手。

第 1 条：左键单击松开作点，左键按下拖动画线，左键双击（第二击不抬起）拖动画圆。

第 2 条：屏幕上出现的提示符合要求时单击或松开即完成提示的操作。例如，鼠标指向所要的交点并出现“交点”字样时单击就作出交点，鼠标拖动画线并出现“平行”字样时松开左键就画出了平行线段。

第 3 条：与作图有关的几何对象会变色。例如，作交点时相交的线或圆会变色，作垂直线时与所画线段垂直的线会变色。所以看见提示时要注意一下哪些东西变色，确认是否符合要求，以免作错。

此外，这么多智能作图功能，有时不一定都有用。不用时可加以限制，以免出现一些不必要的提示。如果要限制智能作图，可单击菜单项“查看”，在展开的菜单中把鼠标移到“智能画笔的类型”处，展开下一级子菜单，如图 1-18。

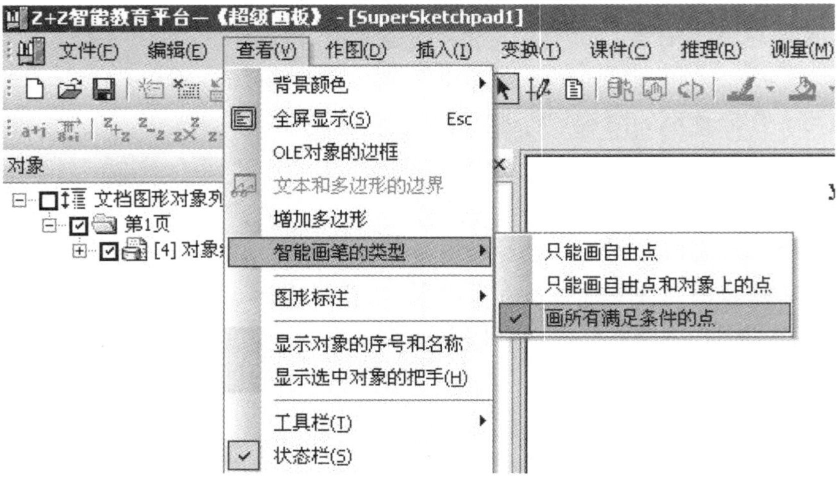

图 1-18

如果只要画自由点、线段和圆，就单击第 1 条“只能画自由点”；如果还要作交点、中点、圆上的和线上的点，就单击第 2 条“只能画自由点和对象上的点”；如果要保持全部的智能作图的功能，可以单击第 3 条（图 1-18 显示的当前状态就是第 3 条。如不想改变此状态，可以不做操作，在其他空白处单击“关闭”菜单）。

关于本小节的内容，可参看本书所附光盘中的文件“1-2 智能画笔 . zjz”。

三、文本命令应有尽有

有些几何图形，直接用智能作图作不出来。

例如，以已知点为圆心，作半径为 2 的圆，如何作？

又如，已知不在一条直线上的 3 个点，如何作过此 3 点的圆？

对于未注册的免费软件，有关的菜单命令不能激活，但你可以用“文本命令作图”来实现这些任务。

在上一节里，我们已经把“文本作图”命令拖到工具条上做成了按钮。单击“文本作图”按钮，打开“文本命令作图”对话框，如图 1-19。对话框左栏列出了共 11 类文本命令，分别为点、直线、圆和圆弧、圆锥曲线、曲线、图形变换、对象组、文本、测量、动画轨迹和跟踪、对象的属性。每类中有若干文本命令，也叫函数。让我们选一些最重要的函数，动手试一试。

(一) 点

单击对话框左栏第 1 行前面的“+”，列出作点的函数名称和有关参数。

双击第 1 行作自由点的函数 Point (x, y, [, Text])，上方空白栏里出现 Point (,,)（下面称这个操作为“调用函数 Point (,,)”）。在括弧里第 1 个逗点的前后分别键入初始坐标 2, 3；在第 2 个逗点后面键ˆ要作的点的名字 D。如果这时单击对话框右部“运行命令”

按钮，就会作出自由点 D，其当前坐标为 (2, 3)。

其实现在不忙着运行命令。多安排几道命令一起运行更方便。

自由点不用文本命令也能作，但在超级画板的免费版里，坐标点就要用文本命令了。

双击第 2 行作坐标点的函数 Point (x, y, xDrag, yDrag [, “right” (“polar”) [, Text]])，上方空白栏里出现 Point (,,,,,)。在括弧里第 1 个逗点前后分别键入坐标 4, 5。

把光标指着某一行，这行命令后面的注释就会显示出来。如图 1-19。

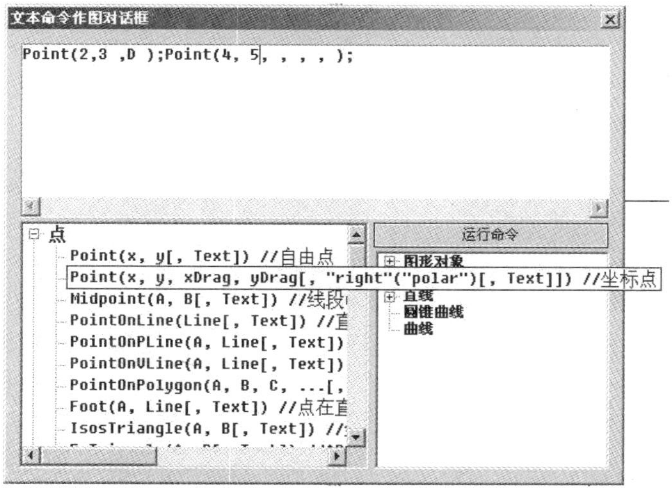

图 1-19

单击"运行命令"按钮,作出两点 D,A。点 D 是自由点,可以任意拖动,它的名字是我们给的。点 A 是坐标为(4,5)的点,拖不动。点 A 的名字我们没有给,是计算机自动给的。那么,在作坐标点的文本命令中,为何准备了 5 个逗点呢?"xDrag,yDrag[,"right"("Polar")[,Text]]"这些又是什么意思呢?

通过动手操作自己发现答案更有乐趣。双击第 2 行作坐标点的函数 3 次,在"文本命令作图"对话框出现 3 个待填写的文本命令,分别填写为:Point (a,b,a,b,,P);Point (b,a,b,,,);和 Point (a,b,,"polar",Q);。为了清楚,可以把光标放在两个函数之间单击"Enter"键换行,如图 1-20。

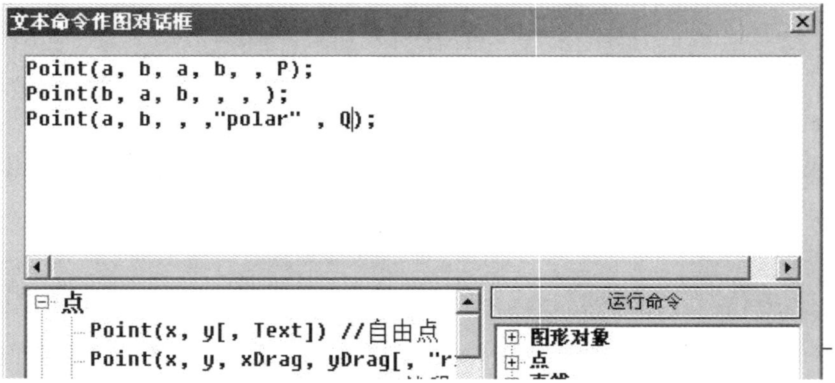

图 1-20

单击"运行命令"按钮,作出 3 个点。先看它们的名字,分别是 P、B、Q。其中 P、Q 是我们指定的,B 是计算机自动给出的。这说明作坐标点的"文本命令"中最后一个参数是点的名字。这带有一般性:最后一个用"Text"表示的参数总是对象的名字,可省略。

第 3、4 两个参数有什么作用?用鼠标拖一拖它们就可见端倪。先拖点 Q,拖不动。是不是因为作点 Q 的函数中这两个参数没填呢?再拖点 B 看看,它只能被水平拖动。而作点 B 的函数中第 4 个参数没有填,第 3 个参数 xDrag 是 b,是点 B 的横坐标!再拖动点 P,它可以被自由拖动。相应地,作点 P 的函数中这两个参数都填了,而且和坐标中的参数一致!

总结出一条规律:如果坐标点的坐标中有参数,就要在第 3、4 两个参数的位置填上相应的参数,才能拖动。拖动点,也就改变了参数。因此,拖动点 P 时,点 B、Q 都会跟着动。参看本书所附光盘中的文件"1-3 坐标点 . zjz"。

现在进一步探索第五个参数的作用。按着"Ctrl"键单击点 P、B、Q 将此 3 点选择,在右键菜单中单击"跟踪",对 3 点跟踪。再拖动点 B,点 B 作水平运动时，参数 b 跟着变化，于是点 P 的纵坐标随着变化而作上下运动，但是，点 Q 却沿圆弧运动，如图 1-21。

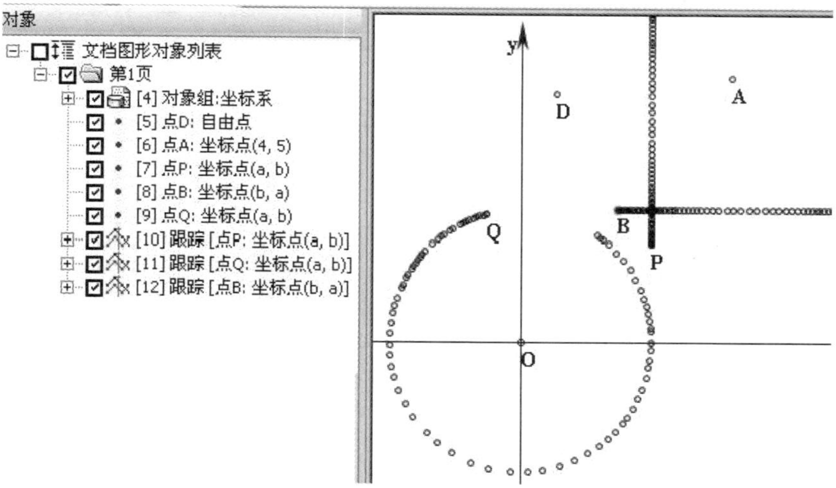

图 1-21

原来，点 Q 的文本作图函数中第 5 个参数是"polar"，表明其第 1、2 参数是该点的极坐标。第 1 个参数 a 是向径，第 2 个参数 b 是极角。极角 b 变化，当然要画圆啦!

对话框中列出的有 40 多个作点的函数，这里只能举出个别的例子。作坐标点是一个十分重要的函数，所以特别详细说明。还有一个很有用的作点函数，可以作旋转缩放点，在作点函数列表中位于倒数第 16 行，如图 1-22。

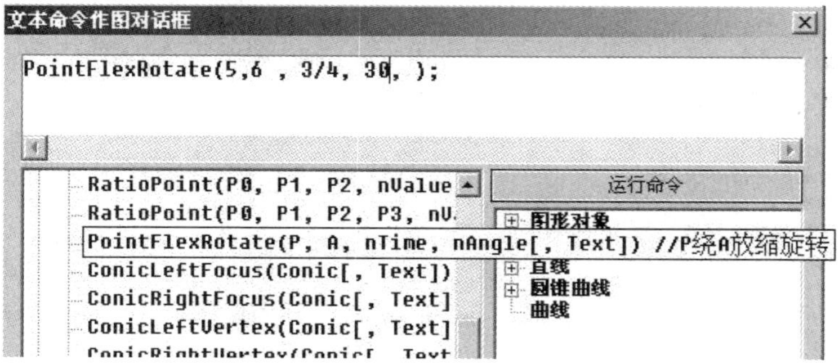

图 1-22

函数的第 1、2 个参数 P、A 是点（填写点的编号），第 3、4 个参数 nTime 和 nAngle 都是数值。执行这条命令作出的点 Q 满足条件：QA/PA= nTime 并且 $\angle QAP$ 的度数等于 hAngle，这里 Q、A、P 沿逆时针方向旋转。单击"新建"

按钮打开一个新文档，用智能作图功能作线段 *AB*；则两点 *A*、*B* 的编号为 5、6。打开“文本作图”对话框双击函数 PointFlexRotate（,,,,），使它显示在上方的空白栏里，顺次填入，参数值 5，6，3/4，30（图 1-22）并运行，作出点 *C*。关闭文本作图对话框后连接线段 *BC*，如图 1-23。图中 *BC* 长度是 *AB* 的3/4，$\angle CBA=30^\circ$。

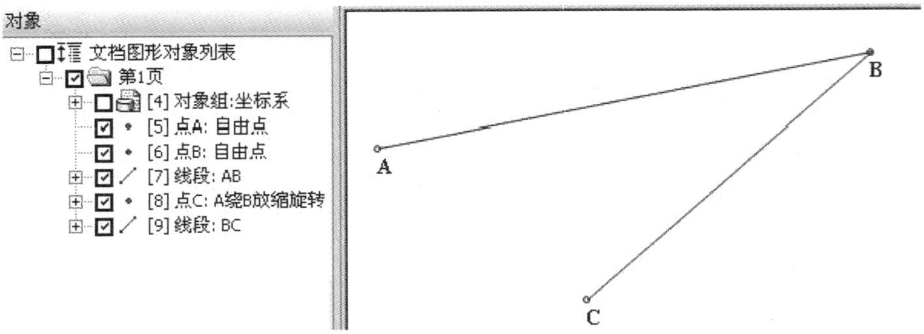

图 1-23

练习 用智能作图的功能在屏幕上检验上述操作作出的点 C 是否满足 4BC=3AB 和∠CBA=30°。

（二）直线

直线类的作图函数较少，举一个例子。

打开新文档，用智能作图功能作两个圆，编号为 7、10。单击“文本作图”按钮，在对话框里单击直线项，列出作直线的函数。双击倒数第 4 行作两圆公切线的函数，使它出现在上面的空白栏里，顺次填入两圆的编号 7 和 10，再将它复制 3 行，在第 3 个参数的位置顺次填入 0、1、2、3，如图 1-24。

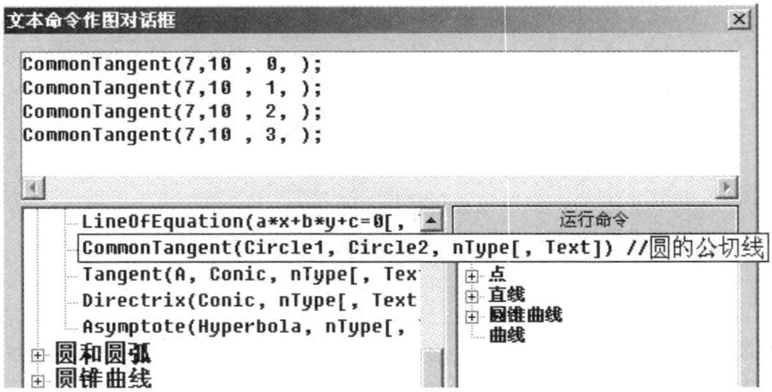

图 1-24

命令运行后作出了两圆的 4 条公切线，如图 1-25。参看本书所附光盘中的文件“1-4 公切线 . zjz”。

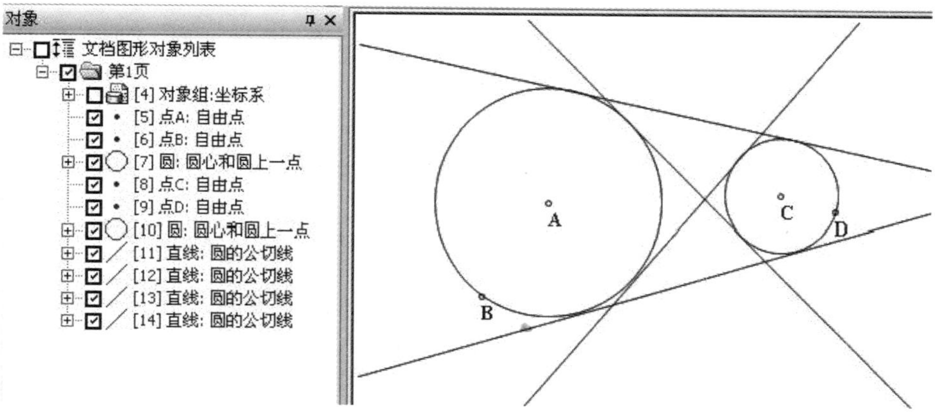

图 1-25

练习 在图 1-25 中拖动 A、B、C、D 各点，观察切线的变化。

（三）圆和圆弧

打开新文档，用智能作图功能作 3 点 A、B、C，编号顺次为 5、6、7。在“文本作图”对话框里单击“圆和圆弧”展开函数列表，双击列表中的第 2、3、4 这三个函数。在上方填入参数，如图 1-26。

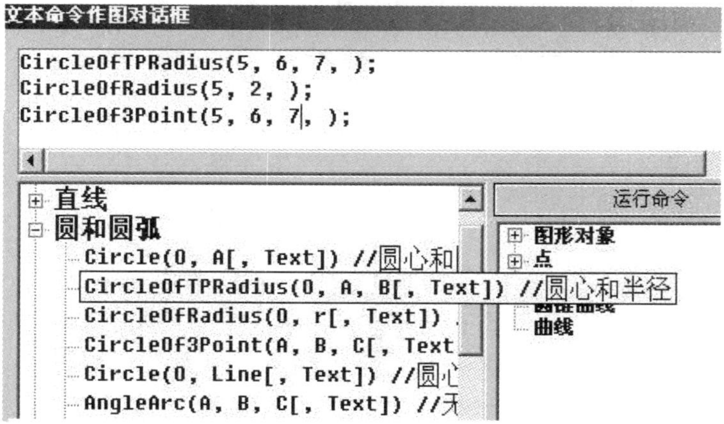

图 1-26

命令运行后作出了 3 个圆，如图 1-27。

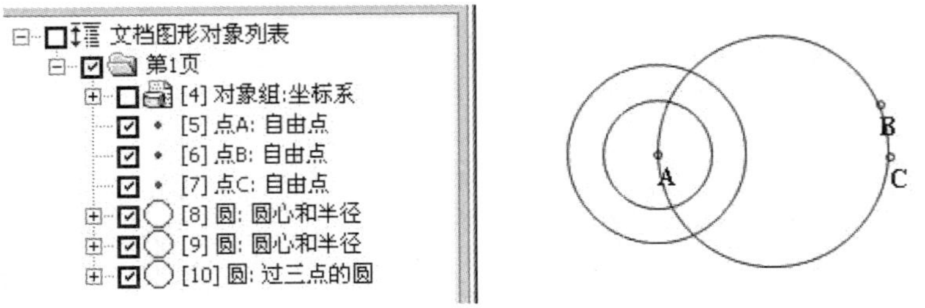

图 1-27

练习 观察图 1-26 和图 1-27，说明 3 个作圆函数的作用和其中参数的意义。

(四) 圆锥曲线

打开新文档，用智能作图功能作 3 点 *A*、*B*、*C*，编号顺次为 5、6、7。在“文本作图”对话框里单击“圆锥曲线”展开函数列表，双击列表中的第 2 行。在上方填入参数，如图 1-28。

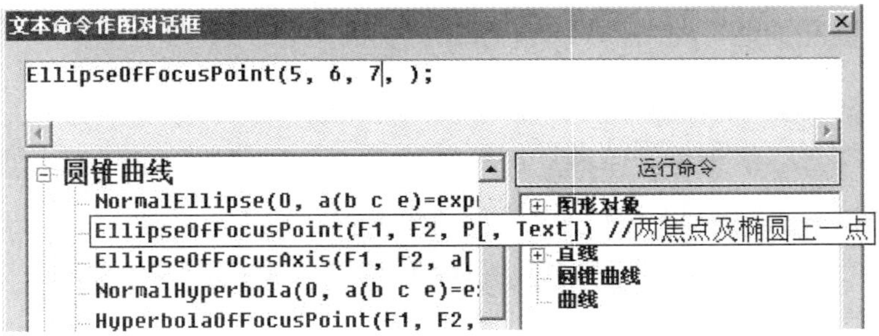

图 1-28

运行后作出了以 *A*、*B* 为焦点，并过点 *C* 的椭圆，如图 1-29。

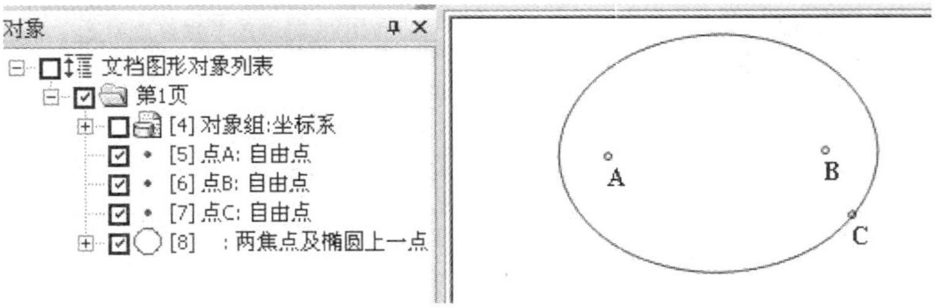

图 1-29

本节可参看本书所附光盘中的文件“1-5 圆锥曲线 .zjz”。

练习 在作图区作 5 个点，再在文本作图的“圆锥曲线”函数列表中找寻适当的函数，作出过此 5 点的圆锥曲线。拖动这些点，观察曲线的变化。

（五）曲线

在“文本作图”对话框中单击“曲线”项，打开函数列表。曲线类中的作图函数不多，但都很有用。

两次双击列表中的第 1 行“显式函数”。在上方填入参数，如图 1-30。

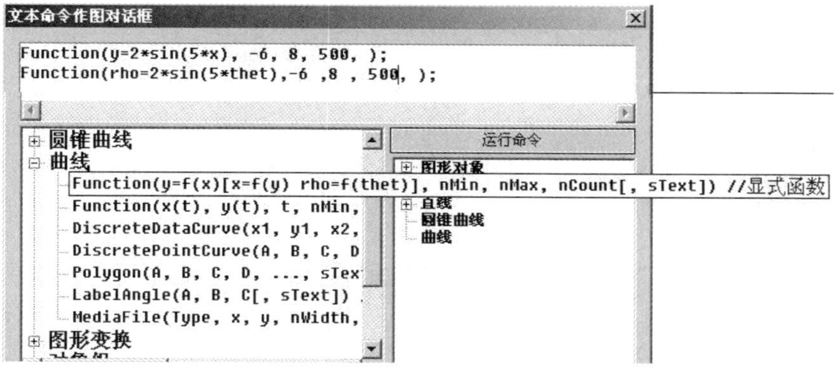

图 1-30

注意图 1-30 中上栏的两行。第 1 行的第 1 个参数的位置，填写了函数表达式 y= 2 * sin (5 * x)。这里 * 号表示乘号，不能省略。函数符号 sin 后面的括弧也不能不写。第 2、3 两个参数是变量 x 的范围，第 4 个参数是描点画曲线时所取的点数，点数够多才能画得比较准确。第 2 行里，把变量 x 和 y 分别换成了 thet 和 rho，表示是在极坐标下作图。变量 thet 代表 θ，rho 代表 ρ。

运行后作出两条曲线，如图 1-31。

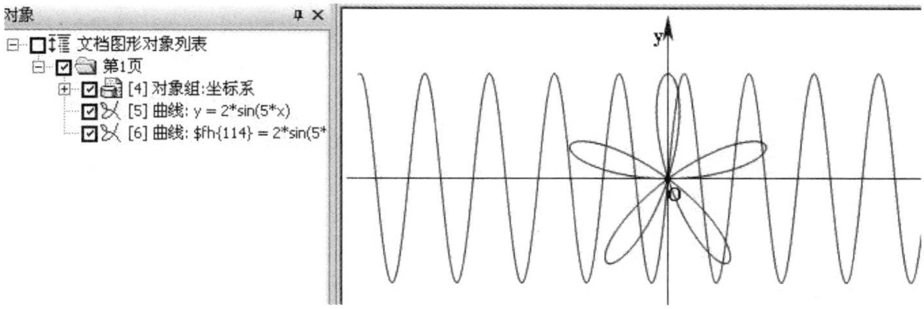

图 1-31

本节可参看本书所附光盘中的文件“1-6 函数曲线 . zjz”。

练习 在工作区作 10 个点，运行作曲线函数列表中的第 5 行的函数。作图后打开新作对象的属性表，选择各种情形进行观察。

（六）图形变换

最常用的图形变换是轴对称、平移和旋转。其中前两种变换可以用右键菜单实现。若要作图形旋转，只有用文本命令。

旋转变换函数 Rotate (,,,) 位于“图形变换”下函数列表的第 3 行。除了名字，它有 3 个参数。第 1 个参数是要旋转的“图形对象”，如点、直线、圆、曲线以及可变换文本；第 2 个参数是“旋转中心”，是一个点；当然会想到，这两个参数要填入对象的号码。第 3 个参数是旋转角，是一个数值或含有字母的表达式。

打开新文档，启动文本作图功能，分别调出作自由点、坐标点、函数曲线和旋转等函数并填入参数，如图 1-32。

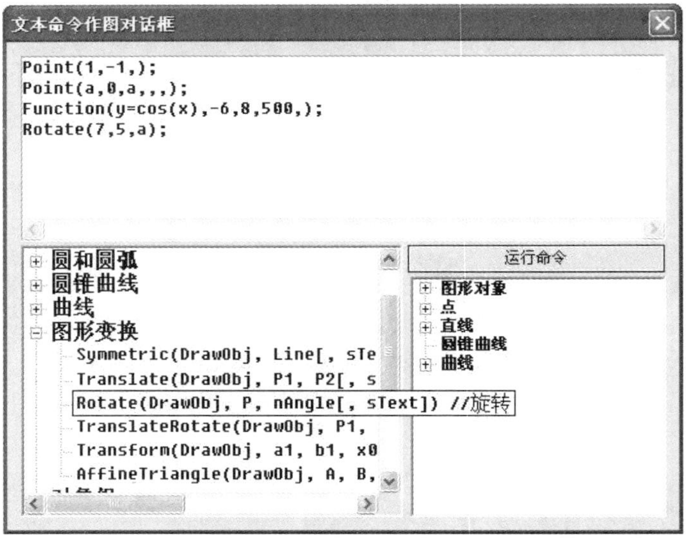

图 1-32

运行后，第 1 条命令作出自由点 A，编号为 5，准备作为旋转中心；第 2 条作出 x 轴上的一个坐标点 B，拖动点 B 可以让变量 a 的值变化，准备用来控制旋转角；第 3 条作出一条曲线，编号为 7，是要旋转的对象；第 4 条是说让 7 号对象（曲线 $y=\cos(x)$）绕 5 号对象（点 A）旋转 a 弧度，如图 1-33。图中显示出原曲线和旋转得到的曲线。

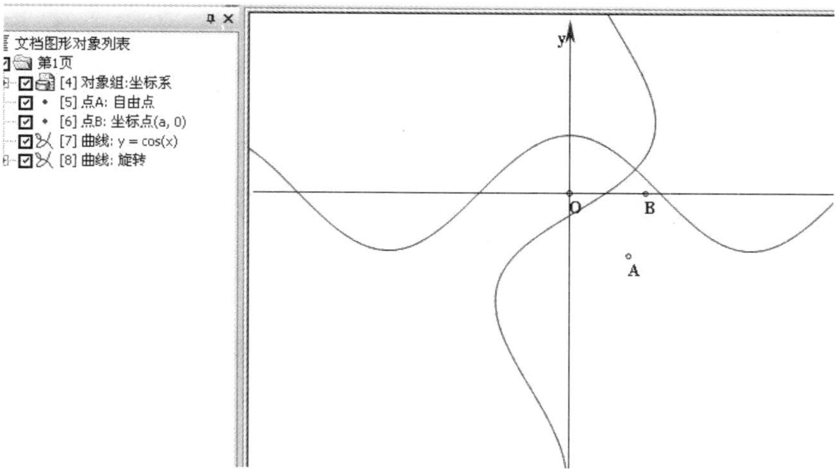

图 1-33

拖动点 A 或 B，可以看到曲线的运动。光标指着旋转得到的曲线，在右键菜单中单击跟踪。再拖动点 B 使旋转角改变，旋转的曲线留下一串痕迹，如图 1-34。

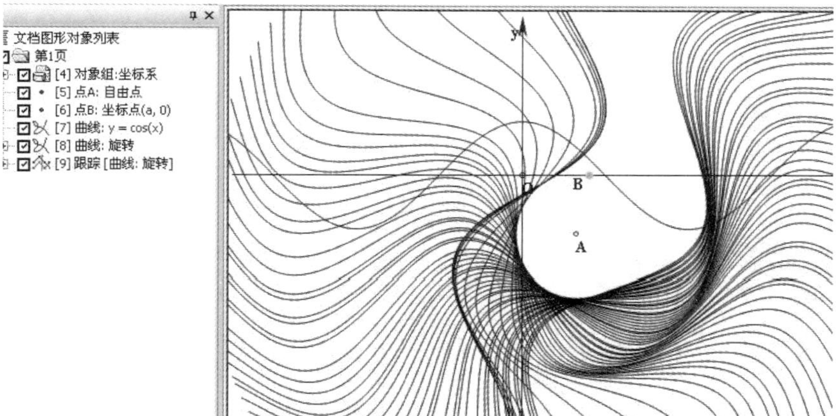

图 1-34

本小节和下面的（八），可参看本书所附光盘中的文件“1-7 图形旋转和变量尺 . zjz”。

练习 执行菜单命令“作图 | 手写手画”后，用鼠标在作图区随意画个图样；将这个图样作旋转变换。

(七) 对象组

这里只有一个函数 Group (,,,,)，它的作用是把多个对象编成一个“对象组”。虽然括弧里只有 4 个逗号，里面可以填写的对象编号可以多很多，只要多打几个逗号就是了。

用智能作图功能作一些图，如圆和三角形，再调用一个曲线作图的文本命令和函数 Group (,,,,)，填上参数，如图 1-35。

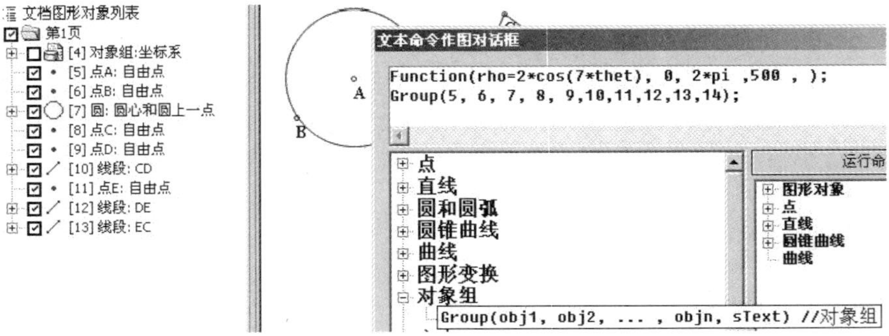

图 1-35

看图 1-35 左边，对象编号最后是 13，但运行命令后又作一条曲线就到 14 号了！所以函数 Group (,,,,) 的参数填到了 14 号。运行后如图 1-36，左边的对象工作区简化了。

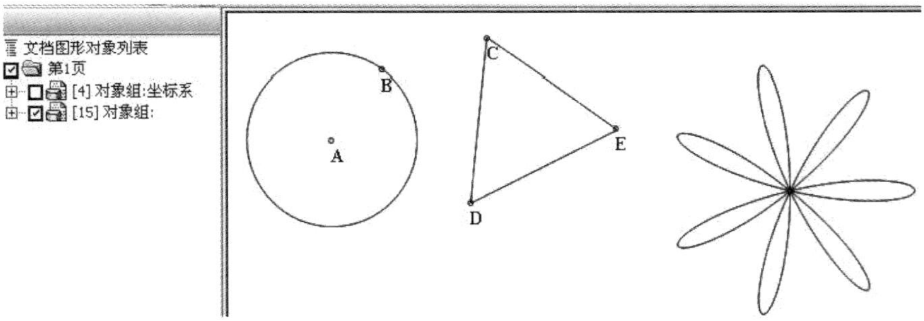

图 1-36

这时在图 1-36 左边“[15] 对象组”这行单击，就能同时选择其中的所有对象，还可以进一步同时改变颜色、线的粗细等。在“[15] 对象组”前面的小方框里单击，可以把它们全部隐藏以及再显示出来。如果要对组内某个对象单独操作，就要单击“［15］对象组”前面的“+”号，把对象组展开。你可以试试看。

（八）文本

在“文本”类的几个函数中，这里看两个例子。一个是“可变换文本”，另一个是“变量”。

双击列表中第3行“可变换文本”函数 TransformText（ ）使它出现在上方空白栏里，填入几个字，如图1-37。

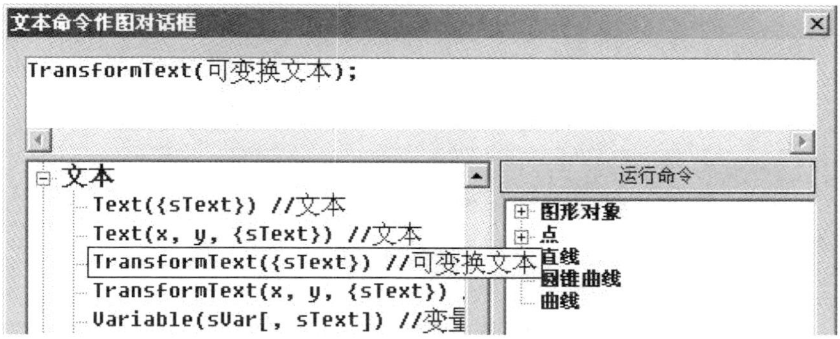

图1-37

运行后在图1-37作图区左上角出现“可变换文本”字样。它与前面所说的用文本按钮启动输入的文本不同，可以用鼠标拖动连续改变大小长宽，可以用颜色或图案填充，可以作旋转等变换。单击选择它，周围出现几个小的黑方块，叫作该对象的“把手”。拖动把手，可以改变它的大小长宽，如图1-38。因在选择状态，字体较淡。

图1-38

在图1-38右键菜单中单击“属性”，打开“对象的属性”对话框，如图1-39；单击下部“字体”按钮，在字体对话框里选择黑体、粗体，如图1-40。单击“确定”，关闭“字体”对话框。

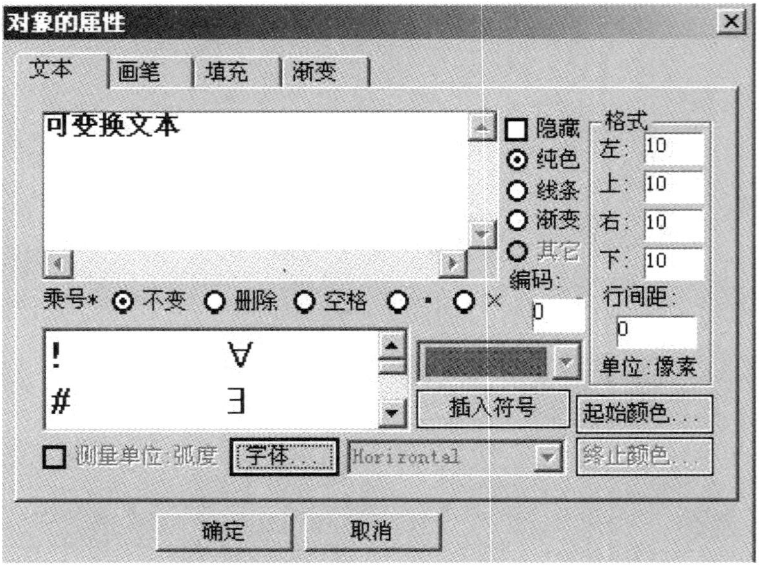

图 1-39

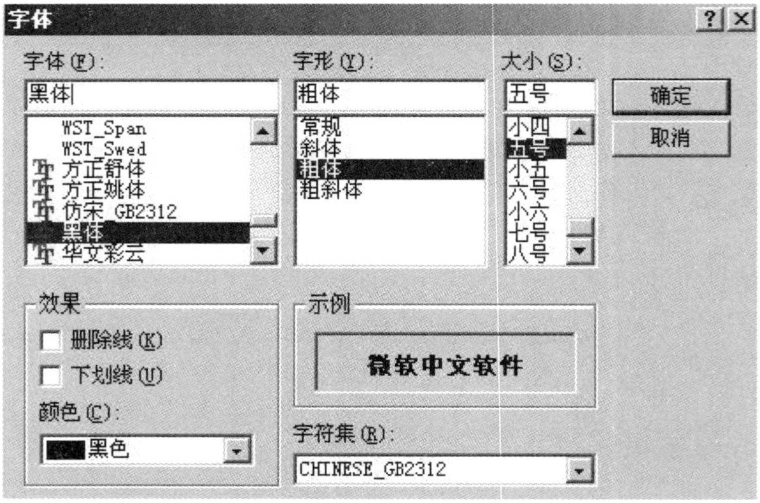

图 1-40

这时“对象的属性”对话框仍在。在“对象的属性”对话框上部单击“填充”，打开填充选项卡，在“类型”栏单击“填充”字样前面的小方框打“√”，表示要对字体填充。并且选择“阴影线条画刷”。在右下方选择适当的图案，如图 1-41。

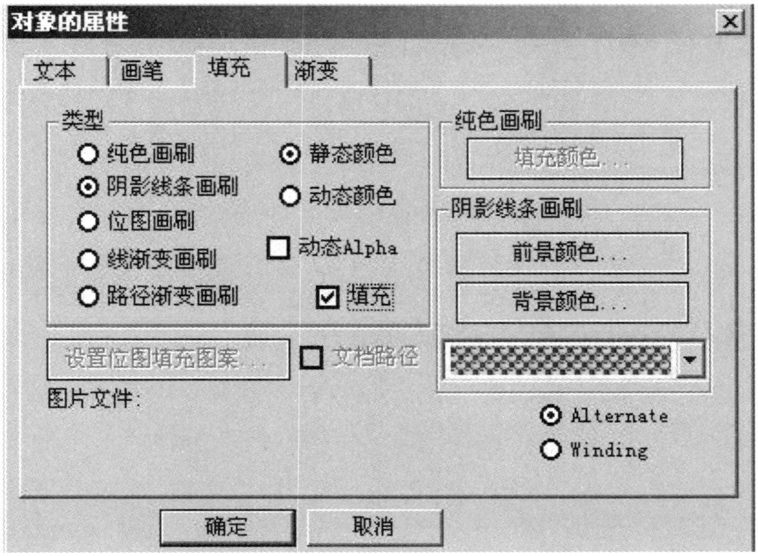

图 1-41

最后单击“确定”关闭对话框，文本变为粗黑体并填充后，如图 1-42。

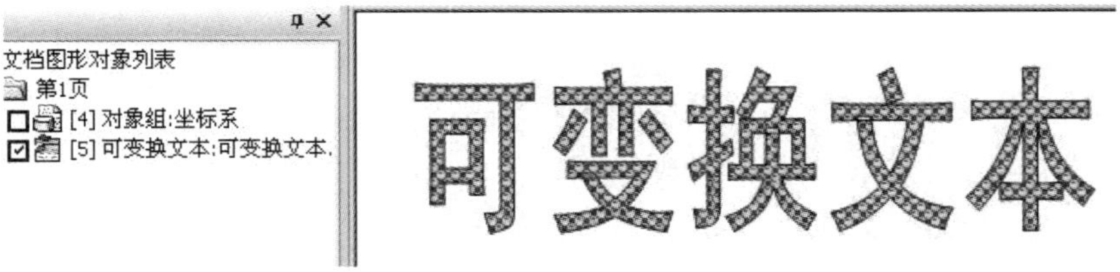

图 1-42

“可变换文本”作为作品的标题，美观实用，灵活方便。

注意，列表的第 4 行也是“可变换文本”，其参数比第 3 行的函数多了两个，即 x、y。这里 x、y 是文本的初始位置坐标。如果希望“可变换文本”一开始就在指定的位置出现，可以调用第 4 行的函数。

“可变换文本”中的文字，可以在“对象的属性”对话框中修改，也可以双击它使它进入可编辑状态直接修改，如图 1-43。

图 1-43

文本类命令的另一个非常有用的函数是“变量”，即 Variable(,)。调用它时可以填入变量名。运行这条命令后，作图区出现一条水平的变量尺，上面有一个滑钮。拖动滑钮就能改变变量的大小。列表的 5、6 两行都是变量函数。不同之处在于，第 6 行的函数多了两个参数，用这两个参数可以设定变量尺两端的数值。

下面的操作说明了变量的用处。

在“文本作图”对话框中调用作曲线的函数两次和变量函数 3 次，填入参数，如图 1-44。

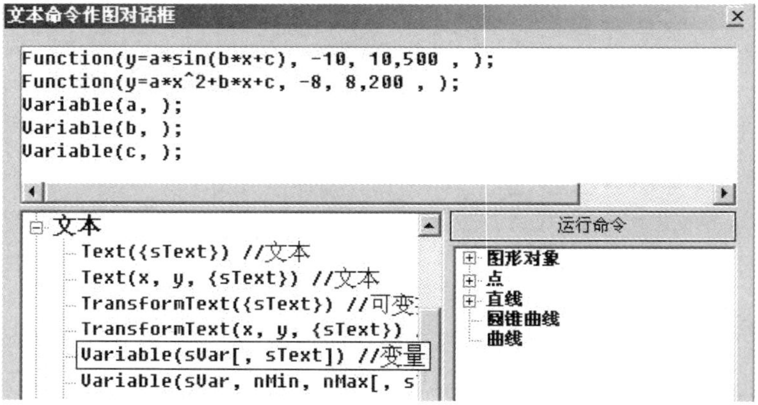

图 1-44

图 1-44 中命令是先作三角函数 $y=a\sin(bx+c)$ 的曲线，再作二次函数 $y=ax^2+bx+c$ 的曲线，然后建立 a、b、c 这 3 个变量的变量尺。运行后，拖动变量尺上的滑钮，可以改变 a、b、c 的值，使曲线的形状连续地改变，如图 1-45。

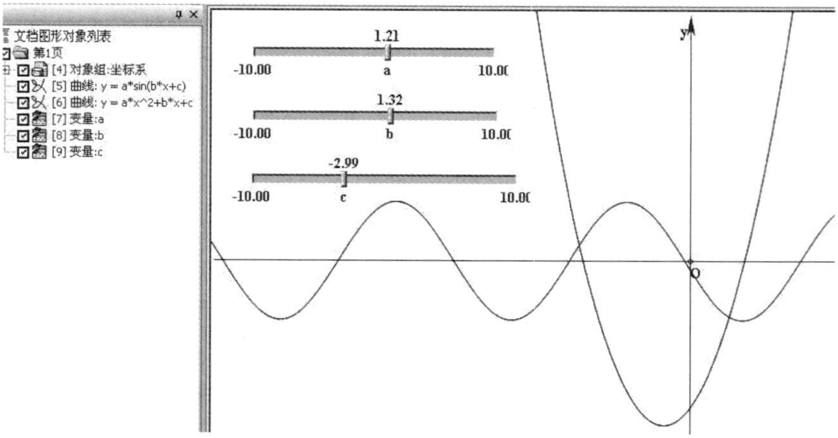

图 1-45

练习 在上述操作完成的文档中，改变三角函数 $y=a\sin(bx+c)$ 的曲线的属性并重填方程，使它成为极坐标系下 $\rho=a\sin(b\theta+c)$ 的曲线，并拖动变量 a、b、c 观察曲线的变化。

（九）测量

超级画板的测量功能十分丰富，很多可以用菜单命令执行。这里举少量例子，后面还会有更多的介绍。

测量类文本命令的函数列表中，第 2 行是测量点的直角坐标的函数 MeasureRiqhtCoor( )，第 4 行是测量点的 x 坐标的函数 MeasureXCoor( )，第 14 行是测量多边形面积的函数 MeasureArea (,,,)，第 15 行是测量封闭图形内坐标为整数的点（下简称“整点”）的个数的函数 IntPointIn( )。下面试用这几个函数进行测量操作。

选择坐标系，在右键菜单中单击“属性”打开属性对话框，设定“画坐标网格”。再作 4 点 A、B、C、D。顺次选择此 4 点，在右键菜单中单击“多边形”，作多边形 $ABCD$。

这些点和多边形的编号分别为 5、6、7、8、9。在文本作图对话框中调用测量函数列表的 2、4、14、15 诸行的函数并填入参数，如图 1-46。要注意的是，测量多边形的面积要填入多边形顶点的标号（用菜单测量，可以选择多边形，也可以选择诸顶点），而测量封闭图形内整点的个数时要填入多边形的标号（先要作出多边形）。

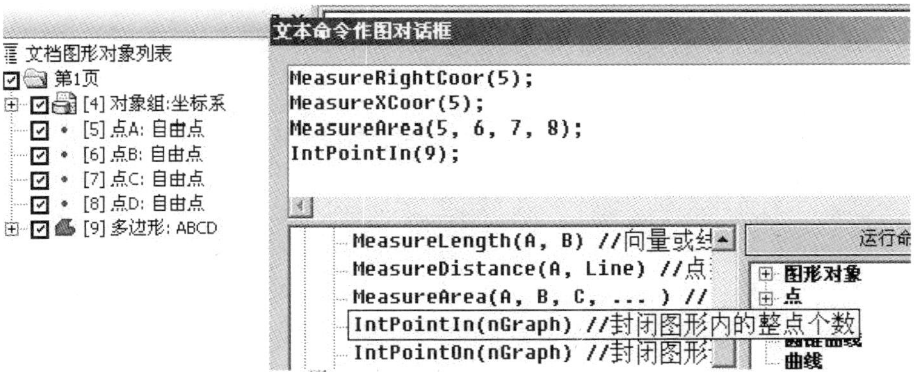

图 1-46

运行后显示出测量数据，如图 1-47。拖动有关的点，可以看见测量数据的变化。

练习 用文本命令作半径为 r 的圆，作变量 r 的变量尺，测量圆内整点个

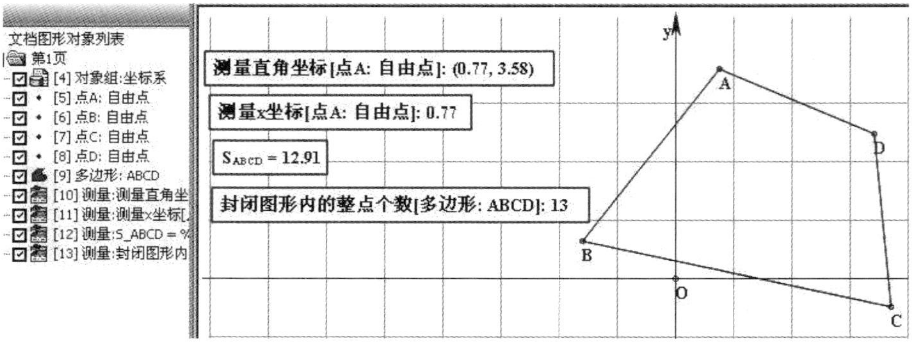

图 1-47

数、圆面积和两者的比值。改变 r 的值，观察比值的变化趋势（提示：测量比值可以用菜单命令“测量｜测量表达式”，在打开的对话框里看到，刚才测量的圆内整点个数被设为 m000，圆面积则被设置为 m001。要测量两者的比值，就在对话框的上部的空白栏里填上 m000/m001，单击“确定”。如果不再测量别的什么，就单击对话框右上角“关闭”对话框）。

（十）动画、轨迹和跟踪

这一类文本作图命令中，只有 6 个函数，其中作动画的函数就有 4 个。下面的例子中这 4 个函数都用到了。

打开新文档，用智能作图功能作一个圆（圆心为 A，过点 B），一个自由点 C 和圆上一点 D，如图 1-48。在“文本作图”对话框中，调用作坐标点函数、作变量尺函数和几个作动画的函数并填入参数，如图 1-48。对照图中左边的对象列表，可以知道参数的意义。

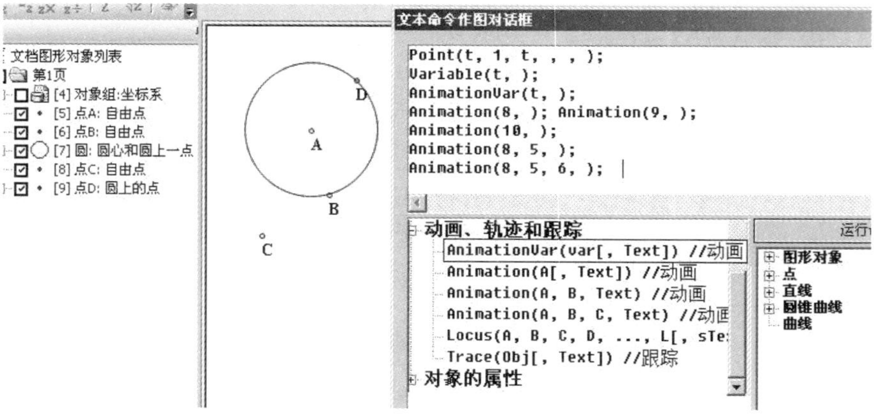

图 1-48

运行命令后，对照图 1-49 和左边的对象列表中新增的对象编号，容易弄明白这些命令。

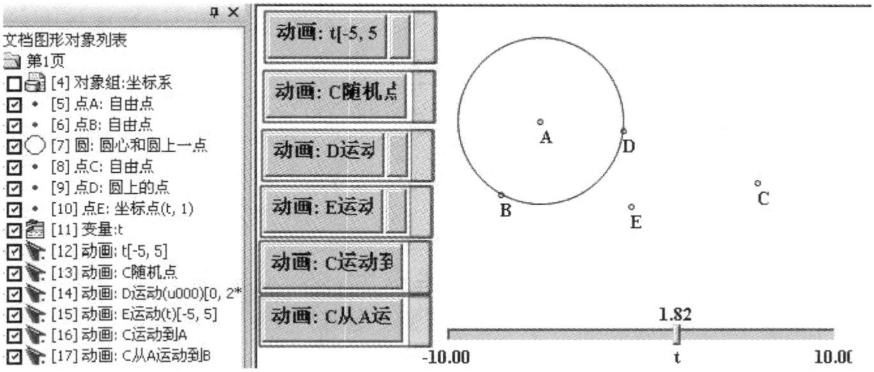

图 1-49

在图 1-48 中的第 1 条命令，作出了编号为 10 的坐标点 E（t，1）；第 2 条命令，作出编号为 11 的 t 的变量尺。

第 3 条命令 AnimationVar (t,)，作出编号为 12 的动画按钮，也就是图 1-49 中最上面的动画按钮，它的作用是驱动变量 t 变化。仔细观察这个按钮，看到它有左中右 3 个部分。单击左边部分（以下说到单击按钮或“主钮”，均指单击左边部分），可以看到变量尺上的滑钮开始在－5 到 5 之间左右运动，点 E 也跟着左右运动。单击中间部分（以下称单击“副钮”），运动情形类似（你会想，既然如此，要这个副钮做什么？看下去就明白了）。

单击按钮右边的绿色部分，可以选择它，拖动它。双击绿色部分，可以打开这个动画按钮的“对象的属性”对话框，如图 1-50。

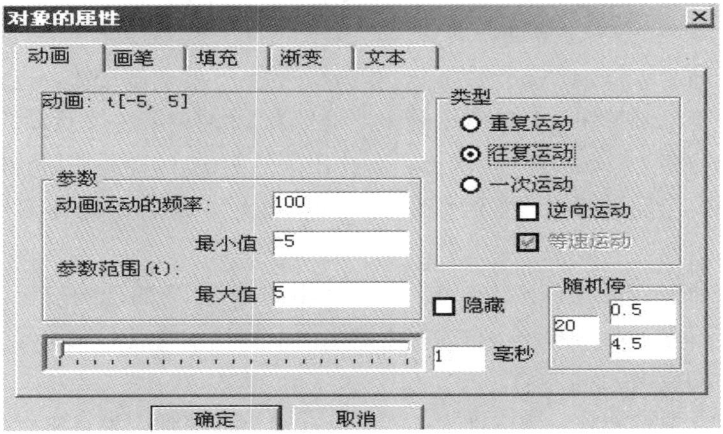

图 1-50

注意到图 1-50 对话框里的最小值−5 和最大值 5，这是变量 t 的变化范围，是缺省的设置。你可以改动它。图中的频率 100，意思是把−5 到 5 的改变均分成 100 步来完成。图中右下边的 1 毫秒，意思是如果计算机的运算速度允许，每步所用的时间将为 1 毫秒。如果你把频率改为 1000，运动的速度会大大放慢。如果把 1 毫秒改为 1000 毫秒，你可以看到运动的点每秒跳一步，完全不连续了。

再看图 1-50 右上部的"类型"栏，这里有 3 种运动类型，当前的类型是"往复运动"，也就是变量 t 在−5 到 5 之间来回变化。如果单击"重复运动"前面的圆圈选择重复运动，则再单击此动画主钮时，变量将一次一次地由−5 变到 5。单击此动画副钮时，变量则一次一次地由 5 变到−5。这时，主钮和副钮的不同就表现出来了。如选择"一次运动"，你一定猜得出：单击此动画主钮时，变量将由−5 变到 5 而停止；单击副钮时，则将由 5 变到−5 而停止。若勾选了"逆向运动"，自然是使运动方向相反了。

图 1-50 对话框的上方，有几个选项按钮。单击"画笔"，打开画笔选项卡，可以设置按钮边线的粗细、颜色和线型；打开填充选项卡，可以设置按钮右部的颜色；打开文本选项卡，可以编辑按钮上面的文字，等等。

各种动画的按钮的属性对话框大同小异，举一反三，以下从略。

第 4 条命令 Animation (8,)，作出编号为 13 的动画按钮，也就是图中自上而下第 2 个动画按钮，它的作用是驱动编号为 8 的自由点 C 作随机出现的跳动。这个按钮上没有副钮，其理易明。

第 5 条命令 Animtion (9,)，作出编号为 14 的动画按钮，也就是图中自上而下第 3 个动画按钮，它的作用是驱动编号为 9 的点 D 在圆周上运动。注意，在这个按钮的属性对话框里看到，点 D 这时被赋予一个参数 u000，它的变化范围的缺省值是 0 到 2 * pi。这里 pi 代表圆周率 π，2 * pi 就是 2π。参数 u000 从 0 变到 2π，点 D 在圆周上运动一周。

第 6 条命令 Animation (10,)，作出编号为 15 的动画按钮，也就是图中自上而下第 4 个动画按钮，它的作用是驱动编号为 10 的点 E 左右运动。

第 7 条命令 Animation (8, 5,)，作出编号为 16 的动画按钮，也就是图中自上而下第 5 个动画按钮，它的作用是驱动编号为 8 的点 C 跑到编号为 5 的点 A 处。

第 8 条命令 Aimation (8, 5, 6)，作出编号为 17 的动画按钮，也就是图中自上而下第 5 个动画按钮，它的作用是驱动编号为 8 的点 C 在编号为 5 的点 A 和编号为 6 的点 B 之间运动。

上面涉及 6 种动画，顺次称为参数动画、随机点动画、半自由点动画、参数点动画、点到点动画和两点间动画。

这 6 种动画都可以用右键菜单中的“动画”命令生成。操作区别如下：

（1）不选择，在右键菜单中单击“动画”（以下只说“单击‘动画’”），在弹出的对话框里键入参数名，生成参数动画按钮。

（2）选择一个自由点，单击“动画”，生成随机点动画按钮。

（3）选择一个曲线上的点，单击“动画”，生成半自由点动画按钮。

（4）选择一个坐标点（要有且只有一个拖动参数），单击“动画”，生成参数点动画按钮。

（5）选择 2 个点（第一个必须是自由点），单击“动画”，生成点到点动画按钮。

（6）选择 3 个点（第一个必须是自由点），单击“动画”，生成两点间动画按钮。

用菜单命令作动画时，会弹出动画按钮的“对象的属性”对话框，请你设置。

用文本命令作动画按钮，好处是可以一次生成多个按钮，并且可以把操作命令复制保留，以便重复使用。

练习 画一个多边形，再用文本命令中作点函数 PointOnpolygon(,,,,)，作出一个多边形周界上的点 X，用文本或菜单命令作点 X 的动画。

下面来讲轨迹。

在超级画板的未注册版本中，作轨迹的函数 Locus（,,,,,,）不能用菜单命令执行。但这个函数又十分重要，一定要掌握它的文本命令操作。

说到轨迹，当然是一个运动或可能运动的对象的轨迹。在超级画板的当前版本中，只允许点、线（线段、射线或直线）和圆这三种几何对象产生轨迹。

产生轨迹的运动，可能是由参数的变化所引起的，也可能是由半自由点的运动所引起的。但参数的变化也可以用坐标点的运动来表示，所以，总可以把轨迹看成是一个或几个半自由点或具有一个拖动参数的坐标点驱动的结果。这一个或几个起驱动作用的点叫作“轨迹的主动点”。在填写轨迹函数的参数时，主动点依次写在前面，产生轨迹的对象写在最后。如果要给轨迹起名字，最后再添上名字。

打开新文档，用智能作图功能作一个圆（圆心为 A，过点 B）和圆上一点 C，连接线段 AC，再作 AC 的中点 D。在文本作图对话框中，调用作坐标点函数，作圆函数和作轨迹的函数，填入参数，如图 1-51。对照图中左边的对象列表，可以知道参数的意义。在运行之前，让我们来分析一下这 6 条命令的含义，尝试预测将出现的结果。

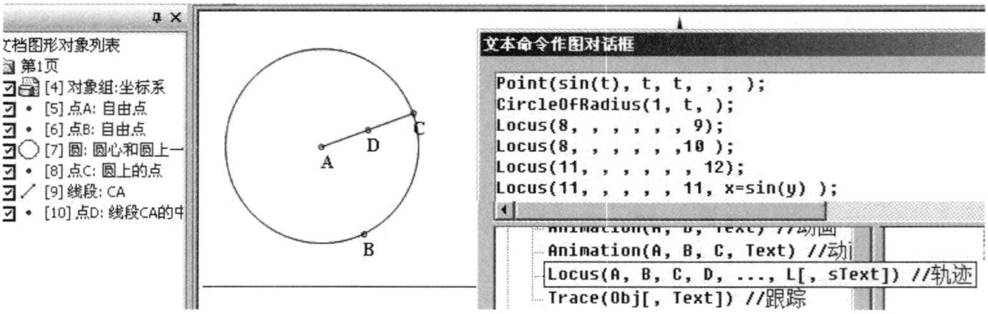

图 1-51

第 1 条命令，作出编号为 11 的点 E，坐标是（sin（t），t），拖动参数为 t。

第 2 条命令，作出编号为 12 的圆，圆心在原点，半径为 t。

第 3 条命令，作出线段 AC（编号为 9）的轨迹，主动点为 C（编号为 8）。

第 4 条命令，作出点 D（编号为 10）的轨迹，主动点为 C（编号为 8）。

第 5 条命令，作出编号为 12 的圆的轨迹，主动点为 E（编号为 11）。

第 6 条命令，作出点 E（编号为 11）的轨迹，主动点为 E 本身，命名“$x=$ sin（y）”。

运行后结果如图 1-52。

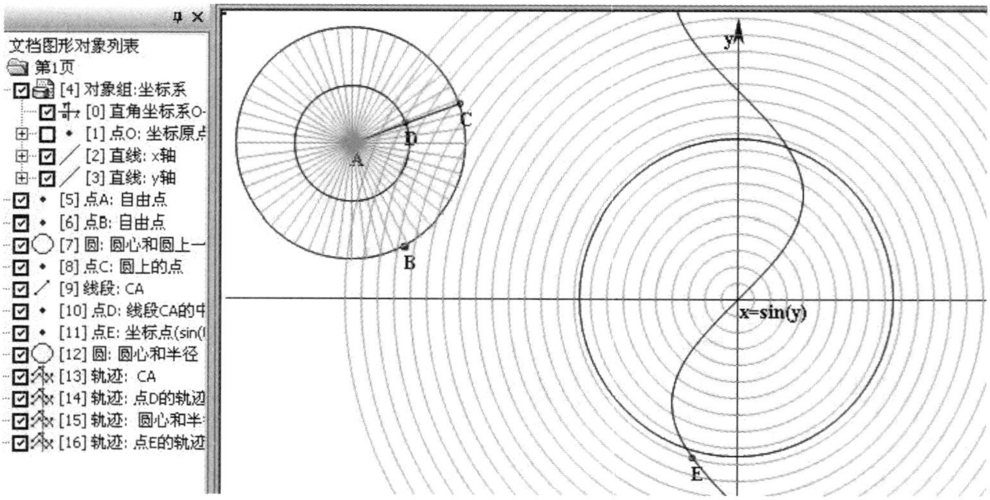

图 1-52

容易看出，线段 CA 的轨迹（13 号）是从点 A 辐射出的等长线段；点 D 的轨迹是以 A 为圆心并过 D 的圆（14 号）；编号为 12 的圆的轨迹是一族同心圆

（15 号）；点 E 的轨迹是一条竖起来的正弦曲线（16 号）。注意，在生成这个轨迹时，点 E 既是主动点又是轨迹点。

上面生成的轨迹，都只有一个主动点。下面举出一个有两个主动点的例子。打开新文档，用智能作图功能作一个圆（圆心为 A，过点 B）和圆上一点 C；过点 A 作线段 AD，在 AD 上取一点 E；过 C 作 AD 的平行线 GF，自 E 向 CF 引垂足 G。调用文本命令 `Locus (8, 11,,, 14)`，如图 1-53。

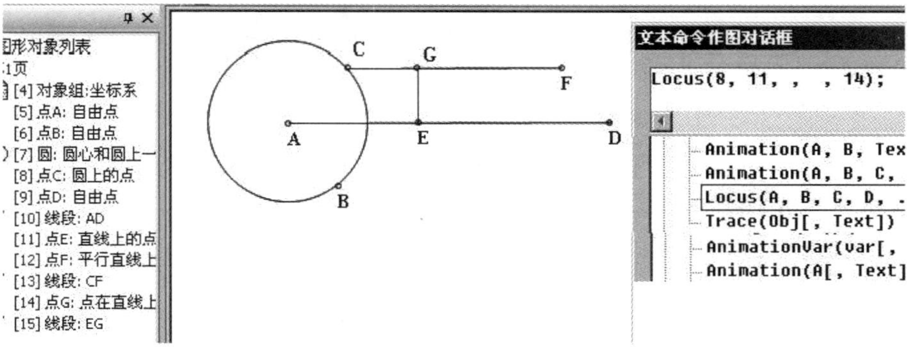

图 1-53

这个命令是要作以 C、E 为主动点时点 G 的轨迹。运行后作出轨迹，如图 1-54。若你多思考一会儿，就会问，如果点 C 在圆上跑得更快呢？例如，点 E 从 A 跑到 D 这段时间，点 C 在圆上不是跑 l 圈而是 3 圈，轨迹还是这样吗？如果不是，如何调整 C、D 两点的速度的比值呢？

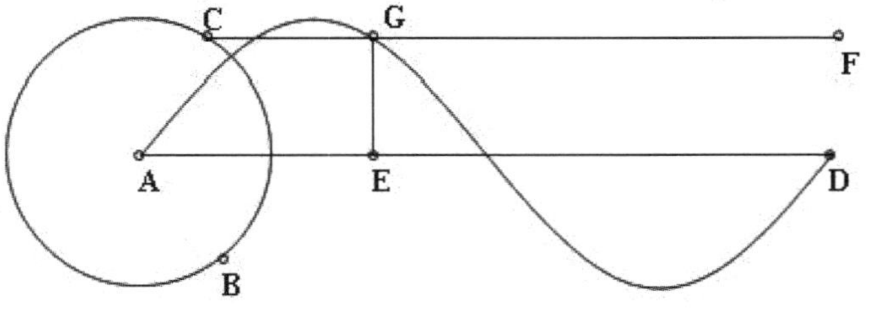

图 1-54

鼠标光标指着轨迹双击，可以打开轨迹属性的对话框，如图 1-55。

在图 1-55 对话框中部有两行参数，第 1 行是关于点 C 的，第 2 行则关于点 E。从第 3 列“周期比”看，当前的设置是 1 比 1。你可以把它们改成任意两个正整数，例如 7 比 5。单击“确定”后再看，轨迹如图 1-56。

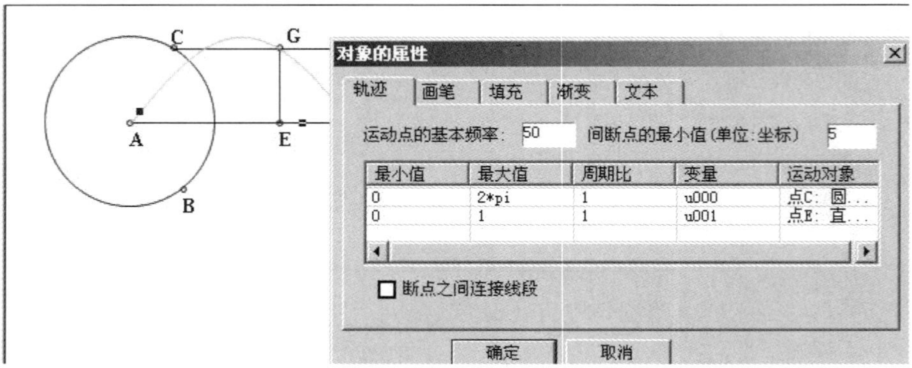

图 1-55

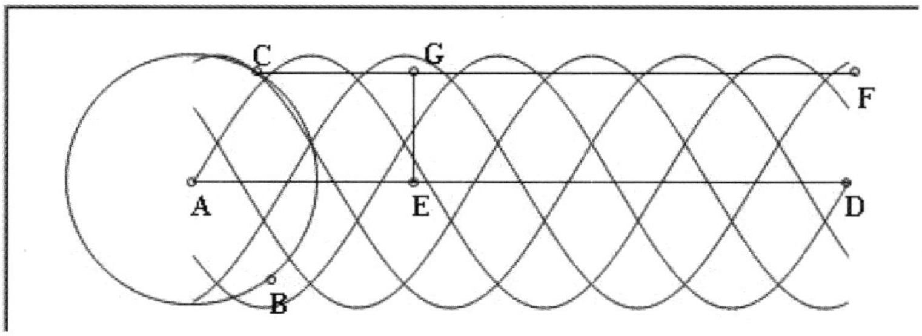

图 1-56

图 1-56 中共有 7 峰 7 谷，5 段曲线，说明 C 绕圆 7 周，而 E 在线段上跑 5 次。本小节可参看本书所附光盘中的文件“1-8 轨迹 . zjz”和“1-9 轨迹 . zjz”。

练习 用文本作图命令作坐标点 (5 * sin (n * t), 3 * cos (m= * t))，拖动参数为 t；再作该坐标点的轨迹及 m 和 n 的参数尺。改变 m 和 n 的值，观察轨迹曲线的变化。

(十一) 对象的属性

这一类文本命令的功能将来用到时再说。

小结和补充 使用文本命令操作，是本书的重要内容，所以这一节非常重要。为了方便，你可以把常用的文本命令函数名和有关功能与参数的注解复制成一个文件，便于随时调用。本书所附的光盘里有一个文件“文本命令提要 . DOC”，里面已经有一些重要的常用文本命令函数名。如果不够用，你可以把自己常用的再补充进去。

后面将看到，执行文本命令不一定要打开“文本命令”对话框，在程序工作区里也可以执行。

四、符号公式即打即现

从前面你已经知道，单击上方工具栏里的“文本”按钮，就可以打开“文本输入”对话框，键入汉字、英文和公式。你特别关心的，大概是公式符号的输入方法。

在本丛书之一的《超级画板范例教程》中（311 页），比较详细地介绍了文本和符号、公式的输入方法。为了读者的方便，这里把最常用的一些例子列出。

（一）输入数学表达式的一般规则

数学表达式的用途有两种：一种是仅仅为了给人看的，一种是让计算机进行实际计算的。例如，让计算机测量一个表达式的值，或让计算机画一个函数的图像，都是要算的，和要看的有所不同。超级画板中尽量使两种表达式统一起来。但由于数学表达式历史悠久，而计算机技术则方兴未艾，两者的完全统一目前尚不可能。下面的规则中指出要算的或要看的表达式输入时的要点和不同。

（1）加法和减法和通常写法一样，如 $a-x$，$3+b-f$，$-u-p$ 等。

（2）要计算的表达式用小括弧，如 $x-(3-b)$，$(t-(7-u))+(-5)$ 等，要看的不受此限制。

（3）要计算的表达式用“*”表示乘号，不能省略。如 $a*(b+c)$ 不能写成 $a(b+c)$。显示时要用“*”或“·”或“×”可以在文本属性对话框里选择。如图 1-57。

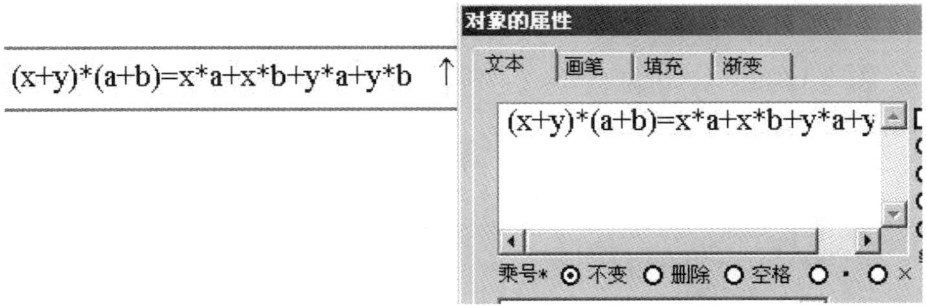

图 1-57

（4）用“/”表示除号或分数线，注意分子分母包含运算或汉字或希腊字母时要加括号。显示时自动排成一般的水平分数线。如要保持斜线“/”，可在“/”前加“\”。如图 1-58。

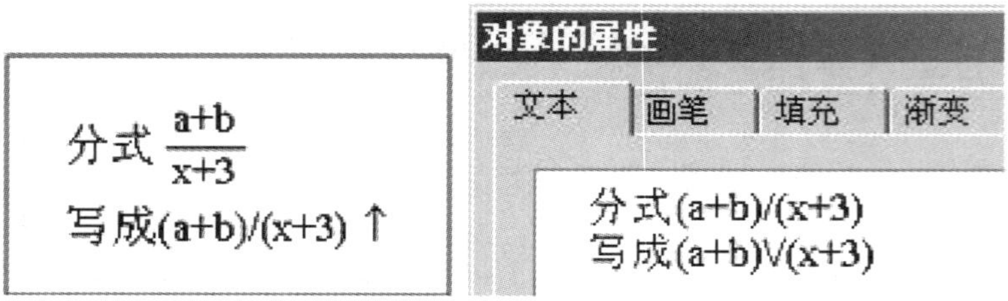

图 1-58

(5) 用“^”表示指数运算或上标。如“*x* 的 *m* 次方”写作“*x*^*m*”，“根号 2”写作“2^ (1/2)”。显示时如果要保持“^”，可在“^”前面添加“\”。如果要把“根号 2”写作指数形式，就在“^”和 (1/2) 之间留个空格。如图 1-59。

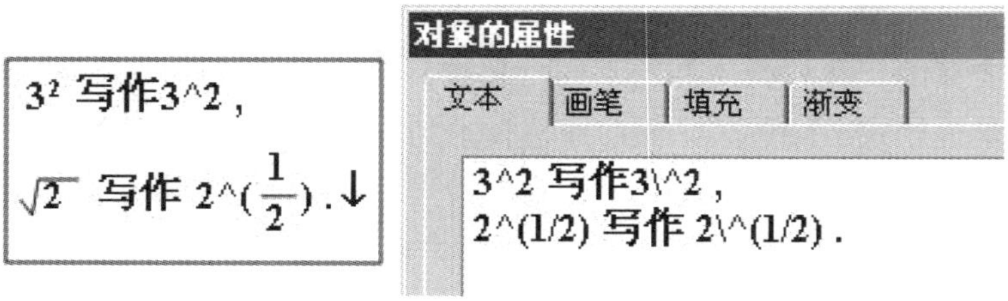

图 1-59

(6) 要计算的表达式中其他函数运算要写括弧，如 *A* 的正弦要写成 sin(*A*)，不能写成 sin*A*。要看的不受此限制。

(7) 要计算的表达式中，以 *a* 为底的对数函数写作“log (*a*，*x*)”，自然对数为“ln (*x*)”，常用对数为“lg (*x*)”。要看的表达式，以 *a* 为底的对数函数写作“log _ *a* *x*”。注意在 *x* 前面要有空格。一般说来，“ _ *a*”表示符号 *a* 被作为下标。如图 1-60。

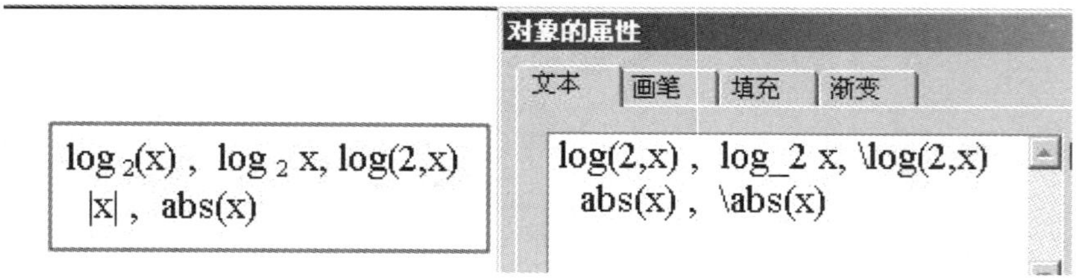

图 1-60

(8) 要计算的表达式中，*x* 的绝对值写作“abs (*x*)”，如图 1-60。不超过 *x* 的最大整数用“floor(*x*)”表示。

（9）要计算的表达式中，函数 sign（x，a）当 $x>a$ 时值为 1，否则为 0（这函数很有用）。

（10）要计算的表达式中。圆周率写作用“pi”自然对数的底写作“e”。

（二）其他常用数学公式符号的输入和显示的对照

（1）多重根式和分式（图 1-61）。

（2）向量、上画线和圆弧（图 1-61）。

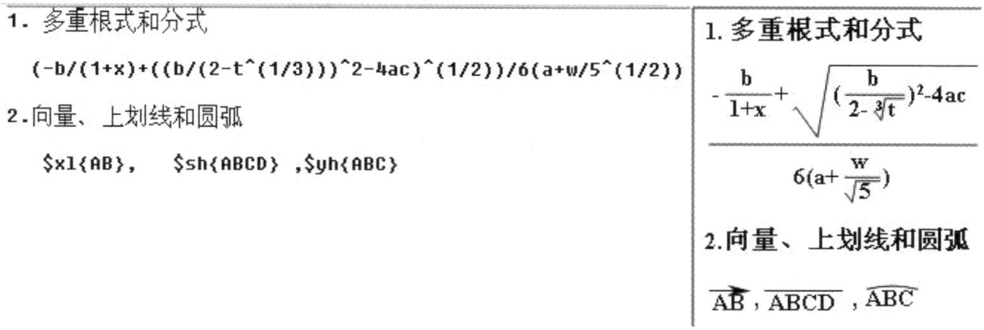

图 1-61

（3）上标、下标和上下标（图 1-62）。

（4）定积分和不定积分（图 1-62）。

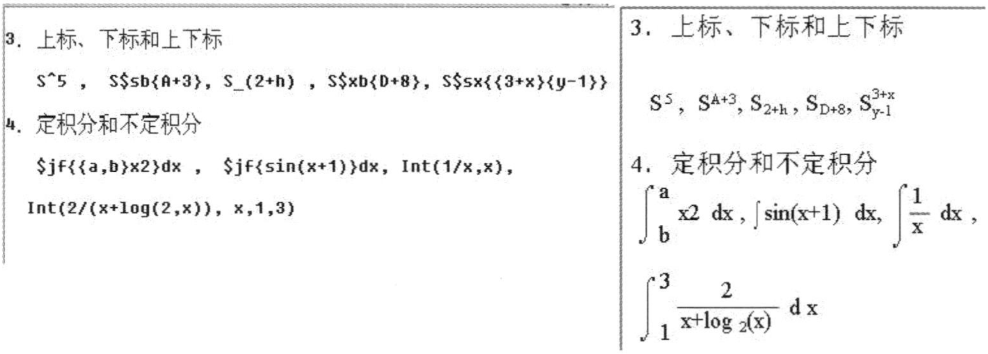

图 1-62

（5）求和、求积（图 1-63）。

（6）排列、组合（图 1-63）。

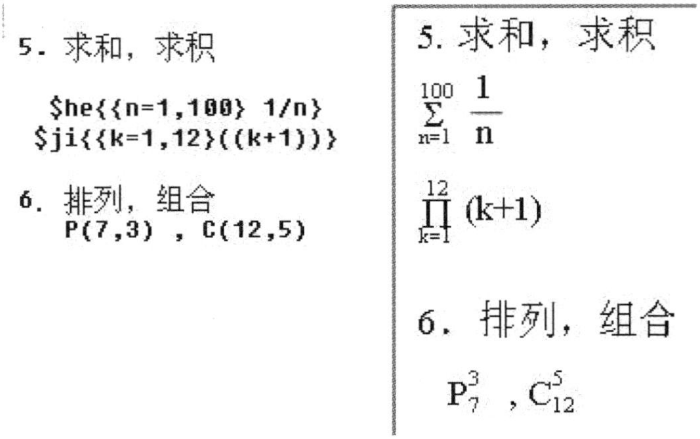

图 1-63

（7）大括弧（图 1-64）。

（8）有关集合的符号（1-64）。

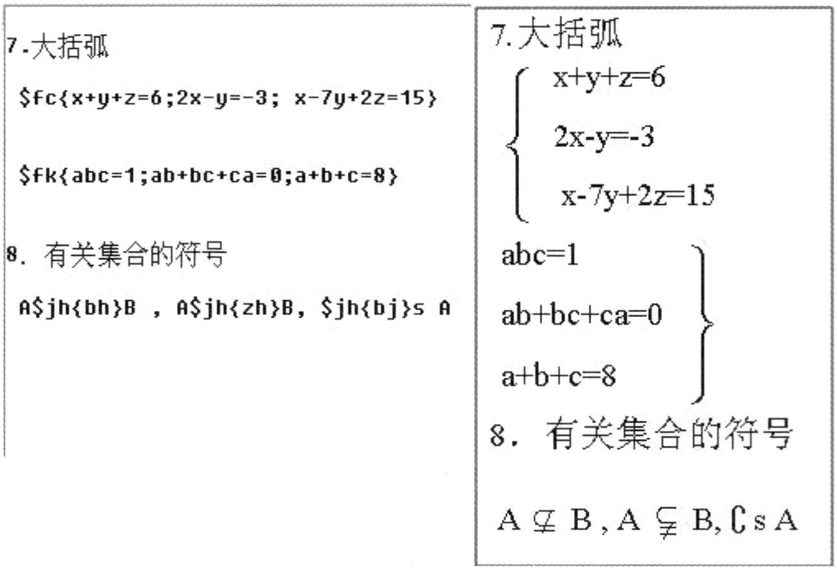

图 1-64

本小节可参看本书所附光盘中的文件“1-10 文本公式输入 . zjz”。

（三）在文本中插入变量

在文本中插入可以变化的数字，有助于表现一般的规律。例如，要显示一句话“－3 和－2 哪个大?”，但又希望－3 和－2 两个数是可以变化的，该如何输入呢？请看图 1-65。

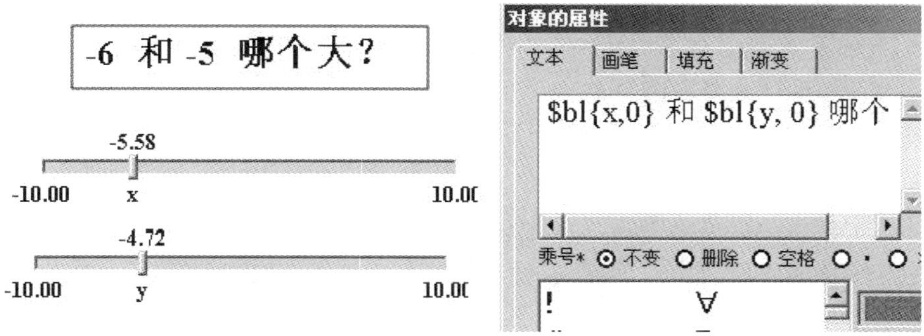

图 1-65

图 1-65 中右面是文本输入对话框，其中输入的是“＄bl {x，0} 和＄bl {y，0} 哪个大?”而在左边显示的文字中，“＄bl {x，0}”却显示为“－6”，“＄bl {y，0}”显示为“－5”。从插入的两个变量尺看（记得吧，用文本命令中的文本类函数 Variable (,) 可以插入变量尺），变量 x、y 的当前值四舍五入取整后就是－6 和－5。这里＄bl {,} 是插入变量的控制符，其中“bl”是“变量”之意，花括弧里逗点前填写变量名，逗号后面填写小数点后四舍五入要保留的位数，最多为 9 位。这里不填或填 0 意思是取整数；填入大于 9 的正整数时表示变量为负值时要加括弧，而该正整数的个位数为小数点后四舍五入要保留的位数；填入其他数字或符号则一律保留 6 位小数。如图 1-66。

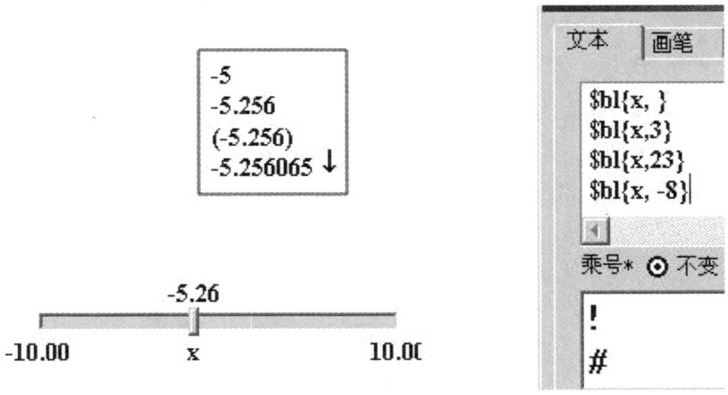

图 1-66

五、测量编程左右逢源

超级画板提供了两套计算功能。一套是右面“测量”菜单中的“测量表达式”的浮点计算功能，另一套是左边“程序工作区”里的符号计算功能。可谓左右逢源。

菜单中的“测量 | 测量表达式”是经常要用的功能之一，建议你把它拉出来放到上面的工具栏里，和前面已经拉出来“文本作图”并列（记得如何拉吗？复习一下）。

假定你已经把菜单中的“测量表达式”拉出来成为工具栏里的按钮了。以后使用这个功能时就只说“单击测量表达式”，或简单地说“测量表达式……”。

下面举例说明“测量表达式”的用法。

（一）测量带字母的表达式

单击“测量表达式”，打开测量表达式对话框，在对话框里最上面的空白栏里，可以键入要测量的表达式。例如，键入“floor(n)”，单击“确定”，作图区就会出现一个文本框，里面显示出“floor(n) = - 4.00”。这表明计算机知道你使用了变量 n，而 n 的当前值的整数部分为－4。在对话框下部空白栏中，出现了一行字样“m000: [5] floor(n) = - 4.00”。这里 m000 是计算机给这个测量数据的编号，[5] 是测量数据的文本对象编号，后面意义自明，是你输入的表达式和测出的当前值。

测量一个数据后，测量对话框并不关闭，可以继续测量。再测量 m000^2，如图 1-67。

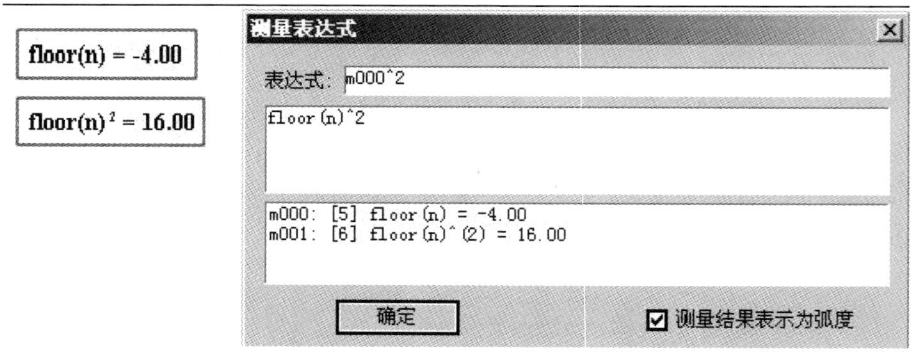

图 1-67

从图 1-67 看出，中间栏里是当前要测量的表达式将在文本框中显示的数据名，测量过的数据都保存在对话框下部的列表中。不再测量时，单击对话框右上角的“×”按钮关闭它。

通过测量，把表达式“floor(n)”和“floor。(n) ^2”转化为数据变量“m000”和“m001”，也可以在文本中使用了，如图 1-68。

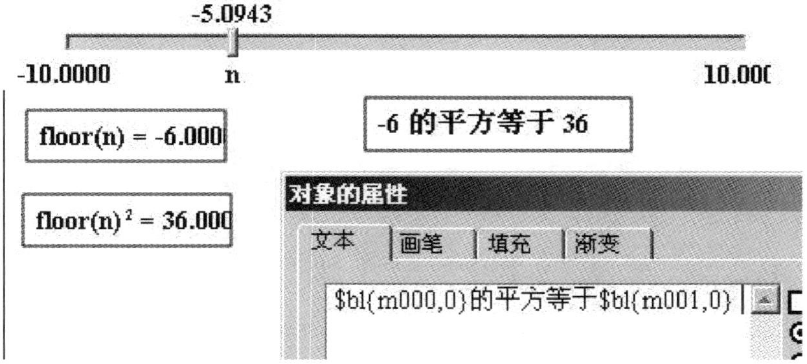

图 1-68

要改变测量数据文本显示的名字和小数点后的位数，可以双击数据文本框使它进入可编辑状态，如图 1-69。

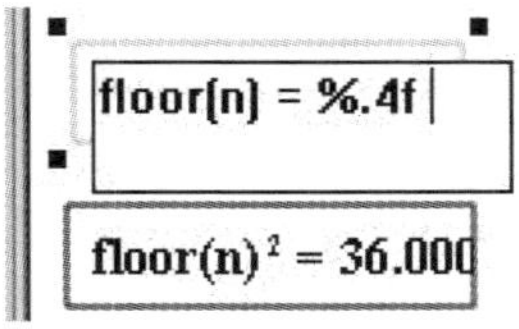

图 1-69

图 1-69 中两个数据文本中，上面的一个双击后进入编辑状态。这时，在“%”前面的部分“floor(n) =”可以删改，“%”后面的数字“4”表示在小数点后保留 4 位，也可以改动。测量数据的有效数字可以达到 17 位。

如果想改变所测量的表达式，可将鼠标光标指着数据文本框按右键，在右键对话框里单击“属性”，在数据文本“对象的属性”对话框的文本输入栏的最后一行就是所测量的表达式，可以进行编辑修改。

练习 输入一行带变量的文本，使显示的字样为“6+（−4）=2”，并且用两根变量尺控制文本中的数字，使它们可以变为其他整数，但保持等式成立。

（二）用测量作数值计算

测量几个表达式：2/3+ 4/7，pi，e，sin (pi/3)，sign (3，2)，ln (7) + log (2，8)，2^ (1/2)，并让数据保留到小数点后 10 位，如图 1-70

（本小节可参看本书所附光盘中的文件“1-11 用测量作数值计算 . zjz”）。

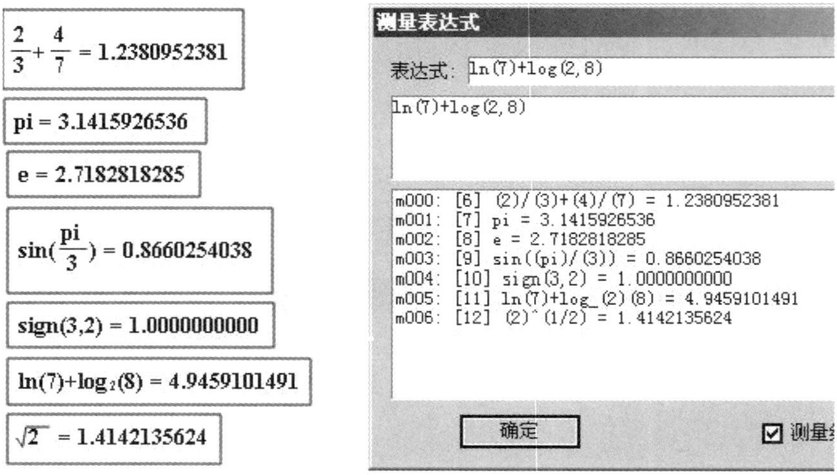

图 1-70

注意：测量命令执行后，测量表达式对话框的上面两栏应当都是空的。这里特意保留一行以供参考。

（三）利用嵌套测量求和或迭代

既然测量得到的数据是用变量 m000、m001 等来表示，而对包含 m000、m001 等变量的表达式又可以进行测量，这就出现一个问题：如果数据 m000 的表达式里又有 m000，将会出现什么现象呢？

例如，打开新文档，测量表达式“m000+ 1”，将会如何呢？

要知道，测量的结果将被命名为 m000，于是就有 m000= m000+ 1，是不是矛盾？

如图 1-71，这个测量数据的名字是 m000，但它的表达式又是 m000+ 1。那么，文本框里的数字 3. 3 究竟是 m000 呢，还是 m000+ 1 呢？

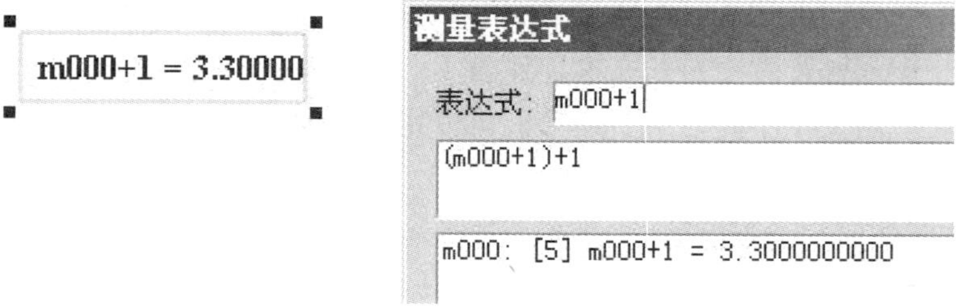

图 1-71

关闭对话框，让数据文本仍处于被选择状态。按一下箭头键（上、下、左、右之一都可以），数据框动一下，数值增加 1；再按一下，又加 1。

原来如此。对作图区进行操作时，数据就要刷新。计算机把文本框里的数值作为 m000 的当前值，再根据表达式 m000+ 1 来计算，结果作为 m000 的刷新值。反复刷新，不断加 1。

这样看，等式 m000= m000+ 1 的意义是把 m000 的当前值加 1 后再赋给 m000。

有没有其他办法让数据不断刷新呢？

办法之一，是做一个变量动画。

不选择任何对象，单击右键打开右键菜单。在右键菜单中单击“动画”，在弹出的对话框中填一个参数，例如 n，如图 1-72。

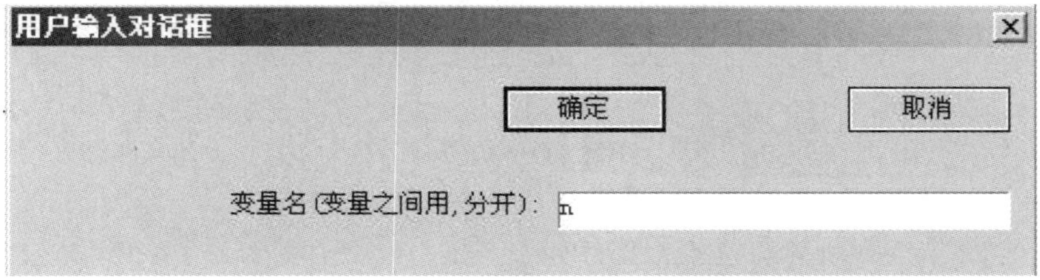

图 1-72

单击“确定”按钮关闭对话框后，弹出动画属性对话框。在此对话框里设置频率为 1000，范围为 0 到 1000，毫秒数为 1000，类型为“一次运动”，如图 1-73。

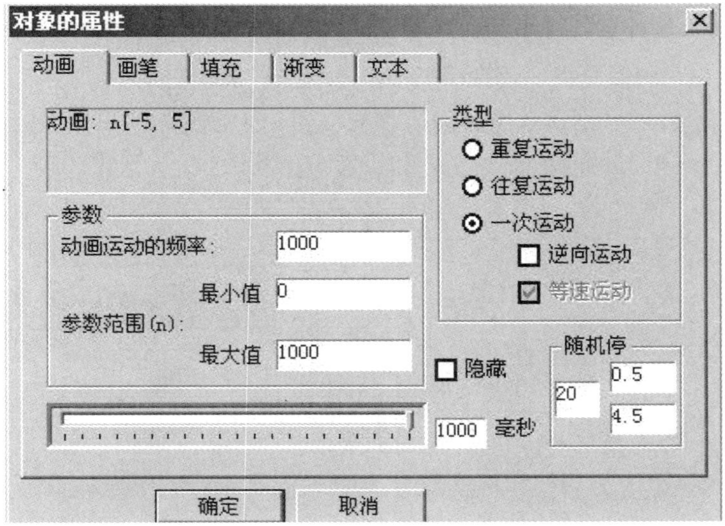

图 1-73

单击“确定”按钮关闭对话框后，单击“动画”按钮，便可以看到 m000 的值自动地增长。如果想控制 m000 不超过 100，可以把 m000+ 1 改成 m000+ sign (99，m000)。

让一个变量增长并显示，不足为奇。如果能计算级数的和就更有趣了。依照下面的操作，我们来计算若干自然数的平方和。

首先改变 m000 的表达式。右键单击“测量”数据，在右键菜单中单击“属性”，重新设置 m000 的显示名为 $he ({n= 1，$bl {n，0)) n^2}，表达式为 m000+ n^2，如图 1-74。

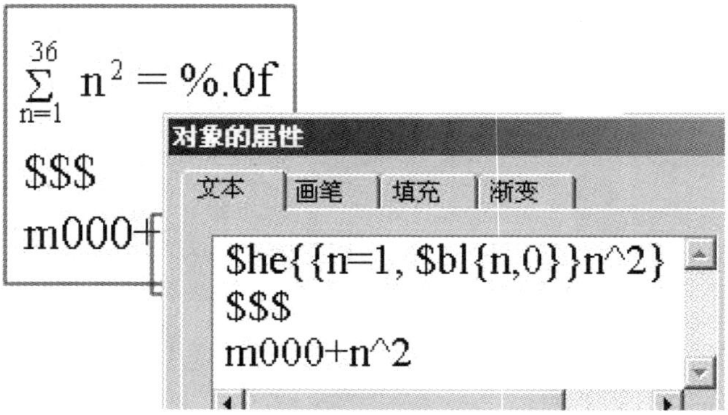

图 1-74

单击“确定”完成设置。为了方便地让 m000 和 n 能回到 0 值，再作 m000 和 n 的变量动画，频率设置为 10，范围从 0 到 0，类型为一次运动，文本分别写成“m000 置 0”和“$n=0$”。为了看得见 n 的值，对 n 作测量。顺次单击“$n=0$”和“m000= 0”的动画按钮使两者归 0，再单击 n 从 0 变到 1000 的动画按钮，便看见两个测量数据分别显示出 n 的值和从 1 到 n 的自然数的平方和的值。如图 1-75，表明从 1 到 36 的自然数的平方和等于 16206。

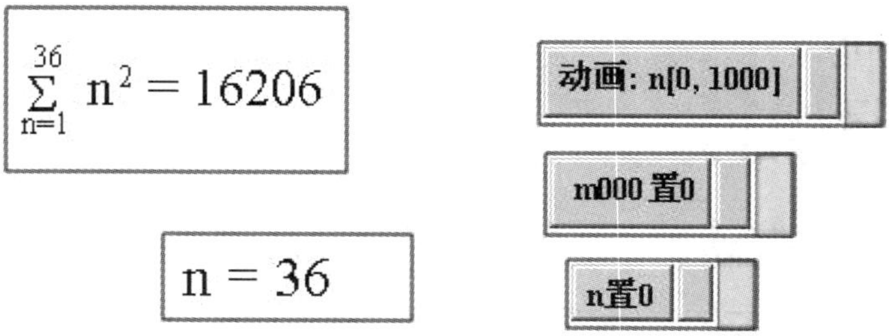

图 1-75

这样测量出来的结果不稳定，鼠标拖动其他对象时它要变化。改进的办法是把测量表达式的第 2 项乘上一个符号函数，见上述文件第 2 页。

这种把测量数据写入自己的表达式的操作，叫作嵌套测量。使用嵌套测量可以做出许多有趣的课件，本书后面会作更详细的介绍。下面再看如何用嵌套测量作函数迭代。

把 m000 的属性对话框打开，将显示名改为“ (sin (m000)) ^ [$bl {n, 0)]”，表达式改为“sin (m000)”。将“n 置 0”动画按钮的参数范围改为从 1 到 1，按钮名改为“n 置 1”；将“m000 置 0”动画按钮的参数范围改为从“pi/2 到 pi/2”，按钮名改为“m000 置 1”；将 n 从 0 到 1000 的“动画”按钮的参数范围改为“从 2 到 1002”。将 m000 的数据的精确度调整到 12 位，并顺次单击“n 置 1”和“m000 置 1”两个按钮，如图 1-76。这时 m000 的数据框显示的是 sin(1)的值。因为 m000 的值为 sin(pi/2)= 1。

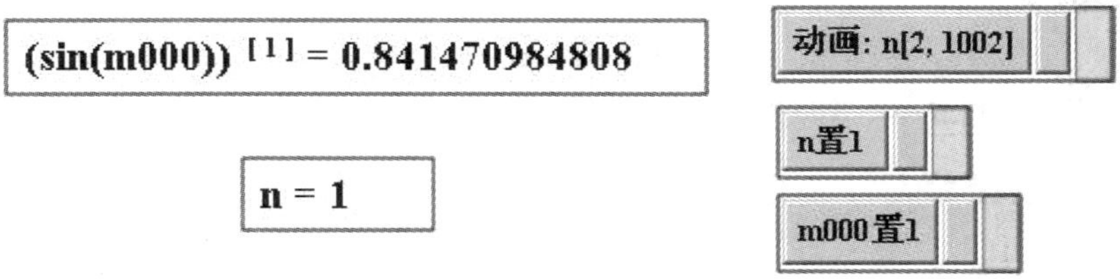

图 1-76

单击“动画”按钮，看出随着迭代次数 n 的增长，sin（x）的 n 次迭代函数在 $x=1$ 处的值。如图 1-77，显示出对 $x=1$ 取 25 次正弦的值。

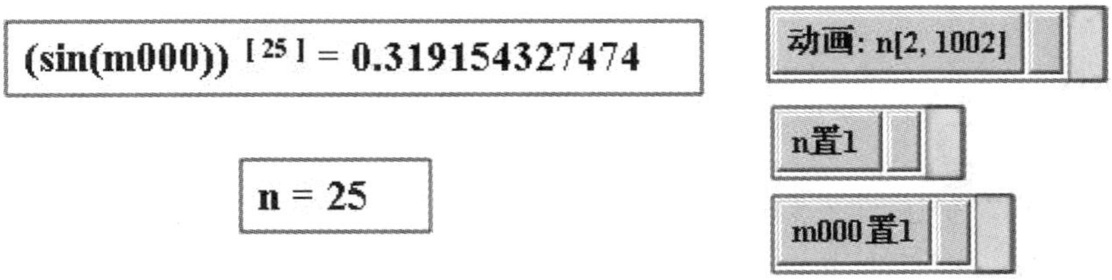

图 1-77

练习 利用嵌套测量计算从 1 到 n 的自然数的立方和，并用求和符号动态地显示出来。

（四）在程序工作区作数值计算

在左面的工作区下方有个“程序”按钮（图 1-78），单击它就打开了“程序”工作区。

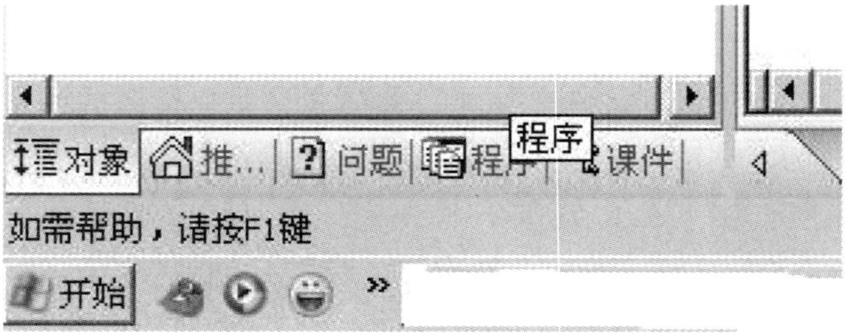

图 1-78

在“程序”工作区可以做数值计算。操作方法是在英文输入状态输入要计算的表达式，以分号（注意，英文的分号）结束。然后按着“Ctrl.”键打“Enter”键（此操作以后简称“执行”），计算机将在下一行显示“＞＞”符号和答案（以下简称“返回”答案）。

例如，输入“2/3＋4/7;”后按着“Ctrl”键打“Enter”键，返回，如图 1-79。

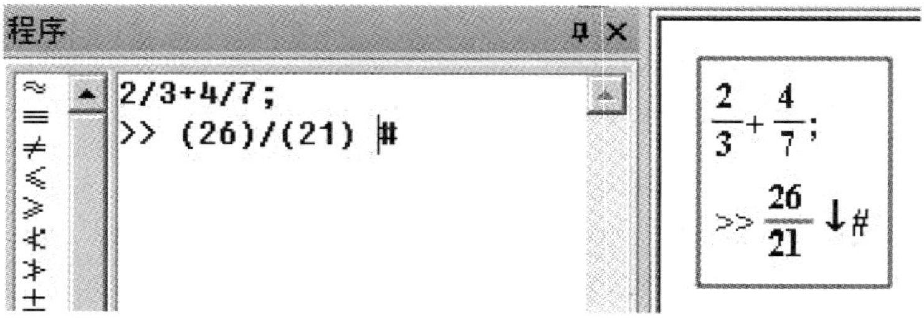

图 1-79

可以看到，你的输入和计算机的返回以公式排版的形式同时在右面左图区显示出来，叫作“程序”文本框。这样便于编辑、复制和打印等。

对程序文本框的操作和一般的文本对象相同。可以选择，用“＋”、“－”按钮放大缩小，调出“属性”对话框进行设置等。如要清除程序工作区内容，可以选择“程序”文本框按“Delete”键，再用鼠标在程序工作区单击即可。

再看几个例子：

在图 1-80 中，函数 Mod（34，5）是求 34 被 5 除的余数；Factor (22302)

是求 22302 的素因子分解式；Factorial (10) 是求 10 的阶乘，即从 1 到 10 的自然数的乘积；*P*（10，5）是求 10 中取 5 的排列数；*C*（10，5）是求 10 中取 5 的组合数。要想知道这里能使用的函数，可以将鼠标光标放在程序工作区单击后按“F1”键，在打开的函数列表里查阅，如图 1-81。

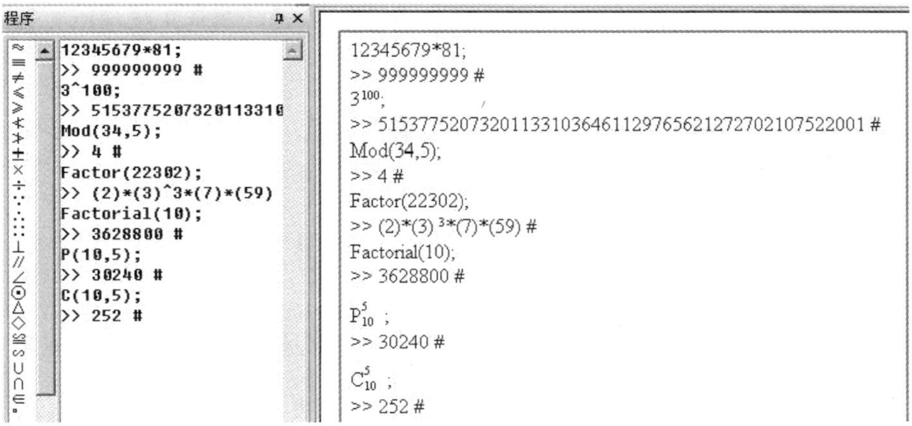

图 1-80

当鼠标光标指着某个函数时，该函数的说明会放大如图 1-81 所示。这时双击，函数名就被复制到程序工作区，以便填写参数执行，如同执行文本命令时那样。

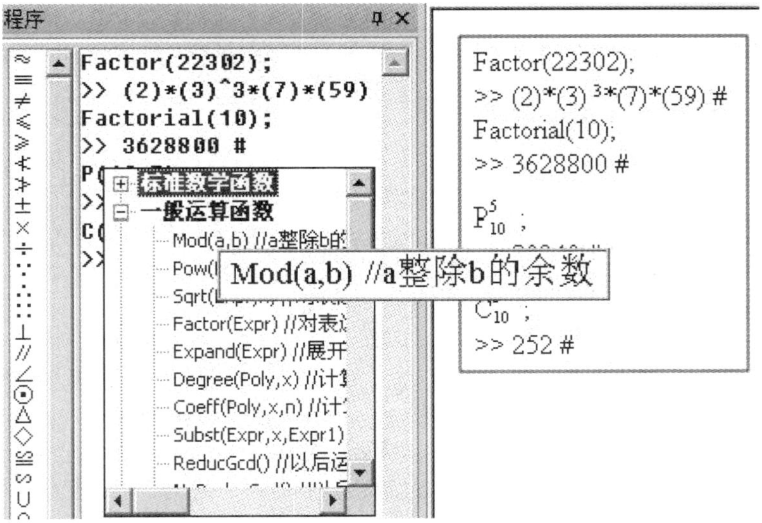

图 1-81

在程序工作区输入 pi 或 e，返回仍是 pi 或 e。这是因为当前处于符号计算状态。执行命令 Float (1) 可以把计算结果用浮点数表示，如图 1-82。参看本书所附光盘中的文件“1-14 程序浮点计算 . zjz”。

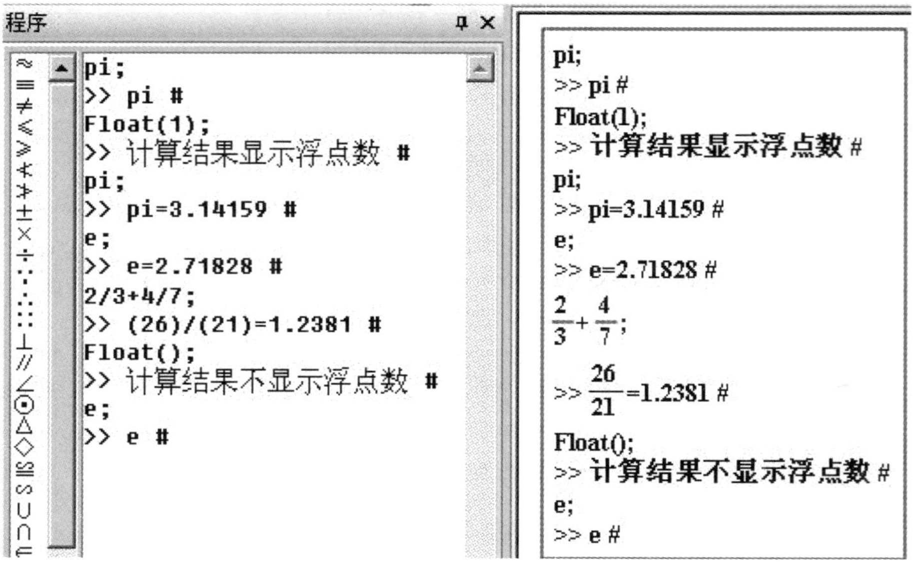

图 1-82

练习 用测量功能和在程序工作区分别计算 13^{30}，比较结果的差别。

（五）在程序工作区作符号计算

在程序工作区可以进行符号计算，如图 1-83 所示。

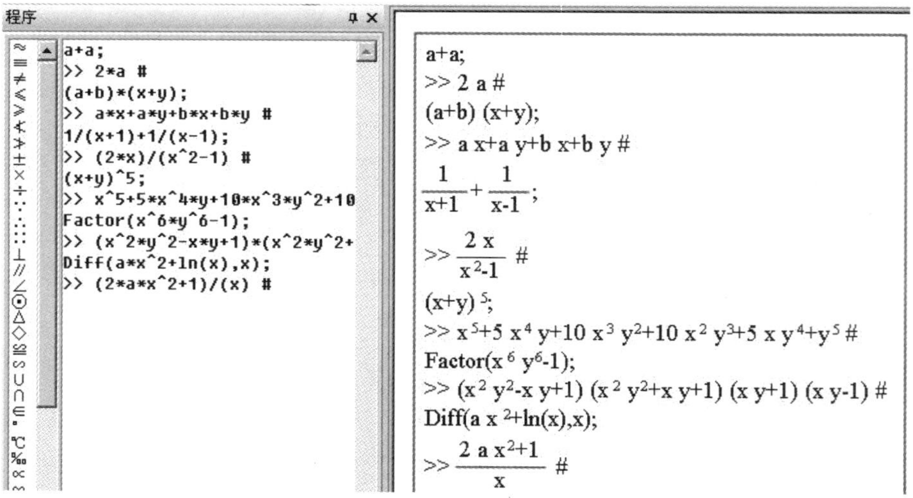

图 1-83

图 1-83 中，函数 Factor (x^、6 * y^、6- 1) 是将多项式 x^6y^6-1 作因式分解；函数 Diff (a * x^2+ ln (x), x) 是将函数 $ax^2+\ln x$ 对变量 x 求导数。在右方的文本框里，本来乘号也用“ * ”表示，但在属性对话框里选择了“空格”，就成为图示的格式。参看本书所附光盘中的文件“1-15 在程序工作区作符号计算 . zjz”。

练习 在程序工作区分解多项式 $x^{26}-x+1$。

（六）简单的编程

顾名思义，程序区应当可以编程和运行程序。

下面举例说明基本的编程语句的格式。

赋值语句用等号表示，可以把数值或带字母的表达式赋值给变量。如图 1-84。

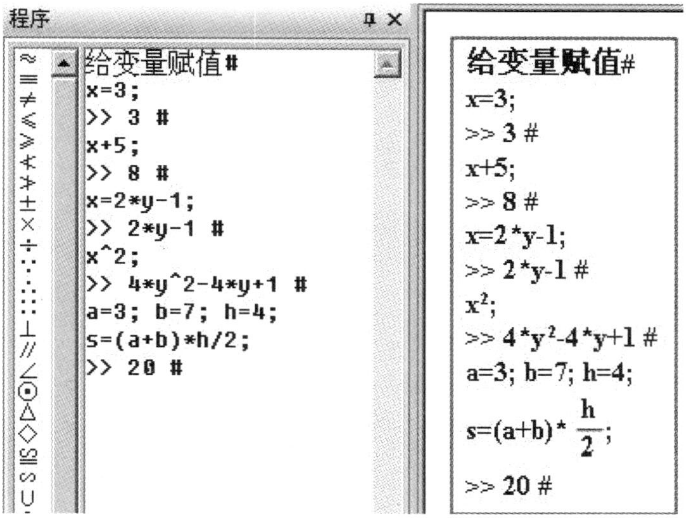

图 1-84

图 1-84 中最后的两行程序，相当于设梯形上下底分别为 $a=3$，$b=7$，高 $h=4$；用一段程序计算梯形面积 s。

你会想，直接键入“s= (3+ 7) * 4/2;”，执行后不是一样吗，何必先给 a、b、h 赋值呢?

如果只想计算这一个梯形的面积 s，当然不必先给 a、b、h 赋值。

先给 a、b、h 赋值的好处在于，如果要计算其他梯形的面积，只要复制这段程序，把前面的数据改一下就可以执行，而不必改动公式中的数据。如果所用的公式比较复杂，这样先赋值再用公式计算的优越性就很明显了。

如果想再方便一些，可以把这段程序做成一个计算梯形面积函数。为此只要键入：

```
s (a, b, h) { (a+ b) *h/2;}
```

执行后返回：

```
> > s (a, b, h) #
```

这说明，函数 $s(a, b, h)$ 的定义已经完成。这里，s 叫作“函数名”，a、b、h 叫作“变元”或“参数”，花括弧中的语句，可以是 1 行或几行，叫作“函数体”；函数名区别大小写。这是定义函数的一般方法。

要使用这个函数计算上下底分别为 $a=3$，$b=7$，高 $h=4$ 的梯形面积，只要键入：

```
s (3, 7, 4);
```

执行后就会返回答案，即 20。

把一些运算或程序写成函数，使用起来很方便，如图 1-85。（参看本书所附光盘中的文件“1-16 简单的编程 1. zjz”）

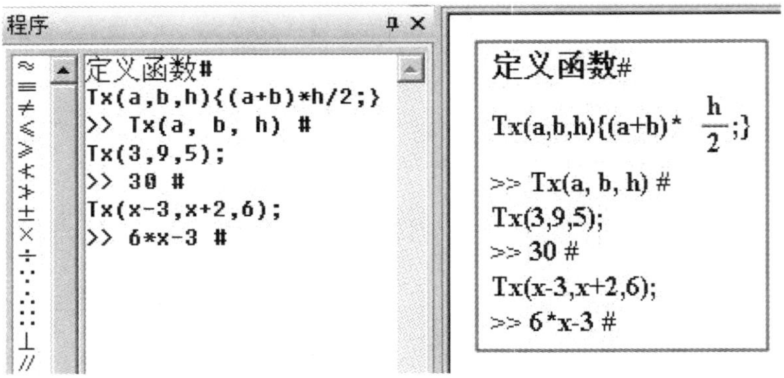

图 1-85

只用赋值语句，能做的事太少。还要有条件语句。

条件语句的一般格式为：

```
if (A) {B} else {c}
```

或者只有前面部分：

```
if (A) {B}
```

这里 A 是条件，A 成立时执行语句 B，A 不成立时执行语句 C。在花括弧内的 B 和 C。也可以是条件语句。

如图 1-86，$M(a,b)$是求两个数 a、b 中最大值的函数，$M3(a,b,c)$是求 3 个数

a、b、c 中最大值的函数。用它们又构造出求 5 个数的最大值的函数。

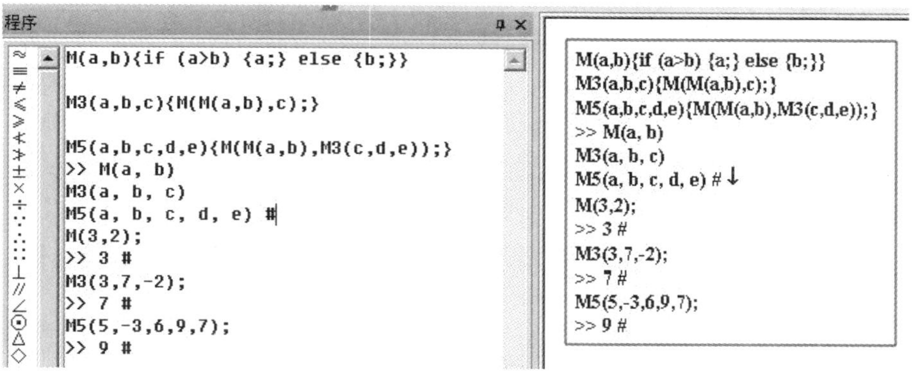

图 1-86

若直接编写从 5 个数中选出最大数的函数 $M5$（a，b，c，d，e）的程序，要费事得多。可见函数概念多么有用。有了 $M5$，一下就能写出从 25 个数中选出最大数的程序！

另一个重要的程序语句是循环语句。超级画板中的循环语句主要有 for 语句和 while 语句。while 语句的格式为：

while（条件）{一些语句}

当条件满足时就顺次执行花括弧中的语句，每执行一轮就检查一次条件，当条件不满足时就退出循环，跳过花括弧执行后面的语句。

用 while 语句可以实现各种循环过程，不论是否预先知道循环次数都行。

如图 1-87，是用 while 语句编写的求两个正整数 a，b 的最大公约数的程序和执行情形。（参看本书所附光盘中的文件“1-17 简单的编程 2. ziz”）

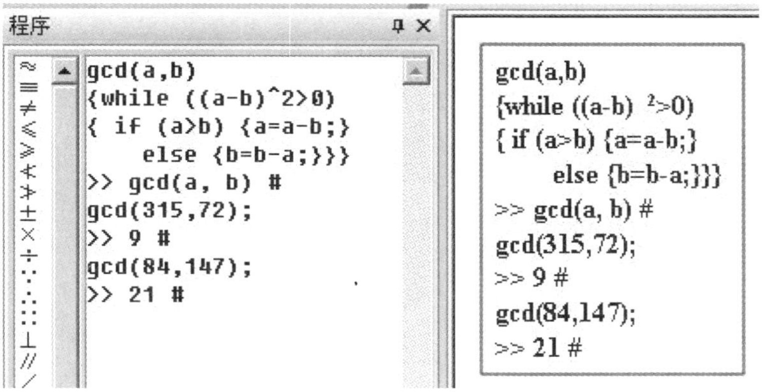

图 1-87

有些问题中，循环的次数可以事先确定，可以用 for 语句。超级画板编程环境中的 for 语句格式为：

for (i= a; i< b; i= i+ d) {S}

其中圆括弧中的 i 是循环变量，也可以用其他字母表示循环变量。$i=a$ 表示 i 的值从 a 开始，a 为初值；$i<b$ 说明了 i 的上限为 b；$i=i+d$ 表示 i 每次加 d，d 为步长。花括弧中的 s 表示一些语句，叫作循环体。程序对每个 i 的值顺次执行循环体中的语句。

图 1-88 中，是用 for 语句编写的计算所有小于 100 的正奇数的倒数和的程序。循环变量的初值为 1，上限为 100，步长为 2。

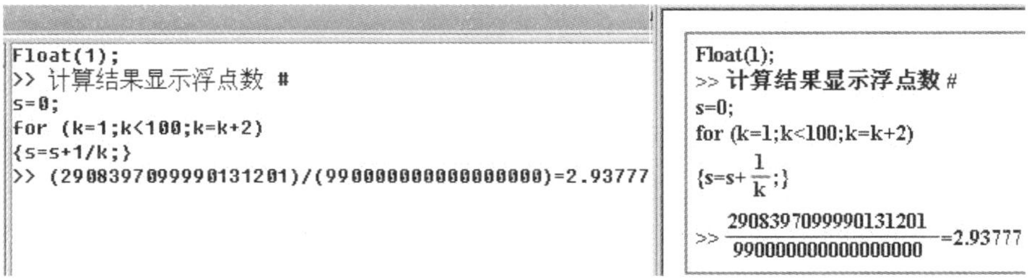

图 1-88

执行程序也可以作图。图 1-89 中的程序作出了 100 个圆。（参看本书所附光盘中的文件“1-18 简单的编程 3. zjz”）

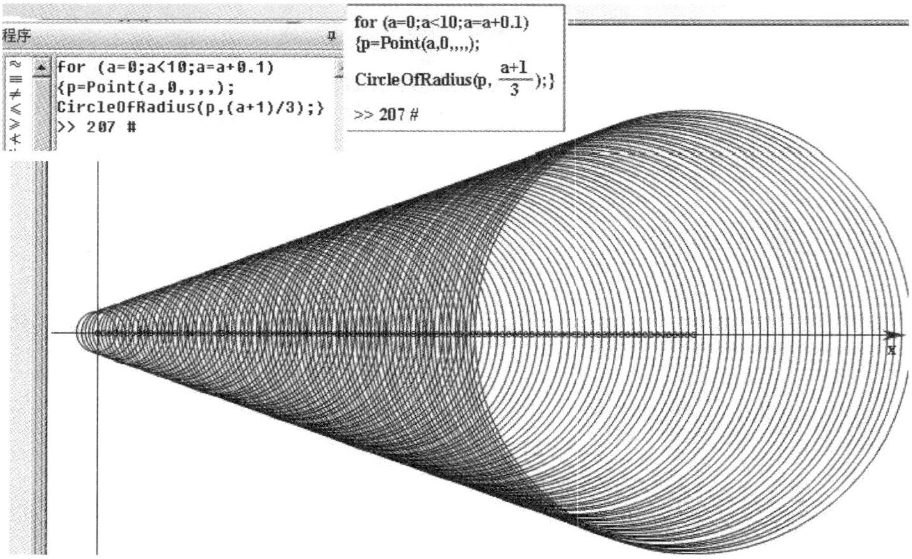

图 1-89

练习 编写程序画 50 个圆，它们的半径各不相同，圆心在一个圆上。

小结 测量和编程的内容极为丰富，而且在应用时变化很多。这一节里只涉及其中的一小部分，但却是比较重要的常用的部分。

测量表达式是测量功能中变化很多的一项。要注意的是，每一次测量产生一个数据文本对象，它具有对象编号如［6］、［11］等，还有单独的命名 m000、m001 直到 m999。这些命名可以在测量和作图中被引用，由此产生大量的技巧，后面将详细说明。

被测量的表达式可以在数据文本对象的“属性”对话框中修改。

使用测量表达式的功能可以做有效数字达 16 位的数值计算。如果要作符号计算，可以在程序工作区进行。

在程序工作区，可以作大整数的四则运算、幂运算、因子分解、阶乘计算、求余以及排列组合数的计算等。也可以作多项式的四则运算、幂运算、因式分解等。

鼠标在程序工作区单击后按“F1”键，可以调出函数列表。列表中包含了所有的文本作图命令函数，这些函数在程序工作区执行的效果和使用文本作图大致一样。

程序工作区支持包含赋值语句、条件语句和循环语句的编程，并且允许你定义函数。把程序写成函数形式，会带来很大方便。本书附带的光盘里有许多有用的函数，供你参考和复制应用。

小　　结

本篇引导读者对《超级画板》免费版本的功能做了大体上的浏览，值得仔细看看做做。

我们看到，注册版本的许多重要功能，免费版本也有。这部分功能主要包括智能画笔、符号演算和编程、文本公式的直接输入和十分有用的测量表达式。

但是，也有些常用的功能，例如，右键菜单上的“坐标点”和“函数或参数方程曲线”，在免费版本上变为灰色，不能激活了。如果这些功能被禁用，免费版本的能力就十分有限了。

仔细看完本篇就知道了，使用文本作图，仍然可以作坐标点、画函数曲线，可以做许多好像只有注册版本才能做的事！

所以，本篇的重点，是介绍文本作图的使用方法。

后面，将用更多的例子展示文本作图的力量和技巧，还将引进一些文本作图对话框里没有的作图函数。

第二篇

平面几何

平面几何作为一门系统的学科，虽然已有2000多年的历史，但其魅力经久不衰。计算机科技的发展，推出了动态几何作图软件，使这门古老的科学焕发青春，变得更加丰富多彩，更有吸引力和挑战性。《超级画板》是由动态几何作图软件发展而来，平面几何动态作图当然是它的基本功能。基本功能熟练了，就有了登堂入室的基础。

这一篇里，我们将通过一些精选的例子，学习动态几何作图，图形的旋转、平移和缩放的操作机制，图形的测量，以及制作控制图形运动和变化的按钮方法。

看了这些例子你会看到，优秀的作品源于对知识的创造性地运用。再好的软件也不过是你手中的工具，不过是圆规直尺铅笔这些古老的工具的发展。创意永远是最重要的。

一、三角形的面积公式

几何学源于面积的计算。一个基本的，但并不显然的面积公式就是“三角形面积等于底和高的乘积的一半”。可以用一个小动画来说明这个公式的道理。

在本书所附光盘中的文件夹“examples \ 第二篇平面几何”中，找到文件“2-1 三角形面积公式 . zjz”并双击它将它打开，界面如图 2-1。

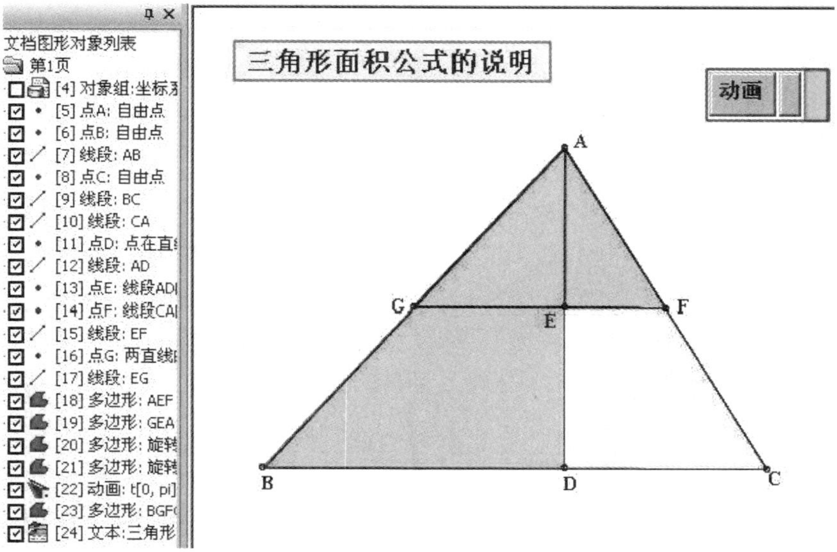

图 2-1

单击“动画”按钮，则$\triangle AEF$和$\triangle AEG$分别绕点F和G转动，如图 2-2。

转动到如图 2-3 的位置停止，这时$\triangle ABC$被剪拼成一个矩形。矩形的长等于三角形的边BC，宽等于三角形的高AD的一半。单击动画按钮的副钮，图形逆向运动复原。

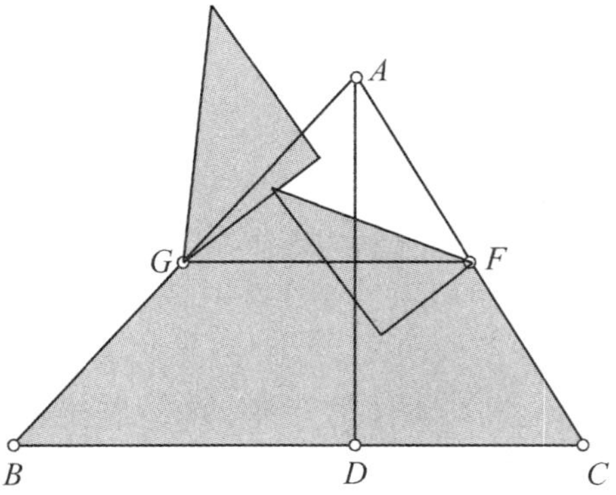

图 2-2

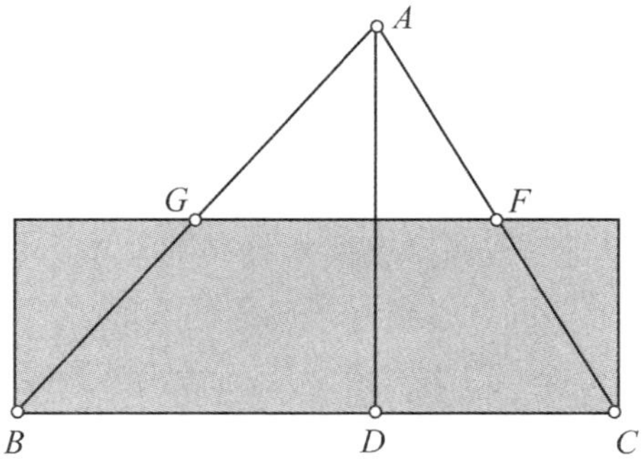

图 2-3

现在我们自己动手做这个动画。

仔细看看图 2-1 左部的对象列表，在动手之前就会胸有成竹。

具体操作如下：

(1) 单击“画笔”按钮进入智能作图状态，拖动鼠标画出三角形ABC。

（2）自 A 向 BC 引垂足，当出现“垂足”字样时松开鼠标左键作出垂足 D。

（3）鼠标光标指向 AD 中点处，当出现“中点”字样时按下鼠标左键作出中点 E。

（4）按下鼠标自 E 沿平行于 DC 方向画线，当接近线段 AC 时会出现“平行相交”或“中点”字样；松开鼠标左键作出 AC 中点 F。

（5）同（4）操作，作出 AB 中点 G 和线段 EG。

（6）选择 A、E、F 三点按右键，在右键菜单中单击“多边形”，作出多边形 AEF。

（7）同（6）操作，作出多边形 AEG。

（8）打开文本作图命令对话框，调出图形变换类旋转函数 Rotate (,,)，填入参数如图 2-4。

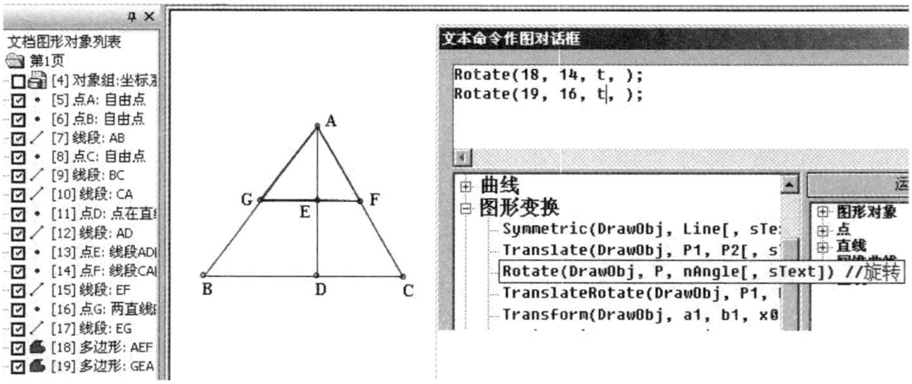

图 2-4

这里 18，19 分别是多边形 AEF 和 AEG 的编号；14，16 分别是旋转中心 F 和 G 的编号；用变量 t 作为旋转角，是留有余地，准备让 t 来驱动旋转。单击“运行”按钮作出两个旋转复制的多边形，如图 2-5。如果你作图时的对象编号与此不同，参数号码以你的为准。

（9）为了使两个复制的多边形停在预期的位置，要作出变量 t 的动画按钮。不选择对象，单击右键打开右键菜单，执行其中的“动画”命令，在打开的对话框里键入 t，单击“确定”打开动画设置对话框，设置频率为 300～500 以免过快，参数范围设为 0 到 pi，类型设置为一次运动。单击“确定”作出动画按钮。

（10）选择 B、C、F、G 四点，用上面第（6）步操作方法作出多边形 $BCFG$。

（11）选择多边形 $BCFG$ 和两个复制的多边形，单击上方工具栏中的“填充颜色”按钮旁的小黑三角（图 2-6）打开颜色盘，选择适当的颜色进行填充。再

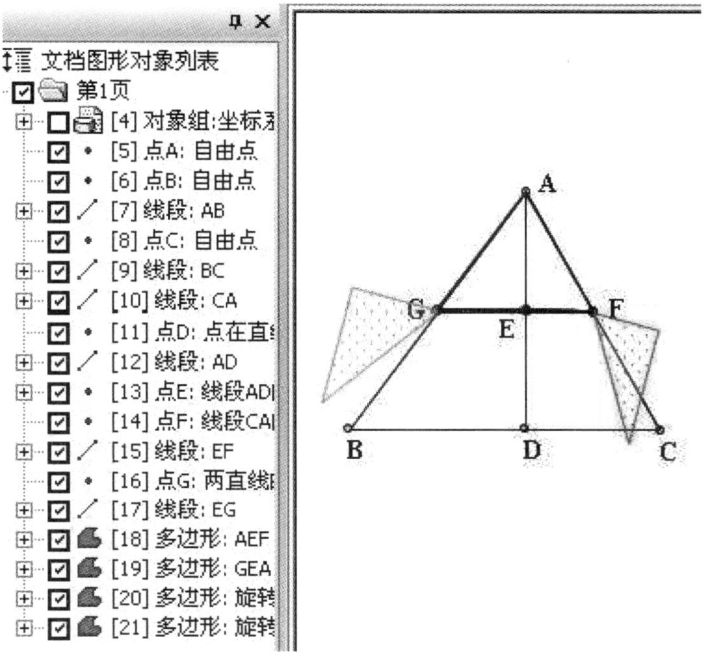

图 2-5

单击“增加透明”按钮（图 2-6）若干次，使几个多边形成为半透明状态，以便观察。

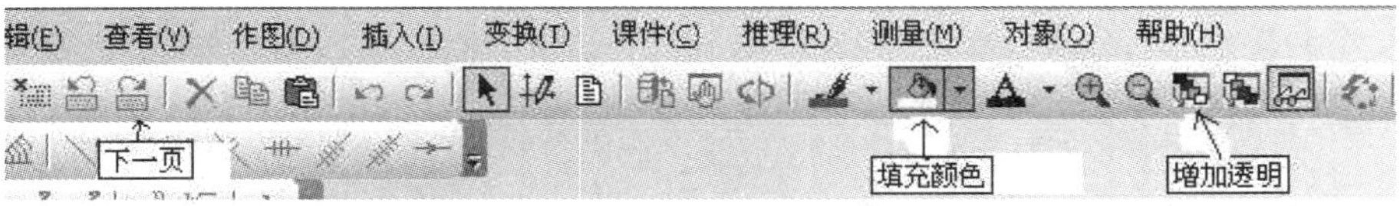

图 2-6

（12）最后，单击“文本”按钮添加标题，大功告成。

用鼠标拖动点 A，三角形的高 AD 会随着变化。只要点 D 在线段 BC 上，动画就能保持原有的效果。当点 D 跑到 BC 之外，就要重新设计剪拼的方案了。这个例子体现了让复制的多边形旋转到指定位置的方法和应用。

【习题 2-1】 画一个梯形 $ABCD$，取梯形的一腰 BC 的中点 E 为旋转中心，构造一个动画，让复制的梯形绕 E 旋转后和原来的梯形拼成一个平行四边形。

【习题 2-2】 把例 2-1 中的三角形用另一种方法剪拼成一边等于 AD 的矩形。

习题的参考答案，见文件“2-1 三角形面积公式 . zjz”的 2～3 页，单击工具栏里的“下一页”按钮（图 2-6）即可打开 2-3 页，下同。

二、三角形的三高为何共点

有些几何现象看来很奇妙，会使人留下终生难忘的印象。大物理学家爱因斯坦在晚年回忆自己 12 岁时读到一本几何教科书时说："这本书里有许多断言，比如，三角形的三个高交于一点，它们本身虽然并不是显而易见的，但是可以很可靠地加以证明，以致任何怀疑似乎都不可能。这种明晰性和可靠性给我造成了一种难以形容的印象。"

打开所附光盘中的文件夹"examples \ 第二篇平面几何"中的文件"2-2 为什么三角形的三高共点 . zjz"，如图 2-7，这就是著名的垂心定理。

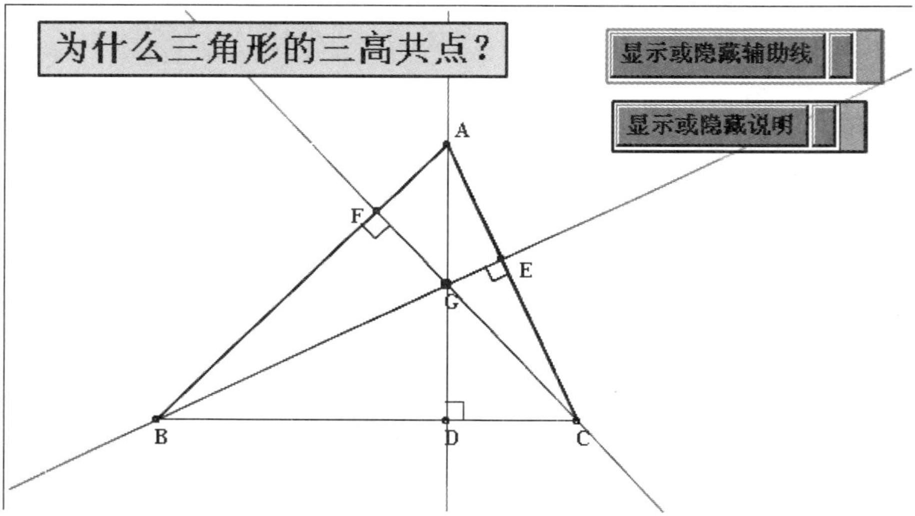

图 2-7

无论你如何拖动点 A、B 或 C，只要这 3 点不在一条直线上，三角形 ABC 的 3 条绿色的高线总交于红点 G。为什么呢？正如爱因斯坦所说，这"不是显而易见的"。

几何中的辅助线有一种本领，能够把因果之间的迷雾一扫而光。单击"显示或隐藏辅助线"按钮和"显示或隐藏说明"按钮，如图 2-8，水落石出了。

三角形的三边的中垂线共点是容易证明的。辅助线把"不是显而易见的"事情变成了"可以很可靠地加以证明，以致任何怀疑似乎都不可能"的定理。

单击两个按钮的副钮，辅助线和说明就隐藏起来了。

用超级画板做出图 2-8 中的几何图形不难。但是在免费的版本中，用菜单作"隐藏显示按钮"的功能无法激活，必须变通一下，才能做出这两个按钮来。这

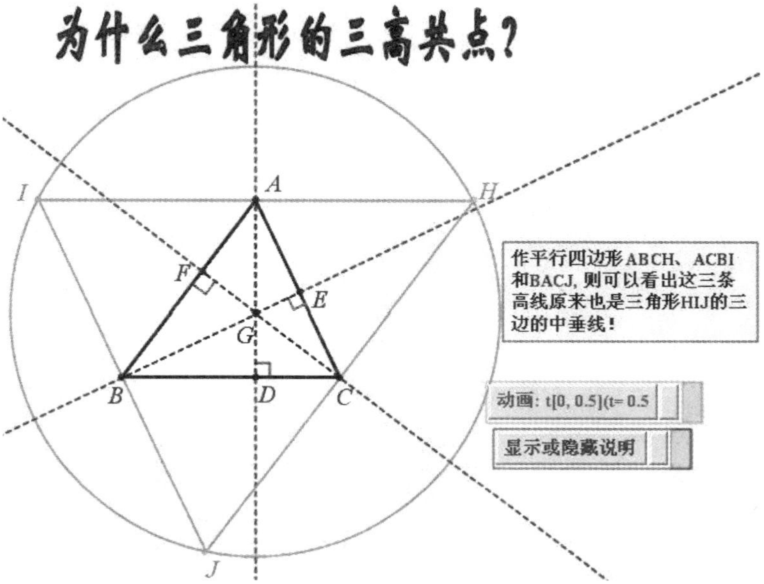

图 2-8

里是变通的方法之一。

下面是全部的制作过程，其中特别详细讲述你可能不熟悉的操作。

（1）启动“画笔”，作任意三角形 ABC。

（2）自 A 向 BC 引垂足 D。如果要把线段 AD 变成直线，可用右键单击线段，在右键菜单中单击“属性”打开属性对话框，在右下方“类型转换”栏里选择“直线”，再单击“确定”即可（直角标注可用文本作图命令：曲线类函数 `LabeAngle(,,,)`）。

（3）同（2）作出高 BE 和 CF，并把线段转换成直线。也可以直接作出过点 A、B、c 而垂直于对边的直线，方法是选择点和对边后执行菜单命令“作图｜线段、向量、射线和直线｜垂直直线”。如要作出垂足，再单击垂线和边相交之处。

（4）单击高线相交之处作出垂心 G。

（5）顺次选择点 A、B、C，执行菜单命令“作图｜常见多边形｜平行四边形”，作平行四边形 $ABCH$。

（6）同上作平行四边形 $ACBI$ 和 $BACJ$。

（7）以 G 为圆心作出过点 H 的圆，点 I、J 必然也在此圆上。

（8）用文本功能，添加标题和说明。

（9）现在来制作“显示或隐藏说明”按钮，分两步操作：①不选择对象，单击右键打开右键菜单，执行“动画”命令。在打开的对话框里键入 s，单击“确定”打开动画设置对话框，设置频率不超过10，参数范围设为0到1，类型设置为一次运动。单击对话框的“文本”按钮打开文本选项卡，键入文本“显示或隐藏说明”，单击“确定”作出“动画”按钮。②右键单击说明的文本后在右键菜单中单击“属性”对话框，单击上方“填充”按钮后，在“类型”栏里单击“动态Alpha”，打开如图2-9的用户输入对话框。

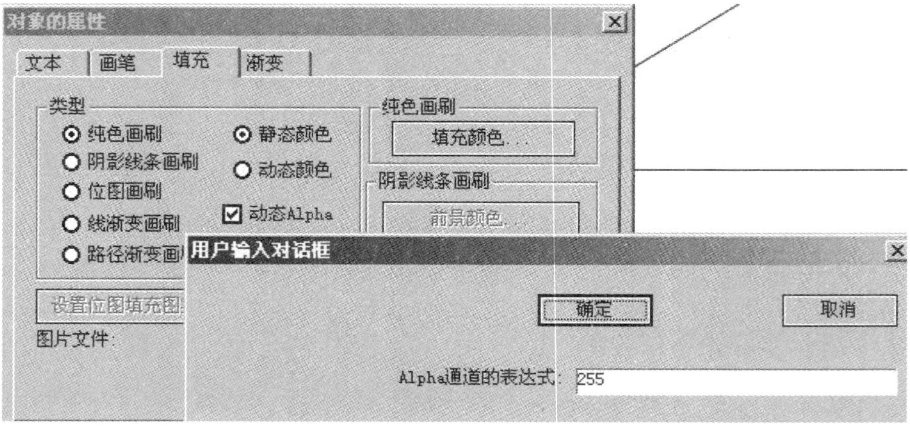

图 2-9

在名为“Alpha通道的表达式”的可编辑栏里，已经填了数字“255”，这个数字是用来控制对象的透明度的。取值为255时对象完全不透明，当然可见。取值为0时对象完全透明，就看不见了。把255改成255 * s，单击“确定”关闭对话框。则单击“动画s”的按钮的副钮时s变成0，对象就看不见了。单击主钮时s变为1，对象显示出来。

这就是用“动画”按钮控制对象隐藏显示的基本方法。

(10) 制作“显示或隐藏辅助线”按钮的方法可以同上。但由于对象较多，可以用下面的方法加以简化。

同上作参数t的“动画”按钮，按钮文本写成“显示或隐藏辅助线”。①选择点H，同上在H的“属性”对话框里把它的Alpha通道表达式改为255 * t，则t的变化可控制点H的隐藏或显示。对点I和J的属性作同样设置。②本来，对其他辅助线也可以一一设置其AIpha通道表达式。但要设置的对象较多，共有6条线段和1个圆，要设置7次。用改变颜色亮度的方法也能达到同样的效果，操作如下：选择线段HA、HC、IA、IB、JB、JC和圆G，执行菜单命令“编辑 | 对象的画笔、画刷和字体 | 对象的画笔”，打开“画笔属性”对话框。在“线宽、颜色”栏选择“动态颜色”，打开“动态颜色”对话框。在“颜色类型”

栏里，选择“HLS 颜色空间”；再在下面的“Green (Liqhtness)”行的空白里，填上 1-t，如图 2-10。再单击“确定”。

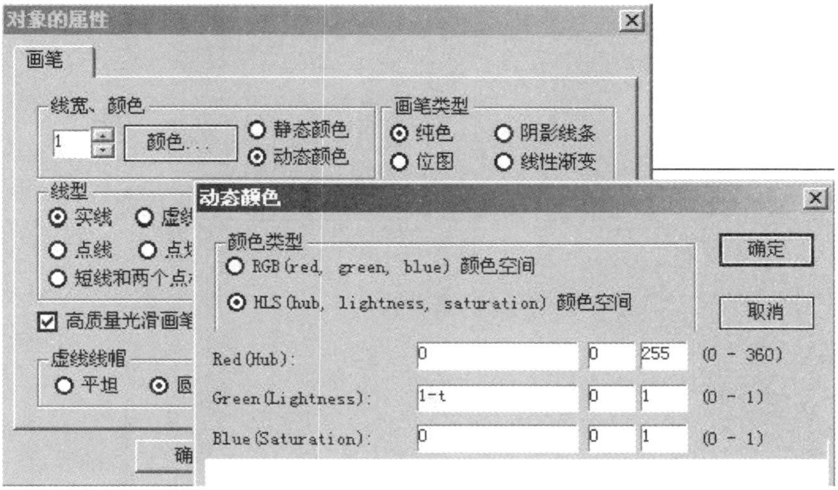

图 2-10

这里解释一下：“Green (Lightness)”是“绿色（亮度）”，意思是这一行的参数，在选择“RGB 颜色空间”时表示绿色的指数，而选择“HLS 颜色空间”时则表示亮度的指数。当前我们选择的是后者，所以 1-t 就是亮度指数。t 为 0 时亮度指数为 1，对象为白色；t 为 1 时亮度指数为 0，对象为黑色。

这样，参数 t 的“动画”按钮就同时控制了 3 个点、6 条线段和 1 个圆的隐藏和显示。

其实，只要调用文本命令中对象组函数 Group (,,,,)，把这些对象的编号作为参数填进去，运行后就把这些对象变成一组。在对象工作区单击此对象组前的小方框，就能够隐藏或显示这些对象。做成按钮显得神气一点，可也多了一番辛苦。

不过，醉翁之意不在酒，我们借制作隐藏显示按钮的工作，了解一下有关“动态 Alpha”和“动态颜色”的运用，倒是有更多的收获。

【习题 2-3】 作三角形 ABC 和它的 3 条中线以及 3 个角的平分线。再作一个按钮控制它们的隐藏和显示，使得单击主钮显示绿色中线，单击副钮显示红色角平分线（有关作角平分线的操作，可用文本作图命令，参看图 2-11；中线和角平分线的显示隐藏，动态颜色可选 RGB 系统。习题参考答案见文件“2-2 为什么三角形的三高共点 . zjz”的第 2 页）。

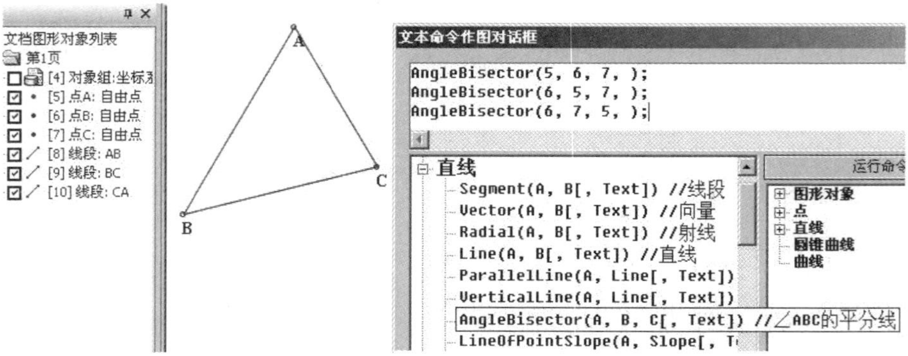

图 2-11

三、用面积剪拼说明勾股定理

勾股定理是几何学的一条特别重要的定理，被誉为“几何学的基石”。爱因斯坦晚年回忆中提到的在 12 岁时学到的几何定理，一个是上面说的垂心定理，另一个就是勾股定理。为了独立证明这个定理，他花了 3 个星期。虽然这是一个古老得有 2000 多年历史的定理，但是爱因斯坦经过一番努力总算得到了结果，他第一次体会到科学发现时的欣喜。

勾股定理的证法有 400 多种之多。最早的证明是由古代的中国数学家做出的。中国数学家后来又用面积剪拼的方法给出多种证明。用计算机动画说明勾股定理的作品很多，大多是用了动态几何的平移或旋转功能。

打开文件夹“examples \ 第二篇平面几何”中的文件“2-3 用面积剪拼说明勾股定理 . zjz”，如图 2-12 中左部分。

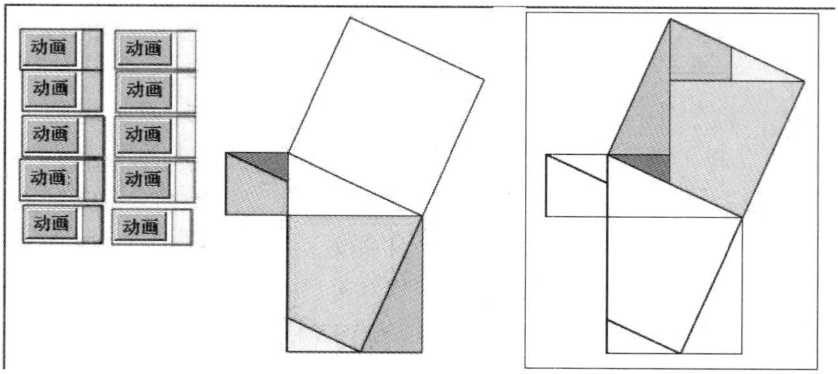

图 2-12

图 2-12 中直角三角形两条直角边上的正方形被划分成 5 块。单击 5 个绿色“动画”按钮（左边的一列），这 5 块一一平移上去，把斜边上的正方形填满，如图 2-12 右边附图所示。

制作这样的动画，关键当然是创意，是剪拼的设计。在技术上，主要是实现多边形的平移运动。具体操作步骤如下：

(1) 作直角三角形 ABC，方法有二：可以用“画笔”功能先画线段 AB，继续向垂直于 AB 的方向画线，出现“垂直”提示时松开鼠标完成直角 ABC，再按下鼠标继续画完三角形。也可以先作出线段 AB，选择线段 AB 后执行菜单命令“作图｜常见多边形｜直角三角形”即可。两种方法作出的直角三角形，斜边都是 AC。如果希望按习惯把斜边标注为 AB，可以双击点 B 使它转为可编辑状态，如图 2-13，将 B 改为 C，同法将 C 改为 B。

(2) 在三角形的各边上作正方形：顺次选择 A、B，执行菜单命令“作图｜常见多边形｜正方形”即可。再顺次选择 C、A 和 B、C，分别作出另两个正方形，如图 2-14。

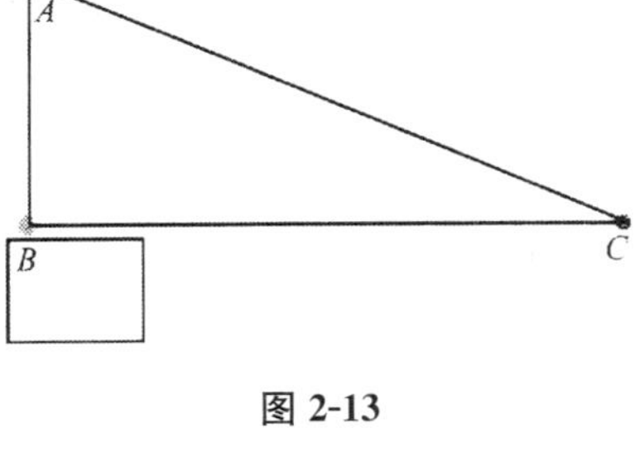

图 2-13

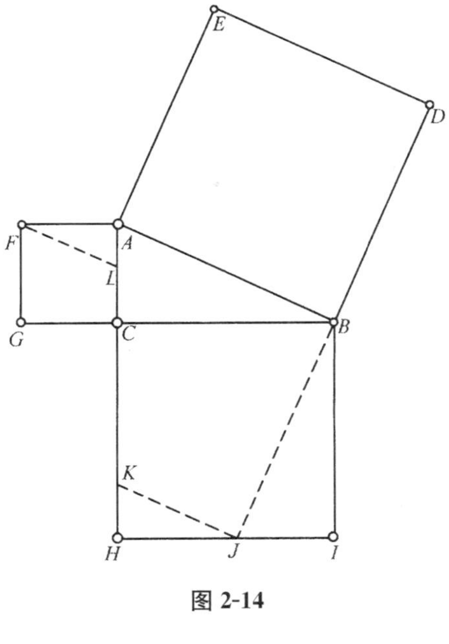

图 2-14

(3) 作剪拼分划：有多种方法实现图 2-14 中的剪拼分划。只要注意到 $BJ \parallel AE$，$JK \parallel AB$ 并且 $FL \parallel AB$ 即可。点 J、L、K 的作图当然可以使用“画笔”功能来实现，但利用平移来作更具启发性：

1) 顺次选择点 D、B，在右键菜单中单击“选定平移向量”，这就确定了平移的距离和方向。选择线段 AB、点 B 和线段 BD，在右键菜单中单击“平移几何对象”，作出线段 AB、点 B 和线段 BD 的平移复制图像，再作出 BC 和复制线段的交点 K，如图 2-15。平移复制的线段在图 2-15 中用灰色表示。

2）顺次选择点 A、F，在右键菜单中单击“目前正在使用的平移向量……（即原来选定平移向量所在位置）”，重新确定了平移的距离和方向。选择线段 AB，在右键菜单中单击“平移几何对象”，作出线段 A8 平移复制图像，再作出 AC 和复制线段的交点 L，如图 2-16。

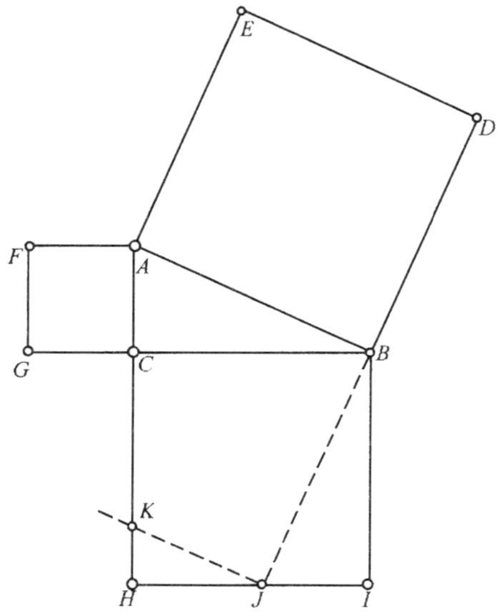

图 2-15

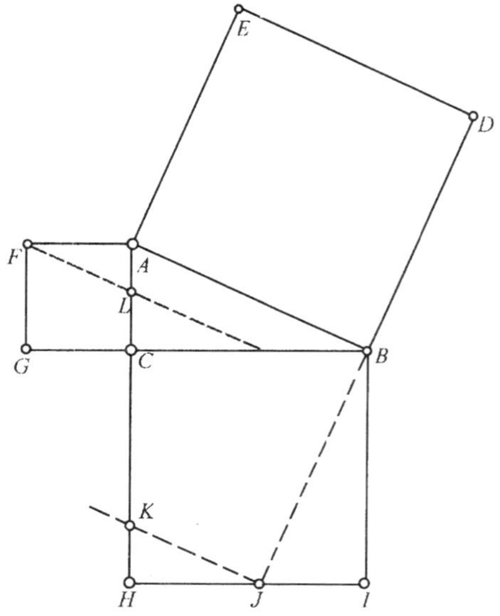

图 2-16

为了美观，可以选择过 K 和过 L 的两条复制线段在右键菜单中单击“隐藏”将它们隐去；再作线段 FL 和 KJ。并且在“属性”对话框里将线段 FL、KJ、BJ 的类型改为虚线，如图 2-14。

（4）下面来把 3 个三角形 BIJ、JHK、FAL 和两个四边形 $BCKJ$、$FGCL$ 这 5 块面积复制成可以运动的多边形。以四边形 $BCKJ$ 为例，操作步骤为：

1）顺次选择点 B、C、K、J，在右键菜单中单击“多边形”，作多边形 $BCKJ$。

2）作自由点 M；它将带着复制的多边形平移运动。

3）顺次选择点 J、M 后在右键菜单中单击“选定平移向量”（如果前面选过平移向量，此处显示为“目前正在使用的平移向量……”）。

4）选择多边形 $BCKJ$，在右键菜单中单击“平移几何对象”，作出多边形

$BCKJ$ 的平移复制图像。注意，复制图像中点 M 对应于原图中的点 J。

这时，拖动点 M 时复制的图像就会跟着平移了。

（5）同（4），分别作多边形 BIJ、JHK、$FGCL$ 和 FAL；分别作自由点 N、P、Q 和 R；分别对应于平移向量 BN、JP、FQ 和 FR 作四个多边形的平移复制图像，如图 2-17。

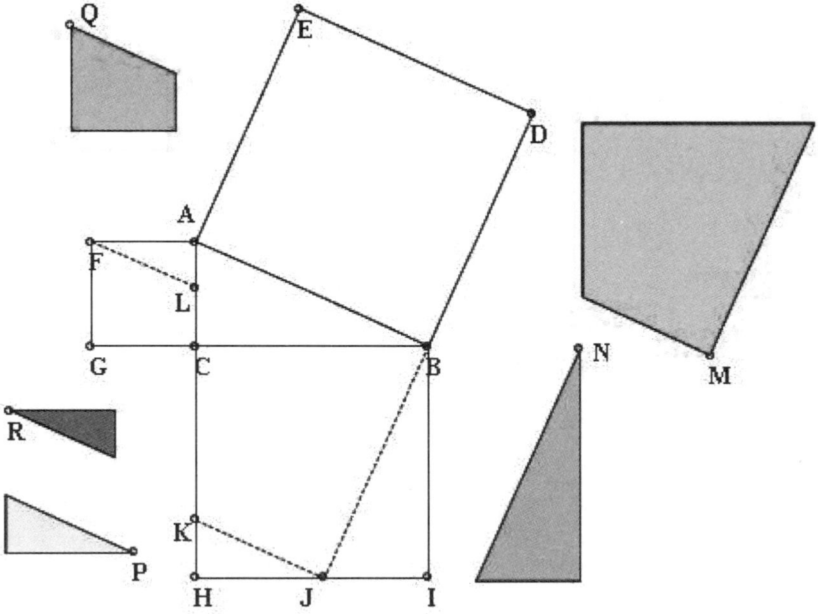

图 2-17

这几步操作中，要注意作自由点时图中有没有线段变色。如有，作出的就不是自由点而是线段的延长线上的点了。因为图上的线段已经很多，容易碰上。为了避免这种错误，可以先执行菜单命令“查看｜智能画笔的类型｜只能作自由点”，就放心了。

（6）作动画，使 5 块复制多边形拼成斜边上的正方形：顺次选择点 M、B，在右键菜单中单击“动画”，再在属性设置对话框上单击“确定”，作出一个 M 运动到 B 的动画按钮。以后单击此按钮，将会驱动点 M 运动到 B 处，从而把四边形 $BCKJ$ 的复制图形拼到斜边上的正方形的 B 角处。类似地，顺次选择点 N、E，作出 N 运动到 E 的动画按钮；同法作出 P 运动到 D，Q 运动到 E，R 运动到 A 的动画按钮。单击这些按钮时，5 块复制的图形就把斜边上的正方形拼满了。

（7）还要再作 5 个动画按钮，让这 5 块图形能够回到两条直角边上的正方形里。为了便于操作，先用鼠标把这 5 块分别拖开到空白处。你容易想到，只要依照上面的操作，分别作出 M 运动到 J，N 运动到 B，P 运动到 J，Q 运动到 F 和 R 运动到 F 的动画按钮就好了。

最后，给几块复制的多边形填上颜色，添上标题文本，就成功了。

【习题 2-4】 制作动画，用其他的剪拼方法，说明勾股定理（例如，图 2-18 就是一种方法，按此方法制作的动画见文件“2-3 用面积剪拼说明勾股定理 . zjz”的第 2 页）。

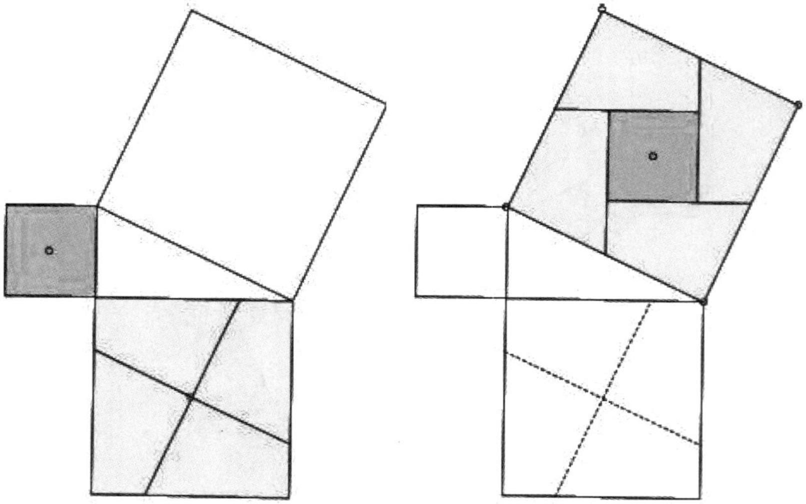

图 2-18

四、检验全等三角形

全等三角形是平面几何的重要概念。在几何计算和推理过程中常常用到全等三角形的有关知识。在前面面积剪拼的设计中，就要能够判断出哪些三角形或四边形是全等的。

如果在图形上能够先看出猜出哪些三角形是全等的，对问题的解决有时就会有引导和启发作用。

对于用超级画板画笔和作图菜单作出的屏幕上的几何图形，可以通过测量来检验两个三角形是否全等；也可以将其中一个三角形复制成可以运动的图形和另一个三角形进行比较。

打开文件夹“examples \ 第二篇平面几何”中的文件“2-4 检验全等三角形 . zjz”，如图 2-19。

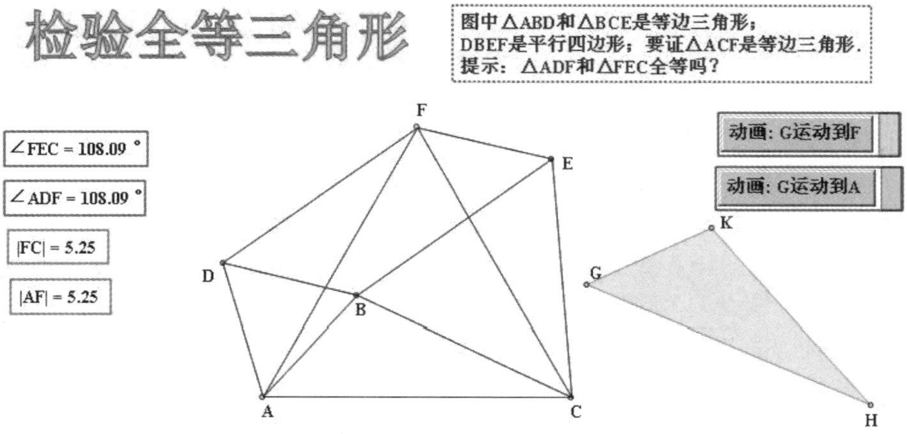

图 2-19

从文字说明知道，图 2-19 中△*ABD* 和△*BCE* 是等边三角形，*DBEF* 是平行四边形。要证明的是△*ACF* 也是等边三角形。为此，只要证明△*ADF*、△*ABC* 和△*FEC* 全等。由条件可知有 *AD*＝*AB*＝*BD*＝*FE* 和 *DF*＝*BE*＝*CE*＝*BC*，我们再检验一下是否有 *AF*＝*AC*＝*CF* 或∠*ADF*＝∠*ABC*＝∠*FEC*。若不成立，命题就不对，不用考虑了。

拖动点 *A*、*B* 或 *C*，观察图 2-19 中左边的数据，看到数据虽然随着点的运动而变化，但总有∠*ADF*＝∠*FEC* 和 *AF*＝*FC*。

绿色的△*GKH* 是△*ADF* 的复制品。单击图 2-19 右边的第一个“动画”按钮，点 *G* 就带着△*GKH* 运动到 *F* 处。拖动点 *H*，让△*GKH* 绕 *G* 旋转，可以检验△*GKH* 和△*FEC* 看起来是否全等。类似地，单击第二个“动画”按钮，点 *G* 就带着△*GKH* 运动到 *A* 处，可以检验它和△*ABD* 看起来是否全等。

下面说明这个文件的构建过程，重点是测量操作和△*GKH* 的复制方法。

（1）用画笔功能，作任意△*ABC*。

（2）顺次选择点 *A*、*B*，执行菜单命令“作图｜常见多边形｜等边三角形”，作出等边三角形 *ABC*；再选择点 *B*、*C*，同法作出等边三角形 *BCE*。

（3）顺次选择点 *D*、*B*、*E*，执行菜单命令“作图｜常见多边形｜平行四边形”，作出平行四边形 *DBEF*。

（4）顺次选择点 *F*、*E*、*C*，执行菜单命令“测量｜角的值”，作出∠*FEC* 的测量数据；同法作出∠*ADF* 的测量数据。

（5）选择点 *F*、*C*（或线段 *FC*），执行菜单命令“测量｜线段或向量的长度”，作出线段 *FG* 长度的测量数据；同法作出 *AF* 的测量数据。

（6）作自由点 *G*；自 *G* 向任意方向拖动鼠标画线段，当出现提示“相等”并

且线段 AF、AG 或 CF 中有一个变色时松开鼠标，作出长度等于 AF（或 AC、CF）的线段 GH。

（也可以用另外的方法作出以 G 为一个端点的，长度等于 AF 的线段。办法是以 G 为圆心作一个半径为 AF 的圆，在圆上取一点 H，再作线段 GH 并隐藏圆。具体操作是调用文本作图命令中的圆和圆弧类函数 `CircleOfRadius (,,)`，其中第一个参数是圆心，即点 G 的编号；第二个参数是半径，即线段 AF 的长度；根据上面的测量顺序，这个长度的参数记号是 m003；运行后即作出圆。）

（7）测量线段 DA 的长度（m004）；再执行菜单命令"测量｜测量表达式"，在打开的对话框上方键入"m004/m003"（m003 是 AF 的测量值），测量出两线段长度的比 DA/AF（m005）；再选择点 D、A、F，执行菜单命令"测量｜角的值"测出$\angle DAF$ 的值（m006）。这些值在下面复制$\triangle ADF$ 时要用。

（8）调用文本作图命令作点函数中的 `PointFlexRotate (,,,,)`（点绕点缩放旋转），其中参数顺次取点 H 的编号，点 G 的编号，缩放比例 m005（即比值 DA/AF）和旋转角 m006·180/pi.（注意，角度的测量值在内部的单位是弧度，而这个函数要求的参数是角度数。不过，填错了不要紧，作图后在对象的属性对话框里可以修改）。运行后作出点 I，再连接线段 GI 和 HI。这时 $IG/GH=$ m005$=DA/AF$ 并且 $\angle IGH=\angle DAF$。由于 $GH=AF$，得 $IG=DA$，所以 $\triangle GIH$ 全等于$\triangle ADF$（如果旋转角参数变号为- m006·180/pi，做出的三角形 GIH 仍然全等于$\triangle ADF$，但方向不同，不能经过平移旋转而重合）。

（9）选择点 G、F，在右键菜单中单击"动画"，作出 G 运动到 F 的动画按钮；同法作出 G 运动到 A 的动画按钮。

（10）最后染色修饰，添加标题和说明。

上面的操作中，值得注意的是把三角形复制成可以平移旋转的图形的方法。如果要把一个多边形复制成可以平移旋转的图形，用类似的方法就太麻烦了。有关的操作请在下面的习题中完成。

【习题 2-5】 执行下面的操作，了解把一个多边形复制成可以平移旋转的图形的方法。

（1）作自由点 A、B、C、D、E 和线段 AB。

（2）作自由点 F 和长度等于 AB 的线段 FG。

（3）选定平移向量 AF，将点 B 平移复制得点 H。

（4）顺次选择点 H、F、G；执行菜单命令"测量｜方向角"，测得数据 m000。

（5）作多边形 $ABCDE$。

（6）调用文本作图命令中图形变换类函数 `TranslateRotate (,,,,,)`（平移旋转)，其参数顺次为：要复制的对象的编号，平移向量起点编号，平移向量终点编号，旋转中心编号，旋转角。按当前的作图顺序，这些参数为 17,5,11,11,m000。文本命令运行后作出的复制多边形有一边和线段 FG 重合，如图 2-20。

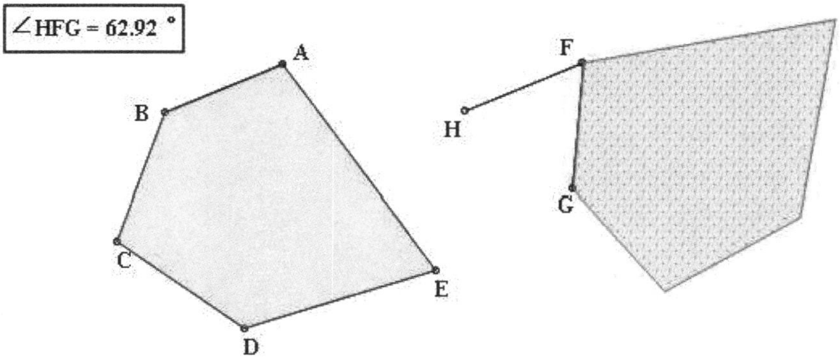

图 2-20

(7) 最后可将线段 FH 隐藏。拖动点 G 可以旋转复制的多边形。

五、两圆的公切线

在第一篇里，提到了用文本作图作出两圆公切线的方法(图 1-24，图 1-25)但当两圆外切时，两条内公切线应当合二为一，如何动态地表现这个过程呢?

打开文件夹“examples \ 第二篇平面几何”中的文件“2-5 两圆的公切线.zjz”，并执行菜单命令“编辑 | 显示隐藏的对象”，再隐藏坐标系，如图 2-21。单击某个按钮，其中一个圆会运动，使公切线数变得和该按钮上的一致。

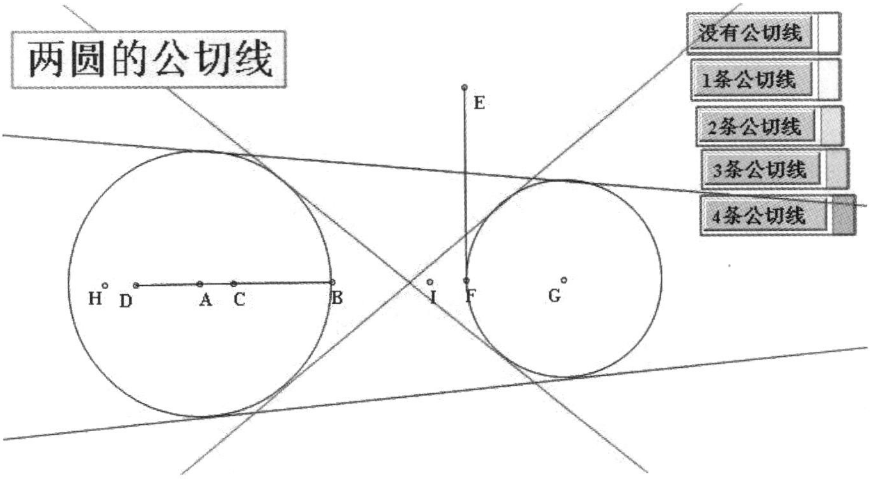

图 2-21

下面是这个动画的作法（本丛书之一《超级画板范例教程》中有类似的例子，作法和这里不同）。

（1）作以 A 为圆心过点 B 的圆。

（2）连线段 AB，在线段 AB 上取点 C。

（3）选定向量 BC，将点 C 平移复制得点 D。

（4）作自由点 E，自 E 向 AB 的延长线上引垂足 F。

（5）选定向量 DF，将点 C 平移复制得点 G。

（6）作以 G 为圆心过点 F 的圆。

（7）在圆 A 内，BD 的延长线上作点 H。

（8）在圆 A 外，AB 的延长线上作点 I。

（9）右键单击点 C，在右键菜单中单击“属性”打开点 C 的属性对话框，删去拖动参数（图 2-22）；对点 H、I 作同样的操作。这样，这几个点就拖不动了（要调整位置时，可修改属性恢复拖动参数）。

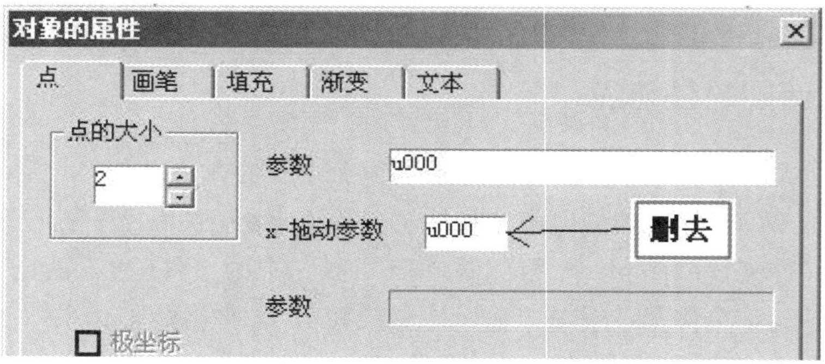

图 2-22

（10）调用文本作图命令作出两圆的 4 条公切线（1-24，图 1-25）。

（11）顺次选择点 E 和 H，在右键菜单中单击动画作出点 E 运动到 H 的动画按钮，将按钮文本改为“没有公切线”；同法作出 E 到 D、E 到 C、E 到 B 和 E 到 I 的动画按钮并将文本改为“1 条公切线”等。

（12）隐藏不必要出现的点和线段，染色修饰，添加标题等。

这个例子的制作，主要体现用平移安排点的位置的方法以及用自由点的运动带动垂足和用点带动圆的方法。附带介绍了在“属性”对话框里去掉拖动参数使对象上的点位置相对固定的小窍门。

【习题 2-6】 只用 3 个文本作图函数（坐标点 `Point (,,,,)`；由圆心和半径作圆 `CircleOfRadius (,,)`；和两圆的公切线 `CommonTangent (,,,)`）和变量动画功能，也可以实现上述文件中的动画效果。试列出文本命令函数，填入参数运行，并设计变量动画的参数变化范围（参考解答见上述文件的第 2 页，其中给出了文本命令）。

六、密铺曲线形

重要的几何变换，除平移和旋转外，还有镜面反射，即作出和指定图形关于指定直线轴对称的图形。利用平移和镜面反射，可以作出有趣的密铺曲线形。

打开文件夹“examples \ 第二篇平面几何”中的文件“2-6 密铺曲线形.zjz”，看到如图 2-23 的画面：同样的一种图案可以铺满平面。如果拖动左下角图案上的红点，可以改变图案的形状，使它像鱼、像鸟或像小狗，变化无穷。

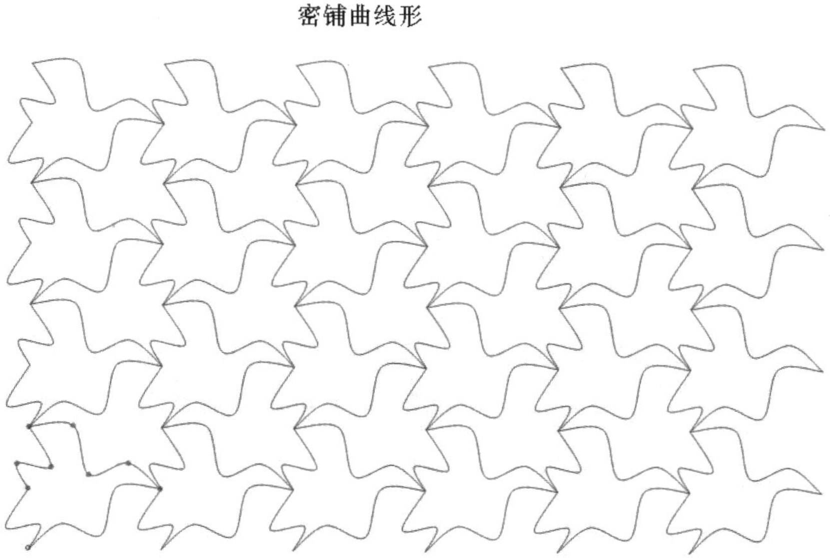

图 2-23

为了作出上面的图形,先把文件中隐藏了的点的名字显示出来以供参考。执行菜单命令“编辑|全部点的名字”,左下角图案上点的名字就出现了,如图 2-24。

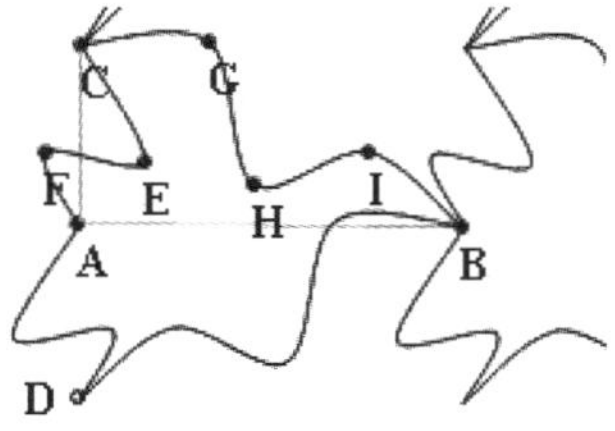

图 2-24

对照图 2-24，顺序执行下面的操作，即可作出上面的密铺曲线形。

（1）作线段 AB，自 A 引 AB 的垂线段 AC，再作线段 BC。

（2）选择点 C 和线段 AB 后单击右键，在右键菜单中单击“关于直线的对称图形”，作出关于直线 AB 和 C 对称的点 D。

（3）在线段 AC 附近作自由点 E、F，在线段 BC 附近作自由点 G、H、I。

（4）顺次选择 A、F、E、C 后单击右键，在右键菜单中单击“多边形”作出编号为 16 的多边形。打开此多边形的属性表，如图 2-25，在类型栏选择“通过指定点的样条曲线”。单击“确定”关闭对话框后，多边形变为曲线，编号仍为 16。

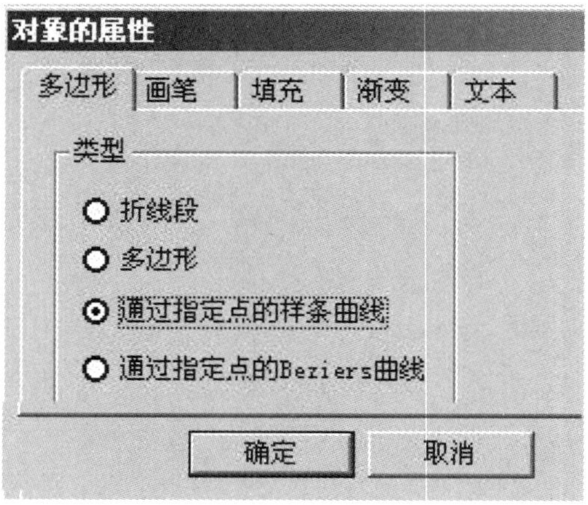

图 2-25

（5）调用文本作图命令图形变换类中“关于直线对称”函数 Symetric (,,)，要填入的第一个参数是所作曲线的编号，即 16；第 2 个参数是对称轴 AC 的编号 9；运行后作出一条曲线，编号为 17。

（6）选定 CA 为平移向量，然后选择编号为 17 的曲线在右键菜单中单击“平移几何对象”，得到所选曲线的平移复制图像，即编号为 18 的曲线；再将 17 号曲线隐藏。

（7）顺次选择 C、G、H、J、B 后单击右键，在右键菜单中单击“多边形”作出编号为 19 的多边形。打开此多边形的属性表，如图 2-25，在类型栏选择“通过指定点的样条曲线”。单击“确定”关闭对话框后，多边形变为曲线，编号仍为 19。

（8）再次调用文本作图命令“关于直线对称”函数 Symetric (,,)，要填入的第一个参数是所作曲线的编号，即 19；第 2 个参数是仍是 AC 的编号 9；运行后作出一条曲线，编号为 20。

（9）选定 CB 为平移向量，然后将编号为 20 的曲线平移得到编号为 21 的曲线；再将 20 号曲线隐藏。这时四条曲线 16、18、19、21 组成一个封闭曲线形。

（10）将线段 AB、AC 和 BC 隐藏；选定平移向量 AB（或 BA），再选择曲线 16、18、19 和 21 将它们平移得一个复制的封闭曲线形；注意这时新复制出的曲线形已处于被选择状态，只要在右键菜单中再次单击“平移几何对象”，就得到又一个复制的封闭曲线形。同法继续平移复制，得到一排图案。

（11）选定平移向量 DC（或 CD），将已复制出的一排图案进行复制再复制得到若干排；最后将点的字母隐藏，设置点和曲线的颜色，添加标题和说明。

【习题 2-7】 制作如图 2-26 的密铺多边形。注意，和上面的操作不同，不用作曲线。直接将点组 E、F 和点组 G、H、I 作对称和平移复制，把对称复制点隐藏后，将剩下的 14 个点按合理的顺序做成多边形，然后把多边形图案复制成排成片。参看上述文件的第 4 页。

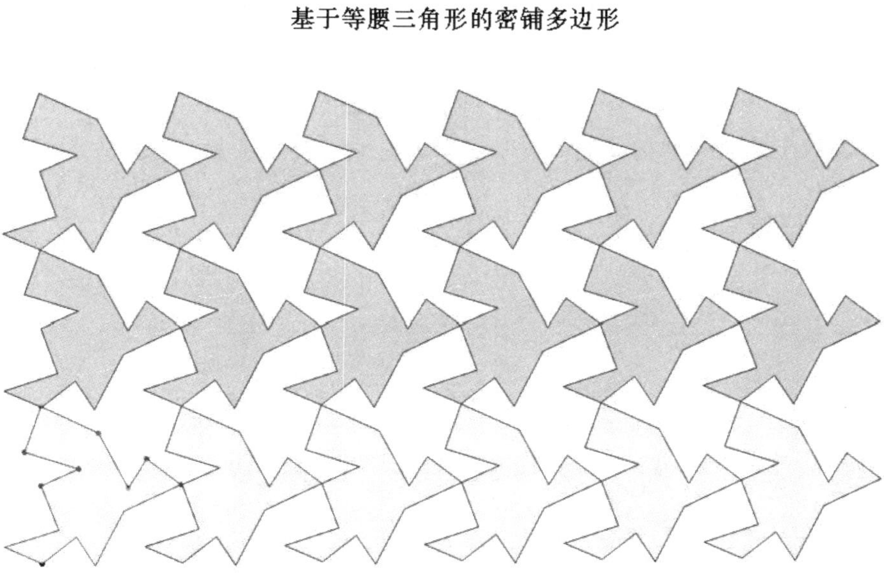

图 2-26

【习题 2-8】 制作如图 2-27 的密铺曲线形。注意，复制曲线时只用到了平移，不用对称。参看上述文件的第 2 页。

基于平行四边形的密铺曲线形

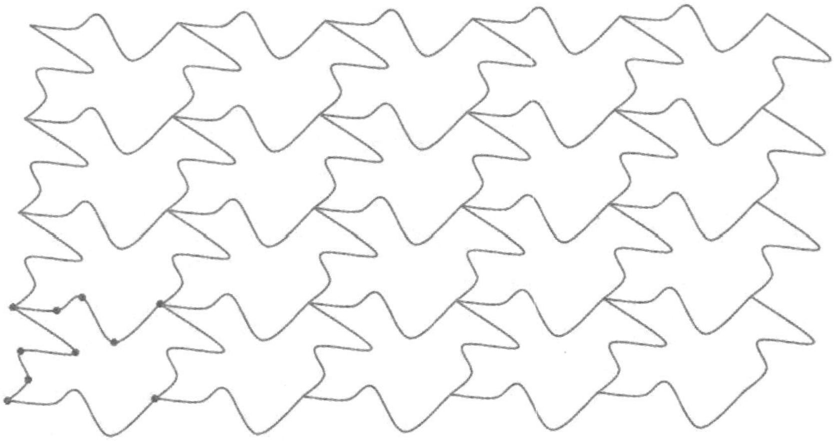

图 2-27

【习题 2-9】 制作如图 2-28 的密铺曲线形。注意，制作第一个封闭曲线形时，要作出梯形各边的中点，复制各段曲线时用到了以各边的中点为中心旋转 180°，不用对称和平移。参看上述文件的第 3 页。

基于梯形的密铺曲线形

图 2-28

七、连杆机构画出的曲线

三角形和四边形都是最常见的几何图形，但它们的力学性质很不一样。三角形具有稳定性，但四边形具有不稳定性。在图 2-29 所示的连杆机构中，利用了四边形的不稳定性使机构可以运动，又利用了三角形的稳定性来控制画线点画出曲线。

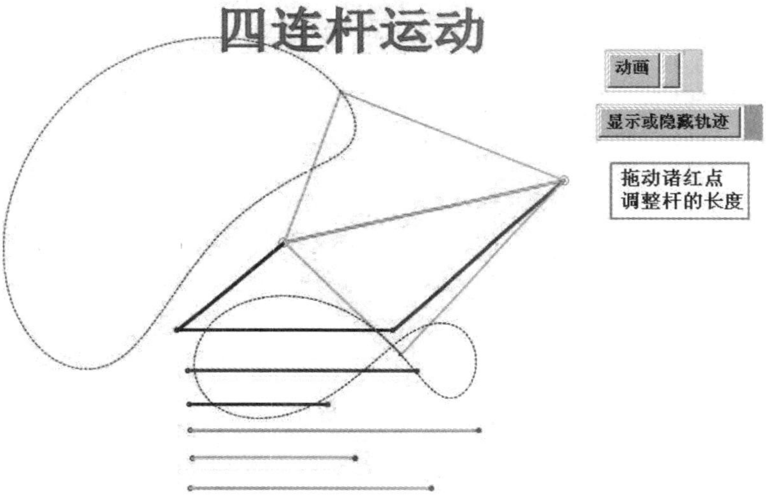

图 2-29

图 2-29 中有一个由红、黑、蓝、绿四条粗线段构成的四边形，四边形的绿色边上作了两个相互对称的三角形。当四边形的黑色边固定，各边长度保持不变而运动变形时，两个三角形的不在四边形边上的顶点各自画出了轨迹曲线。四边形下方的几条线段分别表示四边形和三角形的同色的边的长度，例如红色线段和红边长度相等。

打开文件夹“examples \ 第二篇平面几何”中的文件“2-7 四连杆运动 . zjz”，就看到如图 2-29 的画面。单击动画按钮，连杆机构开始运动，三角形的画线的顶点沿轨迹曲线运动并留下和曲线一致的轨迹。拖动下方的平行线段的右端点改变四边形或三角形的边长，轨迹曲线就会跟着变化。

从左边的对象工作区里，可以看出作图操作的过程：

（1）作线段 AB；接着作平行于 AB 的线段 CD、EF、GH、IJ、KL。

（2）调用文本作图命令中“圆和圆弧”类已知圆心和半径的作圆函数 CircleOfTPRadius (,,,)，注意这个函数里的半径是用两点距离表示的，所以要填的参数除第一个是圆心的编号外，接着两个参数是两个点的编号。如图 2-30，第 1 行里的参数 5，11，12 分别是点 *A*、*E*、*F* 的编号，意思是以 *A* 为圆心，以 *EF* 为半径作圆；第 2 行里的参数 6，8，9 分别是点 *B*、*C*、*D* 的编号，意思是以 *B* 为圆心，以 *CD* 为半径作圆。

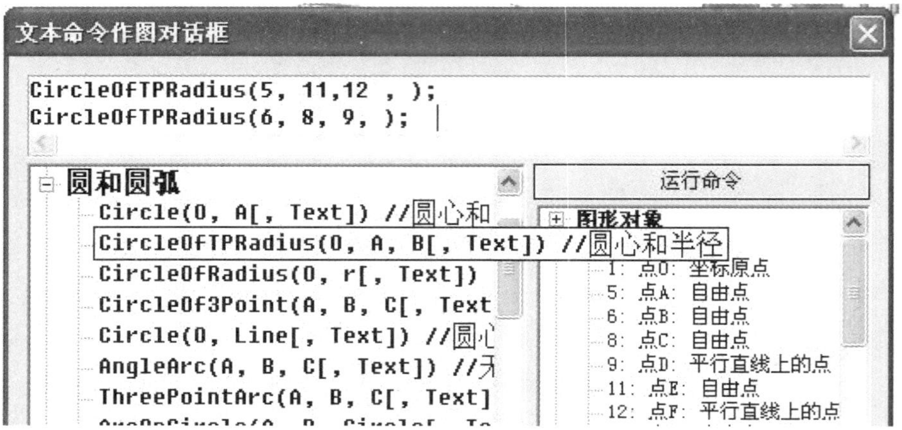

图 2-30

(3) 在圆 *A* 上取点 *M*（编号 25）；同（2）方法，调用文本作图命令“CircleOfTPRadIus (25，14，15,)”，即以 *M* 为圆心 *GH* 为半径作圆。

(4) 作圆 *M* 和圆 *B* 的一个交点 *N*（编号 27）；同（3）方法，调用文本作图命令“CircleOfTPRadius (25，17，18,)”和“CircleOfTPRadius (27，20，21,)”，即分别以 *M*、*N* 为圆心，*IJ* 和 *KL* 为半径作圆；作两圆交点 *P*、*Q*。

(5) 连接线段 *MN*、*PM*、*PN*、*QM*、*QN*。

(6) 选择点 *M*，在右键菜单中单击“动画”，作出点 *M* 的动画按钮。

(7) 在主动点 *M* 的驱动下，点 *P*、*Q* 的运动轨迹可用文本命令作出：调用文本命令中“动画、轨迹和跟踪”类的轨迹函数“Locus (,,,,,)”，填入的参数如图 2-31，开始一个或多个是主动点的编号，最后一个是轨迹点的编号。对话框的右方有对象编号列表，可供查对。

(8) 选择点 *P*、*Q*，在右键菜单中单击“跟踪”；对两点的跟踪可以检验它们是否在轨迹曲线上运动。

(9) 最后，适当设置颜色和线型，添加标题和说明。

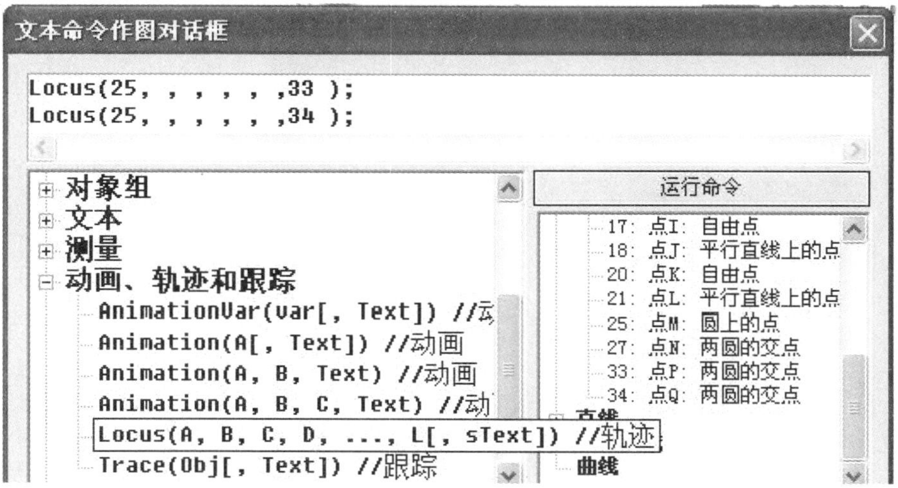

图 2-31

【习题 2-10】 作一个三角形，让它的一个顶点可在圆周上运动，跟踪此三角形的垂心并作出垂心的轨迹，如图 2-32（参看上述文件的第 2 页）。

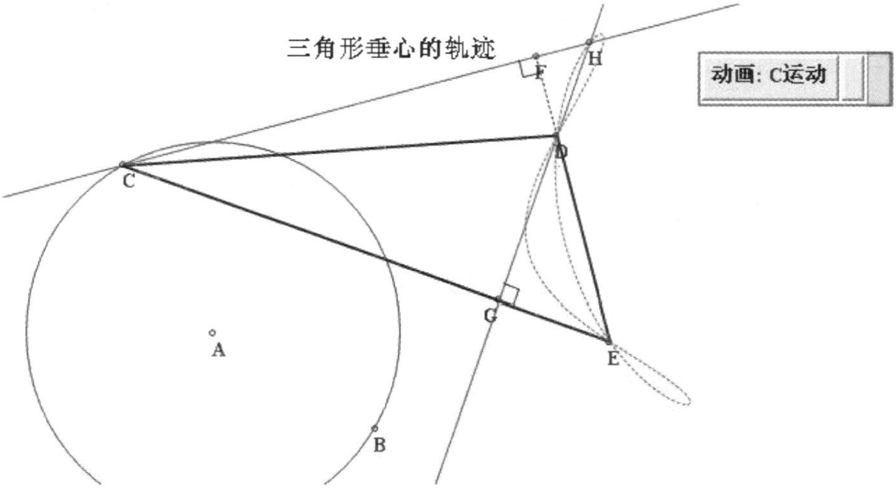

图 2-32

八、反演变换

在一个大圆里作个小圆，再作一串大小不同，依次相切并且又都和大小两圆相切的圆，这一串圆叫作一个“斯坦纳圆列”。构作这样的圆列，好像是一件很不容易的事情。但是看看文件“2-8 反演变换 . zjz”的第 1 页，如图 2-33，一个大圆里装了这样 7 个圆！单击“动画”按钮，其中 6 个圆还能在大小两圆之间运动。当然，要保持相切，它们的大小在运动时还必须不断地变化。这斯坦纳圆列，是如何构造出来的呢?

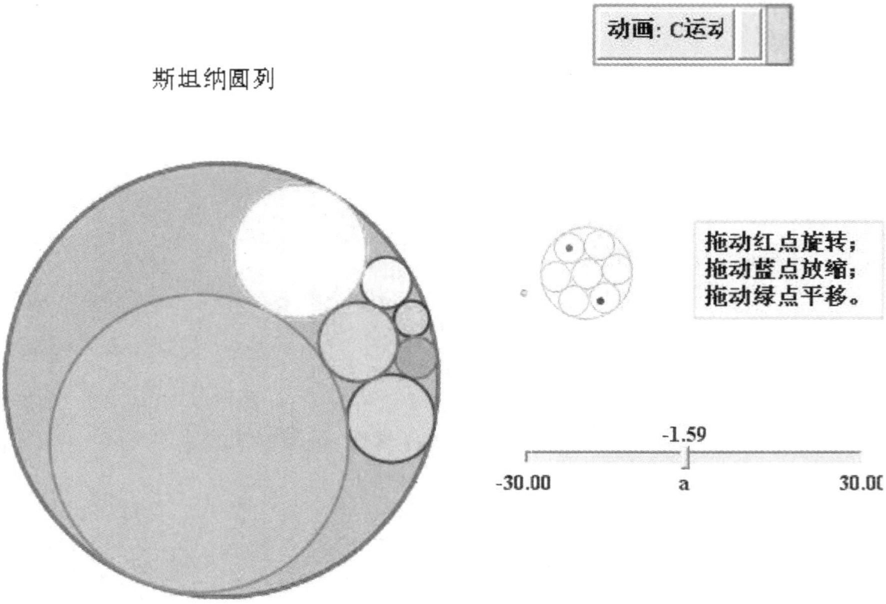

图 2-33

原来，这一组巧妙安排的圆，是由旁边的一组小圆变过来的。这组小圆，一个大的里面装 7 个大小一样的小圆，是不难画出来的。奥妙在于使用了“反演变换”。

把“反演变换”弄明白了，你就能够轻松作出上面的动态几何图形。

设 D 是一个定点；a 是一个常数；P、Q 是两个动点。如果 P、Q 和 D 三点共线，并且有向线段 PD 和 QD 的乘积等于常数 a，就说 Q 是 P 的反演点；当然，这时 JP 也是 Q 的反演点。D 叫作反演中心，a 叫作反演变换的参数。显然，不同的点，其反演点也不同，反演中心无反演点。当 $a>0$ 时，P、Q 在反演中心的同侧；$a<0$ 时在异侧。

给了反演中心 D 和参数 a，如何作出点 P 的反演点呢？反演变换有何基本性质呢？通过下面的操作，便见分晓（这些操作的效果，参看上述文件的第 2 页）。

（1）以 A 为圆心过 B 作圆，在圆上取点 C。

（2）作自由点 D、E；D 将作为反演中心。

（3）调用文本作图命令“文本”类中作变量尺的函数 Variable (,)，填入参数 a，运行后作出参数 a 的变量尺；a 将作为反演参数。

（4）选择点 C、D，执行菜单命令“测量｜线段或向量的长度”，得到 CD 的测量数据 m000。

（5）调用文本作图命令“点”类中作缩放旋转点的函数 PointFlexRotate (,,,,)，顺次填入的参数为点 C 的编号 8，点 D 的编号 9，缩放比例 a/m000^2 和旋转角度 0，运行后作出点 C 的反演点 F，连 FD（这时 CD= m000，FD= a * CD/m000^2，故 CD * FD= a）。

（6）选择点 E、D，执行菜单命令“测量｜线段或向量的长度”，得到 ED 的测量数据 m001。

（7）同上，调用作缩放旋转点的函数 PointFlexRotate (,,,,)，顺次填入的参数为点 E 的编号 10，点 D 的编号 9，缩放比例 a/m001^2 和旋转角度 0，运行后作出点 E 的反演点 G（这时 ED= m001，GD= a * ED/m001^2，故 ED * GD = a）。

（8）选择点 C 并在右键菜单中单击“动画”，作出 C 在圆上运动的动画按钮。

（9）选择点 F 并在右键菜单中单击“跟踪”；当启动点 C 的动画时看到：当点 G 在圆上运动时，它的反演点 F 的踪迹是一个圆，如图 2-34。

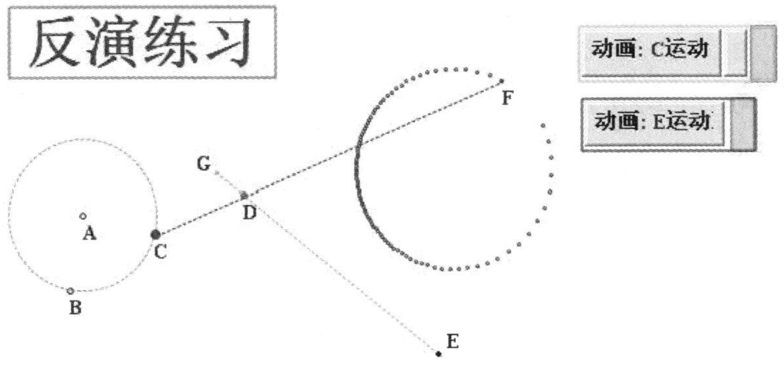

图 2-34

（10）选择点 B、D，在右键菜单中单击“动画”，作出 B 运动到 D 的动画按钮；单击此按钮使 B 到 D 处，于是圆 A 此时过反演中心 D。这时再让点 C 在圆上运动，它的反演点 F 的踪迹不再是圆，而是一条直线了。由此总结出，反演变换把不经过反演中心的圆变为圆，把经过反演中心的圆变为直线（图 2-35）。

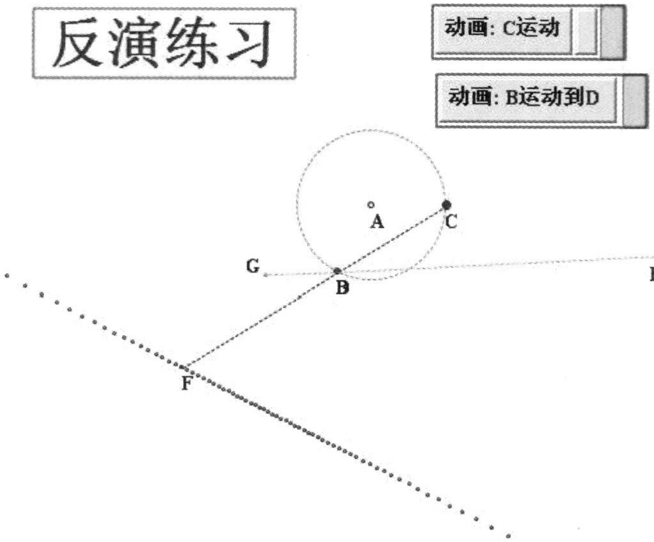

图 2-35

（11）选择点 E、A，在右键菜单中单击“动画”，作出 E 运动到 A 的动画按钮；再选择点 E 和它的反演点 G，在右键菜单中单击“跟踪”；拖动点 A 和点 E 使它们离得远远的，然后单击“E 运动到 A”的动画按钮，这时点 E 沿直线奔向 A，而它的反演点 G 做圆周运动（图 2-36）。可以证明，此圆周经过反演中心 D。

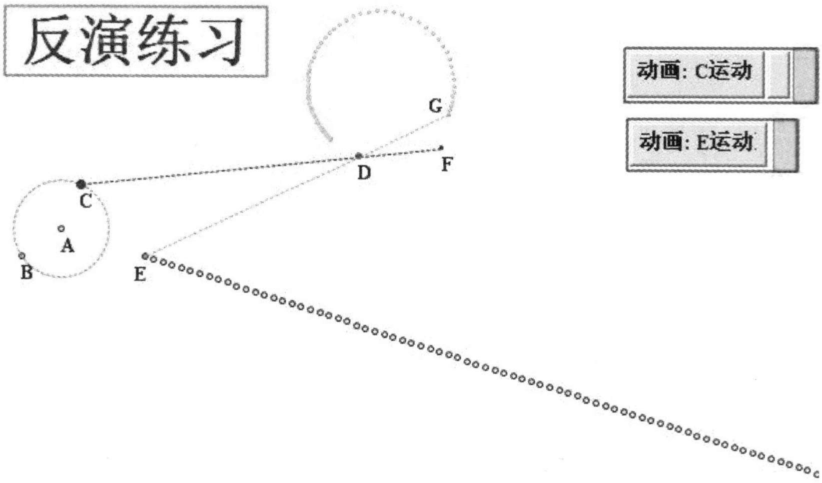

图 2-36

可见，反演变换把不经过反演中心的直线上的点变成某个圆上的点。

显而易见，反演变换把经过反演中心的直线上的点变成同一条直线上的点。

经过上面的操作，知道了反演点的概念和作法，可以动手制作斯坦纳圆列的动态几何图形了。下面作反演点的具体步骤不再详述，只说“做某点的反演点”。

以 A 为圆心过 B 作圆 1；在圆 1 上作点 C（以下的操作参看上述文件第 3 页和图 2-37）。

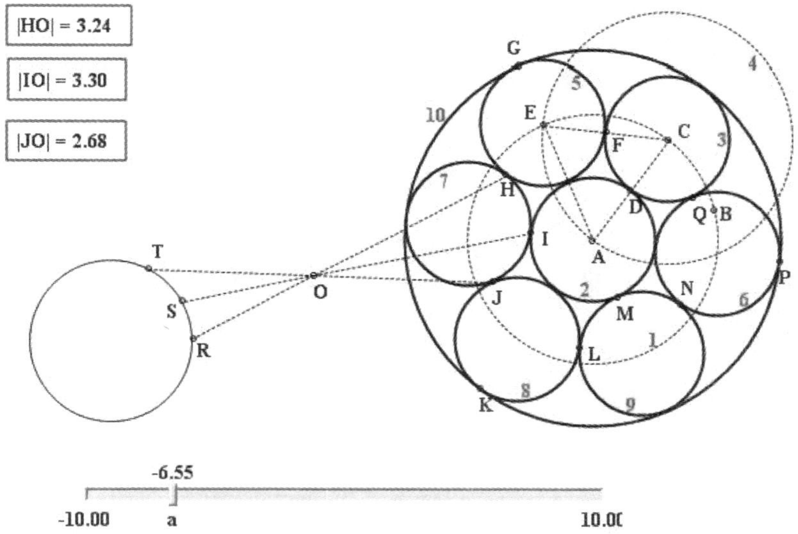

图 2-37

(1) 作线段 AC 和它的中点 D。

(2) 以 A 为圆心过 D 作圆 2；再以 C 为圆心过 D 作圆 3。

(3) 以 C 为圆心过 A 作圆 4，作出圆 4 和圆 1 的一个交点 E（在图 2-37 上，此两圆为虚线）。

(4) 作线段 CE 和圆 3 交于点 F；以 E 为圆心过 F 作圆 5。

(5) 选择圆 5 和线段 AC，在右键菜单中单击“关于直线的对称图形”，作出关于直线 AC 和圆 5 对称的圆 6。

(6) 作线段 EA，选择圆 3、圆 6 和线段 EA，在右键菜单中单击“关于直线的对称图形”，作出关于直线 EA 分别和圆 3、圆 6 对称的圆 7、圆 8。

(7) 选择圆 7 和线段 AC，在右键菜单中单击“关于直线的对称图形”，作出关于直线 AC 和圆 7 对称的圆 9。

(8) 作圆 5 和 AE 的延长线的交点 G，以 A 为圆心过 G 作圆 10。

(9) 用画笔功能，当鼠标光标指着圆 5 与圆 7 相切处，会出现提示“相交”；

此时单击可作出圆 5 与圆 7 的切点 H。同法作出圆 7 与圆 2 的切点 I，圆 8 与圆 7 的切点 J，圆 8 与圆 10 的切点 K，圆 8 与圆 9 的切点 L，圆 2 与圆 9 的切点 M,圆 6 与圆 9 的切点 N,圆 6 与圆 10 的切点 P,圆 6 与圆 3 的切点 Q,如图 2-37。

现在作出了两圆切点 D、F、G、H、I、J、K、L、M、N、P、Q 共 12 个，在圆 2、3、5、6、7、8、9、10 上各有 3 点。如果取定一个反演中心和反演参数，作出这 12 个点的反演点，每个圆上的 3 点的反演点所确定的圆，也就是该圆的反演圆。两圆的切点的反演点，恰是两个反演圆的切点，这就作出了一个斯坦纳圆列。作法如下。

(10) 调用文本作图“文本”类作变量尺的函数 variable(,),填入参数 a,作出 a 的变量尺;在右方对象工作区单击“[4]对象组:坐标系”前的“+”展开组内对象表，勾选对象“[1] 点 O：坐标原点”并隐藏其他 3 个对象，如图 2-38。

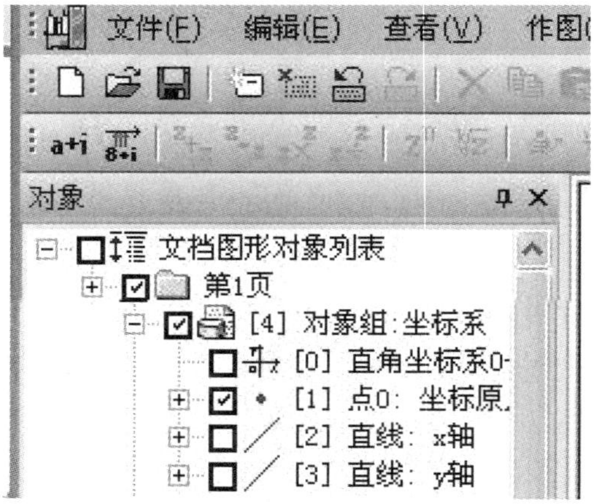

图 2-38

(11) 以点 O 为反演中心，a 为反演参数，分别作 H、I、J 的反演点 R、S、T；再调用文本作图“圆和圆弧”类中作过三点的圆的函数 Circleof3Point(,,,)，把 R、S、T 三点的编号填入，如图 2-39；运行后作出过 R、S、T 三点的圆，见图 2-37。

(12) 同 (11) 继续作出各个切点的反演点和对应的圆；作图时注意将反演参数调整为负数，使反演点和原有各个切点位于反演中心的两侧，便于观察。

(13) 选择点 C 在右键菜单中单击“动画”，作出点 C 的动画按钮。设置颜色，添加标题和说明，完成文件。

注意到在上面作反演点的操作中，12 次用到菜单命令“测量 | 线段或向量的长度”。把这条命令拉出来放到工具栏里，会带来不少便利。拉出菜单命令的

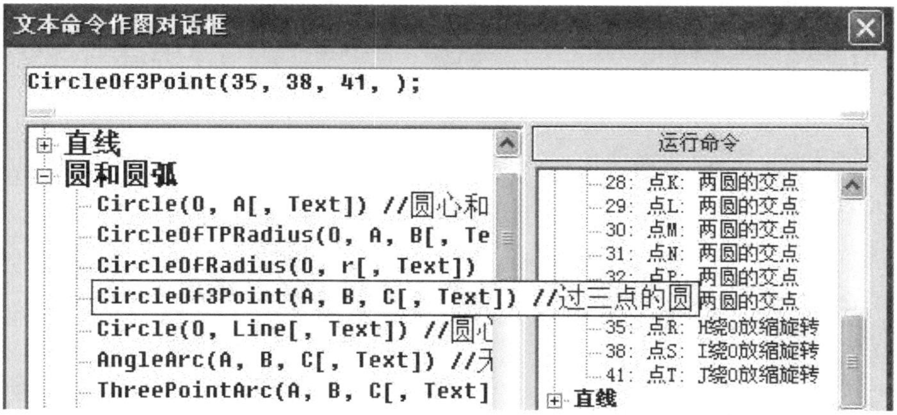

图 2-39

操作方法，见第一篇第一节的“（六）把常用菜单变成按钮”。

【习题 2-11】 上述文件中给出了包含 6 个圆的斯坦纳圆列。请进一步思考和操作，如何作出多于或少于 6 个圆的斯坦纳圆列？

小　结

本篇在 8 个例子中，分别介绍了平面几何的基本作图操作和几何变换的应用。在未注册的超级画板中，有些重要的几何作图不能用菜单命令执行，但是可以用文本作图实现。本篇用到的有：已知圆心和半径作圆，作过 3 点的圆，作圆的公切线，作点绕点的旋转缩放点等。这些都是很有用的命令，要留意。

超级画板的几何变换功能有平移、反射、旋转、放缩和仿射变换。上面看到，平移和反射可以用右键菜单执行，旋转就要用文本作图函数了。至于放缩，可以作为后面要讲到的仿射变换的特款来实现；当然，也是用文本作图函数。

平移和旋转配合动点或参数动画，可以产生运动。这样用一个数或点驱动一片图，是动态几何里的最常用的技巧。

从几个例子看到，有好的创意才能出好的作品。数学知识的灵活运用起了关键的作用。使用超级画板，能帮助你提高数学素养，锻炼逻辑思维能力。

第三篇

代数运算

顾名思义，《超级画板》以画为主。但数理学科中的画不是一般的画，是科学画。动态的图像，表现出的是数量的关系。以形表数，以数御形，形数结合，是所有动态几何软件的灵魂，超级画板中这个特点尤其突出。

把数和代数式的运算掌握好，有助于运用超级画板作出更具启发性的作品。在教学中也有助于把相对抽象的代数知识，用具体的图像呈现出来。

一、正负数的加减法

用零下多少度的温度为例说明负数的概念，常见于初中数学教学。这个例子也多次被作为电子读物或多媒体课件的内容。

在本书所附光盘中的文件夹“examples \ 第三篇代数运算”中，文件“3-1 正负数的加减法 . zjz”也用到温度的例子。该文件的第 1 页如图 3-1。

单击“白天”按钮，温度计里的红色液体上升到 25 度；单击“夜间”，则下降到－5 度。

调整左下方的变量尺，可以把高温设置为 10 度到 35 度之间任一度数，低温设置为－10 度到 10 度之间任一度数；算式和图中的对应数据会随着改变。

下面的操作说明，着重指出关键的方法。

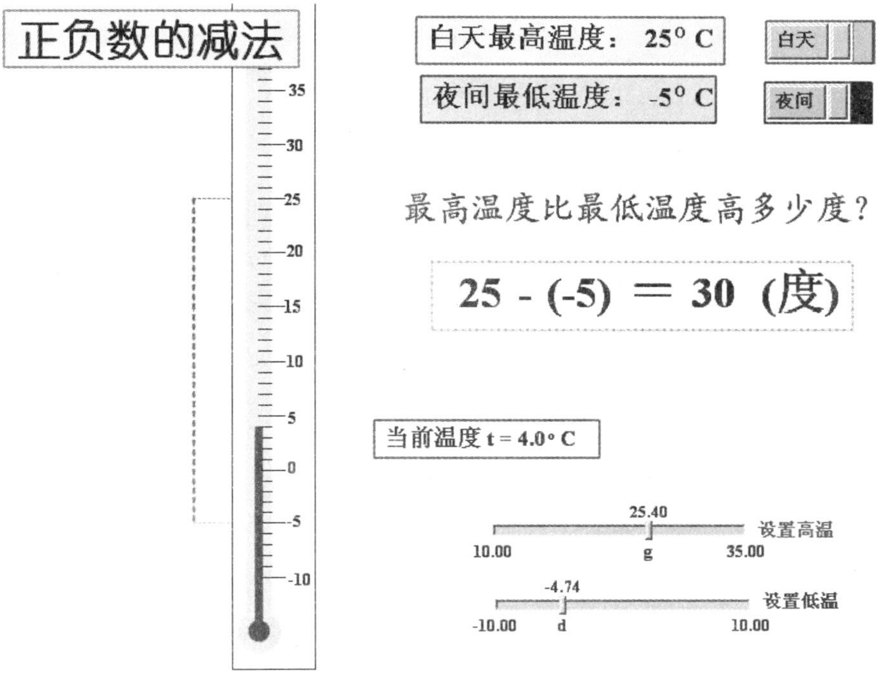

图 3-1

1. 温度计的绘制

(1) 调用文本作图函数 Point (,,,,,)，作出坐标点 A (0, －15)，B (0, 40) 和 C (0, t)；连线段 AB 和线段 AC。线段 AB 将作为温度计的玻璃管，AC 将作为红色液柱。

(2) 为了控制刻度线的长短，作坐标点 D (a, －12)；连线段 AD 并作出 AD 的中点 E；分别过 D、E 作 AB 的平行线 DG、EH。

(3) 自点 C 向删引垂足 I；再作出 CI 的延长线和 DG 的交点 J，连线段 IJ，如图 3-2。

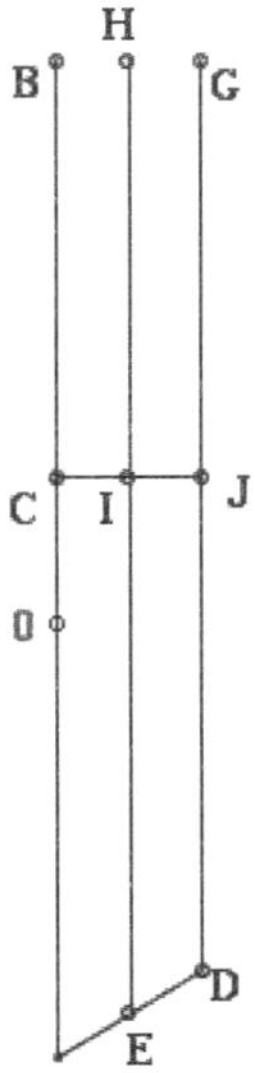

图 3-2

(4) 调用文本作图命令中作轨迹的函数 Locus (,,,,)，其中第一个参数填写点 C 的编号，再填最后一个参数线段 CI 的编号；运行后出现轨迹设置对话框，在对话框中将最小值和最大值分别设置为－10 和 40；频率设置为 52 (图 3-3)，单击确定作出一列共 51 条刻度线 (注意，刻度线条数比频率少 1，比分格数多 1)。

(5) 调用作轨迹的函数 Locus (,,,,,,,)，其中第一个参数填写点 C 的编号，最后一个参数为线段 IJ 的编号；在对话框中将最小值和最大值分别仍设置为－10 和 40；频率设置为 12（图 3-3），单击“确定”作出一列共 11 条刻度线，将 50 小格又分为 10 段。

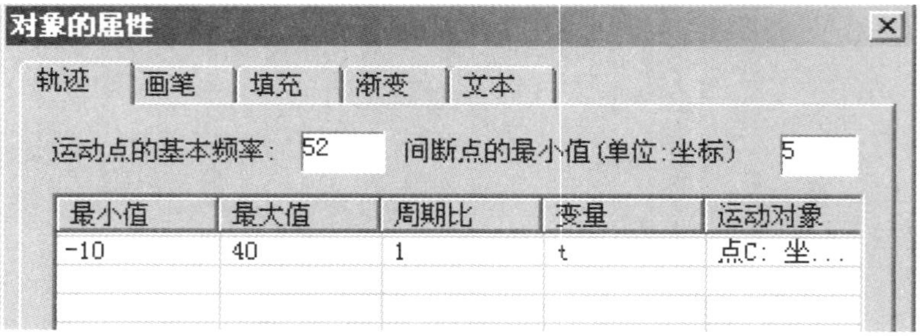

图 3-3

(6) 为了在一些刻度线处标出数字，可以再作出坐标点（0，－10）、（0，－5）、…、（0，35）等；双击其中一点，点附近会出现文本框，在此框中可以修改点的名字。顺次将这些点的名字改为－10、－5、0、5 等。也可以用右键单击该点，从右键菜单中打开点的属性表，在属性表的“文本”栏改写点的名字。

(7) 上面作出的点的名字（即数字－10、－5 等）的位置可能并不合适。有两种方法可以调整点的名字的位置。一种方法是单击该点后，鼠标光标在点附近停 1～2 秒，出现提示“Text”时按下鼠标左键，这时点的名字就会跟着鼠标的光标移动。另一种方法是执行菜单命令“查看｜显示选中对象的把手”，使系统进入可显示对象把手的状态。这时单击一个点，该点的周围会出现 5 个方形的小黑点，四角的 4 个黑点表示出当前该点所涉及的屏幕范围，另一个黑点可控制点的名字的位置。鼠标光标指着此黑点并按下左键拖动，即可调整点的名字的位置。

(8) 为使线段 AB 呈现类似玻璃管外观，可选择点 A 和线段 AB，多次单击上方的“＋”图标使点放大线变粗，再使用“画线颜色”和“填充颜色”图标，将它们设置为淡青色。

(9) 为使线段 AC 呈现类似红色液柱外观，可调用文本作图函数作坐标点（0，－15），此点和 A 重合但不是同一个对象。选择此点和线段 AC，多次单击上方的“＋”图标使点线适当放大变粗，再使用“画线颜色”和“填充颜色”图标，将它们设置为红色。注意在线段 AC 的属性对话框里，将画笔的“端点线帽”设置为“平坦”。

（10）添上矩形外框，隐藏不必要呈现的点和线，温度计绘制完成。想要温度计能表示温度的升降，可进行下面的操作。

2. 红色液柱升降的控制

（11）为了显示当前温度，执行菜单命令“测量｜测量表达式”测量参数 t；双击测量数据文本框，把其中的文本“t= %.2f”改为“当前温度 t= %.1f^oC”，使小数点后只留 1 位，并加上了摄氏温度的符号。

（12）调用文本作图“文本”类中作变量尺的函数 Variable (,)，作出参数 d 和 g 的变量尺。按图 3—1 所示设置变化范围。两个参数分别用来调整最低和最高温度。

（13）为了使算式中的数字是整数，执行菜单命令“测量｜测量表达式”测量 d 和 g 的整数部分 floor(d) 和 floor(g)’，其测量数据名分别被自动定为 m001 和 m002。

（14）不选择任何对象，在右键菜单中单击“动画”，在弹出的对话框里输入参数 t，单击“确定”后出现动画设置对话框。设置参数的最小值和最大值分别为 m001 和 m002，类型为一次运动，文本为“白天”，单击“确定”作出“白天”动画按钮。

（15）同法再作参数 t 的一个动画按钮，参数同上，但在类型栏里除选择“一次运动”外再勾选“逆向运动”，文本为“夜间”。

此时，单击“白天”按钮，温度计上的红色液柱上升到 m002 度；单击“夜间”按钮则下降到 m001 度。

3. 制作动态文本和算式

（16）单击上方工具栏中的“文本”图标，在打开的对话框里键入文本“白天最高温度：$ bl {m002，0} ^o C”，单击“确定”作出标示白天最高温度的文本。其中 $bl {} 是显示变量值的控制符，在花括弧内填入的是变量名“m002”和小数点后要显示的位数。后面的“^o”表示将字母 o 作为上标。

（17）再次单击“文本”图标，在对话框里键入文本“夜间最低温度：$ b1 {m001，0} ^o C”，单击“确定”作出标示夜间最低温度的文本。

（18）测量表达式“m002- m001”，其测量数据名被自动定为 m003。

（19）同（17）单击“文本”图标，在对话框里键入文本“$ b1 {m002，0} - $ b1 {m001，20} = $ b1. {m003，0) (度)”，单击“确定”作出动态算式。其中第二项$ b1 {m001，20} 的参数“20”中的 0 表示不显示小数点后的部分，而 10 位上的“2”表示当 m001 为负时要加括弧。

至此，剩下的只有添加文本和修饰着色了。

上述文件的第 2 页，用动态的有向线段表示正负数的加减法，如图 3-4。

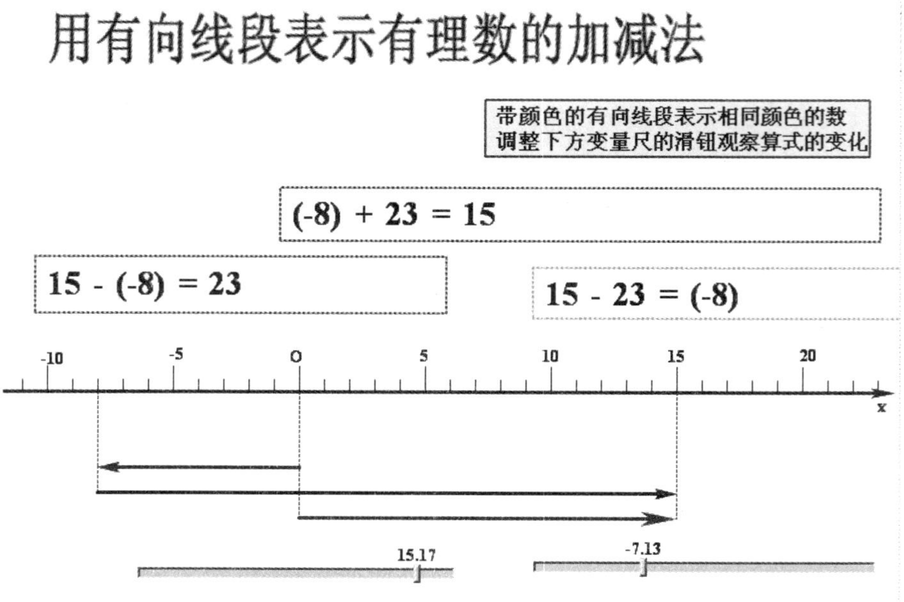

图 3-4

在图 3-4 中带标度的数轴的作法，类似于前面作温度计上的刻度的方法。带箭头的有向线段，作法有两种：可以先作出线段，再在线段的属性对话框里设置画笔的箭头；也可以调用文本作图命令“直线”类中的作向量的函数 Vector（,,）直接作出。要填入的参数是有向线段的起点和终点的编号。

在动态算式中，数的颜色和对应的有向线段颜色相同，这就需要知道在同一个文本对象中为部分字符设置颜色的操作。双击其中第 1 个算式，看到输入的文本是：

$ ys {{Red) $ b1 {m000, 20}} + $ ys {{Blue) $ b1 {m002, 20}} = $ ys {{Green) $ b1 {m001, 20}}

仔细观察第一项，便可举一反三了。这一项的结构为：

$ ys {{颜色名) 要显示的文本}

开始是颜色控制符$ ys，“ys”是“颜色”之意；后面有两层花括弧，颜色名写在内层花括弧里，要显示的文本写在颜色名后面，在丽层花括弧之间。此处要显示的文本是动态数字，所以又要用变量控制符$ b1，形成了控制符的嵌套结构。

更进一步的操作细节，可以在左方对象工作区顺序考察作图过程，便可完全了解，作为依样画葫芦或推陈出新的参考。

【习题 3-1】 作出任意线段和圆弧上的等分刻度，如上述文件第 3 页所示（图 3-5）。

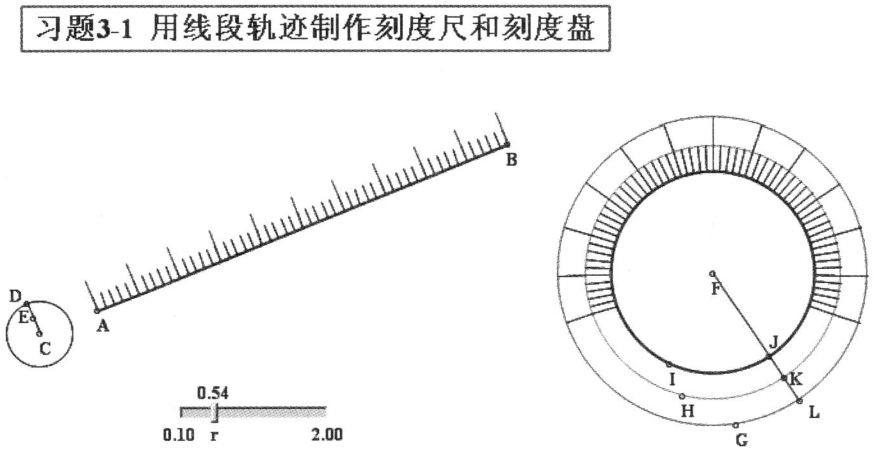

图 3-5

二、乘幂和代数式的运算

《超级画板》提供了符号计算的功能，并且把符号计算和公式书写联系在一起。使用这些功能，可以帮助学生建立有关乘幂和代数式运算的基本概念以及验算练习题或习题的计算结果。例如，讲乘幂的概念时，在程序工作区作图 3-6 所示的计算，就容易理解了（参看本书所附光盘中的文件 3-2“乘幂的运算 . zjz”）。

图 3-6 中左边是程序工作区，是实际运算的地方。双斜杠“//”表示后面一行是注解，不参加运算。运算命令要在英文输入状态下键入，用英文分号“;”结尾。鼠标的光标放在分号后，按着“Ctrl”键击“Enter”键执行运算命令，在“>>”号后面就是运算的结果，叫作“返回”。

记住，指数前用“^’号，乘法用“ * ”号，除法和分数线用“/”表示。

如果你找不到程序工作区，可以执行菜单命令“查看｜工具栏｜程序工作区”，使程序工作区显示出来。

如图 3-7，当你在程序工作区作计算时，你输入的文字符号和计算结果，都

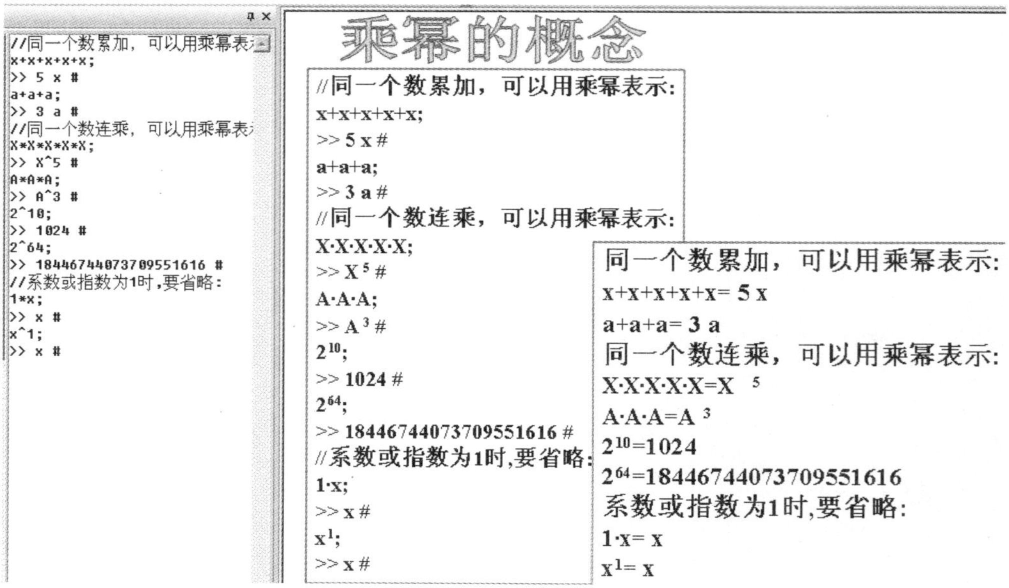

图 3-6

会在作图区的一个文本框里以通常的格式显示出来。不过，“*”号仍然不变。要想把它省略或改成空格，改成普通的乘号或圆点，可以用右键单击文本框，在右键菜单中单击“属性”打开属性设置对话框，在文本栏下面选择用什么代替“*”号。

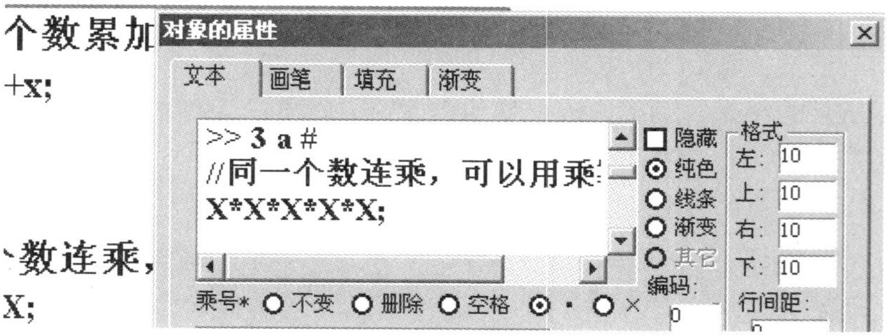

图 3-7

对文本框里显示的公式可以进行编辑或复制。直接双击文本框，也能进入编辑状态，并且也能复制。复制后，单击上方工具栏里的文本生成图标，打开新的文本输入对话框，可以将复制的内容粘贴并编辑。图 3-6 右下方的文本框，就是复制后粘贴编辑的结果。

有时可能需要把《超级画板》生成的文本公式或图形粘贴到其他地方，例如 Word 文档或 WPS 文档之中，就要用另外的复制方法了。一个方法是直接使用“屏幕拷贝”，也就是按一下“PrtSc′”（PrintScreen）键，然后打开 Windows 的附件中的“画图”工具，执行其菜单命令“编辑｜粘贴”，生成屏幕拷贝的图片（BMP 或 JPG 格式）供剪裁备用。另一个方法是，先选择所要的文本或图形，再按“Ctrl+C”键或用鼠标单击上方工具栏里的“复制”图标，就把它变成图元格式（Emf 格式）并复制到 Windows 的剪贴板上了。然后打开 Word 文档，按“Ctrl+V”键或用鼠标单击上方工具栏里的“粘贴”图标即可。但是，这样复制得到的公式有时会变形，不如屏幕拷贝的图片美观。

使用程序工作区的符号运算功能，还可以用来说明更多的运算法则。如图 3-8，这是文件“3-2 乘幂的运算 . zjz”的第 2 页。图 3-8 中右边的文本框已经过编辑。

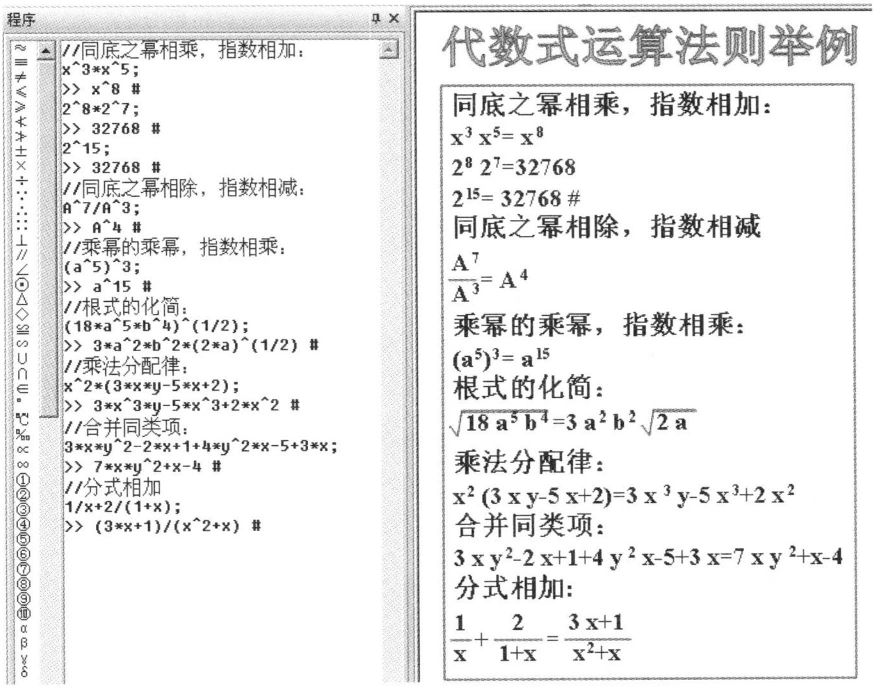

图 3-8

【习题 3-2】 在课本上找更多的例题和习题，在程序工作区计算验证。

三、解方程和方程组

从本节开始，我们逐步学习如何从用《超级画板》创作的文档中读出制作方法。打开本书所附光盘中的文件“3-3 方程和方程组 . zjz”，其第 1 页如图 3-9。

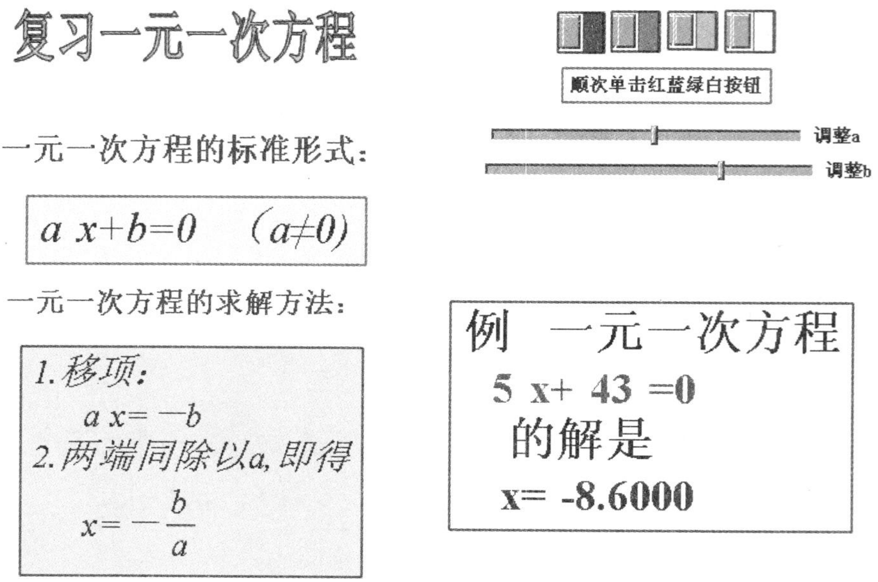

图 3-9

按照图 3-9 右上方的说明“顺次单击红蓝绿白按钮”，则屏幕上顺次出现“一元一次方程的标准形式…”，“一元一次方程的求解方法”和例子。

拖动右上方标有“调整 a”和“调整 b”字样的变量尺，可以改变例子中的数据。这种“动态数据显示”的方法，在本篇第一小节有所介绍。这里是一个复习的机会。如果复习后还吃不准，不妨看看这块文本的输入。不过这块文本被一个多边形覆盖，不好选择。要克服这个困难，只需在“对象”工作区单击编号为 28 的“多边形”前的小方框，把多边形隐藏掉，再双击这块文本，便可看到输入的文字，如图 3-10。

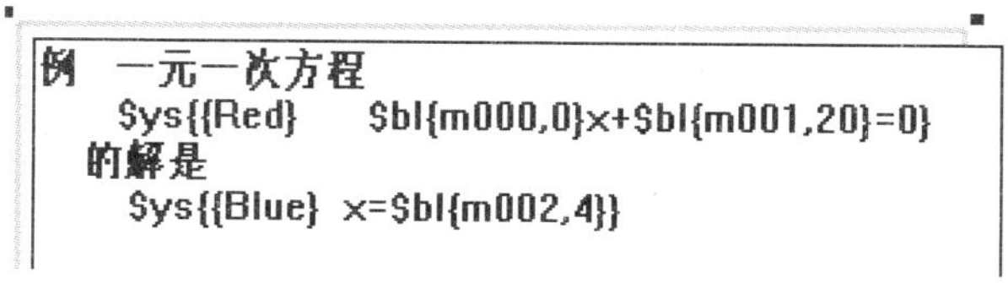

图 3-10

这里的测量数据 m000，m001 和 m002 又是什么呢？

在对象工作区单击编号为 12，13 和 14 的“测量…”前的小方框，把隐藏的测量数据显示出来，如图 3-11。

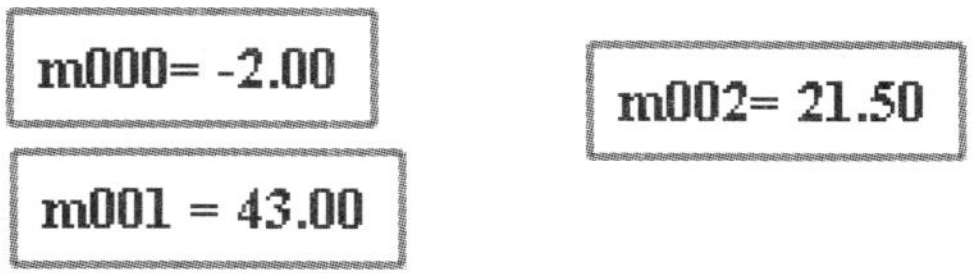

图 3-11

但是，从测量数据文本中仍然看不出所测量的是什么。这是因为，数据文本中的数据名是可以编辑修改的。为了把测量数据的来历彻底查出来，只能看它的属性表。例如，右键单击“m000”的测量数据，再在右键菜单中单击“属性”，打开该测量数据的“对象的属性”对话框，如图 3-12，在记号 $ $ $ 的下面，就是被测量数据的表达式。而上面一行中等号的前面，则是测量数据文本框里显示的名字。无论是表达式还是显示的名字，都是可以编辑修改的。

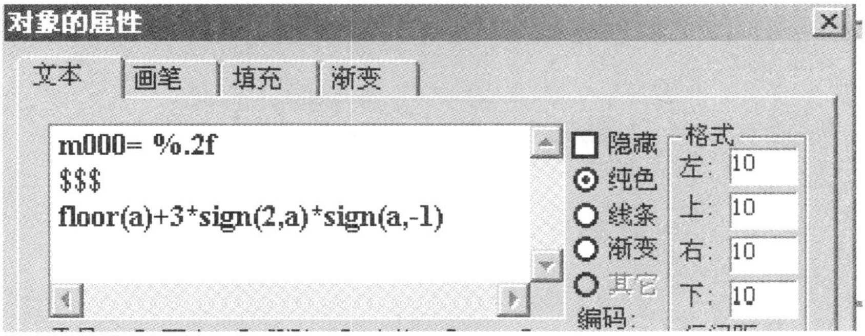

图 3-12

在这里看到，m000 的表达式为 floor (a) + 3 * sign (2, a)；= sign (a, - 1)。仔细分析这个表达式可知，当 $-1<a<2$ 时，m000= floor (a) + 3，即 a 的整数部分（这时是 0 或 1）加 3；在其他情形，m000= floor (a)。

剩下的问题是，右上方的 4 个按钮如何控制屏幕上的 3 个部分的隐藏和显示呢？打开红色按钮的属性对话框（图 3-13），可以看出这个按钮的作用是让参数 t 取值为 1.5。类似地，可以分别从“对象的属性”对话框里查出蓝绿白按钮的作用是让参数 t 取值为 2.5，3.1 或 1。

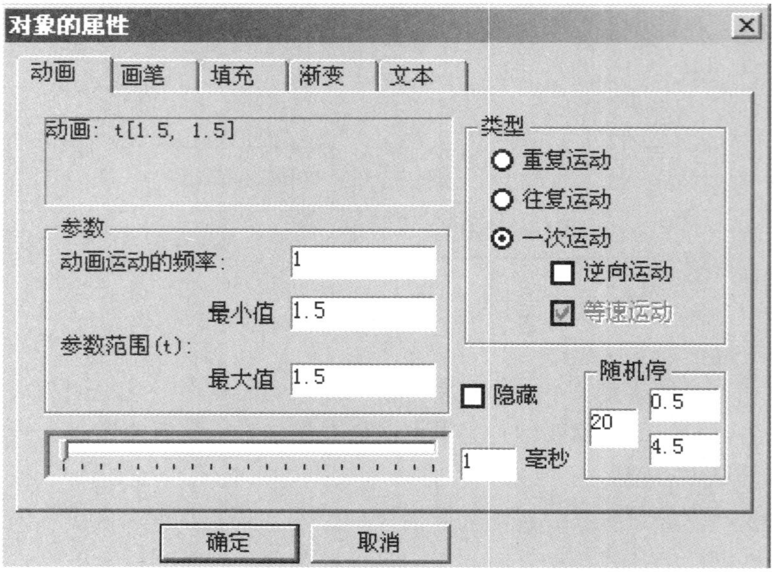

图 3-13

一般说来，如果“动画”按钮上的文本没有被修改，直接单击按钮右端的着色部分并向右拖动把按钮拉长，如图 3-14，同样可以看出按钮的作用。

图 3-14

下面的问题就是，参数 t 的取值又如何控制对象的隐藏或显示呢？前面已经讲过用过，这是利用了“动态 alpha”的功能。只要分别打开被控制隐藏或显示的“对象的属性”对话框，就可以在对话框的“填充”选项卡里查出有关的“动态 alpha”参数设置。例如，查出文本“一元一次方程的标准形式”的“动态 alpha”参数为 255 * sign (t, 1)，即当 $t>1$ 时该文本显示，否则隐藏。附带说明，例子的文本框里用了多色，“动态 alpha”参数功能失效，就又用一个白色的多边形来覆盖它。当 $t>3$ 时，多边形透明，例子就显示出来了。

总之，使用免费版本的《超级画板》，由于不能从菜单直接生成隐藏显示按钮，就要在“动态 alpha”参数方面下点功夫，后面还要介绍用文本命令生成隐藏显示按钮的方法。

同一个文件的第 2 页，如图 3-15，给出了“列二元一次方程组解鸡兔同笼问题”的过程。

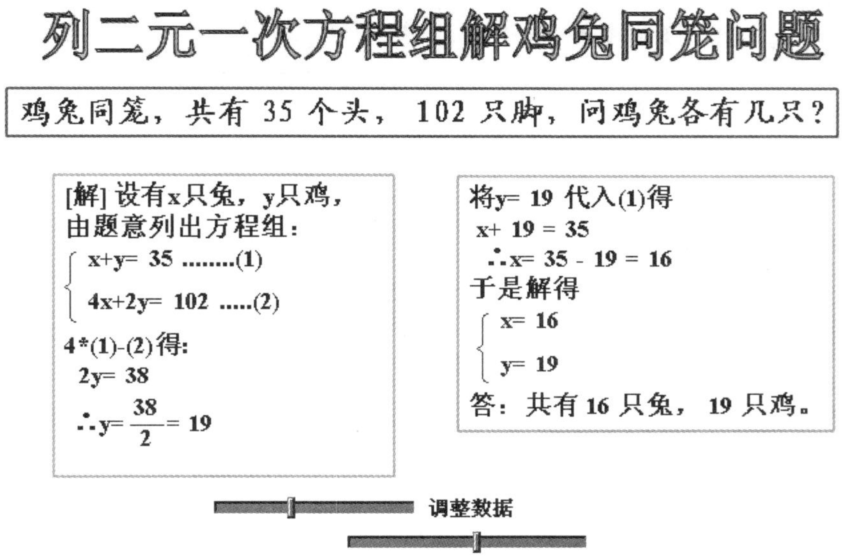

图 3-15

拖动下方变量尺上的滑钮，可以调整题目中的数字，提供更多的练习题。

制作类似这样的作品，要注意题目中数据应当满足的条件，不要让问题失去意义。这里，只要鸡和兔的数目都是非负整数就可以了。设置变量尺的变化范围可以让基本变量取非负值，用 floor 函数可以取整数。

这一页只有十几个对象，测量数据和文本形式都能查清楚。注意，方程组前面的大括弧是用控制符“`$ fc {}`”生成的。“`fc`”是“方程”之意，花括弧内是要显示的一些表达式，两个表达式之间用分号“;”隔开，注意用英文输入下的分号。

文件的第 3 页是一元二次方程求根公式的表述，如图 3-16。

【习题 3-3】 查清楚图 3-16 中有关对象的数目和生成方法，参考这些方法，自己设计并制作一个讲解或复习一元二次方程求根公式的课件或学件。

这里的难点，是对应于判别式的值，如何显示出有关方程实根的不同结论。

附带提一句，判别式记号 Δ 可用微软中文输入法附带的软键盘里的特殊符号或希腊字母作出。

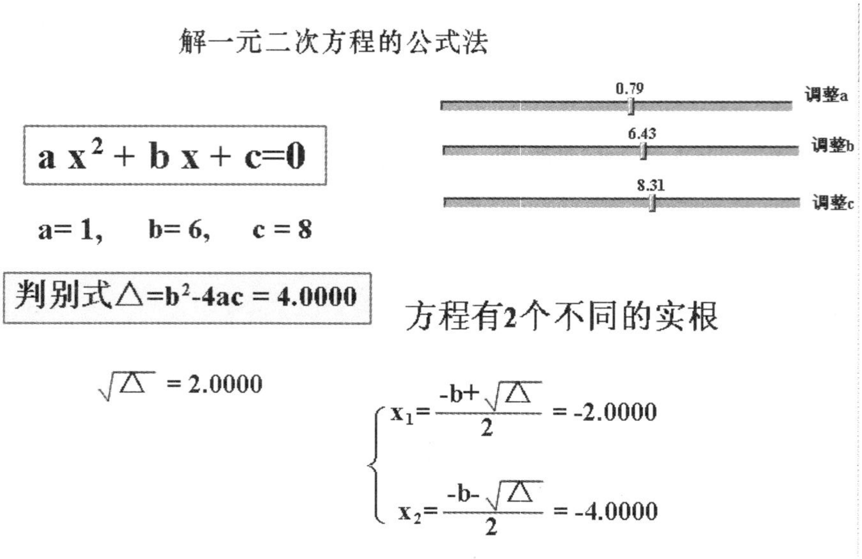

图 3-16

四、等差数列和等比数列

使用《超级画板》，不但能快速准确地计算等差数列和等比数列的任意指定的项和若干项的和，还能用图形直观地表示数列的第 n 项及前 n 项的和随 n 的增长而变化的趋势。并且可以调整首项、公差和公比，作全面的动态观察和分析。

打开本书所附光盘中的文件“3-4 等差数列 . zjz”，如图 3-17。

图 3-17 中有一排竖直的粗线段，每根线段表示数列的一项。线段的长度表示对应项的绝对值。在 x 轴下方的红色线段表示对应的项为负值。灰色的虚线线段表示从 a_0 到 a_n 这 $n+1$ 项的和 S_n 的大小。

直接拖动 y 轴上的点 a_0 可以改变首项 a_0 的大小，这里设置它只取整数值。单击红色和绿色按钮，可以使公差 d 取值为 $1/k$ 或 k；而 k 为 -5 到 5 之间的整数，其值可以用变量尺来调整。

可以看出，图 3-17 中所画出的等差数列公差为 0.5。当前计算出了对应于 $n=30$ 的项和从 a_0 到 a_n 这 31 项的和 S_n。拖动 n 的变量尺上的滑钮可以调整 n 值来计算所要求的项和对应的和。也可以启动动画让 n 由 0 开始增长，依次求出各项。

从图 3-17 上看出，公差为正的等差数列依直线形增长，而其前 $n+1$ 项和则依抛物线形增长。

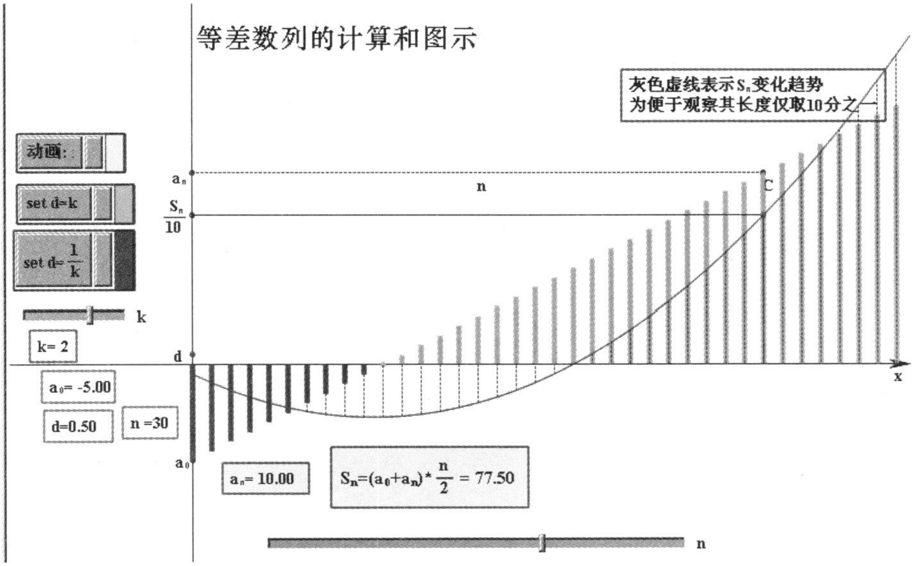

图 3-17

图 3-18 是公差为负数的情形。

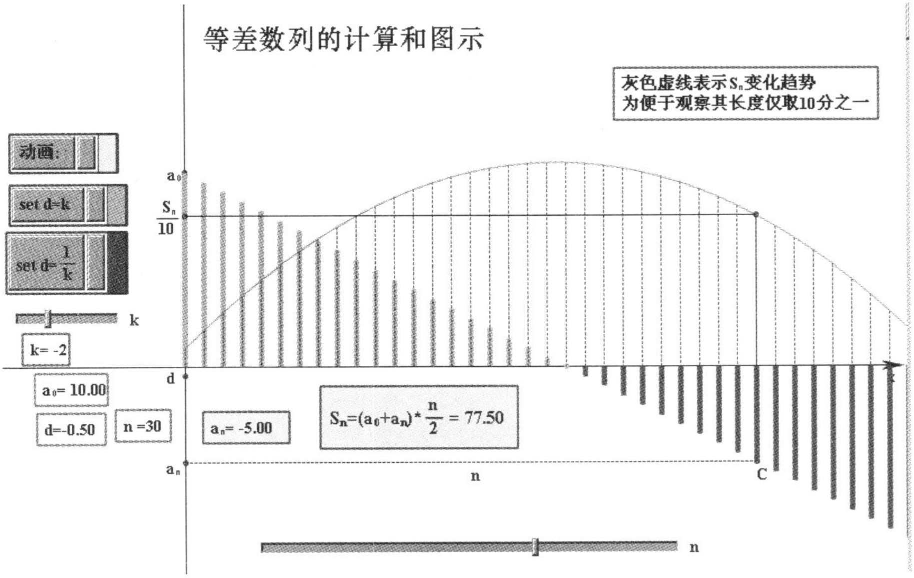

图 3-18

这个文件中的图形和数据看来比较复杂，但只要步步为营地做起来，难度并不大。下面按文件中的顺序列出主要的操作步骤。

（1）用文本作图功能作对象［5］，［6］，［7］，［8］，［9］，［10］，顺次为：坐标点 a_0＝（0，$floor(a)$）；坐标点 d=（0，d）；变量尺 x；坐标点 C=（floor(x)，floor(a)+d*floor(x)），D=（floor(x)，0）。

注意将 a_0 拖动参数设置为 a；将 C，D 的拖动参数设置为 x；连线段 CD。

（2）测量 m000= floor(x)，显示数据名为 n；测量 m001= 点 a_0 的 y 坐标，显示数据名为 an；编号分别为［11］，［12］。

（3）作变量 d 的两个动画，变化范围一个是 1/floor(k) 到 1/floor(k)，一个是 floor(k) 到 floor(k)；频率设置为 1，类型都是“一次运动”；编号分别为［13］，［14］。

（4）测量 floor(k)，显示数据名为 k；用文本作图命令作 k 的变量尺；测量点 d 的 y 坐标，命名为 d；编号分别为［15］，［16］，［17］。

（5）自点 C 向 y 轴引垂足，命名为 a_n；连接点 C 和 a_n 成线段；编号分别为［18］，［19］。

（6）用文本作图命令 Locus（8,,,, 10）作线段 CD 的轨迹，频率设置为 52，变量范围设置为 0 到 50；编号为［20］。

（7）测量点 C 的 y 坐标，命名为 a_n；测量表达式（m001+ m006）*（1+m000）/2，命名为 S_n；编号为［21］，［22］。

（8）把点 C 和点 a_0 连接得线段［23］；该线段交 x 轴于点［24］；再隐藏线段［23］。

（9）用文本命令作坐标点 E=（floor(x)，(floor(a)+d*floor(x)/2)*(floor(x)+1)/10）；连线段 DE；编号为［27］，［28］。

（10）用文本作图命令 Locus（9…，28）作线段 DE 的轨迹，频率设置为 52，变量范围设置为 0 到 50；编号为［29］。

（11）用文本作图命令 Locus（9,,,, 27）作点 E 的轨迹，频率设置为 52，变量范围设置为 0 到 50；编号为［30］。

（12）作点 E 到 y 轴的垂足，命名为 $S_n/10$；编号为［32］；垂线段编号为［33］。

上述步骤省略了几个次要的对象，所以编号不全。对照文件中的对象列表，就知道省略了哪些对象。

对文件做一些修改，可得关于等比数列的课件。如图 3-19、图 3-20 和图 3-21。

对照画面，细心的读者会提出疑问：图中线段 CD 的轨迹，为何有两种颜色呢？这是因为我们为线段 CD 设置了动态颜色。要知道具体的设置方法，不妨把线段 CD 的“对象的属性”对话框打开，单击上方“画笔”按钮打开画笔设置

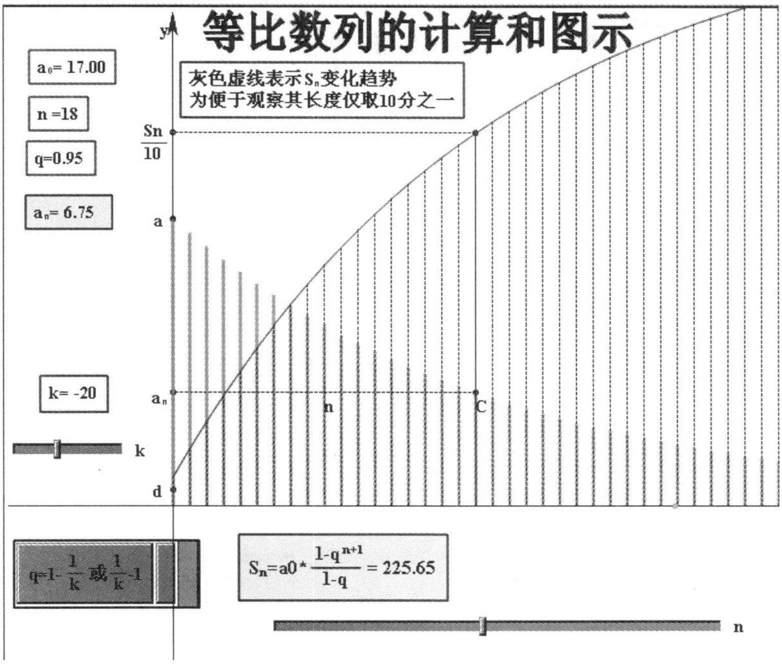
等比数列的计算和图示
a_0= 17.00
n =18
q=0.95
a_n= 6.75
灰色虚线表示S_n变化趋势
为便于观察其长度仅取10分之一
Sn
10
a
a_n
n
C
k= -20
k
d
q=1- $\frac{1}{k}$ 或 $\frac{1}{k}$-1
S_n=a0 * $\frac{1-q^{n+1}}{1-q}$ = 225.65
n

图 3-19

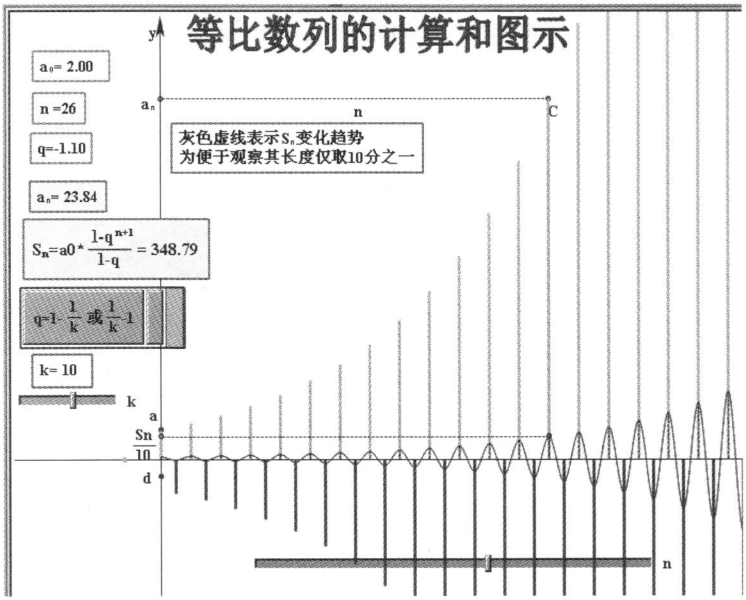
等比数列的计算和图示
a_0= 2.00
n =26
q=-1.10
a_n= 23.84
a_n
n
C
灰色虚线表示S_n变化趋势
为便于观察其长度仅取10分之一
S_n=a0 * $\frac{1-q^{n+1}}{1-q}$ = 348.79
q=1- $\frac{1}{k}$ 或 $\frac{1}{k}$-1
k= 10
k
a
Sn
10
d
n

图 3-20

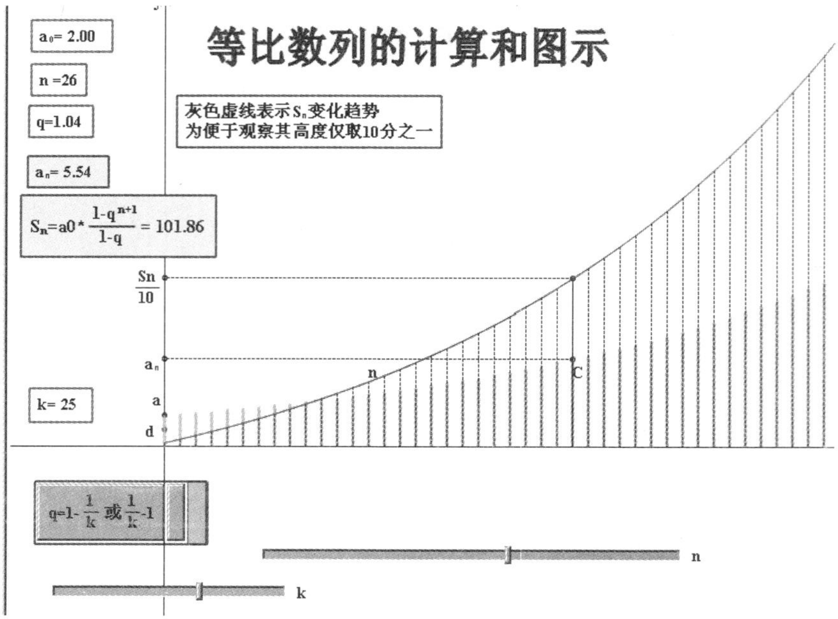

图 3-21

栏，便可看到这里已经点选了“动态颜色”，如图 3-22。

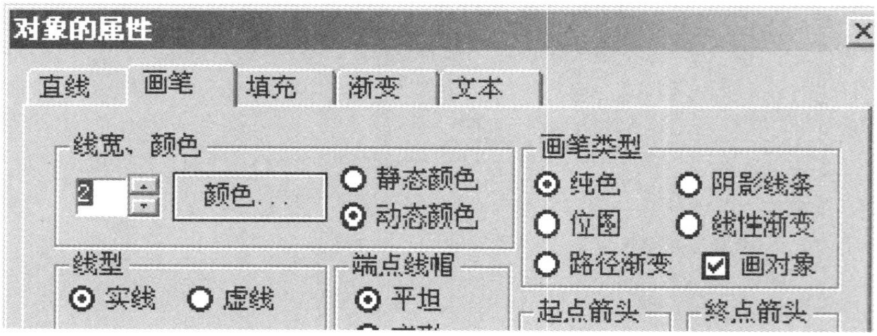

图 3-22

要进一步了解设置动态颜色的方法，再单击“动态颜色”，打开“动态颜色”对话框，如图 3-23。

“动态颜色”对话框下部 3 行可填的栏目，分别是红（red）、绿（green）、蓝（blue）3 种颜色的饱和度。

第 3 行是 0，说明没用蓝色。把前 2 行复制出来，分别是：

```
sign (0, floor(a) + d*floor(x)) *255
```

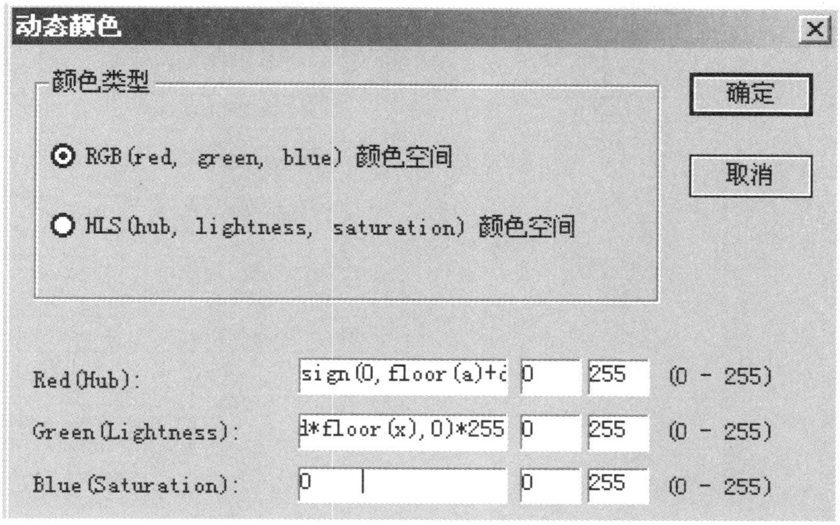

图 3-23

sign (floor(a) + d * floor(x), 0) * 255

里面的 floor(a) + d * floor(x) 正是数列中某一项的值。当它为正时，第 1 行为 0，第 2 行等于 255，线段 *CD* 为绿色；反之为红色。线段 *CD* 的轨迹继承 *CD* 的颜色，所以会变色。

【习题 3-4】 参考上述两个课件，制作一个关于等比数列的类似课件。也可以编程实现。

五、复数的运算

复数的有关概念和复数的运算，都有鲜明的几何意义。在《超级画板》的注册版本中，可以使用菜单命令方便地用几何图形表示复数的运算。但是，在文本作图的对话框里，找不到有关复数的作图的函数。为了使用免费版本的读者的方便，本节将补充几个有关的函数。

文件“3-8 有关复数的概念 . zjz”的图形虽然简单，但右方的测量却涉及了有关复数的基本概念。如图 3-24。

单击“文本命令”按钮，可以看到作图时用到的函数。其中有些是文本作图对话框的函数列表中查不到的，说明如下：

Z= ComplexPoint (a+ b * i, a, b, Z)；（作代表复数 $a+bi$ 的点 Z，a、b 为拖动参数）

B= ComplexConjugate (Z, B)；（作代表 Z 的共轭复数的点 B）

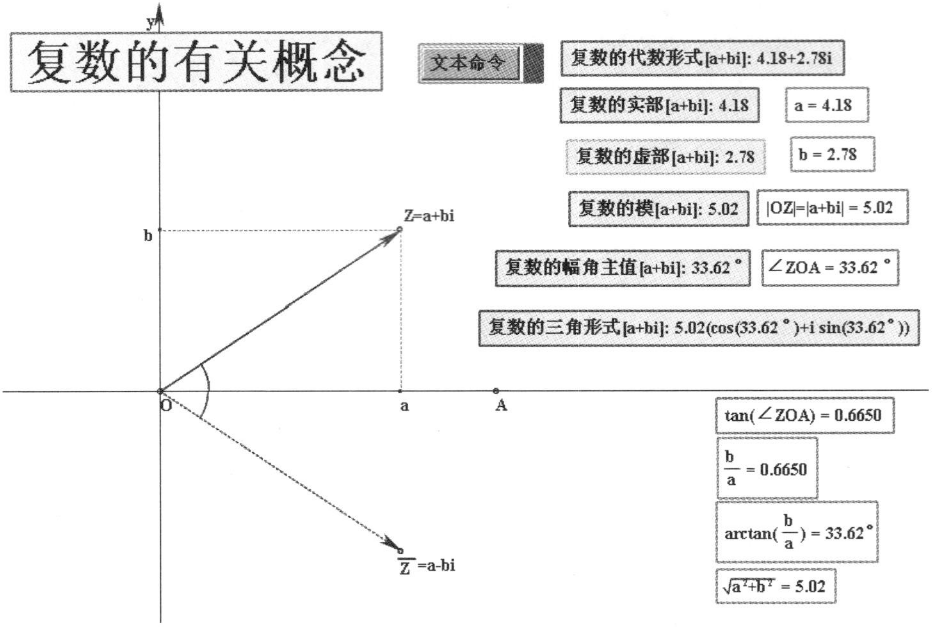

图 3-24

MeasureComplex (Z);（测量复数的代数形式）

MeasureTfForm (Z);（测量复数的三角形式）

MeasureReal (Z);（测量复数的实部）

MeasureImage (Z);（测量复数的虚部）

MeasureAbs (Z);（测量复数的模）

MeasureArg (Z);（测量复数的幅角的主值）

上面这些作图或测量命令中，使用的都是代数语言。图上显示的另一些测量，则使用了几何语言；两相比较，可以帮助理解有关复数的这些概念的几何意义。

文件“3-9 复数的四则运算 zjz”中，展示了两个复数的和、差、积、商的几何意义。如图 3-25 中画有代表两个复数 $Z1$ 和 $Z2$ 的点和向量。单击按钮“+”，图上出现表示两复数之和 Z 的点和向量。容易看出，复数的加法和向量的加法一样，满足平行四边形法则。

单击按钮“-”，图上出现表示两复数之差 W 的点和向量。

单击“还原”按钮，表示和与差的点和向量隐藏。单击“×”按钮，图上出现表示两复数之积 X 的点和向量与一些测量数据。这时从画面上不容易看出复数的积的几何意义。但从测量数据中可以看出复数的积的模和幅角与相乘的两复数的模和幅角的关系。类似地，单击“÷”按钮，图上出现表示两复数之商 Y，

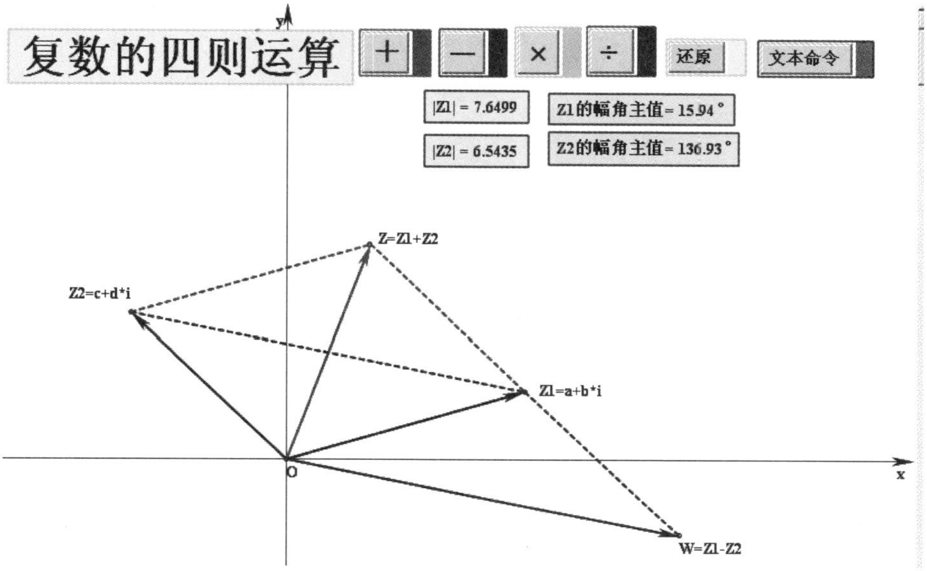

图 3-25

的点和向量与一些测量数据。

单击“文本命令”按钮，可以了解有关复数的四则运算的作图函数名：

Z= ComplexPlus (Z1, Z2, Z)；（作代表复数和 $Z1+Z2$ 的点 Z）

W= ComplexMinus (Z1, Z2, W)；（作代表复数差 $Z1-Z2$ 的点 W）

X= ComplexMult (Z1, Z2, X)；（作代表复数积 $Z1\times Z2$ 的点 X）

Y= ComplexDiv (Z1, Z2, Y)；（作代表复数商 $Z1\div Z2$ 的点 Y）

其他命令都是已经用过的或在文本作图对话框里有的。

从文件“3-10 复数的乘方 zjz”和“3-11 复数的方根 zjz”中，可以看到复数的乘方和方根的几何特征。图 3-26 显示出表示复数 $Z=a+bi$ 的 2 次到 10 次乘方的点和向量。当 Z 的模大于 1 时，乘方的模随次数的增加而增大，当 Z 的模小于 1 时，乘方的模随次数的增加而变小。两种情形下，乘方的幅角总等于次数与底数的乘积。

图 3-27 显示出表示一个复数 Z 的 5 次方根的点；它们共有 5 个，恰是一个正五边形的 5 个顶点。拖动点 Z，可以使这个正五边形放大缩小或旋转。一般说来，表示一个复数 Z 的 n 次方根的点有 n 个；当 $n>2$ 时，恰是一个正 n 边形的 n 个顶点。通过测量，不难验证图上的五边形是正五边形。

查看文件中的文本命令，又多知道两个作图函数：

ComplexPow (Z, n,)；（作出表示复数 Z 的 n 次乘方的点，n 是非负整数）

ComplexSqrt (Z, n, k,)；（作出表示复数 Z 的第 k 个 n 次方根的点，$k=$

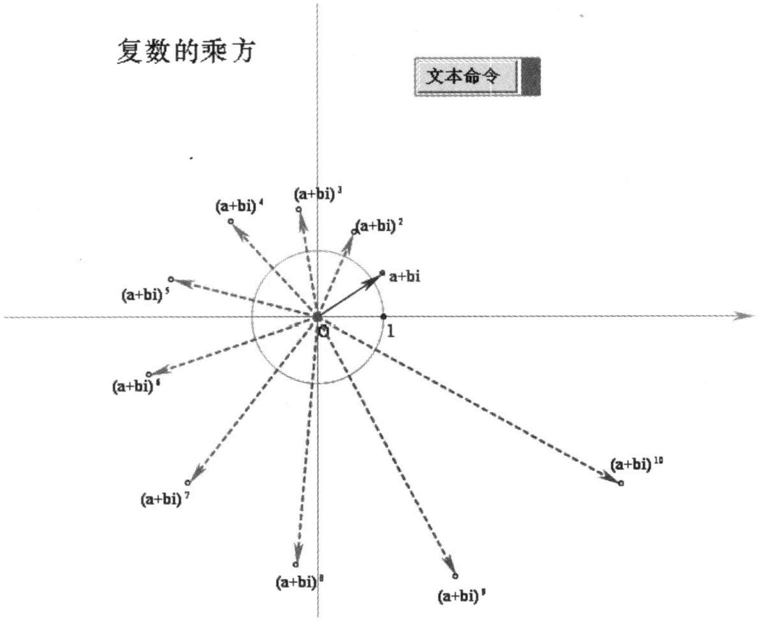
复数的乘方
文本命令
(a+bi)⁴
(a+bi)³
(a+bi)²
a+bi
(a+bi)⁵
O
1
(a+bi)⁶
(a+bi)¹⁰
(a+bi)⁷
(a+bi)⁸
(a+bi)⁹

图 3-26

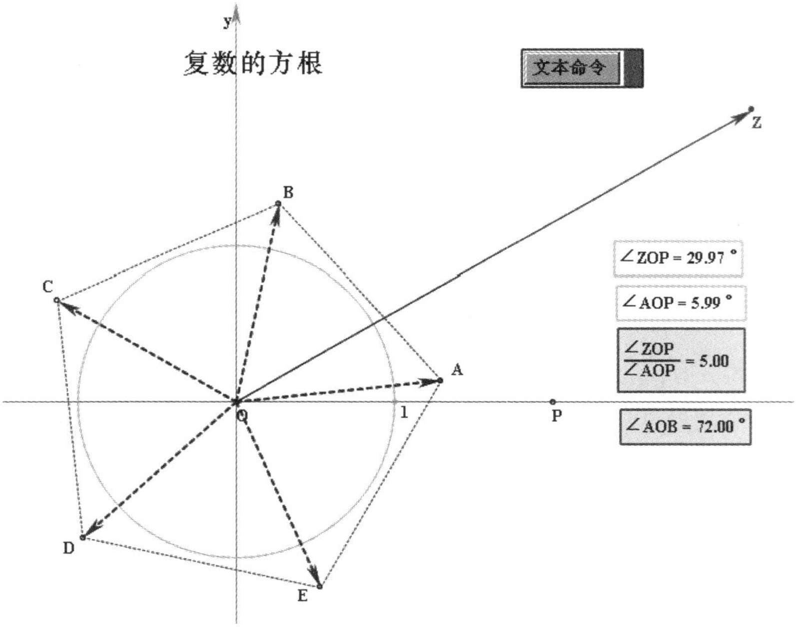
y
复数的方根
文本命令
Z
B
C
A
O
1
P
D
E
∠ZOP = 29.97 °
∠AOP = 5.99 °
∠ZOP / ∠AOP = 5.00
∠AOB = 72.00 °

图 3-27

0，1，…，$n-1$）

【习题 3-5】 只用菜单命令和文本对话框里的函数，如何作出本节中几个文件中的动态图形？

小　结

为了用动态几何图形直观地表示代数运算的规律或结果，需要知道一些方法。本篇介绍了几种常用的操作方法。

(1) 刻度尺的制作方法。如果画许多垂直线段作为刻度，十分繁琐；并且由于对象较多，也影响图形拖动时的流畅。这里介绍了用线段的轨迹作刻度的操作方法，方便多了。

(2) 含有动态数据的文本输入方法，也就是控制符号$ b1 {} 的用法。

(3) 同一个文本对象中，改变字体颜色的方法，也就是控制符号$ ys {} 的用法。

(4) 使线段的轨迹改变颜色的设置方法。

(5) 利用动态 alpha 参数制作控制对象隐藏和显示的方法。

按照说明操作，把文件中的动画自己制作一遍两遍，上述方法自然就会了。

在介绍复数的运算时，引进了几个在文本对话框里没有列入的作图或测量函数。这些函数也可以用其他几何作图或测量函数代替，不过有了专用的函数更方便些。

第四篇

解析几何

几何和代数携起手来，两者都变得更加丰富多彩，解析几何就此诞生。

《超级画板》动态作图功能的原理，正是来自解析几何。

在《超级画板》的免费版本中，文本作图对解析几何的支持相当全面。有关坐标点，圆锥曲线，参数方程表达的曲线以及极坐标下的点与曲线的作图，可谓应有尽有。这些功能的使用方法都是直来直去，无须技巧。

因此，本篇的例子更着重于数学上的理解和设计，而不是软件的操作。

一、直线的斜率和方程

用数据（坐标）来表示事物（点）的位置，这比较容易想到。人们在观测星象和航海活动中，早就用了这种方法。

真正不平凡的思想，是用方程来表示曲线。有了用方程表示曲线的想法，解析几何也就应运而生了。

解析几何入门的最重要的一步，就是记着和理解这件事：所有坐标满足某个方程的点的集合，就是该方程的曲线。

也就是说：一方面，曲线上的点的坐标都满足曲线的方程；另一方面，坐标满足方程的点都在曲线上。

最简单的二元方程是二元一次方程，二元一次方程的曲线是直线。

在学习解析几何之前先学过一次函数，一次函数可以看成是二元一次函数的特款。知道一次函数的图像是直线，就不难理解二元一次方程的曲线是直线了。

打开本书所附光盘中的文件“4-1 直线和方程 . zjz”，如图 4-1。

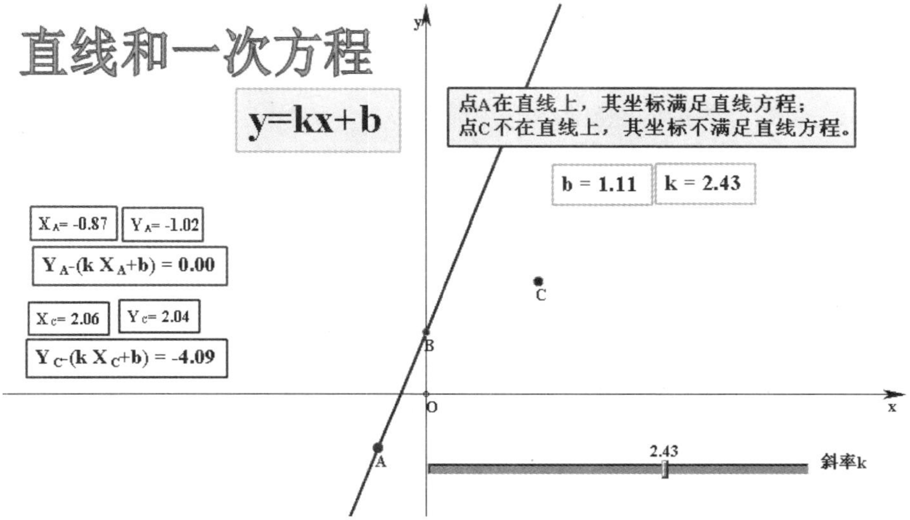

图 4-1

在图 4-1 中画出了方程为 $y=kx+b$ 的直线。拖动 y 轴上的点 B 可以改变截距 b，拖动变量尺上的滑钮可以改变斜率 k。点 A 是直线上的任意点，点 C 是平面上的任意点。图上显示了点 A 和点 C 的坐标的测量数据，并显示出分别将两点坐标代入表达式 $y-(kx+b)$ 的计算结果。直线上的点 A 的坐标总能使表达式为 0，即满足直线的方程。当点 C 在直线之外时，其坐标代入后的计算结果不为 0；当点 C 接近直线时，计算结果接近于 0。细心观察还可以发现，点 C 在直线的一侧时，该表达式计算结果为负，在直线另一侧时为正。

从左方工作区，按对象编号可以了解到制作过程大体如下（其中的对象编号和测量数据名保持和文件一致。由于文件制作过程可能有修改，可能和你作的不同）：

（1）执行文本作图命令 `Variable (k,)`；作出参数 k 的变量尺。

（2）执行文本作图命令 `Point (0, b,, b,,)`；作出点 B，编号为 6。

（3）执行文本作图命令 `LineOfPointslope (6, k,)`；过 B 作斜率为 k 的直线。

（4）作自由点 C，编号为 8。

（5）执行文本作图命令 `MeasureXCoor (8)`；测量出点 C 的 x 坐标 m001。

（6）执行文本作图命令 `MeasureYCoor (8)`；测量出点 C 的 y 坐标 m003

（制作文件时，这里测量了一个数据又将其删去，所以 m002 没有了）。

（7）执行菜单命令“测量｜测量表达式”，测量出 m003- (k*m001+ b)，命名为“YC- (kXC+ b)”。

（8）同（7）测量出 b 和 k 的值。

（9）在直线上取点 A，同（5）、（6）测出点 A 的 x、y 坐标 m008 和 m009。

（10）同（7）测量出 m009- (k*m008+ b)，命名为“YA- (kXA+ b)”。

剩下的工作是添加标题和说明以及设置颜色等，从略。

直线的斜率是一个重要的参数。下面这个有趣的例子，可加深对斜率的印象。

图 4-2 是文件“4-2 图形的重组 .zjz”打开时的界面。

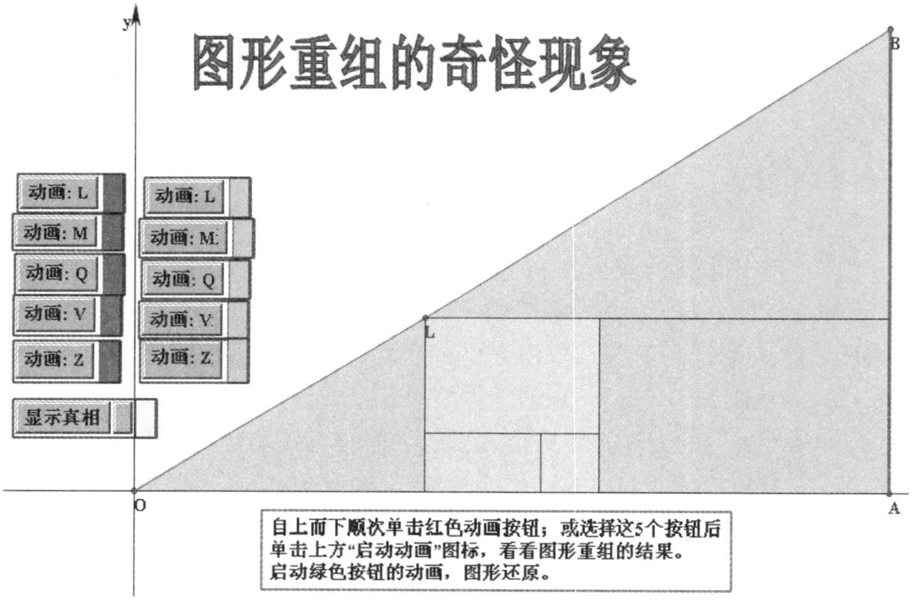

图 4-2

按照图 4-2 上的说明启动左边 5 个红色按钮所控制的动画，图形会重新组合，如图 4-3。

这时，奇怪的现象出现了。本来应当铺满的直角三角形内部却有一个洞！

要弄清真相，可以单击“显示真相”按钮，并且让坐标网格显示出来，如图 4-4。

原来，两个绿色直角三角形的斜边不在直线 BO 上！这样组合的图形比直角三角形 ABO 多出了一小条。

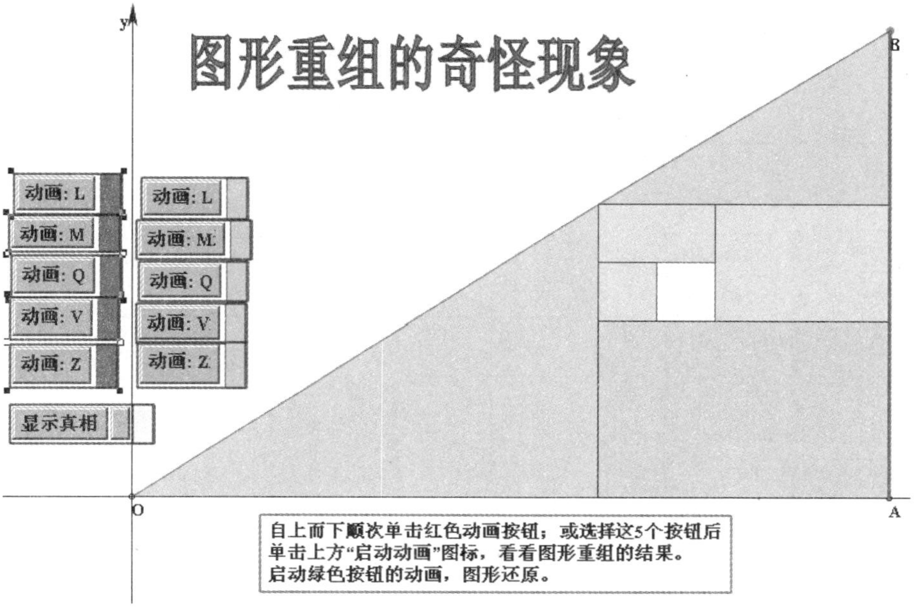
y
图形重组的奇怪现象
B
动画: L
动画: M
动画: Q
动画: V
动画: Z
动画: L
动画: M
动画: Q
动画: V
动画: Z
显示真相
O
A
自上而下顺次单击红色动画按钮；或选择这5个按钮后
单击上方“启动动画”图标，看看图形重组的结果。
启动绿色按钮的动画，图形还原。

图 4-3

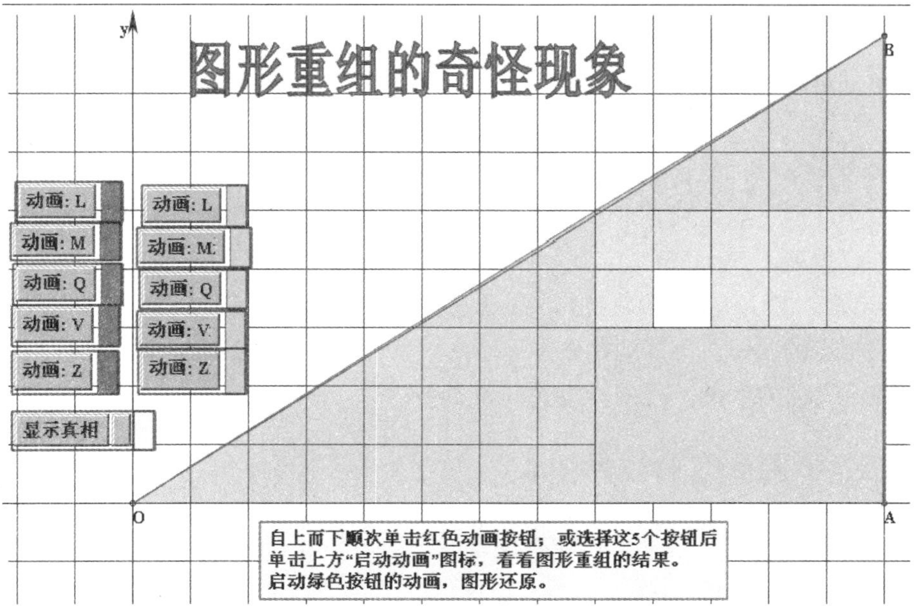
y
图形重组的奇怪现象
B
动画: L
动画: M
动画: Q
动画: V
动画: Z
动画: L
动画: M
动画: Q
动画: V
动画: Z
显示真相
O
A
自上而下顺次单击红色动画按钮；或选择这5个按钮后
单击上方“启动动画”图标，看看图形重组的结果。
启动绿色按钮的动画，图形还原。

图 4-4

启动右边 5 个按钮所控制的动画让图形还原，如图 4-5。

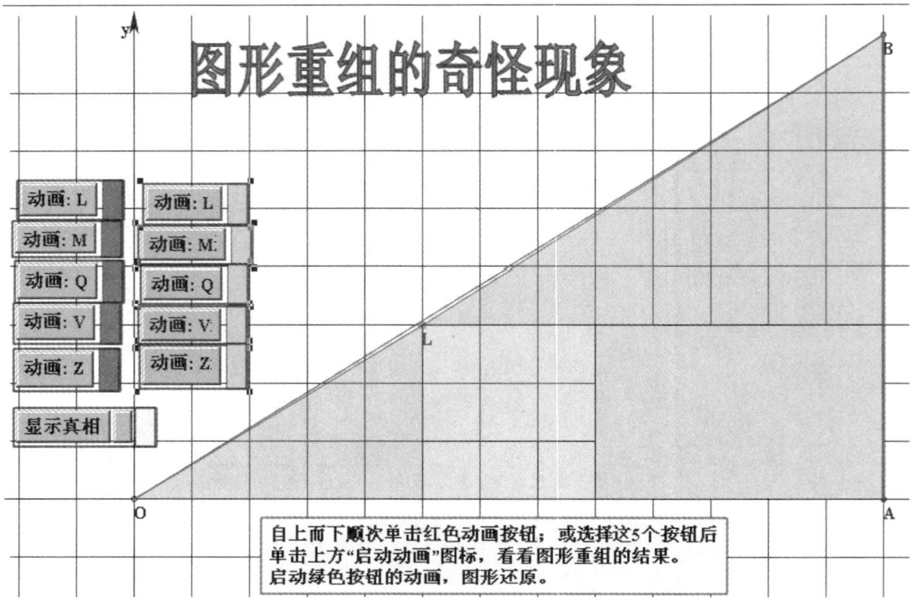

图 4-5

这样组合得到的图形比直角三角形 ABO 少了一小条。

一多一少，一个洞就出来了。

借助坐标网格看出，直角三角形 ABD 的斜边 BO 的斜率为 8/13；但较大的绿色三角形的斜边的斜率为 5/8；较小的绿色三角形的斜边的斜率为 3/5。两条斜边的斜率不同，怎么能在一条直线上呢？

这个文件中的动画并不难做，所用的方法和前面用剪拼说明勾股定理的方法相同。这里就不列出了。

【习题 4-1】 模仿文件 4-1 直线和方程的第 2 页，作一个圆心为网格点并且经过网格点的圆；写出圆的标准方程；作一个自由点并在圆周上取一点，测量两点的坐标并代入圆的方程进行检验，如图 4-6。

二、椭圆和双曲线的生成

在多数的中学教科书中，椭圆的基本定义，是到两定点的距离之和为定值的点的轨迹。把这个定义中的和改为差，就成了双曲线的定义。

使用《超级画板》的智能画笔功能，很容易作出演示按定义生成椭圆过程的动画。在文件“4-3 椭圆和双曲线的生成 . zjz”中可以看出作图的过程。

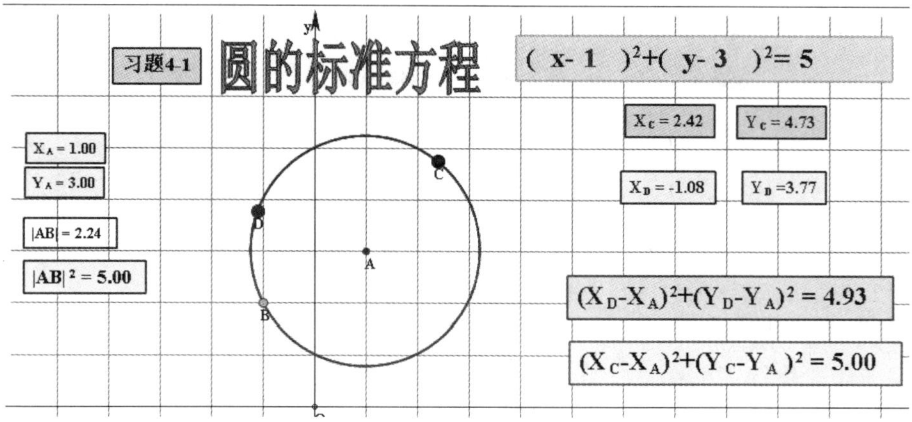

图 4-6

如图 4-7，以 A 为圆心过 B 作圆，在圆内取一点 C，在圆上取一点 D；连接线段 AD、CD，作 CD 的中点 E；过 E 作 CD 的垂线交 AD 于 F。因为 F 在 CD 的中垂线上，故 $CF=DF$，因而 $AF+CF=AF+DF=AD=AB$；这表明 F 到 A、C 两点距离之和等于圆的半径。容易证明，当 D 在圆上运动时，点 F 的轨迹是以 A、C 为焦点，以圆半径为长轴的椭圆。

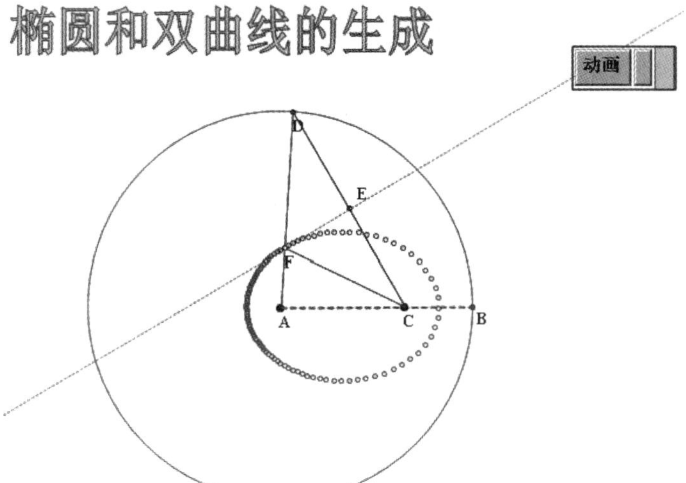

图 4-7

选择点 D 并单击右键，在右键菜单中单击“动画”，作出点 D 的动画按钮。再选择点 F 并单击右键，在右键菜单中单击“跟踪”对点 F 进行跟踪。这时若启动动画，点 F 的踪迹画出一个椭圆。

把点 C 拖到圆外，再启动动画，则点 F 的踪迹画出双曲线的两支，如图 4-8。

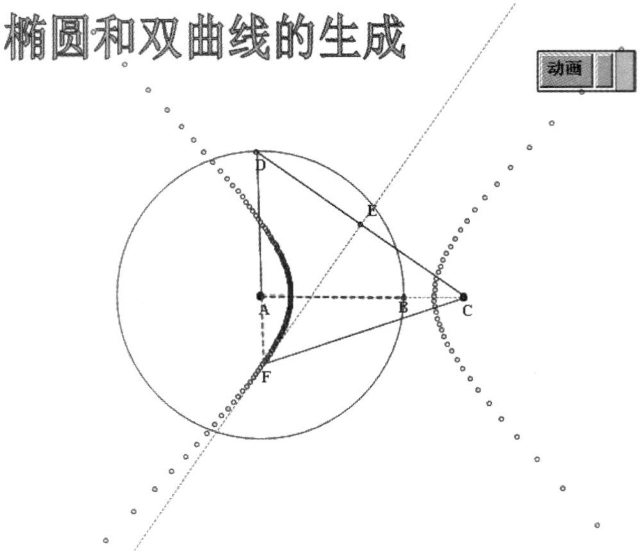

图 4-8

拖动点 B 改变圆的大小，拖动点 C 改变两焦点的距离，就可以改变椭圆或双曲线的形状。但是每次都要重新启动动画让点 F 的踪迹来画曲线。要想及时地观察到曲线随着点 B、C 变化的情形，可以作出点 F 的轨迹。

注意到点 D 的编号为 10，点 F 的编号为 14，调用“动画、跟踪和轨迹”类的文本作图命令 `Locus (10,, 14)`；运行后生成点 F 的轨迹，如图 4-9。

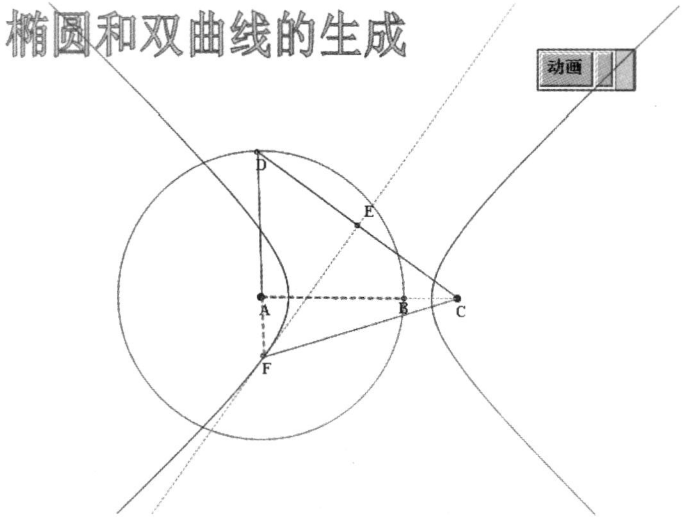

图 4-9

拖动点 C，F 的轨迹随着变化。点 C 由圆外运动到圆内，点 F 的轨迹就由双曲线变为椭圆。但是，当点 F 接近圆周时，轨迹曲线画得不准确，如图 4-10。

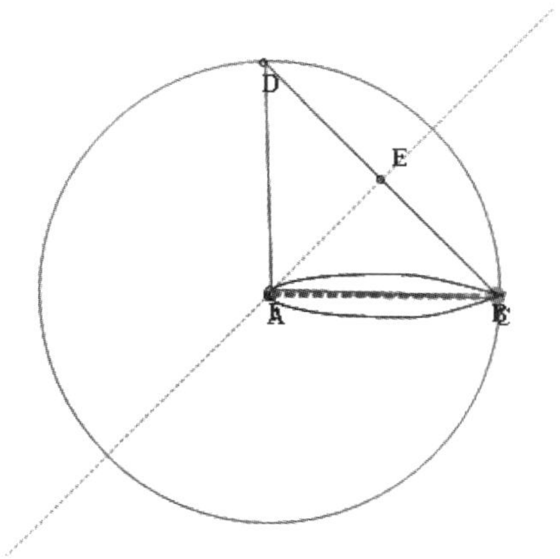

图 4-10

这是因为轨迹设置中的频率太低了。鼠标指着轨迹曲线单击右键，在右键菜单中单击“属性”打开轨迹的“属性”对话框，把轨迹的基本频率从 50 改为 1000，单击“确定”关闭对话框。再看轨迹曲线，是不是好看了？

【习题 4-2】 用文本作图命令作坐标点 `A= (a*sin (t), b*cos (t))`，设置拖动参数为 t；再用文本作图命令作点 A 的轨迹（椭圆）和 a、b 的变量尺。用类似的方法作双曲线（参看上述文件的第 2 页）。

三、抛物线的生成

按定义，抛物线是到一定点和一定直线距离相等的点的轨迹。定点叫作抛物线的焦点，定直线叫作抛物线的准线。本书所附光盘中的文件“4-4 抛物线的生成 . zjz”中的动画，展示了按此定义生成抛物线的过程，如图 4-11。

操作步骤很简单。使用画笔，作线段 AB，在直线 AB 外取一点 C，在直线 AB 上取一点 D；过 D 作 AB 的垂线 DE，连线段 CD，作 CD 的中点 F；过 F 作 CD 的垂线和直线 DE 交于 G。右键单击线段 AB，在右键菜单中单击“属性”打开其属性对话框，将类型设置为直线；类似地，把 FG 也设置为直线，把 DE 设置为射线。

右键单击点 D，在右键菜单中单击“动画”，作出点 D 的动画按钮；再右键单击点 G，在右键菜单中单击“跟踪”，对点 G 跟踪。启动动画，可以看出点 G

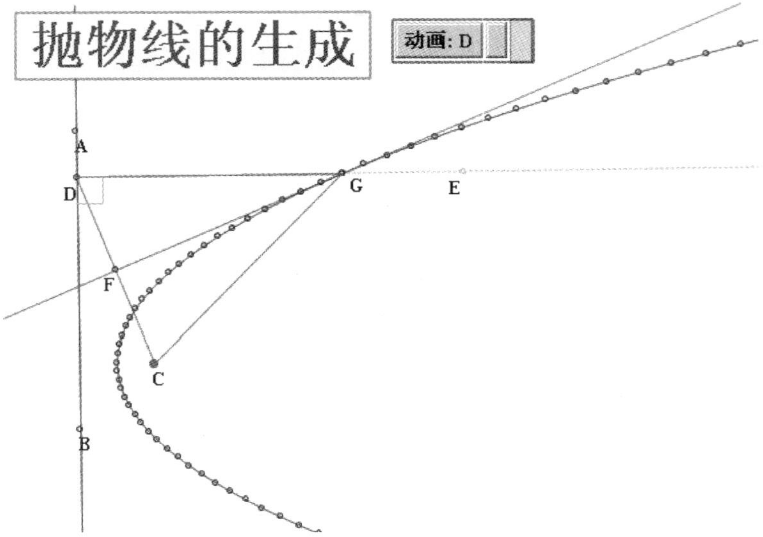

图 4-11

的踪迹画出一条抛物线，如图 4-11。

图 4-11 中除了由离散的踪迹点构成的抛物线外，还有一条连续曲线形式的同样的抛物线。这是点 G 的轨迹。注意到主动点 D 的编号是 9，轨迹点 G 的编号是 14，调用文本作图命令 `Locus (9,, 14)`；运行后生成点 G 的轨迹，一条以点 C 为焦点，以 AB 为准线的抛物线。

可以证明，FG 是这条抛物线在点 G 的切线。

过点 C 作 AB 的垂线，以此垂线为旋转轴在空间旋转抛物线，得到一个旋转抛物面。探照灯的反射镜，就是旋转抛物面的一部分。若光源的位置在抛物线的焦点 C 处，则从 C 射出的一条光线 CG 在点 G 经反射后将沿着射线 GE 的方向射出。这是因为 CG 和 GE 与切线 FG 所成的锐角相等，而光的反射定律是“入射角等于出射角”。由此可知，从点 C 处发出的光经抛物面镜面反射后成为平行光束，可以照得很远。

上述文件的第 2 页显示出抛物线的这种光学性质。如图 4-12，启动动画，用线段 CG 和射线 GE 模拟点 C 处发出并经抛物面镜面反射的一条光线的光路，让 G 的位置在抛物线上变化并跟踪线段 CG 和射线 GE，便可看到平行光束的形成。

【习题 4-3】 制作图 4-12 中呈现抛物线光学性质的动画。进一步考虑，如何用动画和跟踪呈现椭圆和双曲线的类似的光学性质（要改变画面背景颜色，可使用菜单命令“查看｜背景颜色”）。

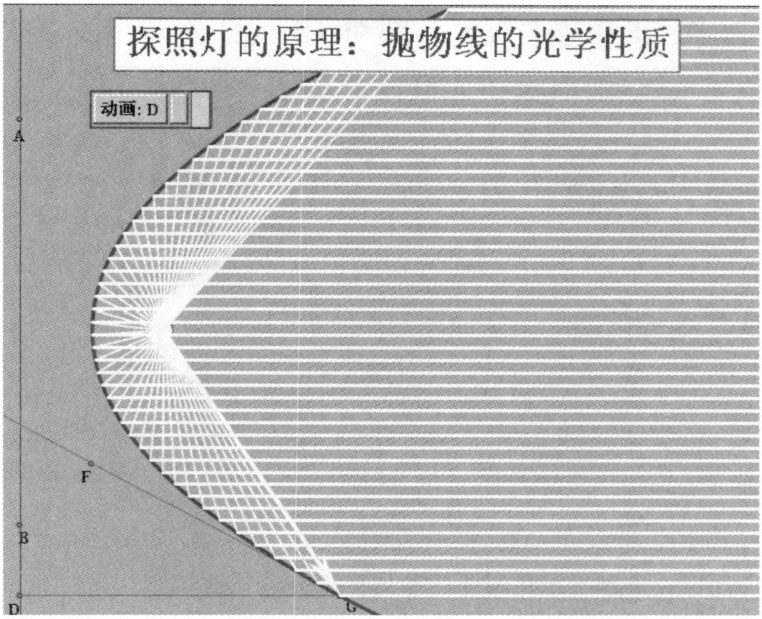

图 4-12

四、圆锥曲线随离心率而变化

圆锥曲线还有一个统一的定义，就是到一个定点的距离和到一条定直线的距离的比值为定值的点的轨迹。定点叫作该轨迹曲线的焦点，定直线叫作该轨迹曲线的准线，定值叫作该轨迹曲线的离心率。离心率通常用 e 表示，$e<1$ 时为椭圆，$e=1$ 时为抛物线，$e>1$ 时为双曲线。

打开本书所附光盘中的文件“4-5 圆锥曲线的离心率 . zjz’，如图 4-13，可以观察到随着离心率的变化三种圆锥曲线相互转化的情形。

当前画面上的离心率值为 1，对应的曲线是抛物线。

单击淡绿色按钮的副钮，离心率 e 由 1 连续地变为 0；对应地，曲线由抛物线变为椭圆，最后成为圆。单击此按钮的主钮，曲线又变回抛物线。

单击淡青色按钮，离心率 e 由 1 连续地变为 3；对应地，曲线由抛物线变为双曲线。单击此按钮的副钮，曲线又变回抛物线。

这条随离心率变化的曲线是如何画出来的呢？

一个简单的方法是使用极坐标下圆锥曲线的统一方程：

$$\rho=\frac{a}{1+e\cos\theta}$$

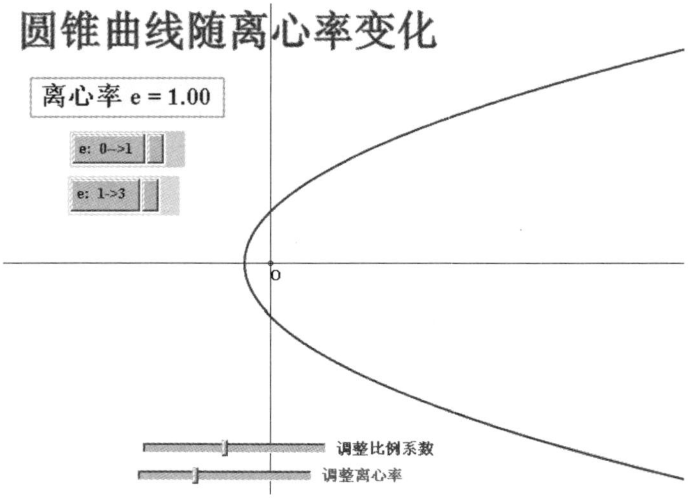

图 4-13

操作方法是，调用文本作图曲线类函数命令：

```
Function (rho= a/ (1+ b * cos (thet)), o, 2 * pi, 500,);
```

执行后即可作出离心率为 b 的曲线。上述函数命令中第一个参数是极坐标下圆锥曲线的统一方程，其中 rho 和 thet 分别代表希腊字母 ρ 和 θ；第 2 和第 3 两个参数分别是变量 θ 的最小和最大值（此处为 0 到 2 * pi，即 0 到 2π）；第 4 个参数 500 表示画曲线时要计算出 500 个点的坐标作为作图的基点。

注意方程中用 b 表示离心率而不用 e，这是因为在超级画板中把 e 保留用于自然对数的底，即 e=2.71828…。不过，虽然内部用 b 表示离心率，这并不妨碍我们在显示出来的文本中仍然用 e 表示离心率。

为了手动调整曲线方程中的参数 a 和 b，调用文本作图命令 `Variable (a,)` 和 `Variable (b,)` 作出参数 a 和 b 的变量尺。在变量尺的属性对话框里为变量尺添加文本说明“调整比例系数”和“调整离心率”。

用变量尺很难把离心率准确无误地调为 1。要想看见曲线变成抛物线，可以用动画按钮来控制离心率。不选择任何对象单击右键，在右键菜单中单击动画，在弹出的对话框里键入 b，单击“确定”打开动画设置对话框，将最小和最大值分别设置为 0 和 1，类型设置为“一次运动”，文本改为“e：0→1”。类似地，再作变量 b 的另一个动画按钮，最小和最大值分别设置为 1 和 3，文本改为“e：1→3”。

剩下的，不过是添加标题文本，设置颜色了。

但是，能不能像前面根据定义生成椭圆、双曲线和抛物线那样，从圆锥曲线的统一定义出发，利用几何关系生成随着离心率而变化的圆锥曲线呢？

上述文件的第 2 页（图 4-14），说明了根据统一定义生成圆锥曲线的方法。下面列出主要的操作步骤，其余部分的工作留作习题。

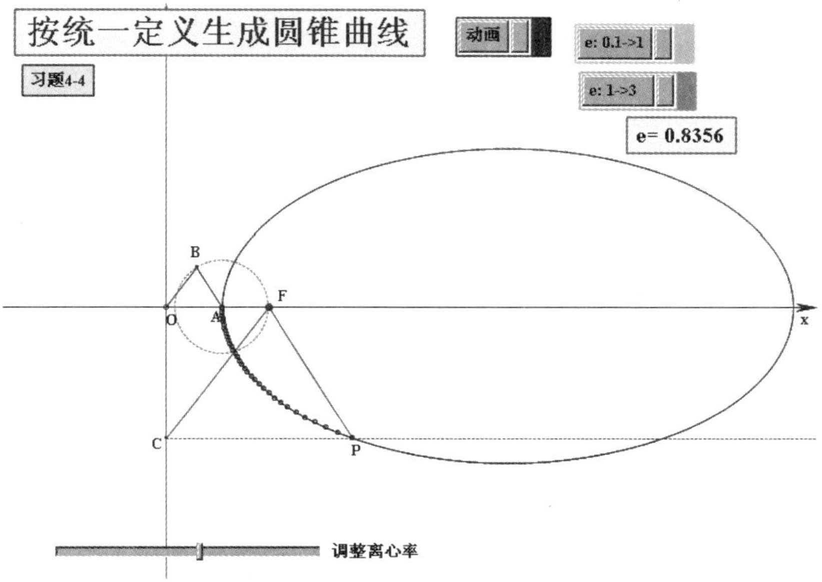

图 4-14

（1）把 y 轴作为准线；调用文本作图函数命令 Point（a，0，a，，，F）作焦点 F。

（2）调用文本作图函数命令 Point（t＊a，0，t，，，A）作辅助点 A。

（3）执行菜单命令“对象｜设置变量的范围”，打开“变量值和范围设置”对话框，将变量 a 的范围设置为－3 到 3，并把 a 的当前值改到－3 和 3 之间（图 4-15），单击“修改”；同法，把 t 的范围设置为 0 到 1，当前值改到 0 和 1 之间。这是为了避免图形被无意间拖乱。

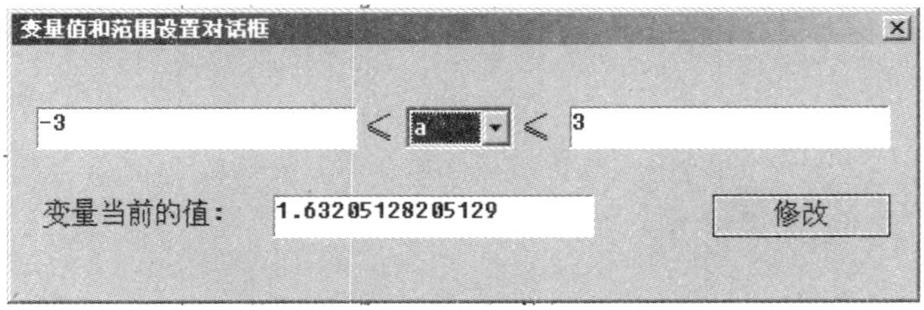

图 4-15

（4）以 A 为圆心过 F 作圆。

（5）在圆 A 上取点 B，连线段 AB、BO。

（6）过 F 作 BO 的平行线交 y 轴于 C，过 C 作 x 轴的平行线 CK。

（7）过 F 作 AB 的平行线和直线 CK 交于 P。

由作图过程可知△PFC 相似于△ABD，故

$$\frac{PF}{PC}=\frac{AB}{AO}=\frac{FA}{AO}=\frac{1-t}{t}$$

这表明点 P 到点 F 的距离与它到 y 轴的距离之比为定值 $e=(1-t)/t$。而最后一步是因为 $AO=at$，$AF=OF-OA=a-at$ 之故。

剩下的工作，就是作点 B 的动画按钮，跟踪点 P，作点 P 的轨迹等。

【习题 4-4】 参照上述文件的第 2 页和上面的说明，完成根据统一定义用几何关系生成圆锥曲线的动画。

【习题 4-5】 参考上述文件的第 3 页（图 4-16），用文本命令根据统一定义直接作出圆锥曲线；对曲线跟踪，并测量曲线的一般方程和标准方程（请查找有关的文本命令）。

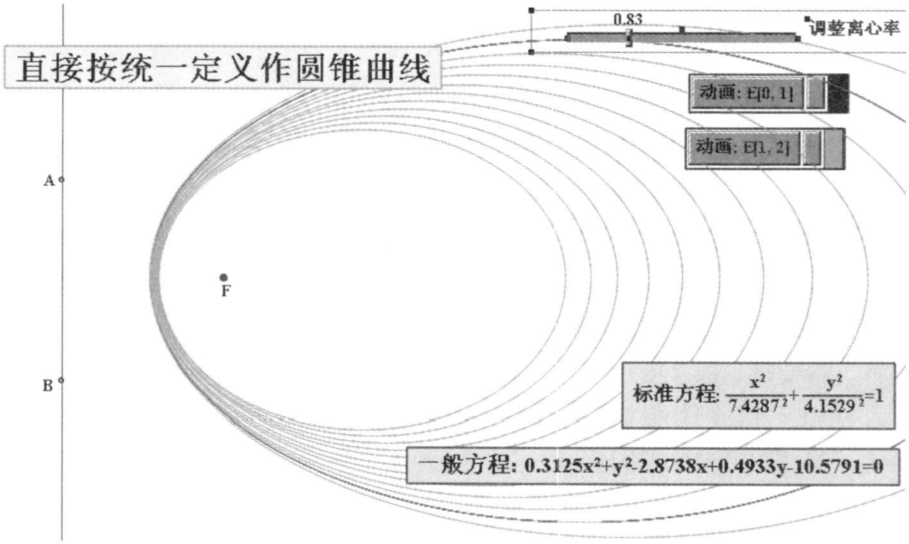

图 4-16

五、圆锥曲线的一般方程

圆锥曲线的一般方程是二元二次方程。使用《超级画板》的文本作图命令，可以根据所给的二元二次方程直接作出对应的曲线。如果方程的系数是代表变量的字母，则曲线会随着系数的变化而变化。

打开本书所附光盘中的文件“4-6 圆锥曲线的一般方程 .zjz”，如图 4-17，就

是一条对应于所给方程的圆锥曲线。

拖动图 4-17 中下方的 A、B、C、D、E、F 各点，可以改变这 6 个系数的值。这些值动态地显示在左方。曲线的形状随着这些系数的改变而变化。观察测量所得的 B^2-4AC 的值，可以看出此值的正或负分别对应于双曲线或椭圆。单击标有“$B^2=4AC$’的按钮，B^2-4AC 的值会变为 0，曲线也就变成了抛物线。单击标有“$B=0$”的按钮，系数 B 变为 0，曲线的对称轴会变得平行或垂直于 x 轴。

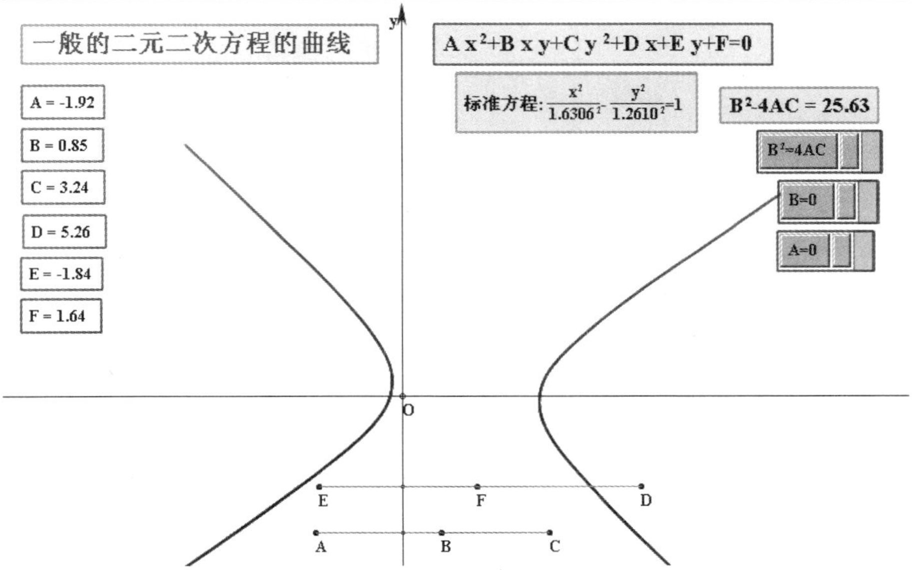

图 4-17

作出这样的动态图形，主要操作是调用文本作图中“圆锥曲线”类命令函数：

```
ConicOfEquation (A*x^2+ B*x*y+ C*y^2+ D*x+ E*y+ F,);
```

再作出 6 个坐标点分别用来控制 6 个系数，所用文本作图命令以点 A 和点 D 为例：

```
Point (A, - 3, A,,, A);
Point (D, - 2, D,,, D);
```

此外，测量圆锥曲线的标准方程的文本命令函数为：

```
MeasureNormalOfConic (7);
```

剩下的工作是使用菜单命令“测量｜测量表达式”对 6 个系数和 B^2-4AC 进行测量以及用右键菜单命令制作动画按钮控制某些系数取指定的值。从这些按钮的“属性”对话框里，可以查出其属性的设置方法。

给了不共线的 3 个点，可以确定一个圆。类似地，给了 5 个点，如果其中任意

3 点都不共线，就可以确定一条圆锥曲线。《超级画板》有一条文本作图命令可以让我们体验这个有趣的事实。上述文件的第 2 页呈现了这一图像，如图 4-18。

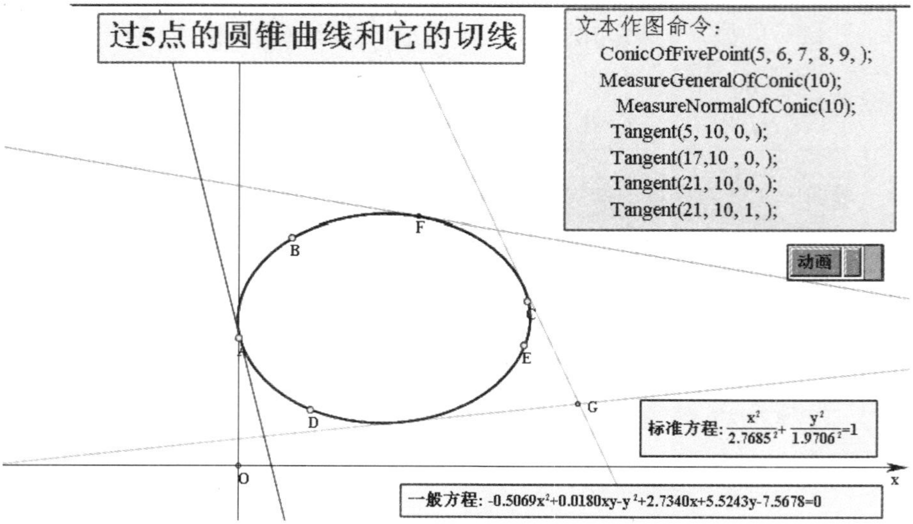

图 4-18

从图 4-18 看到，在圆锥曲线上还可以再取点（点 F），可以过曲线上或曲线外一点作切线等。

【习题 4-6】 参看上述文件的第 2 页，作 5 个自由点，再作过这 5 个点的圆锥曲线；用画笔功能在曲线上取一个点，过此点作圆锥曲线的切线并对切线跟踪，再作出此点的动画按钮；在曲线外另取一点，过该点作曲线的两条切线；测量曲线的标准方程和一般方程。

【习题 4-7】 有中心的圆锥曲线，其平行于切线的弦的中点和切点的连线必经过中心。根据这个性质，用智能画笔作图找出上述文件中所作圆锥曲线的中心。

六、极坐标和参数方程曲线

前面我们曾经利用极坐标下的方程作出随离心率变化的圆锥曲线的动态图像。在极坐标下，有些曲线的方程非常简单。本书所附光盘中的文件“4-7 极坐标曲线 . zjz”中提供了另外几个例子。

如图 4-19，是古代就知名的阿基米德螺线。这种曲线在极坐标下的方程非常简单，就是 $\rho=a\theta$。用直角坐标，它的方程就不好写。

使用文本作图中“曲线”类函数命令 `Fnnction (rho= a * thet, u, v, 500,);` 可以作出阿基米德螺线。再用文本作图命令作出参数 a、u、v 的变量

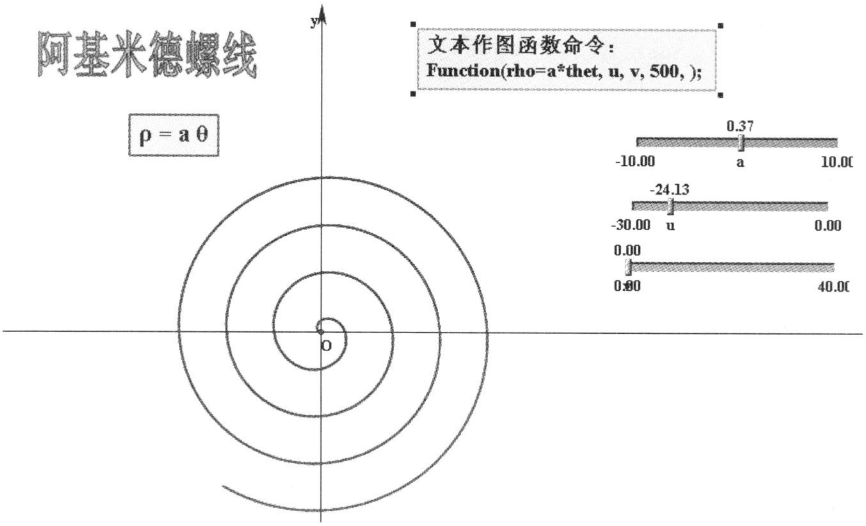

图 4-19

尺，调整这些参数，可以观察曲线的变化。a 的大小控制了相邻两圈螺线的距离，u 和 v 则用来控制变量 θ 的范围。图中的曲线，对应于 $u=0$ 的情形；如果 $u<0$，可以看见曲线的另一支，它和图中的部分关于 y 轴对称。

上述文件的第 2 页，画的是另一种螺线，叫作对数螺线（图 4-20）。

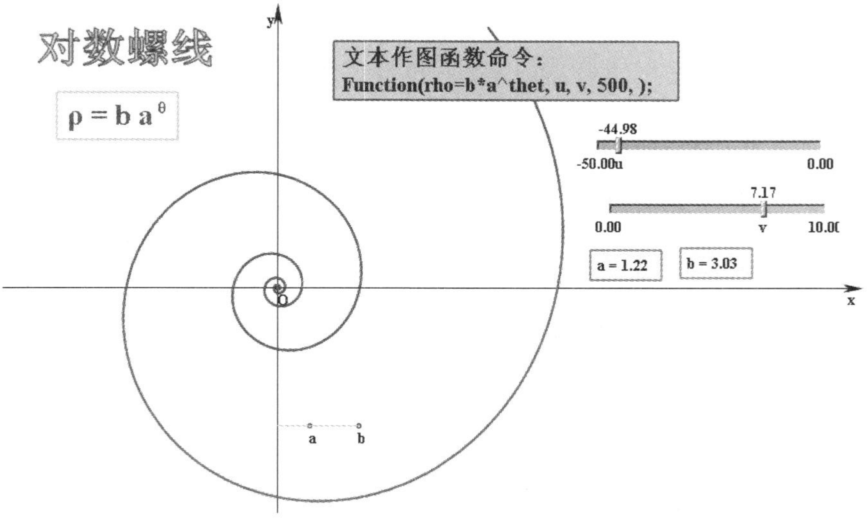

图 4-20

作出对数螺线的文本作图函数命令为 Function (rho= b * a^thet，u，v，500,)；用文本作图函数命令作出控制变量范围的参数 u 和 v 的变量尺；再用文本作图命令作出坐标点 a（a，－5）和 b（b，－5），并注意填上拖动参数 a 和 b，则选择了点 a 或 b 时可以用左右箭头键微调参数 a 或 b 的值。当 $a=1$ 时，曲线成为圆。如果微调不能使 a 准确地变为 1，可以作变量 a 的动画，强迫 a 变为 1 进行观察。

上述文件的第 3 页，如图 4-21，是漂亮的花朵般的曲线。作出这样的曲线的文本作图函数命令为 Function (rho= a * sin (floor(n) * thet:) + b * cos (f100r (m) * thet+ c) + d, 0, 2 * pi, 300,)；其中的函数 floor (n) 和 floor(m) 分别记 n 和 m 的整数部分。

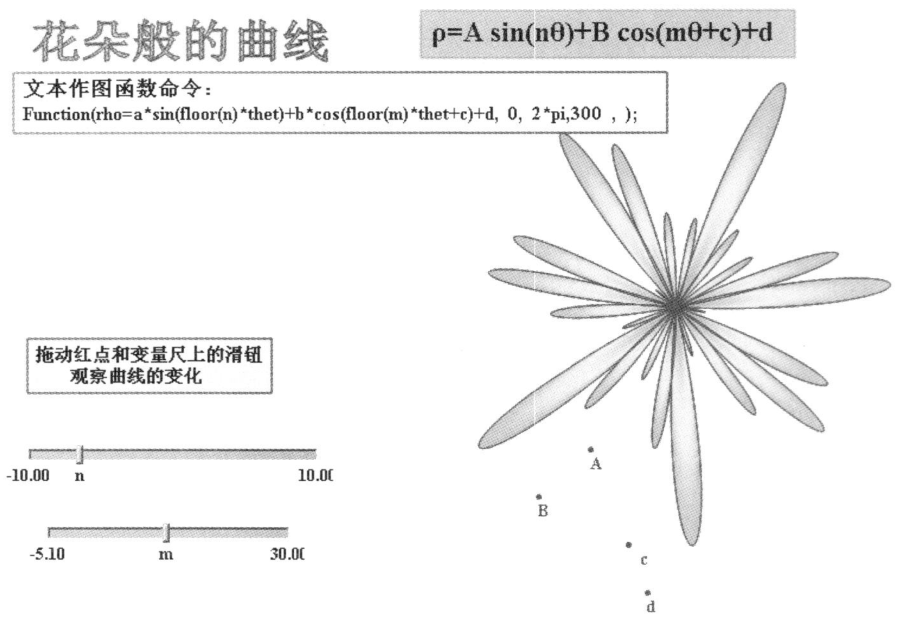

图 4-21

这里的 6 个参数分别用 2 个变量尺和 4 个坐标点来控制。拖动 m 和 n，可以改变花瓣的多少，拖动点 A、B、c、d，可以改变花朵的大小或使花朵转动。

花朵的颜色是如何填充的呢？右键单击“曲线”，在右键菜单中单击“属性”打开曲线的属性对话框，可查出曲线的填充选择了“路径渐变画刷”。在“渐变”设置栏里，改变“中心颜色”、“边界颜色”以及“插值颜色和位置”，你可以设计出其他风格的色调。

更多的曲线，可以用参数方程表示。本书所附光盘中的文件“4-8 参数方程曲线 . zjz”，展示了几个参数方程的例子。第 1 页最简单，是用参数方程表示线段和线段的等分点，如图 4-22。

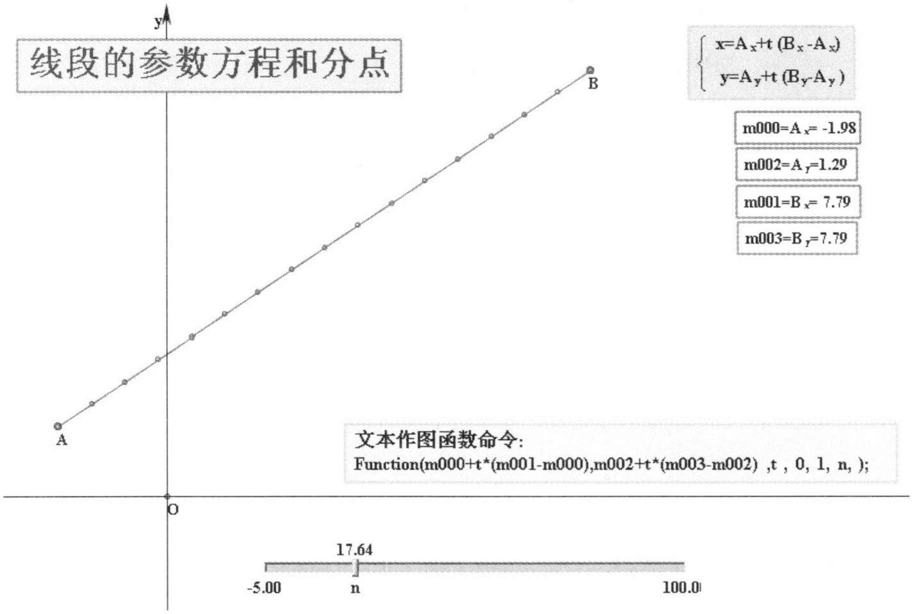

图 4-22

图 4-22 中 A 和 B 是用智能画笔直接作的自由点，编号 5 和 6。为了写出线段 AB 的参数方程，要测量两点 A 和 B 的坐标（如果是坐标点，就不用测量了）。调用文本作图命令中“测量”类的函数命令 MeasureXCoor (5); Meam]reXCoor (6); MeasureYCoor (5); MeasureYCoor (6); 测出两点的 x 坐标 m000、m001 和 y 坐标 m002、m003。再调用“曲线”类的作参数方程曲线的函数命令 Function (m000+ t* (m001- m000), m002+ t* (m003- m002), t, 0, 1, n,); 其中第 1、2 个变元分别是曲线上的点的 x 坐标和 y，坐标的参数表示，第 3 个变元指明参数为 t，第 4、5 两个变元 0、1 分别是参数的最小值和最大值，最后的变元 n 表示曲线上描点的个数。运行后作出线段 AB。但上面看不到分点。右键单击参数曲线（线段 AB，打开其“属性”对话框，在其左下方勾选“画点”），如图 4-23；单击“确定”后，AB 上的分点就出现了。

为了调整分点的个数，还要调用文本作图命令中“文本”类的函数命令 Variable (n,); 运行后作出分点个数 n 的变量尺。

如果不作参数方程曲线，直接画出线段 AB，作分点就没这么容易了。

上述文件的第 2 页，展示出椭圆的参数方程的几何意义。如图 4-24，先以原点 O 为圆心作大小两个同心圆；在大圆上取点 C；自 C 向 x 轴引垂足 D；作 OC 与小圆的交点 E；自 E 向 CD 引垂足 F。如果记 $t=\angle AOC$，大圆和小圆的半径分别为 a 和 b，则点 F 的坐标分别为 $x=a\cos t$ 和 $y=b\sin t$，这就是椭圆的参数方程。

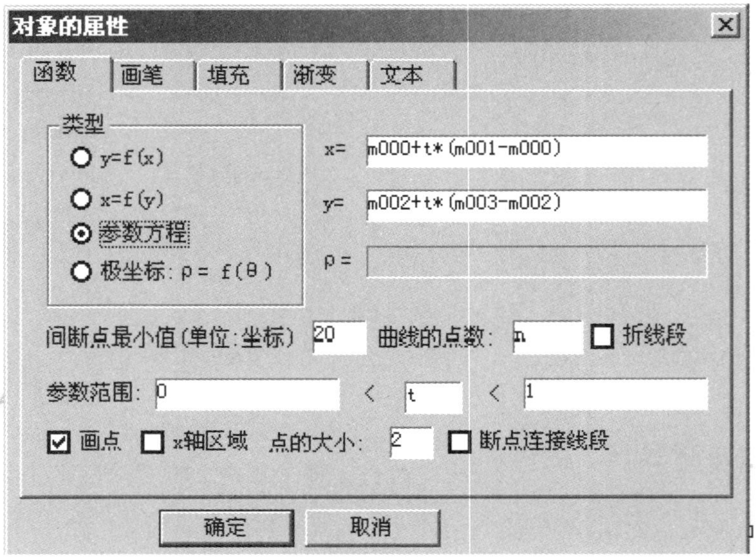

图 4-23

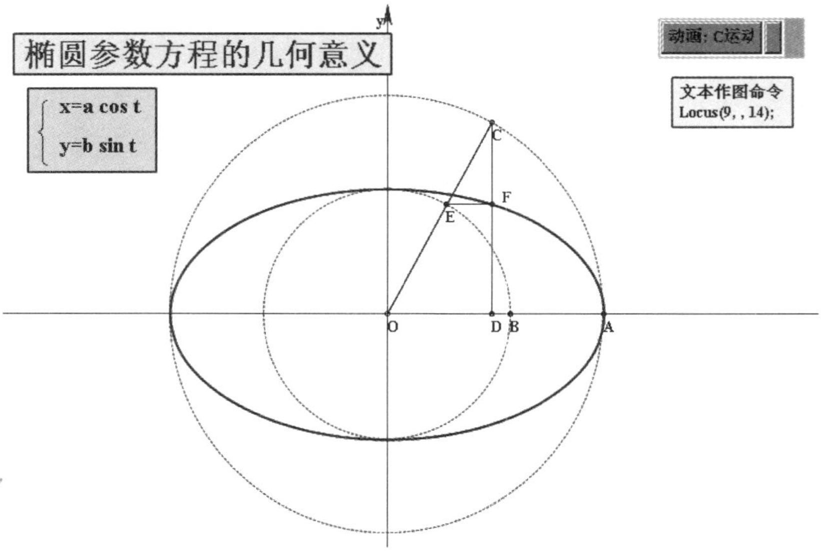

图 4-24

启动点 C 的动画并对点 F 跟踪，可以看出 F 的踪迹是椭圆。调用文本作图命令中“动画、轨迹和跟踪”类的函数命令 Locus (9,, 14)；运行后作出点 F 的轨迹，即图中的椭圆。这里的变元 9 和 14 分别是点 C 和 F 的编号。

上述文件的第 3 页，如图 4-25，画出了物理学中熟知的李萨如图像。

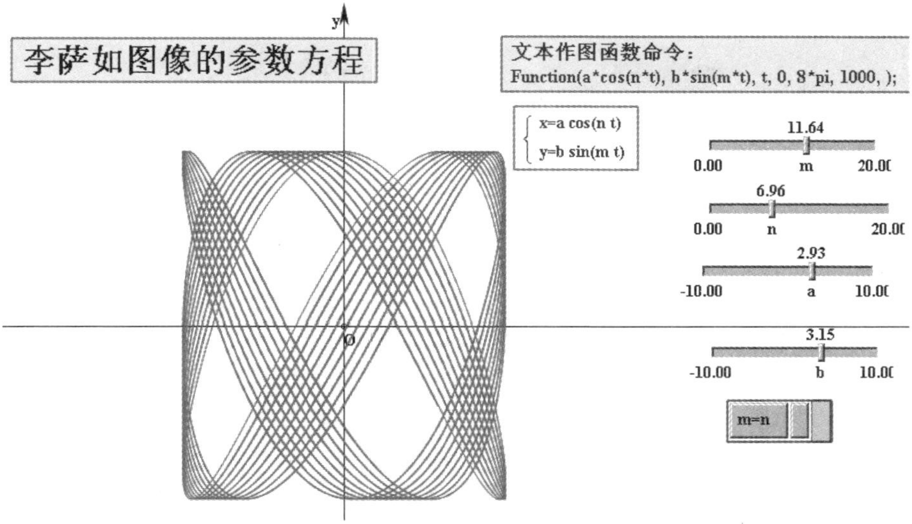

图 4-25

拖动图 4-25 中几个变量尺上的滑钮，可以看到曲线的有趣的变化。单击“动画”按钮使 $m=n$，该曲线会变为椭圆。

文件的第 4 页，如图 4-26，也是一条变化万千的参数方程曲线。这些曲线的制作，留作本节的习题。

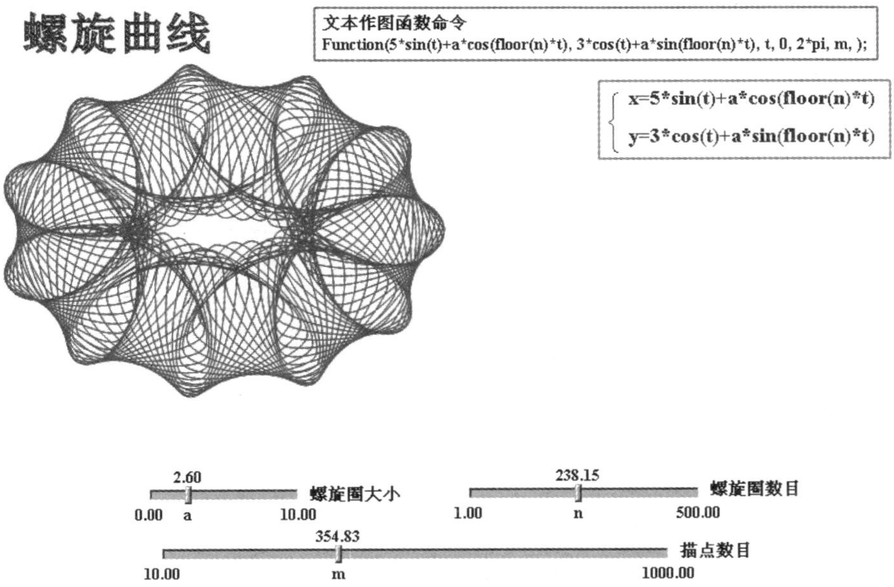

图 4-26

【习题 4-8】 参照图 4-25，调用文本作图命令制作用参数方程表示的李萨如图像。

【习题 4-9】 参照图 4-26，调用文本作图命令制作用参数方程表示的螺旋曲线。

小　结

本篇和上一篇比较，有不同的特点。

上一篇的数学内容有点单调，作课件时主要关注软件操作和技巧。而本篇的数学内容丰富多变，作课件时的操作大都是直来直去，关键在于数学设计。

概括地说，本篇主要内容有：

（1）直线的点斜式作图以及说明斜率重要性的一个例子。

（2）制作根据常见定义生成椭圆和双曲线的动画。

（3）制作根据常见定义生成抛物线的动画。

（4）制作根据统一定义生成 3 种圆锥曲线的动画。

（5）根据一般方程画出圆锥曲线。

（6）画出过已知 5 点的圆锥曲线。

（7）过圆锥曲线上或圆锥曲线外一点作其切线。

（8）根据参数方程作线段，并通过属性设置作线段的等分点。

（9）椭圆参数方程的几何意义以及一些有趣的参数方程曲线。

（10）极坐标下方程的曲线的几个例子。

在《超级画板》中，直线和圆锥曲线的作图和测量功能非常丰富。举一反三，读者可以对照菜单，在文本作图的函数列表中查出更多的作图函数作实践应用。至于参数方程和极坐标方程曲线的作图，就要靠您的数学功力和想象力来挖掘其丰富的内涵了。

第五篇

函数图像

函数及其图像，是中学数学课程的重要内容。《超级画板》提供了制作动态函数图像的丰富的功能，并具有辅助教学和学习的一些附加的功能，例如在函数曲线上取点，作函数曲线的切线，列出函数值的表格，对曲线和 x 轴之间的面积填充或作细分，等等。另外，还有许多办法作出教学所需要的特殊效果，那就要了解更多的操作方法了。

一、函数图像配合函数表

函数通常有 3 种表示方法：解析表达式、图像和表格。

用《超级画板》可以把 3 种表示方法紧密结合起来。输入解析表达式，画出图像，再让图像和表格关联，以显示出函数值的表格。

请看本书所附光盘中的文件“5-1 图像和列表 .zjz”，如图 5-1。

这个课件有如下功能：

（1）显示曲线所对应的函数的表达式。当鼠标指着左边“对象工作区”中编号为 [5] 的曲线条目时，旁边会显示出函数的表达式。从图 5-1 中看到，y 是 x 的平方根。

（2）呈现函数的定义域。所画的函数曲线，函数的定义域为 $[a, b]$。在左上部的两个测量数据文本中显示出，a 的当前值为 0，b 的当前值为 9。

（3）显示描点画线时所取的点和对应的函数值表。函数曲线上，连同两端点

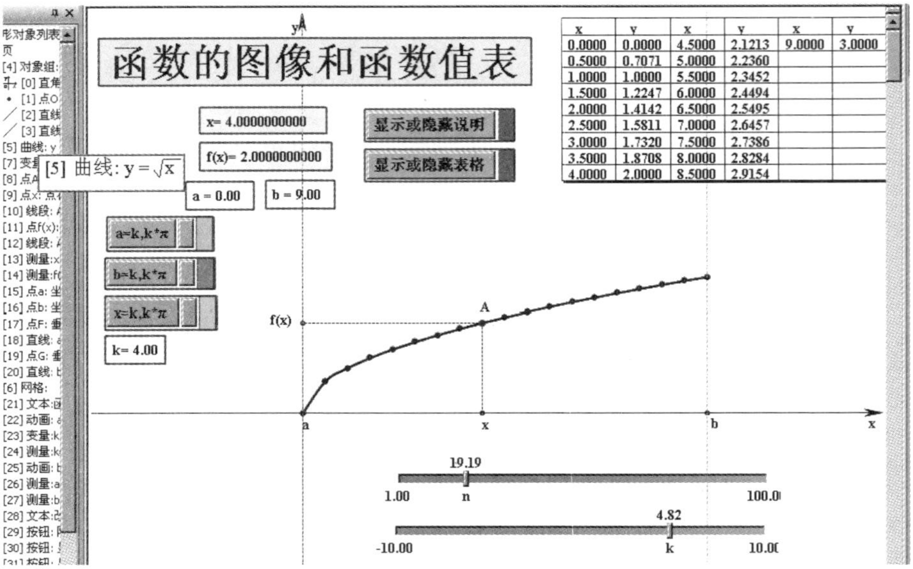

图 5-1

共有 19 个点，把自变量 x 的范围［0，9］均匀分为 18 份。曲线就是根据这 19 个点描出来的。这 19 个点所对应的自变量 x 和函数 y（x 的平方根）的值可以在右上方的函数表里查出来。

（4）用一个按钮控制着函数表的显示或隐藏。

（5）改变描点的数目和对应的函数表。描点的数目并非固定是 19。拖动下方参数 n 的变量尺上的滑钮，可以改变描点的数目。点的数目越多，曲线就画得越准确。当点的数目变化时，函数表也就随着改变。例如，当描点的数目减少到 5 时，函数表里也就只有 5 组数据了。

（6）可以显示或不显示曲线上所取的点。在函数曲线的“对象的属性”对话框里，如上篇图 4-23，可以在左下角勾选或不勾选画点。即使不把点显示出来，曲线仍然是根据这些点的位置而画出来的。

（7）可以选择用曲线或线段来组成图像。曲线的画法有两种方案：一种是用曲线来连接这些点，一种是用线段来连接这些点。当前是用曲线来连接的。如图在属性对话框的右部可以勾选或不勾选“折线段”。若勾选“折线段”，就是用线段来连接这些点了。

（8）在曲线上有一个样例点。曲线上有一个红点 A。这个点的坐标，可以在“对象的属性”对话框里查出来，是 u000 和 u000^ (1/2)。当 u000 变化时，点 A 的轨迹或踪迹比较准确地显示出曲线的样子。在图 5-1 上，我们用 x 来标示 A

的横坐标，用 f （x） 来标示 A 的纵坐标。图 5-1 中看到，点 A 的横坐标和纵坐标都被测量出来了，从测量数据中可以对更多的自变量 x 的值查出对应的函数值，准确到 10 位小数。

（9） 可以准确地设置函数定义域和样例点。为了更准确地控制参数 a、b 和 `u000`，我们制作了 3 个动画按钮和参数 k 的变量尺，并测量出 `floor(k)`，但测量数据命名为 k。打开“动画”按钮的属性对话框，可以查出动画的设置：动画的参数范围是 `floor(k)` 到 `pi * floor(k)`；频率小于 10；类型是一次运动且为逆向运动。例如，若用变量尺把 k 的值调整到 2 至 3 之间，这时测量数据显示 $k=2$。若单击 a 的动画按钮的主钮，则 a 的值变为 2；单击 a 的动画按钮的副钮时，则 a 的值变为 2π。同样方法可以把 b 或 `u000` 的值准确地设置为整数或 π 的整数倍。如果想要 a、b 和 `u000` 准确地取其他数值，可以在动画按钮“属性”对话框里设置。

（10） 可以改变函数的表达式，一图百变。单击“显示或隐藏说明”按钮，出现如图 5-2 所示的说明。按说明操作，可以变换函数的表达式。

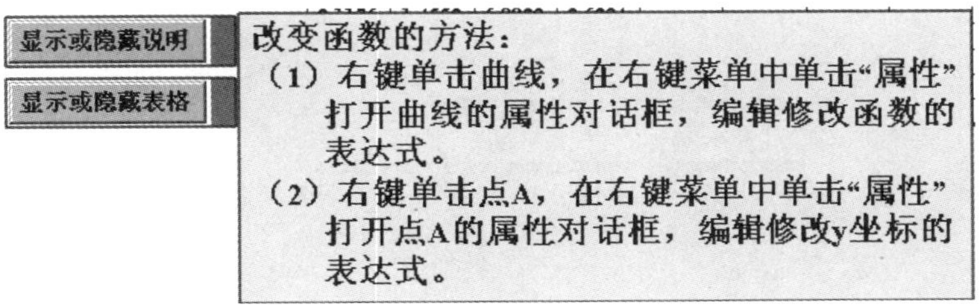

图 5-2

回忆学过的操作，可知上述功能除作函数表外都不难实现。而作函数表的功能，可以用文本作图命令中“文本”类倒 3 行的函数命令 `Grid (5，10，10，70，20,)`；其中第 1 个参数 5 是函数曲线的编号；第 2，3 两个参数 10 和 10 是表格的行列数目；第 4、5 两个参数 70 和 20 是表格中一格的宽度和高度的像素数目。注意，表格的宽度和高度可以用鼠标拖动调整，行列的数目可以在“属性”对话框里修改。这命令也适用于参数曲线、极坐标曲线和点的轨迹。

你也可以把这个文件当做模板使用，只要把函数表达式和点 A 的坐标改一下，就能作出你所要的带有函数表的函数的图像了。

例如，上述文件的第 2 页（图 5-3），呈现出在 ［0，2π］ 上的函数 $y=\sin x$ 的图像和函数表，就是从第 1 页修改得到的。

这里重要的是两点修改：在曲线的“属性”对话框里把函数的表达式改成 sin （x）；在点 A 的“属性”对话框里把“y—参数”（即 A 的 y 坐标）改为 sin (u000)。

此外，还要把定义域调整为 $[0,\ 2\pi]$。方法是先用变量尺把 k 调到 2 和 3 之间，再单击 b 的动画按钮的副钮。

当描点个数 $n=9$ 时，得到图 5-3 所示曲线。

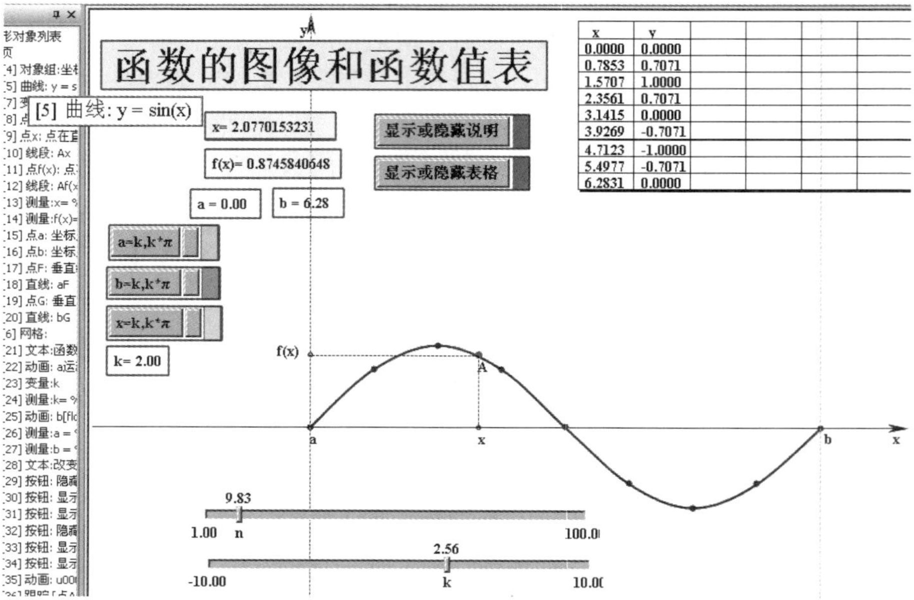

图 5-3

虽然只取了 9 个点，图像已相当准确了。拖动点 A 检查一下，便知分晓。如果减少到只用 4 个点，误差就大了。图 5-4 显示出用 4 个点描出的曲线和对点 A 的跟踪的对比。

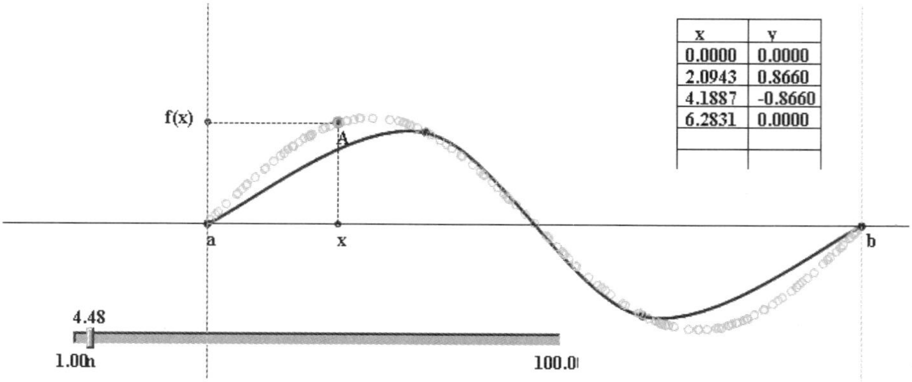

图 5-4

用折线代替曲线，在描点数很多时效果相当好，在描点数很少的情形，误差比曲线大得多。图 5-5 是取 6 点用线段连接的情形。若用曲线，要好得多。你不妨试试。

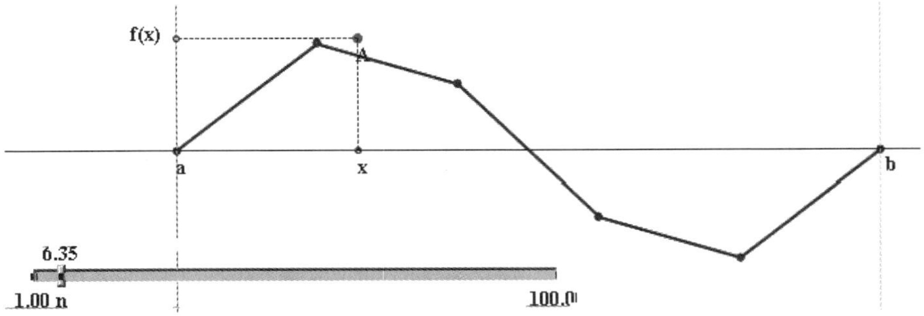

图 5-5

【习题 5-1】 复制上述文件，利用它作为模板，分别作出适当的定义域上的二次函数，余弦函数以及对数函数的图像和函数表。

【习题 5-2】 上述文件中只能把参数 a、b 和 u000 准确地调为整数或 π 的整数倍。请你设计变量尺和动画按钮，使操作者能够方便地把这些参数准确地调为分数或 π 的分数倍（分母不超过 100）。

二、基本的初等函数族

在中学课程中，有几族函数特别重要。这包括二次函数族 $y=ax^2+bx+c$，指数函数族 $y=a^x$，对数函数族 $y=\log_a x$，幂函数族 $y=x^k$ 以及正弦函数族 $y=A\sin(\omega x+\varphi)$。

这些函数族都带有可变的参数。用超级画板作出函数图像和有关的参数尺，拖动参数尺上的滑钮，跟踪曲线的变化，可以对函数形态和参数的关系，有非常直观地了解。打开本书所附光盘中的文件“5-2 二次函数.zjz”，如图 5-6。

用文本作图函数命令 `Function (y= a * x^2+ b * x+ c, - 6, 6, 500,);` 可以作出图中的函数曲线；用文本作图函数命令 `Point (a, - 2, a…a);` `Point (b, - 3, b…b);` 和 `Point (c, - 4, c,,, c);` 能作出可以拖动的坐标点 a、b、c，用以控制参数 a，b 和 c；曲线和 x 轴的交点 x_1 和 x_2 以及顶点 D，也都是可以用文本作图函数命令作出的坐标点；有关的坐标可以根据课本上的公式写出来，你也可以从点的“属性”对话框里查出来。

还要用文本作图函数命令 `Variable(k,)`，作出一个参数 k 的变量尺，测量出 k 的整数部分 `floor(k)` 并将测量得到数据命名为 k。这是为了用动画按钮设置

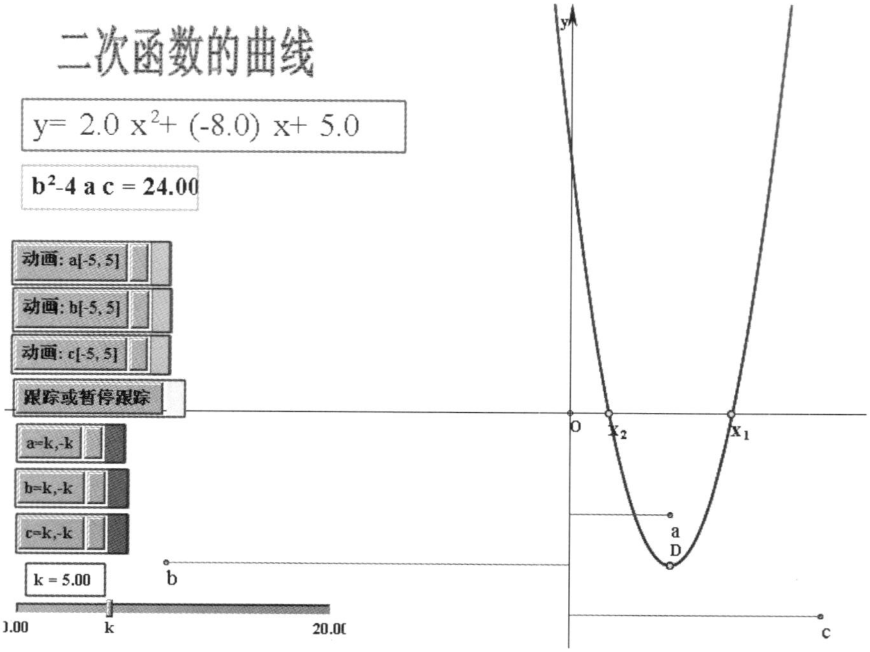

图 5-6

系数 a、b、c 取到整数值。这样的办法，在上一节已经用过，以后还会常用。

曲线表达式中的系数是动态的，可以随 a、b、c 的变化而变化。在文本中嵌入动态的数据，在前一篇已经用过。这次算是复习吧。如果忘了是如何操作的，可以双击表达式的文本，使它进入编辑状态，就能看到原来的输入是：

```
y= $ b1 {a, 21} x^2+ Sbl {b, 21} x+ $b1 {c, 21)
```

这就明白了。

再作 3 个动画按钮，用来分别驱动 a、b、c 在一定范围变化，以便对曲线跟踪观察。例如，当 a 在 -5 到 5 之间变化时，对曲线的跟踪情形如图 5-7。

图 5-7 中还测量了判别式 b^2-4ac 的值。当判别式为负时，曲线和 x 轴没有交点。此外，这里的标题是漂亮的“可变换文本”，可以用文本作图的“文本”类函数命令“TransformText（二次函数的图像）;”来实现。用可变化文本制作的文字，可以填充，可以选择后拖动角上的“把手”来改变其长宽。

当我们选择了曲线并对它跟踪时，有时可能希望停止跟踪，或又恢复跟踪。在对象工作区单击该“跟踪”条目前的小方框，可以在停止跟踪和恢复跟踪之间切换。若不想在对象工作区操作，可以作一个按钮来实现跟踪的显示和隐藏，方法是使用“动态 alpha”功能和变量动画。在第四篇也介绍过了。

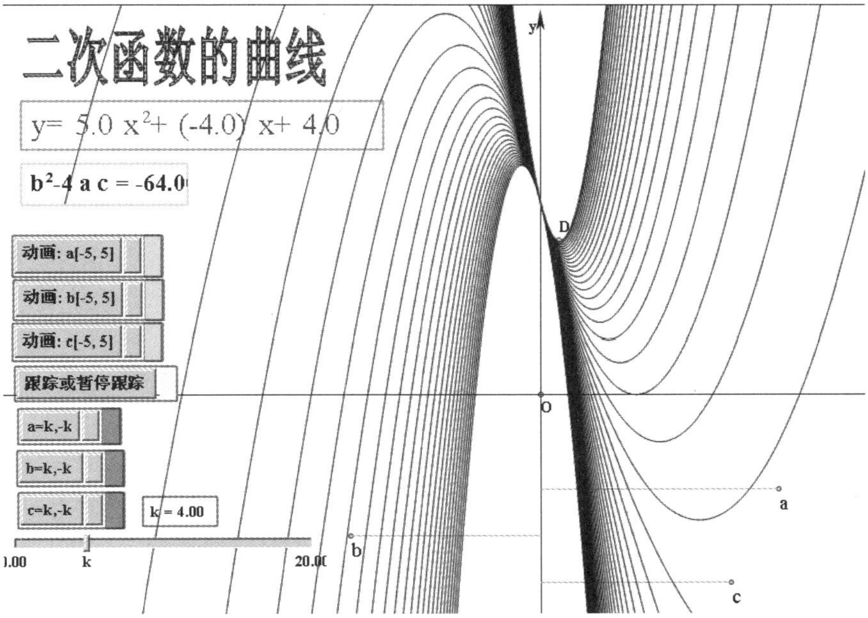

图 5-7

总之，制作动态的函数图像的所有操作都是前面讲过的。这里是复习。

类似的方法，在文件“5-3 指数函数族 . zjz”中，可以看出函数 $y=a^x$ 的图像当 a 变化时的变化情形，如图 5-8。

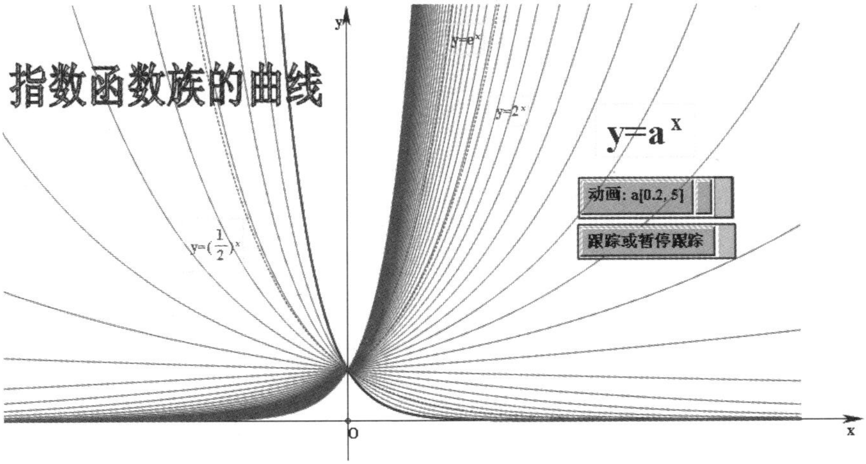

图 5-8

而文件“5-4 指数函数和对数函数 . zjz”则将指数函数和对数函数做了对比，如图 5-9。

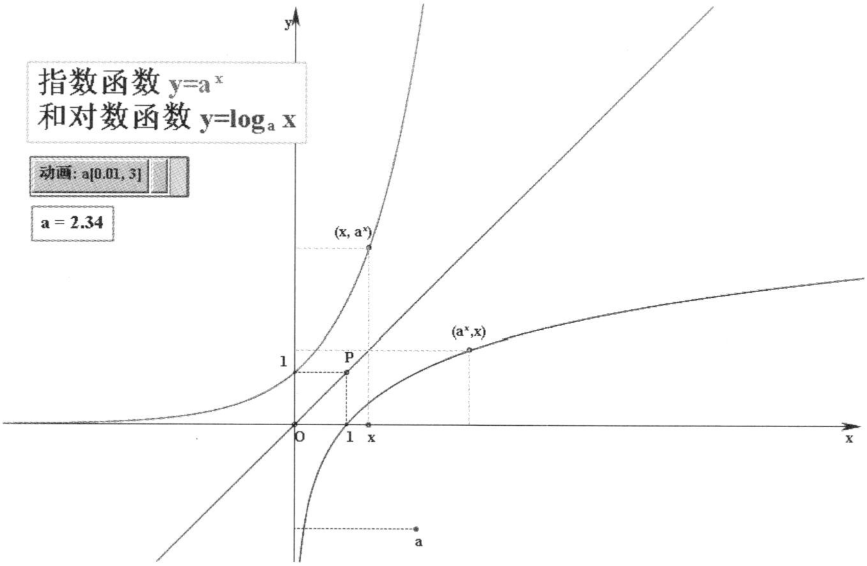

图 5-9

至于幂函数，它的情形要复杂一些。随着幂指数 k 的不同，幂函数 $y=x^k$ 的定义域是不同的。当 k 取一般实数值时，其定义域为 $(0, +\infty)$；而当 k 为整数时，其定义域为 $(-\infty, +\infty)$。文件“5-5 幂函数族的图像 . zjz”的第 1 页，显示了 k 取一般实数值的情形。用动画按钮驱动 k 并对图像跟踪，如图 5-10。该文件的第 2 页和第 3 页，则对应于 k 为偶数或奇数的情形。

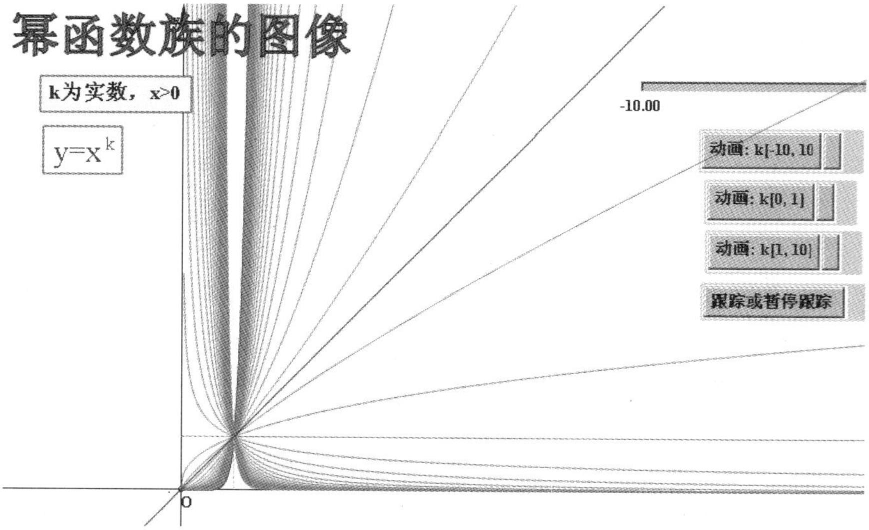

图 5-10

在三角函数中，最有用的是一般正弦波函数 $y=A\sin(\omega x+\varphi)$；作出随 3 个参数改变而变化的这样的图像的方法，在不少资料中有所讨论。用超级画板作这样的图像，不过是一个简单的常规操作。见文件“5-6 一般正弦波 . zjz”的第 1 页，如图 5-11。

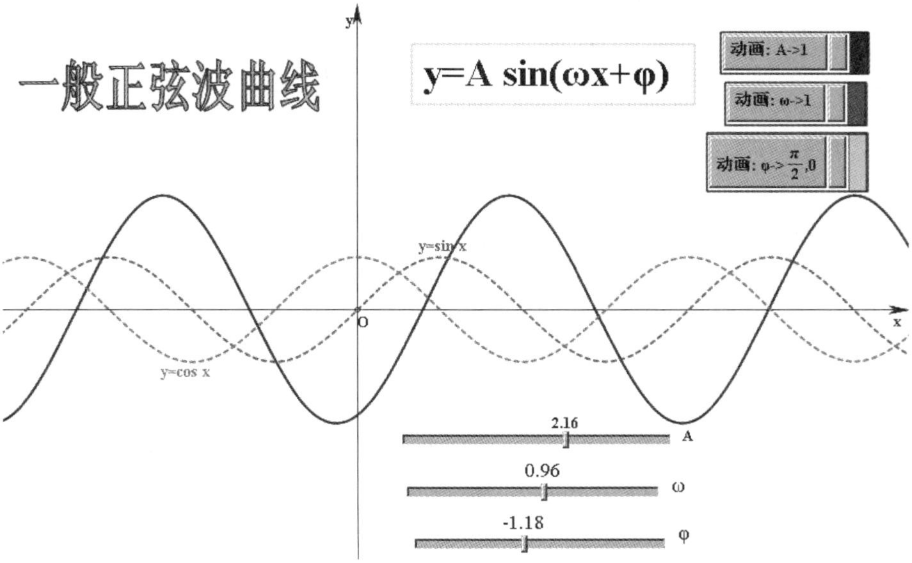

图 5-11

注意这里的 3 个参数 A、ω、φ，在输入函数表达式、建立变量尺以及制作动画按钮时，实际用的参数是 a、b、c。用动画按钮驱动 a、b、c，可以得到指定的正弦曲线。如何通过参数的变化把基本的正弦函数 $y=\sin x$ 的曲线变为某种特定的正弦曲线，是中学数学教材的传统内容之一。上述文件的第 2 页，提供了实现这种转化的具体操作，如图 5-12。

在图 5-12 中，有 5 条曲线。4 条虚曲线是固定不动的，它们的表达式用同色的文本框分别标出在右上角。一条实曲线是可以变化的，表达式在上方，就是 $y=a\sin(bx+c)$。自上而下顺次单击 3 个动画按钮的主钮，驱动 3 个参数 a、b、c 分别变化，则红色的实曲线通过向左平移、沿 x 轴压缩、沿 y 轴放大由一条曲线顺次变为另外 3 条；再自下而上顺次单击 3 个动画按钮的副钮，则曲线通过沿 y 轴压缩，沿 x 轴放大，向右平移而复原。

从“属性”对话框中，可以查到这些曲线的方程和定义域。注意，可变化的实曲线，它的定义域是可变化的参数。

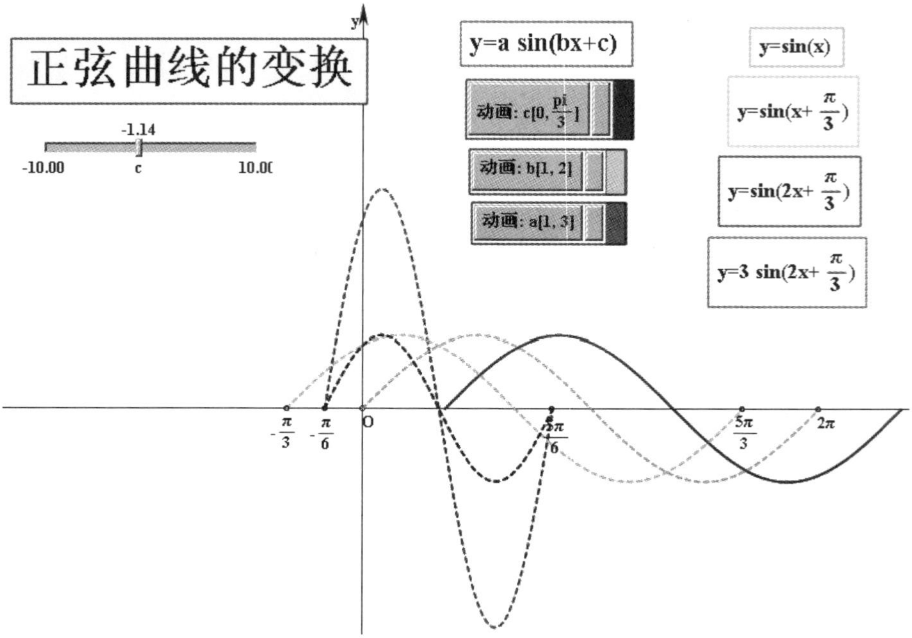

图 5-12

【习题 5-3】 观察下面的一列文本作图函数命令，这些命令运行时将作出哪些对象？命令中的数字有何意义？其中哪些命令可以用智能画笔和菜单操作实现？（这些命令见文件“5-2 二次函数 . zjz”第 2 页）

```
Function(Y= a * x^2+ b * x+ c,- 6,6,200,);
Point(a,- 2,a,,,a);
Point(b,- 3,b,,,b);
Point(c,- 4,C,,,C);
Point((- b- (b^2—4 * a$ c)^(1/2))/(2 * a),0,,,,x_1);
Point((- b+ (b^2- 4 * a * c)^(1/2))/(2 * a),0,,,,x_2);
Point(- b/(2 * a),(4 * a * c- b^2)/(4 * a),,,,D);
Variable(k,0,20,);
TransformText(二次函数的曲线);


Foot(6,3,);
Foot(7,3,);
Foot(8,3,);
Segment(6,14);
```

```
Segment(7,15,);
Segment(8,16);
MeasureExpress(floor(k),k);
MeasureExpress(b^2- 4 * a * c,b^2- 4ac);
Text(y= $ b1{a,21)x^2+ $ b1{b,21)x 十$ b1{c,21));
Trace(5,);
AnimationVar(a,a:a- > 5);
AnimationVar(b,b:b- > 5);
AnimationVar(:c,c:c- > 5);
AnimationVar(a,a:- k- > k);
AnimationVar(b,b:- k- > k);
AnimationVar(c,c:- k- > k);
```

请把这些命令复制到文本作图的对话框的适当的栏里运行一遍，以证实自己的结论。

【习题 5-4】 用一列文本作图函数命令，实现图 5-12 所示的课件。

三、正弦曲线和正切曲线的生成

任意角的三角函数的定义和单位圆上的点密切相关。让点在单位圆上运动，利用单位圆上对应线段随动点的变化而变化的情形，动态地画出三角函数的图像，是多媒体辅助教学的传统内容之一。使用超级画板的文本作图功能，很容易生成这样的课件。

打开本书所附光盘中的文件“5-7 正弦和正切曲线的生成 . zjz”的第 1 页，单击“动画”按钮，可以看到点 6 在单位圆上运动，点 7 在 x 轴上运动，过点 6 而平行于 x 轴的直线和过点 7 而垂直于 x 轴的直线交于点 8，点 8 的踪迹在正弦曲线上，如图 5-13。

上述课件可以由执行下列系列文本命令而生成：

```
CircleOfRadius (1, 1,);
Point (cos (t), sin (t),,,, 6);
Point (t, 0, t,,, 7);
Point (t, sin (t),,,, 8);
Locus (7,,, 8);
TransformText (正弦曲线的生成);
Segment (1, 6,);
```

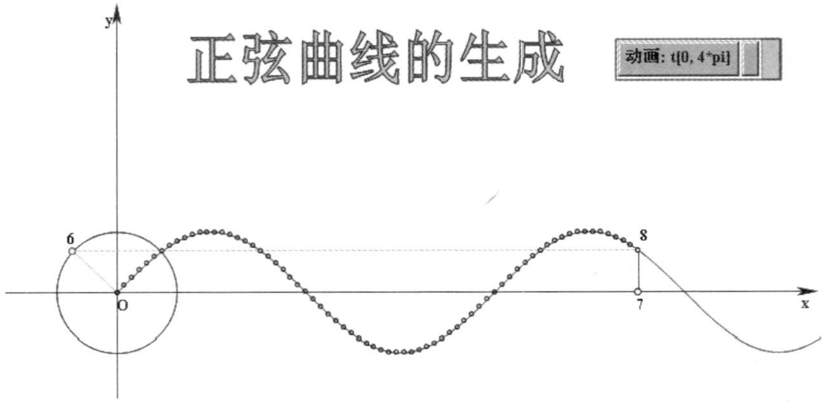

图 5-13

```
Segment (7, 8,);
Segment (6, 8);
Trace (8,);
AnimationVar (t,);
```

单击文件画面上的“文本命令”按钮，可以看到这些命令。单击“运行命令”按钮，就可以作出图 5-13 所示的各个对象。再将对象的属性如轨迹和动画的变量范围、文本和曲线的颜色适当设定就可以了。

上述命令所作出的对象，编号从 5 开始，因为坐标系已经使用了 0 到 4 的编号。而点（或其他后面可能使用的对象）就用编号来命名，这样后面的命令中引用时就方便得多。实际上，也可以只用前面 6 行文本作图命令，因为后面 5 行可以用智能画笔或菜单来实现。

文件 5-7 正弦和正切曲线的生成的第 2 页，用类似的方法生成正切曲线，如图 5-14。

对应的文本作图命令，也可以通过单击“文本命令”按钮看到，共 18 行：

```
CircleOfRadius(1,1,);
Point(cos(t),sin(t),,,,6);
Point(1,tg(t),,,,7);
Point(t,0,t,,,8);
Point(t,tg(t),,,,9);
Locus(8,,,9);
Point(- pi,0,,,,- π);
Point(pi,0,,,,π);
Point(2 * pi,0,,,,2π);
```

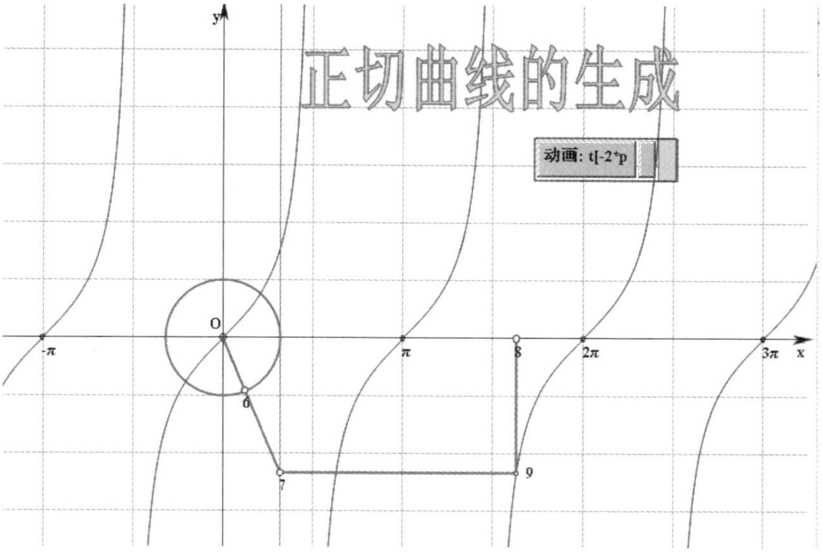

图 5-14

```
Point(3*pi,0,,,,3π);
TransformText(正切曲线的生成);
LineOfEquation(x= 1,);
Segment(1,6,);
Segment(7,6,);
Segment(7,9,);
Segment(8,9,);
Trace(9,);
AnimationVar(t,);
```

其中后面的 7 行可以用智能画笔或菜单命令来做，可不用文本命令。

注意在上述两段程序中，点（第 1 段程序的点 7 和第 2 段的点 8）的 x 拖动参数为 t，不能省略。因为后面作轨迹时要把这个点作为主动点。

另外，文本作图的命令也可以粘贴到左面的程序工作区来运行。操作方法是把鼠标的光标放在最后一行的末尾，按着“Ctrl”键打“Enter”键即可。但是，当粘贴程序时，就自动生成一个文本对象，所以程序中生成的所有对象的编号都要加 1。如果不想修改程序，还是在文本作图对话框里运行为好。

如果想把正弦曲线描点作图的过程表现得更具体、更生动，可以参看本书所附光盘中的文件“5-8 画正弦曲线 . zjz”，如图 5-15。

单击“描点”按钮，圆周上的点 7、x 轴上的点 8 开始运动，过点 7 而平行

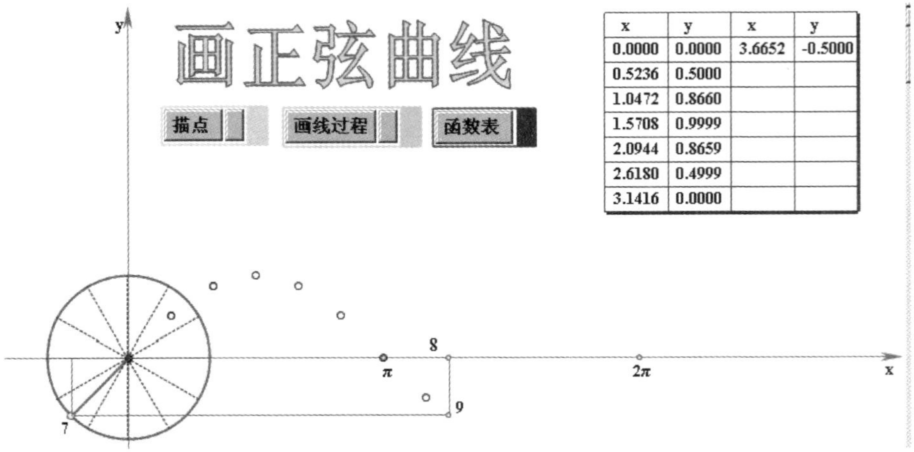

图 5-15

于 x 轴的直线和过点 8 而垂直于 x 轴的直线交于点 9。每当点 7 在圆上走过圆周的 1/12 时，点 8 相应地向右走过 $\pi/6$ 的距离，它们就暂停一下，点 9 就此留下正弦曲线上的一个点。随着点的增多，右上方函数表中的数据也相应地增加，直到点 7 回到起点，一条通过各点的正弦曲线就出现了。

再单击“画线过程”按钮，曲线消失而后自左向右重画一次，如图 5-16。

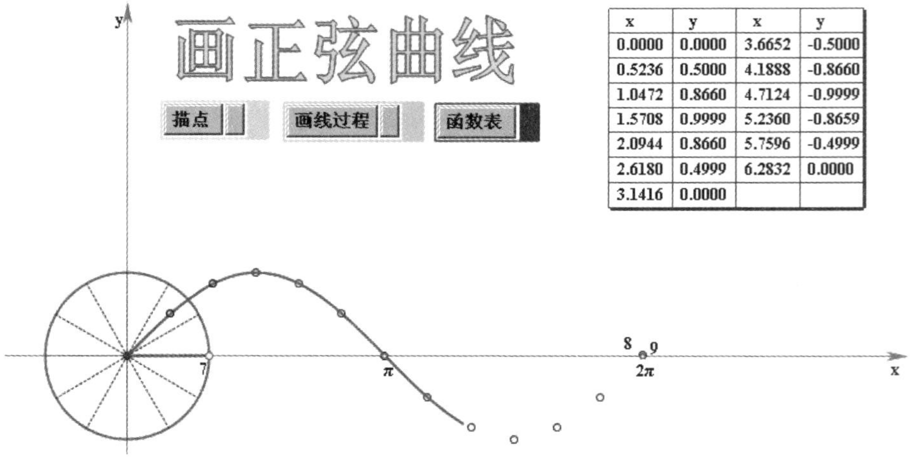

图 5-16

制作这样的课件，有 3 个难点。一个是点的运动如何走走停停；再者是所描各点如何能依次出现；还有就是函数表里的数字如何能依次出现？

下面给出具体的操作方法。

单击“文本命令”按钮，有如下的一段程序，即：

```
CircleOfRadius(1,1,);
MeasureExpress(floor(t/2)+ (t- 2 * floor(t/2)) * sign(1,t- 2 *
floor(t/2))+ sign(t- 2 * floor(t/2),1));
Point(cos(m000 * pi/6),sin(m000 * pi/6),,,,7);
Point(m000 * pi/6,0,,,,8);
Point(m000 * pi/6,sin(m000 * pi/6),,,,9);
Point(cos(s),sin(s),s,,,10);
Segment(1,10,11);
Locus(10,,11);
Function(y= sin(X),0,floor(m000) * pi/6+ 0.0001,m000+ 1,);
Function(y= sin(X),0,u,50,);
Point(pi/6,sin(pi/6),,,,);
Point(pi/3,sin(pi/3),,,,);
Point(pi,0,,,,π);
Point(2 * pi,0,,,,2π);
TransformText(画正弦曲线);
Grid(13,8,4,70,20,);
Segment(1,7,);
Segment(7,9,);
Segment(9,8,);
AnimationVar(t,描点);
AnimationVar(u,画线过程);
```

我们仔细读读这一系列文本作图命令，再运行它。

第 1 条命令 CircleOfRadius (1, 1,)；很清楚，就是画一个以原点为圆心的单位圆。

第 2 条命令是此课件的关键一招。根据命令，测量出带有参数 t 的一个表达式，命名为 m000。其特点是：当 t 从奇数增长到偶数时，m000 和 t 同比例地增长 1；而当 t 从偶数增长到奇数时，m000 保持不变。根据函数 sign (x, y) 和 floor(x) 的定义，不难理解这个特点。一时不明白也无妨，需要用这样性质的表达式，从这里复制就是了。

第 3 条命令 Point (cos (m000 * pi/6), sin (m000 * pi/6),,,, 7)；作出圆周上的动点 7。当参数 t 从 0 变到 24 时，m000 交替增长和暂停增长，从 0 变到 12；所以点 7 正好在圆上运动一周，每走过圆周的 1/12 时暂停一下。

第 4 条和第 5 条命令，作出在 x 轴上走走停停的点 8 和停下来就作点的点 9；

由于坐标中基本的变量仍是 m000，其运动状态和点 7 同步。

第 6 条和第 7 条命令，作出圆周上的点 10（注意要填拖动参数 s，下面才能作线段 11 的轨迹）和它到圆心的线段 11。目的是为了下一步作线段 11 的轨迹。不这样做，就要作出圆周的 12 个分点和 12 条线段，要麻烦得多。

第 8 条命令，作出线段 11 的轨迹。在轨迹的属性对话框里，将其频率设置为 13，参数范围设置为 O 到 2 * pi，就得到了等分圆周的 12 条半径。点 10 和线段 11 可以隐藏了。

第 9 条命令，又是关键一招。所作出的正弦曲线其定义区间的右端点 floor (m000) * pi/6 是动态的，它随着 m000 的增长而增长；描点的数目 m000+ 1。再在曲线的“对象的属性”对话框里勾选“画点”，并且把间断点最小值设置为 0.1，使得当所描的相邻两点距离超过 0.1 时，两点之间就不再用曲线连接。这样，曲线的图像就只剩下至多 13 个孤立的点了。设置情形如图 5-17。

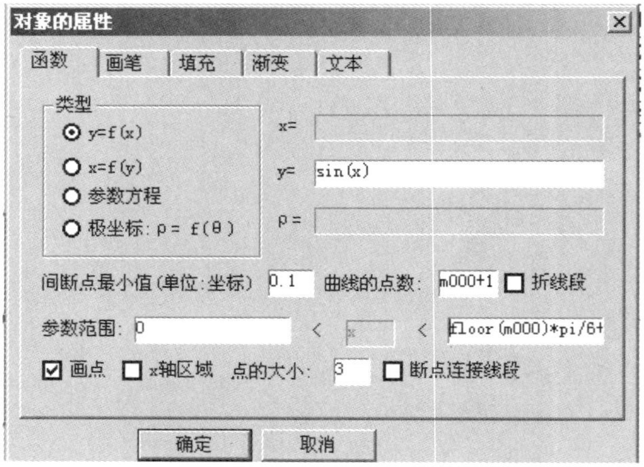

图 5-17

在这样的设置下，如果是全功能版的超级画板，只要把表格和此曲线关联（选择表格和曲线，执行菜单命令“对象｜曲线和表格关联”），则当 t 从 0 增长到 24 时，随着点的增加，表格中的数据也同步增长。

第 10 条命令作出 $[0, u]$ 上的正弦曲线，当参数 u 从 0 变到 2π 时，曲线就自左而右画出来了。

第 11、12 两条命令作出了两个点。这是因为按软件的内部设置，曲线上的点至少要有 4 个（对应地，函数表里至少要有 4 个数据），当点数少于 4 时，即开始两个点描点的效果出不来，特别多作两个点来弥补。这两个点出现的效果，是使用动态 alpha 的功能来实现的。其动态 alpha 参数分别为 255 * sign (t, 2) 和 255 * sign (t, 4)，即它们分别在 $t>2$ 和 $t>4$ 时出现，即点 9 经过时出现（本来要做 12 个这样的点，现在主要用第 9 条命令所作的曲线代替了）。

第 13、14 两条命令作出了 x 轴上的两个点，用以标明正弦曲线周期为 2π。

第 15 条命令作出可变换文本的标题。

第 16 条命令 `Grid (13，8，4，70，20,)；`作出和编号为 13 的曲线（第 9 条命令所作）关联的表格。这又是关键的一招。表中的数据会随着曲线上描点的数目的增加而增加。

以下的命令不必用文本作图也能实现了。最后的两条是作出 t 和 u 的动画按钮，设置都可以从“属性”对话框里查出。

【习题 5-5】 模仿文件“5-3 正弦曲线的生成”，完全使用文本作图命令，作出生成余弦函数图像的动画。

四、分段函数的图像

常用的分段函数，如整数部分函数 floor(x)，符号函数 sign（x，y），绝对值函数 abs（x）等，直接使用文本作图命令即可作出。可参看本书所附光盘中的文件“5-9 分段函数的图像 . zjz”的第 1 页，如图 5-18。

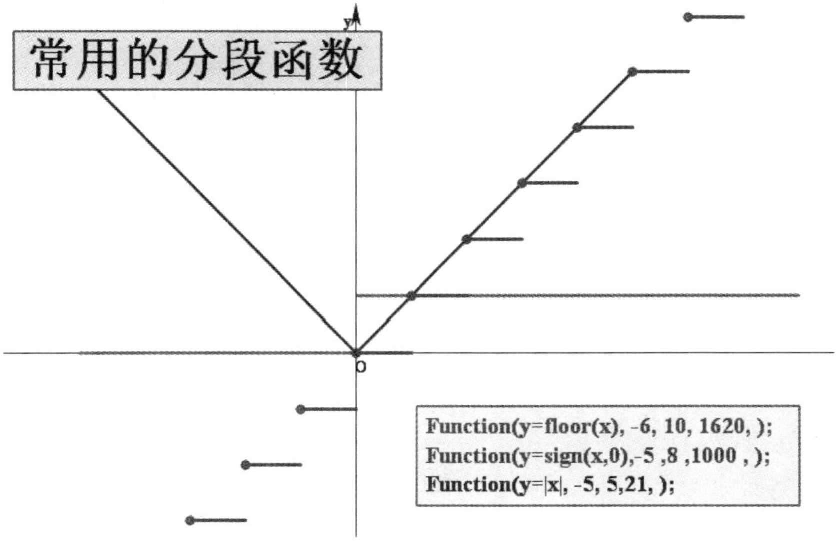

图 5-18

要把这些图像画准确，必须注意其属性的设置。有断点的函数如 y=floor（x）和 y=sign（x，0），描点数目要足够多，断点附近才画得准；为避免在断点处连线，要把间断点最小值设置小一些。像绝对值函数 y=abs（x）这样的偶函数，描点数目要设置为奇数，否则会显示出较大的误差。

图 5-18 中，函数 $y=\text{floor}(x)$ 的图像上还根据定义画出了每条线段的左端点。这可不是作函数曲线的命令的效果，而是另外添加的。你能从对象工作区查出来这个效果是如何实现的吗？

一般的分段函数，可以利用符号函数 sign（x，y）来写出它的表达式，再用文本作图命令来画出其图像。例如，如果函数 f（x）在［－3，0］上的表达式为（x+1），在（0，π）上的表达式为 cos（x），在［π，6］上的表达式为 (x-π) ^2- 1，则下面就是函数 f（x）在［－3，6］上的统一的表达式：

```
f(x)= (1- sign(x,0))*(x+ 1)+ sign(x,0)*sign(pi,x)
      *cos(x)+ (1- sign(pi,x))*((x*pi)^2- 1)
```

注意，这里使用 (1- sign (x，0)) 和 (1- sign (pi，x)) 而不用 sign (0，x) 和 sign (x，pi)，是为了正确地给出分界处的函数值。按上面的表达式，可得 f（0）＝1；如果把 (1- sign (x，0)) 换成 sign (0，x)，则有 f（0）＝0，就不对了。对表达式作测量，就知分晓。

上述文件的第 2 页，如图 5-19，就是这个分段函数的图像。

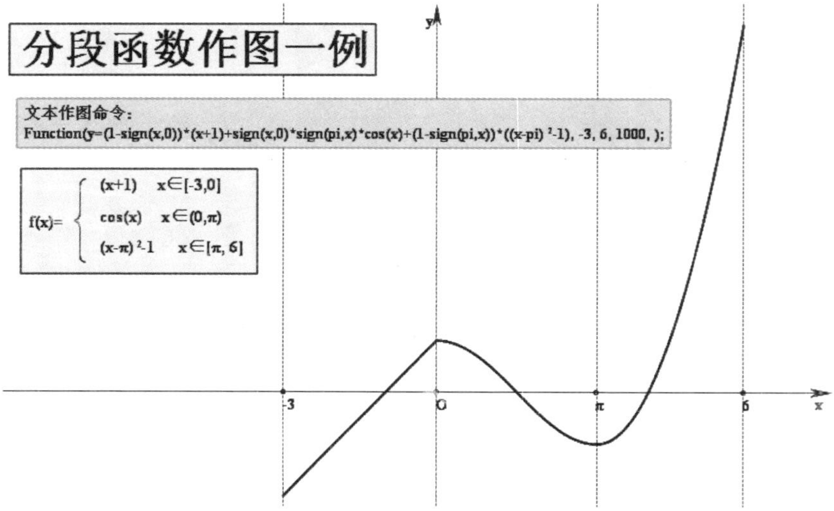

图 5-19

像这样分成 3 段的函数的图像，也可以分成 3 个函数的图像来画。这样便于对每段设置不同的颜色，见上述文件第 3 页。

【习题 5-6】 在上一节制作图 5-16 中的动画时，测量过一个表达式：floor(t/2) + (t 一 2*floor(t/2)) *sign (1，t- 2*floor(t/2)) + sign (t- 2*floor(t/2)，1)

把此表达式中的 t 改为 x，作出此表达式的函数图像（参看上述文件第 4 页，如图 5-20)。

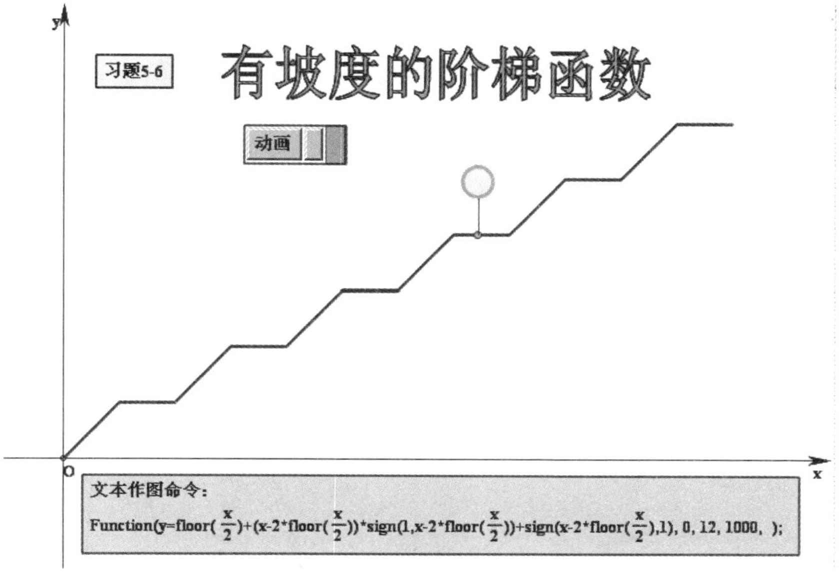

图 5-20

【习题 5-7】 利用符号函数 sign(x,y),用分段表达式在极坐标下写出一个正三角形周界的方程,再用文本作图命令画出图像(参看上述文件第 5 页,如图 5-21)。

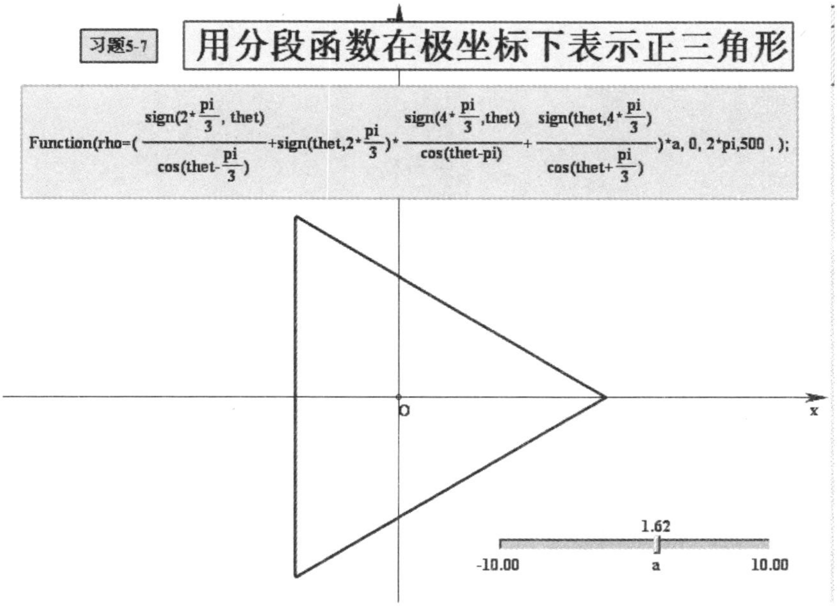

图 5-21

五、函数的导数和定积分

要作出函数曲线上某点处的切线，需要计算出函数的导数。

在程序工作区可以求函数的导数。要计算函数 f（x）对 x 的导数，只要执行命令 Diff (f (x), x)；就行了。在第一篇的第 5 小节里提到过这一操作，在图 1—83 中有所显示。

本书所附光盘中的文件“5-10 函数曲线的切线 .zjz”，说明了作出函数曲线

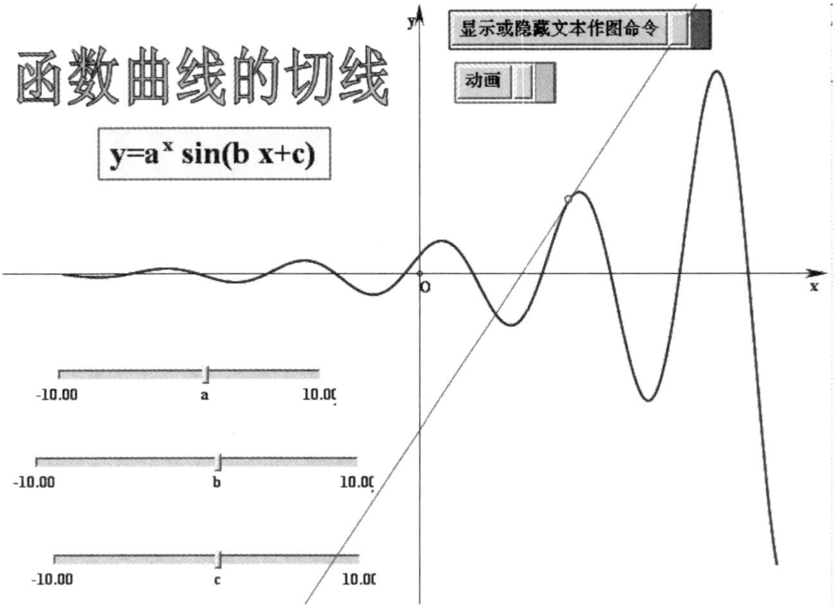

图 5-22

切线的全过程，如图 5-22。单击图 5-22 中“显示或隐藏文本作图命令”按钮，可看到制作过程的文本命令

如下：

```
Function (Y= a^x * sin (b * x+ c), * 4 * pi, 4 * pi, 1000, 5);
Variable (a, 6);
Variable (b, 7);
Variable (c, 8);
Point (X, a^x * sin (b * x+ c), x,,, 9);
LineOfPointslope (9, b *  (a) ^ (X)  * cos (b * x+ c) + sin (b * x+ c)  *  (a) ^ (x)  * ln (a),);
Animation (9,);
```

```
TransformText (函数曲线的切线);
```

这里第 1 行命令，是要求作函数 $y=a^x\sin(bx+c)$ 在区间 $[-4\pi, 4\pi]$ 上的图像，描点数为 1000；最后的参数 5 注明其编号为 5，便于后面引用。

第 2、3、4 行，分别作出参数 a、b、c 的变量尺。

第 5 行，作出曲线上的一个点，编号为 9。

第 6 行，作出点 9 处曲线的切线。切线的斜率：

```
b*(a)^(x)*cos(b*x+c)+sin(b*x+c)*(a)^(x)*ln(a)
```

是在程序工作区这样计算出来的：

```
Diff (a^x*sin (b*x+c), x);
>>b*(a)^(x)*cos(b*x+c)+sin(b*x+c)*(a)^(x)*ln(a)#
```

第 7 行作出点 9 的动画。

第 8 行作出可变换文本的标题。

将上面的 8 行命令复制粘贴在文本作图对话框里运行时，要注意当前的对象编号最大为 4。否则，要将文本命令中的对象编号做相应的改变。对于新建的文档，对象的编号最大总是 4。如果复制粘贴在程序工作区运行，即使是新建的文档，也要将文本命令中的对象编号都加 1，因为把程序向工作区粘贴时，会自动生成一个编号为 5 的文本对象。

新的高中课程标准中，要求讲一些有关定积分的内容。为配合这部分内容，超级画板提供了函数图像的积分分割表示以及积分和的测量。

打开本书所附光盘中文件“5-11 曲边梯形的条形分割 . zjz”，如图 5-23。

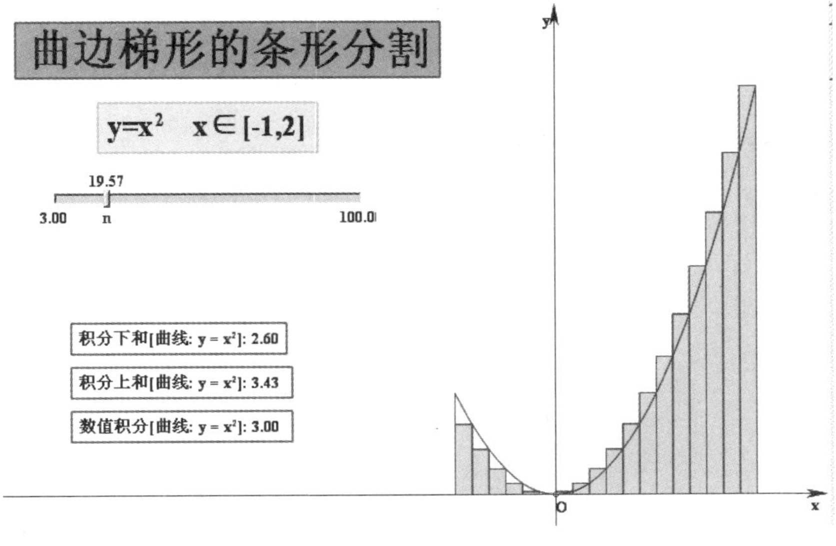

图 5-23

图 5-23 中显示出函数 $y=x^2$ 在区间［−1，2］上的积分分割。拖动 n 的变量尺上的滑钮，可以改变分割的数目；积分下和和上和随着变化。

这里，对图像分割并测量出对应的积分和以及定积分，是新的操作。

文件上显示的 7 行文本命令中，提供了测量出对应的积分和以及定积分的文本命令。

```
Function (y= x^2, - 1, 2, n, 5);
Variable (n,);
MeasureLowerArea (5);
MeasureUpperArea (5);
NumIntegral (5);
Text (曲边梯形的条形分割);
Text (y= x^2, x∈ [- 1, 2]);
```

上述第 1、2 行命令是作函数图像和变量尺，是司空见惯的了。第 3、4、5 行，分别测量出对应的积分下和、积分上和以及定积分，其中的参数 5 是函数曲线的编号；这些函数的名称在软件的文本作图对话框里没有，是本书特别为读者提供的。后面两条命令，作出两个文本对象，不用文本作图也能做。

怎样作出条形分割的图示呢？这在上面的文本命令中看不出来。为了作出这个效果，只要在曲线的“属性”对话框里勾选“x 轴区域”就可以了。

【习题 5-8】 作出函数 $y=\cos(x)$ 的图像和曲线上一个动点的切线。为切线设置动态颜色，使在函数递增处切线为红色，递减处为蓝色（参看文件“5-10 函数曲线的切线”的第 2 页，如图 5-24）。

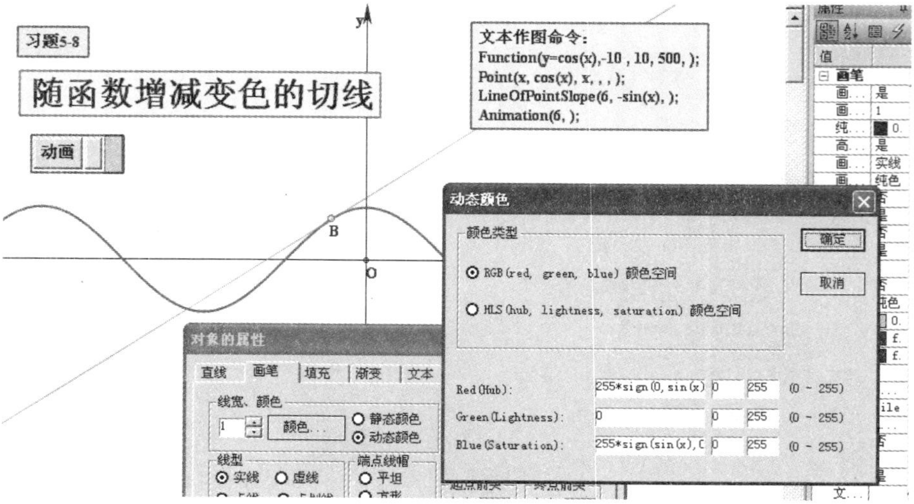

图 5-24

小　　结

本篇说明了与函数曲线有关的基本功能。

要注意掌握的，首先是作出函数曲线的文本命令中的参数的意义：函数表达式、变量的下界、变量的上界以及描点的个数。这些参数都可以使用字母和数学表达式。

函数曲线的“属性设置”对话框里，提供了丰富的变化。在本篇中用到了“画点”、“x 轴区域”、“间断点最小值”、“曲线的点数”以及“折线段”，请注意体会这些功能的作用。

对于函数曲线，还可以通过 Grid 命令作出函数表；还可以借助程序工作区的求导运算作出动态的切线；作出积分分割、测量积分和等。

本篇中有一些技巧和新出现的文本作图命令，特别注意加强练习。

第六篇

概率统计

由于概率和统计的知识在社会生活中的应用越来越多，新的数学课程标准中增加了不少有关内容。对于这部分内容，《超级画板》提供了针对性的支持。

在《超级画板》的免费版本中，涉及概率统计的功能主要有两项：一是统计表的自动生成；二是产生随机数的函数 rand（x，y）。

函数 rand（x，y）和超级画板的测量功能、坐标点功能、动画功能以及动态 alpha 功能相配合，能够做出许多有趣的效果。

通过对本篇中的例子的了解和实践，能掌握《超级画板》的许多重要技巧。

一、抛硬币和掷骰子

概率现象的最简单最常被提到也最经典的例子，就是抛硬币。

反复多次抛掷一枚均匀的硬币，出正面的次数大致是抛掷总次数的一半。

如果是做科学研究，应当实际地拿一枚硬币真的去抛掷。但仅仅为了知道一点有关概率的知识，很多人不肯花这么多时间，在计算机上演示一下也能留下足够清楚的印象。

打开本书所附光盘中的文件“6-1 模拟投硬币实验 . zjz”，如图 6-1。

单击“重新开始”按钮，图 6-1 上的模拟硬币随机地出现“正面”和“反

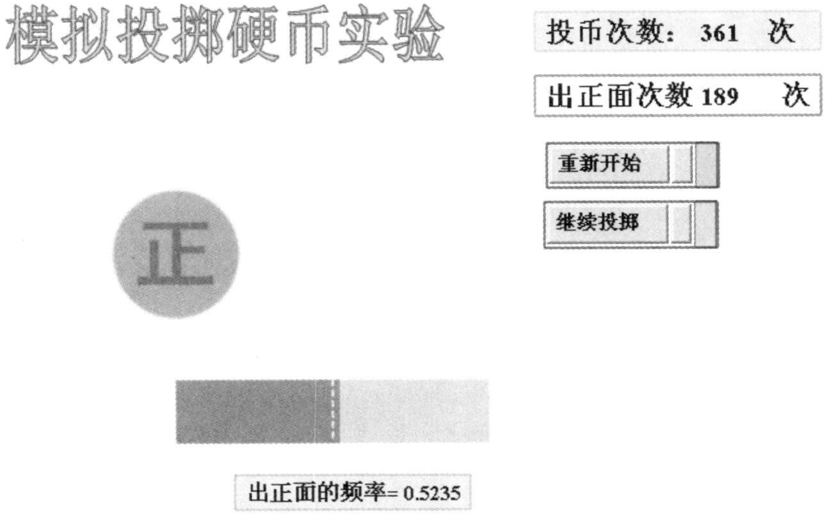

图 6-1

面”，数据文本框里自动显示出投币次数和出正面的次数；下面的双色条形区直观地表示出正面的次数在总次数中所占的比例。虚线标示所占比例为一半的位置。

我们前面还没有作过类似的动画。这里的关键有两点：一是如何让“硬币”随机地出现正面和反面；二是如何记录下投掷的次数和出正面的次数。

单击“文本命令”按钮，显示出一段文本命令，描述了制作图 6-1 所示动画的操作。其中略去了一些简单的作图，只留下关键的部分：

```
MeasureExpress(rand(- 1,1));
MeasureExpress(sign(t,0) * (m001+ 1));
MeasureExpress(sign(t,0) * (m002+ sign(m000,0)));
MeasureExpress(m002/m001);
circleOfRadius(1,1,);
TransformText(正);
TransformText(反);
……(略去作几个固定点的命令)
Point(5 * m003,- 2,,,,);
Point(5 * m003,- 3,,,,);
AnimationVar(t,重新开始);
```

AnimtionVar(t,继续投掷);

TransformText(模拟投掷硬币实验);

……(略去作两个固定点和矩形的命令)

上面第1行命令 MeasureExpress (rand (- 1, 1));很关键,它对产生随机数的函数 rand (- 1, 1) 进行测量,生成一个动态的数据文本框。函数 rand (−1, 1) 的作用,是随机地产生一个 [−1, 1] 上的实数;根据测量的顺序,这个实数在这里被叫作 m000,它的精确度在软件编程时设定为10进制有效数字16位。每当动画的数据进行刷新,m000 就随机地在−1和1之间取一个新的数值。

我们设想,数据刷新一次,相当于抛掷硬币一次;当 m000>1 时,就认为硬币出现正面。

数据的刷新,是由参数 t 的变化来驱动的。后面的命令 AnimtionVar (t, 重新开始);制作了使参数 t 变化的按钮。

第2行命令 MeasureExpress (sign (t, 0) * (m001+ 1));建立了测量数据 m001,其作用是记录投掷硬币的次数。由于 sign (t, 0) 的作用,当参数 t 从0开始增长时,m001 开始只能为0。以后每一次数据刷新(注意,以后有 sign (t, 0) =1),m001 都增长1,因而起到了计数器的作用。

第3行命令 MeasureExpress (sign (t, O) * (m002+ sign (m000, 0)));建立了测量数据 m002,其作用是记录硬币出正面的次数。其作用的机理和计数器类似,不同之处仅仅在于每次数据刷新时 m002 不是加1而是加上 sign (m000, 0),即当且仅当 m000> 0 时才加1,也就是说,模拟的硬币出正面才加1。所以它记录了硬币出正面的次数。

这3行命令是关键之招,下面提到的几个模拟概率现象的文件,大同小异,都要用这样的手法。

以下就好办了。

第4行命令,测量硬币出正面的次数与投掷次数的比,即出正面的频率。

第5、6、7这3行,画出模拟硬币,写了正、反两个字。分别设置两个字的动态 alpha 参数,可以使得 m000> 0 时显示"正"字,m000< 0 时显示"反"字。如果不记得如何设置,打开两个字的"属性"对话框一查便知。

后面的两行,作出的两点随着出正面的频率而动,用来表示频率和概率0.5的接近的程度。然后的命令就是作参数 t 的动画按钮。

注意参数 t 的动画按钮的设置:频率2000或更多,变化范围从0到一个正数,毫秒数要大一点,否则变化太快不好观察。

掷骰子也是学习概率知识时常见的例子。

打开本书所附光盘中的文件“6-2 模拟掷骰子 . zjz”，如图 6-2。

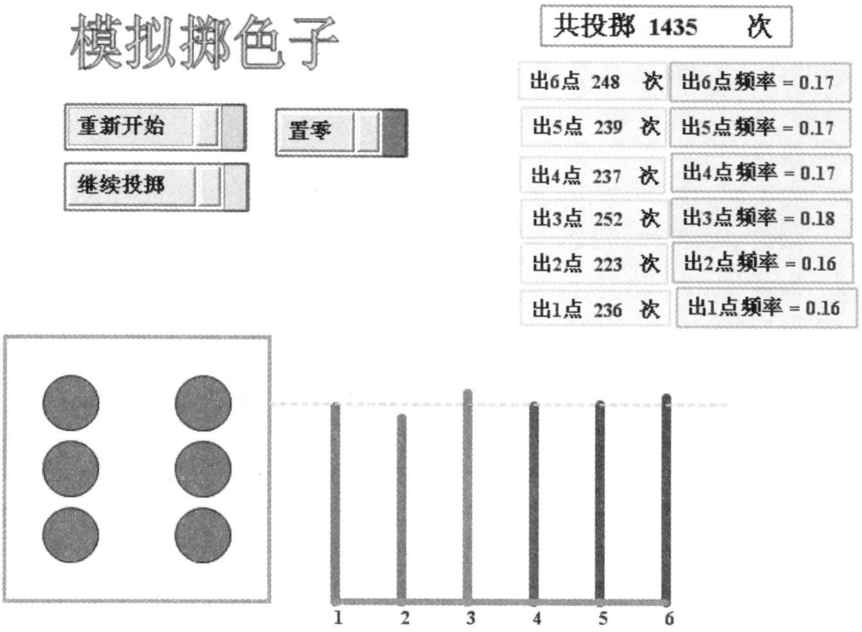

图 6-2

单击图 6-2 中“重新开始”按钮，“骰子”的点数开始随机地变化。上方的数据显示出投掷的次数和出现各种点数的次数和频率。下面的 6 条线段分别标示出 6 个点数的频率的比较，而水平的虚线则指出均匀的骰子的概率的位置。从图 6-2 看出，多次抛掷的数据表明，各个点数的频率都接近于概率。

制作模拟掷骰子的动画，其机理和作模拟抛硬币的动画差不多，只不过抛硬币是两种情形，而掷骰子有 6 种情形。单击“文本命令”按钮，可以看到有相应的文本命令中最关键的部分是这 8 行：

```
MeasureExpress(rand(0,6));
MeasureExpress(sign(t,0) * (m001+ 1),投掷次数);
MeasureExpress(sign(t,0) * (m002+ sign(m000,5)),出 6 点);
MeasureExpress(sign (t, 0) * (m003 + sign (m000, 4) * sign (5,
m000)),出 5 点);
MeasureExpress(sign (t, 0) * (m004 + sign (m000, 3) * sign (4,
m000)),出 4 点);
MeasureExpress(sign (t, 0) * (m005 + sign (m000, 2) * sign (3,
```

m000)),出 3 点);

MeasureExpress(sign (t, 0) * (m006+ sign (m000, 1) * sign (2, m000)),出 2 点);

MeasureExpress(sign(t,0) * (m007+ sign(1,m000)),出 1 点);

上面第 1 行和抛硬币类似，先测量出随机函数 rand (0, 6)，它每当数据刷新时就随机地产生一个 [0, 6] 上的实数。第 2 行的命令，还是作一个计数器，用来记录投掷的次数。以下 6 行，分别记录出现各种点数的次数。有了这些数据，下面测量出现各种点子的频率，用线段表示这些频率，都容易实现了。

至于模拟骰子的点数的变化，当然还是使用动态 alpha 参数的设置来实现。例如，9 点中的中心点（点 E，编号 9），当且仅当出 1、3、5 点时，其动态 alpha 参数为：

255* (sign (1, m000) + sign (3, m000) * sign (m000, 2) + sign (4, m000) * sign (m000, 3));

而右上角的点（点 I，编号 13），当且仅当出 3、4、5、6 点时，其动态 alpha 参数为 255 * sign (m000, 2)。

【习题 6-1】 逐行读明白文件中的文本命令；将其复制粘贴到文本作图对话框中运行。然后对其中的动画按钮的参数和模拟骰子的点的动态 alpha 参数进行设置，以求达到文件“6-2 模拟掷骰子 . zjz”的外观和动画的效果。

二、模拟投豆和投针实验

在地板上画一个正方形，并作出正方形的内切圆。随机地向正方形中投掷豆子，则豆子落在圆内的概率等于圆面积与正方形面积之比，即 $\pi/4$。这是有关几何概率的一个常见的例子。

本书所附光盘中的文件“6-3 模拟投豆实验 . zjz”，对这个例子作了动态的演示，如图 6-3。

单击“开始实验”按钮，代表豆子的红点在正方形内一次一次地出现在随机确定的位置。每次出现表示一次投豆。出现过的位置，留下一个踪迹。右上方的统计数据，动态地显示出投豆的次数 n 和豆子落在圆内的次数 k，由此计算出圆周率 π 的近似值 $4k/n$。

如果希望暂停下来观察，再单击“开始实验”按钮可使动画停止。要想恢复实验并继续统计，可单击“继续实验”按钮。这时原有的投豆踪迹会消失，但数据的记录不会中断。如果单击“开始实验”按钮，则数据也从 0 开始了。

单击“文本命令”按钮，可以看到生成此动画的文本命令。让我们来分析这

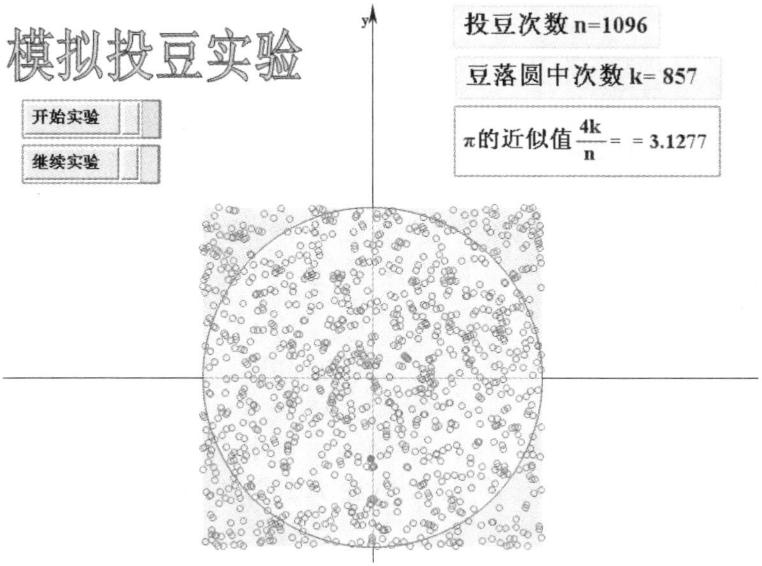

图 6-3

些命令，理解制作此动画的操作。

```
Point(5,5,,,,);
Point(- 5,5,,,,);
Point(- 5,- 5,,,,);
Point(5,- 5,,,,,);
Point(rand(- 5,5),rand(- 5,5),x,,,);
CircleOfRadius(1,5,);
AnimationVar(x,开始实验);
MeasureLength(9,1);
MeasureExpress(sign(x,0) * (m001+ 1),投豆次数 n);
MeasureExpress(sign(x,0) * (m002+ sign(5,m000)),豆在圆内次数 k);
MeasureExpress(4 * m002/m001,π 的近似值 4k/n);
AnimationVar(x,继续实验);
Trans formText(模拟投豆实验);
Polygon(5,6,7,8,,);
Trace(9,);
```

开始的 4 行作出了正方形的 4 个顶点 A、B、C、D。

第 5 行命令 Point (rand (- 5, 5), rand (- 5, 5), x…)；作出了代表豆子的点 E，编号为 9。此点的两个坐标都是［−5，5］上的随机数，所以它是

在正方形 $ABCD$ 内的随机点。注意这里将拖动参数设置为 x，当参数 x 变化时点 E 就会在 $ABCD$ 内随机地变换位置。

第 6 行命令作出正方形 $ABCD$ 的内切圆。

第 7 行命令作出参数 x 的动画按钮。动画的频率设置为 2000 或更多，范围设置为从 0 到一个正数，毫秒数设置为 100。这个按钮将驱动点 E。

第 8 行测量出点 E 到圆心的距离 m000。

第 9 行制作计数器 m001，用以记录投豆次数 n。有关机理前面两次用过了。第 10 行测量 m002，用以记录豆落在圆内的次数 k。

第 11 行测量出 $4k/n$，作为圆周率 π 的近似值。

以下第 12 行制作"继续实验"的动画按钮；第 13 行添加标题；第 14 行作出正方形；最后，第 15 行建立对点 E（豆子）的跟踪。

此例和前一节的两个例子不同之处，在于要作出一个随机出现的点，而不仅仅是一个随机数。

利用概率的规律从统计数据计算 π 的近似值，一个非常著名的例子是 1777 年法国科学家蒲丰提出的"投针实验"。

这个实验方法的操作很简单：在一张白纸上画上一组间距为 d 的平行线，然后多次地将一根长为 a 针随机投掷在纸上。蒲丰证明了针与平行线相交的概率为 $p=2a/(d\pi)$。所以，记录下投针的次数 n 和针与平行线相交的次数 k，则当 n 很大时 k/n 将接近 $2a/(d\pi)$。于是就可以得到 π 的近似值 $2an/(dk)$。

要制作模拟投针实验的动画，可以单击"文本命令"按钮阅读有关的文本作图命令。这里设 9 条平行线中含 x 轴，间距为 1：

```
LineOfEquation(y= 1,);
LineOfEquation(y= 2,);
LineOfEquation(y= 3,);
LineOfEquation(y= 4,);
LineOfEquation(y= 5,);
LineOfEquation(y= 6,);
LineOfEquation(y= 7,);
LineOfEquation(y= 8,);
MeasureExpress(rand(0,12));
MeasureExpress(rand(0,8));
MeasureExpress(rand(0,2 * pi));
MeasureExpress(a * sin(m002));
MeasureExpress(sign(t,0) * (m004+ 1),投针次数 n);
```

```
MeasureExpress(sign((floor(m001)- floor(m001+ m003))^2,0.5));
MeasureExpress(sign(t,0) * (m006+ m005),相交次数 k);
AnimationVar(t,重新开始);
AnimationVar(t,继续投针);

Point(m000,m001,,,,22);
Point(m000+ a * cos(m002),m001+ m003,,,,23);
Point(a,0,a,,,针长 24);
Segment(22,23,25);
Segment(1,24,);
Trace(25,);
MeasureExpress(a,针长);
TransformText.(蒲丰投针试验);
AnimationVar(t,置零);
MeasureExpress(2 * a * m004/m006,的近似值 2an/k);
```

开始的 8 行，画出 8 条平行线。

接下来的 8 条命令是关键。只要有这 8 条，适当调整针长 a 并对 $2an/k$ 作测量，就可以在数值上模拟投针实验。后面的命令无非是把针显示出来，使过程直观增加兴趣而已。

第 9、10、11 条命令分别作出随机数 rand (0, 12)、rand (0, 8) 和 rand (0, 2 * pi) 的测量数据 m000、m001 和 m002。其中 (m000, m001) 表示针孔一端的坐标，而 m002 则表示针尖所指的方向角。设置的数据表明，模拟投针在长宽为 12×8 的区域进行，设针孔一端每次随机地落于此区域。

第 12 条，根据针长 a 和方向角 m002 计算出针向量在 y 方向的分量 m003。

第 13 条作出了计数器，用于记录投针的次数 m004。

第 14 条是关键的一招。它作出的测量数据 m005，当针和平行线相交时为 1，否则为 0。事实上，m001 和 m001+ m003 分别是针孔端和针尖端的 y 坐标，两者的整数部分是否不等，刻画了针和平行线是否相交。而两者的整数部分是否不等，又可以用 (floor(m001) - floor(m001+ m003)) ^2 是否大于 0.5 来刻画。再使用函数 sign，就把针和平行线相交或不相交归结为 m005 为 1 或为 0 了。

明白了 m005 的上述特点，就不难理解第 15 条命令。这条命令作出的数据 m006 可以记录针和平行线相交的次数。

第 16、17 两条，作出参数 t 的两个动画按钮，分别用于启动投针和暂停后的继续实验。动画参数的设置，前面已有交代。

第 18、19 两条，分别作出针的两端点，编号 22 和 23。

第 20 条在 x 轴上作出标示针长的点，编号 24。拖动它可以调整针长。

第 21 条作出表示针的线段，编号 25；第 22 条作出表示针长的线段。

第 23 条对随机出现的针（编号 25）作跟踪。

第 24 条测量出针长的数据；第 25 条作出标题。

第 26 条制作一个使数据置零的动画按钮。其频率可设置为 1；范围 0 到 0；类型为一次运动。

第 27 条测量出比值 2 * a * m0004/m006，即 $2\,an/k$，作为 π 的近似值。

本书所附光盘中的文件“6-4 模拟投针实验 .zjz”，实现了上述命令，用动画直观地模拟投针实验，如图 6-4。

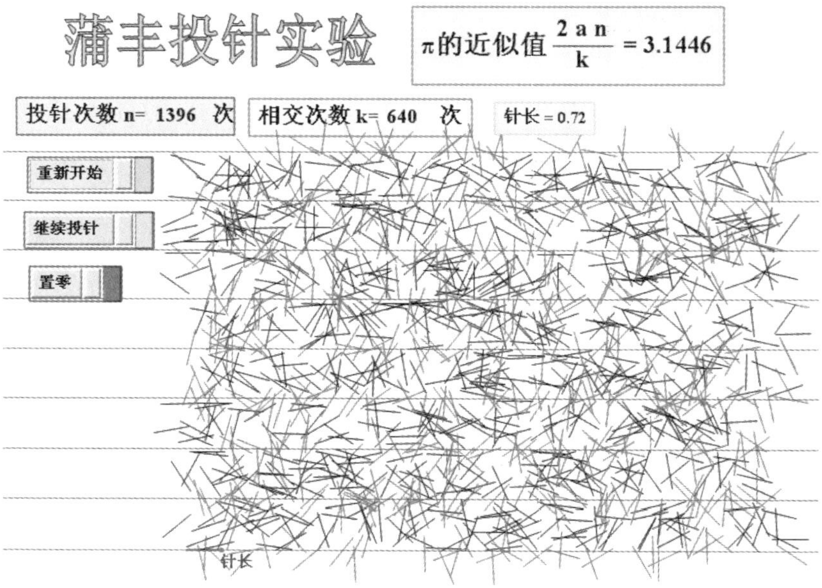

图 6-4

单击图 6-4 中的“重新开始”按钮，开始模拟投针。每次投针都留下了踪迹。上方动态地显示出记录的数据。

当针和平行线相交时，踪迹成为红色，这样的效果是如何得来的呢?

要知道，超级画板的这个版本，踪迹都是单色的。

原来，该文件所用的作图命令，和上面说的略有不同。其中实际上作了甲乙两根针，甲的踪迹设置为红色，乙的踪迹设置为黑色。当针和平行线不相交时，让甲针落到画面之外；当针和平行线相交时，让乙针落到画面之外。如此而已。

【习题 6-2】 将有关投针实验的基本文本命令，粘贴到文本作图对话框里运行。再对生成的对象的属性进行设置，作出模拟投针实验的动画。

【习题 6-3】 仔细阅读文件中有关双色针的文本命令，理解针的踪迹的双色效果的实现方法。然后作出和文件“6-4 模拟投针实验 . zjz”中效果类似的动画。

三、生日相同的概率

因为 1 年最多只有 366 天，所以在 367 个人中，至少有 2 个人在同一天里过生日。但人数比较少的情形又如何呢？在 10 个人中，至少有 2 个人生日相同的可能性有多大？要使存在生日相同的概率大于 50%，需要有多少人？要使这一概率大于 90%，需要有多少人？

解答此题的一种方法是逆向思考这一问题：考虑在特定人数的情况下，生日各不相同的概率是多少？如果房间中只有 1 个人，由于不存在与之共享生日的人，因此一定没有相同生日。这种情况下，不存在相同生日的概率为 1。

现在，假设第 2 个人进入此房间。此人与第 1 个进入此房间的人生日不同的概率为 365/366 或 0.997。因为有 366 个可能的生日，而只有 1 个与第 1 个人的生日相同。

如果房间中前 2 个人的生日不同，此时第 3 个人走进来，已经有 2 个生日被占用了，因此第 3 个人与其室友的生日均不相同的概率为 364/366，这 3 个人生日各不相同的概率为 1 * 365/366 * 364/366＝0.992，仍大于 99%。因此，房间中有 2 或 3 个人时，存在共用生日的概率低于 1%。

继续计算，可知人数为 k 时生日各不相同的概率为：

$$\frac{366!}{(366-k)!\ 366^k}$$

所以，在 k 个人中，至少有 2 个人生日相同的概率 $p(k)$ 为：

$$1-\frac{366!}{(366-k)!\ 366^k}$$

容易估出，如果按一年 365 天计算，生日各不相同的概率会更小，而至少有 1 个人生日相同的概率会变得更大。

本书所附光盘中文件“6-5 生日相同概率 . zjz”中，用动态绘图表现出至少有 1 个人生日相同的概率随随人数 k 的增长而增长的情形。如图 6-5，单击“动画”按钮，一个点开始运动；点的横坐标表示人数，纵坐标表示至少有 1 个人生日相同的概率。

从图 6-5 中看出，情况随人数的增加而迅速变化。房间中有 10 个人时，存在相同生日的概率大于 10%。房间中有 23 个人时，存在共用生日的概率略大于

50%，当人数达到 41 人时，此概率超过 90%。

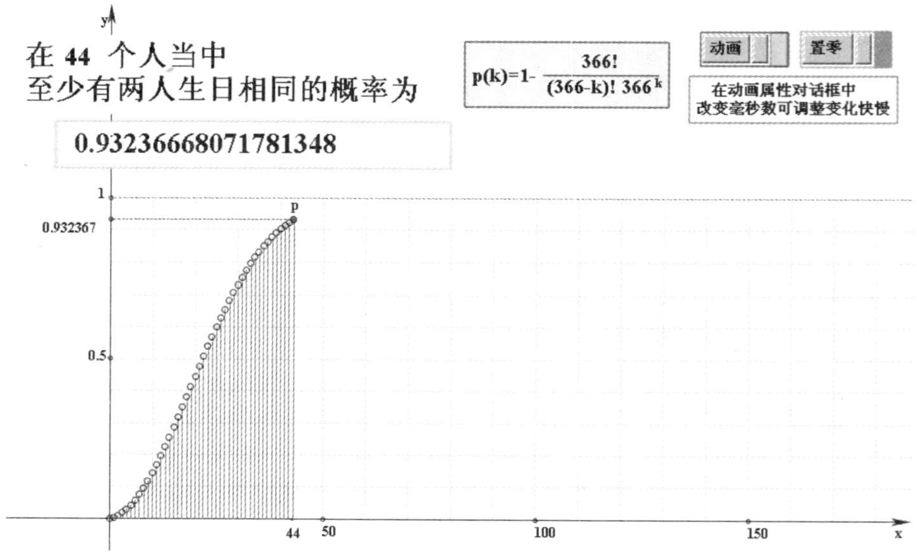

图 6-5

人数继续增加时，存在共用生日的概率很快地趋向于 1。当人数超过 150 后，16 位小数都是 9，只好用科学记数方法来表示这个概率，如图 6-6。

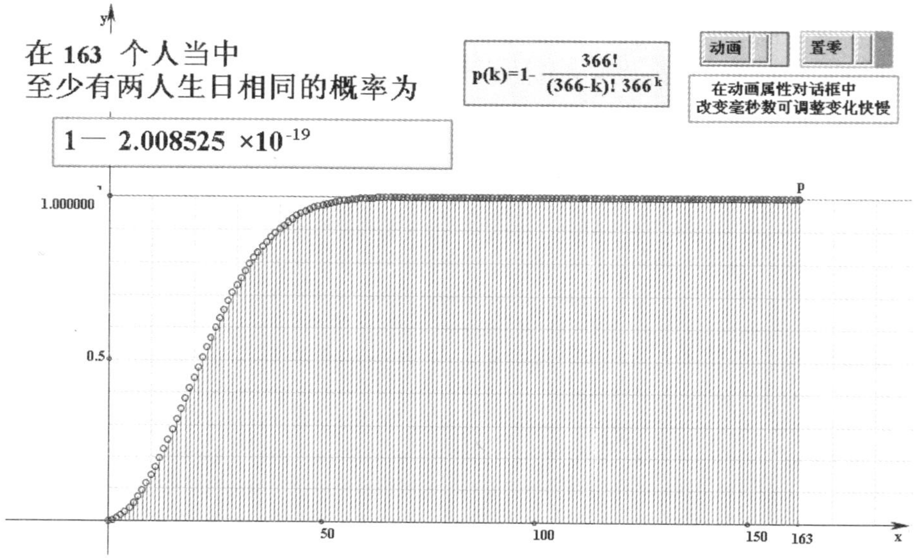

图 6-6

单击“文本命令”按钮，看到制作这个动画的主要文本命令。

```
MeasureExpress(sign(t,0) * (m000+ 1));
MeasureExpress(sign(t,0) * (m001+ lg(366~m000)- lg(366)));
MeasureExpress(floor(m001));
MeasureExpress(1- 10^m001);
MeasureExpress(10^(m001- m002));
MeasureExpress(m000+ 1);
Point(0.02*m005,m003*1.5,,,,);
Point(0.02*m005,0,,,,);
Point(0,m003*1.5,,,,,);
Segment(11,12,);
Segment(11,13,);
Trace(11,);
Trace(14,);
Text(在$ b1{m005,0}个人当中至少有两人生日相同的概率为);
Text(1- $ b1{m004)×10^$ b1{m002,0});
Text(1);
Text($ b1{m005,0});
Text($ b1{m003,4});
AnimationVar(t,);
AnimationVar(t,);
```

第 1 行命令“MeasureExpress (sign (t, 0) * (m000+ 1));”，用测量出的数据 m000 建立一个计数器。当参数 t 从 0 开始增长时，m000 依次取值 0，1，2，…。由于人数从 1 开始考虑，所以 m000+ 1 是人数。

第 2 行命令“MeasureExpress (sign (t, 0) * (m001+ lg (366-m000) - lg (366)));”，测量出的数据 m001 就是人数为 k= m000+ 1 时生日各不相同的概率 1－p(k) 的对数。

第 3 行命令“MeasureExpress (floor(m001));”，测量出的数据 m002 是 $1-p(k)$ 的常用对数的整数部分，即对数首数。

第 4 行命令“MeasureExpress (1- 10^m001);”测量出的数据 m003 正是在 k 个人中，至少有 2 个人生日相同的概率 $p(k)$。

第 5 行命令“MeasureExpress (10^ (m001- m002));”测量出的数据 m004，是 $1-p(k)$ 在科学记数法中表示有效数字的部分。

第 6 行命令“MeasureExpress(m000+ 1);”测量出的数据 m005 就是人

数 k。

第 7 行命令“Point (0.02＊m005，m003＊1.5…,);”作出编号为 11 的点 A；它的横坐标和人数 k 成正比，纵坐标和至少有 2 个人生日相同的概率 $p(k)$ 成正比。在坐标轴上作适当的标注，点 A 的横坐标和纵坐标就可以分别看成 K 和 $p(k)$ 了。

第 8、9 两行，分别作出点 A 在两个坐标轴上的投影点 B 和 C（编号 12 和 13）。

第 10、11 两行，分别作出线段 AB 和 AC（编号 14 和 15）。

第 12、13 两行，分别对点 A 和线段 AB 作跟踪。

第 14、15、16、17、18 行分别作出编号顺次为 18、19、20、21、22 的文本。

把测量数据 m003（即 $p(k)$，编号为 8）的文本框里的等号以及等号前面的部分删除，将它的动态 alpha 参数设置为 255＊sign (m002，- 17)；把编号为 19 的文本的动态 alpha 参数设置为 255＊sign (- 16，m002) ＊sign (366，m000)；把编号为 20 的文本的动态 alpha 参数设置为 255＊sign (m000，365)。把这 3 个文本框拖到相互叠合的位置，则当 $p(k)$ 随着 k 的增长而趋向于 1 时，开始显示的是 m003，是 $p(k)$ 的小数形式；当 $1-p(k)$ 小于 10^{-16} 时，m003 的文本框消失，出现编号为 19 的文本框，以科学记数法显示出 $p(k)$ 的数值；当 m000>365 时，即 $k>366$ 时，出现编号为 20 的文本框，显示出至少有 2 个人生日相同的概率 $p(k)$ 为 1。

编号为 21 的文本显示出人数 k 的当前值，将它与编号为 12 的点 B 关联起来，当 B 运动时文本会一起运动。具体操作是：选择点 B 和该文本，执行菜单命令“对象｜点和 OLE 对象、文本和图片对象相关联”；再拖动点 B 时，文本会自动移动到点 B 处；拖动文本调整好它与点 B 的相对位置，以后点 B 运动时，文本就会跟着运动并且保持和点 B 的相对位置。同样的方法，把编号为 22 的文本与编号为 13 的点 C 关联起来。

最后，对 19、20 两行作出的参数 t 的动画按钮进行设置。前一个的频率设置为 365，参数范围设置为 0 到 365，类型为 1 次运动；后一个频率设置为 1，参数范围设置为 0 到 0，类型也是 1 次运动，文本改为“置零”。

剩下的工作，就是添加标题、说明以及调整文本按钮位置，设置颜色尺度等。

【习题 6-4】 根据本节的说明，把有关的文本命令读明白，判断哪些操作可以直接用菜单执行，哪些操作只能使用文本命令实现；再作出图 6-5 所示的动画。

四、制作画回归直线的模板

根据两组有对应关系的数据在坐标纸上作出散点图，再画出反映这两组数据之间关系的回归直线，使用回归直线对某些统计对象进行预测，这在统计活动中是经常要做的工作。

使用超级画板，可以制作一个画回归直线的模板。把数据输入后，可以立刻算出有关的统计量，并画出回归直线。

打开本书所附光盘中的文件“6-6 回归直线模板 . zjz”，如图 6-7。

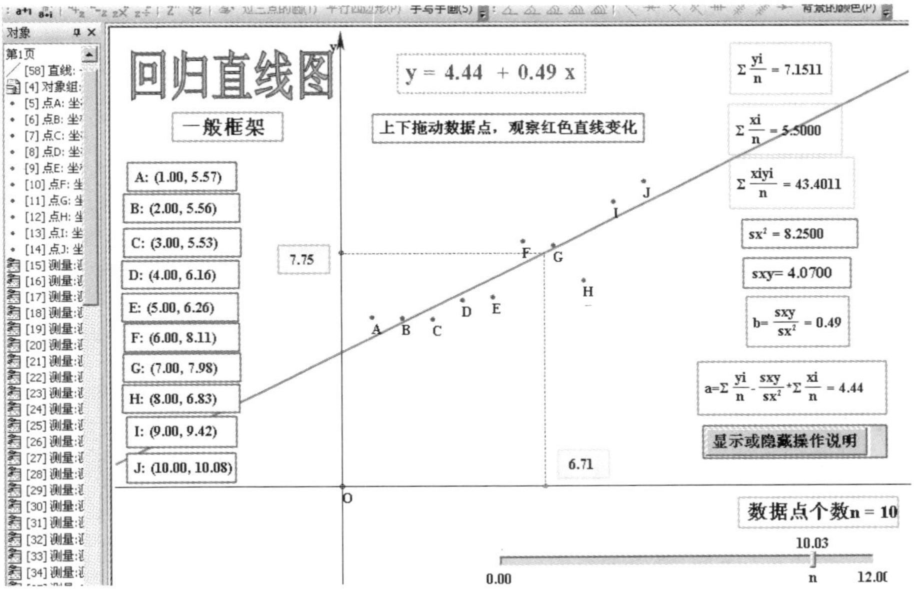

图 6-7

图 6-7 显示出有 10 个数据点的散点图和对应的回归直线。这些数据点可以上下拖动，回归直线随之变化。左边显示出每个点的坐标，即数据对；右边显示出为画出回归直线而必须作的统计计算结果。

当数据量不超过 10 对时，可以利用此模板方便地作出其回归直线。用鼠标单击右下方“显示或隐藏操作说明”按钮，就显示出模板的用法：

（1）拖动右下方变量尺上的滑钮，调整数据点的个数 n。例如要作 6 个点，把 n 调整为 6 即可。此图最多允许作 10 个点。

（2）输入数据：在左方工作区用右键单击点 A 所在的行（标号为 5），在打开的话框中的“x—参数”和“y—参数”两栏里，分别输入第一对参数。用类似的方法，将所有参数顺次输入为点 B、C……的坐标。

（3）没有用到的点（直到点 J，标号 14），也要输入参数，其“x—参数”和“y—参数”均设置为 0。

（4）连续单击上方画有“＋”或“—”的图标，可以放大或缩小坐标系的尺度，使回归直线更便于观察。

（5）拖动 x 轴上的红点（或用鼠标单击红点并选择，再连续单击左右箭头键调整其位置），观察对应的淡蓝色小框里数字的变化，可以进行预测。

根据操作说明，输入下列的数据，并把点的个数调整为 6，就得到图 6-8 所示的回归直线。

	A	B	C	D	E	F
弹簧悬挂物重量 x（kg）	1.00	2.00	3.00	5.00	7.00	9.00
弹簧伸长长度 y（cm）	10.18	11.21	11.85	13.01	14.29	15.03

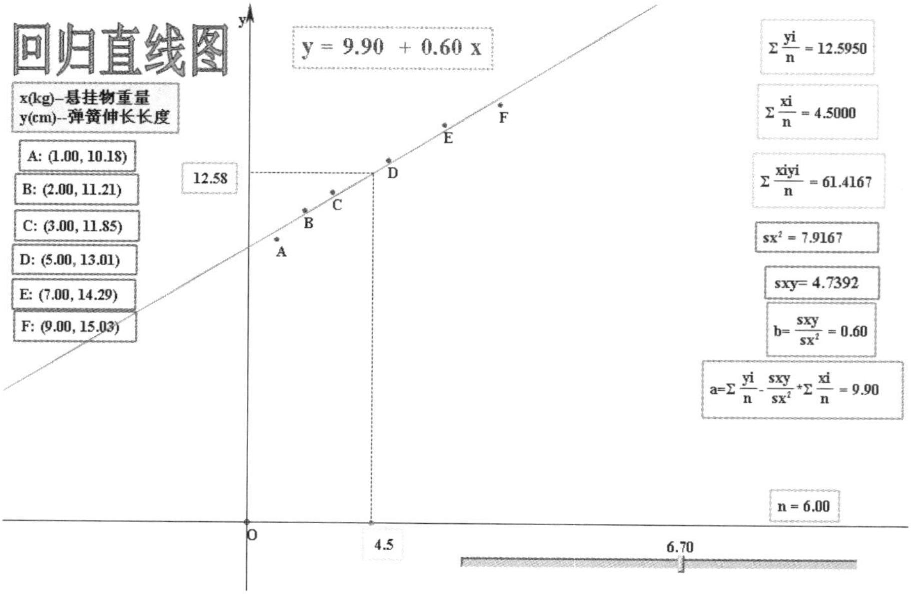

图 6-8

上述文件的第 2 页，就是这样的图。

拖动横坐标轴上的红点，注意淡蓝色小框中数字的变化，想一想，这些数字的意义是什么？能利用这些数字预测弹簧所挂重量为 4.5kg 时的长度吗？

从文件中对象的属性，可以查出制作回归直线模板图的操作步骤如下：

（1）作 10 个坐标点，编号为 5-14：

```
Point(1,y1,,y1,,);
Point(2,y2,,y2,,);
Point(3,y3,,y3,,);
Point(4,y4,,y4,,);
```

```
Point(5,y5,,y5,,);
Point(6,y6,,y6,,);
Point(7,y7;,y7,,);
Point(8,y8,,y8,,);
Point(9,y9,,y9,,);
Point(10,y10,,y10,,);
```

（2）测量诸点的 x 坐标 m000 到 m009（编号 15-24）：

```
MeasureXCoor(5);
MeasureXCoor(6);
MeasureXCoor(7);
MeasureXCoor(8);
MeasureXCoor(9);
MeasureXCoor(10);
MeasureXCoor(11);
MeasureXCoor(12);
MeasureXCoor(13);
MeasureXCoor(14);
```

测量后将出现的文本数据框隐藏；

（3）测量诸点的 y 坐标 m010 到 m019（编号 25-34）：

```
MeasureYCoor(5);
MeasureYCoor(6);
MeasureYCoor(7);
MeasureYCoor(8);
MeasureYCoor(9);
MeasureYCoor(10);
MeasureYCoor(11);
MeasureYCoor(12);
MeasureYCoor(13);
MeasureYCoor(14);
```

测量后将出现的文本数据框隐藏；

（4）测量诸点的直角坐标（此数据不能调用，没有数据名；编号 35-44）：

```
MeasureRightCoor(5);
MeasureRightCoor(6);
MeasureRightCoor(7);
```

```
MeasureRightCoor(8);
MeasureRightCoor(9);
MeasureRightCoor(10);
MeasureRightCoor(11);
MeasureRightCoor(12);
MeasureRightCoor(13);
MeasureRightCoor(14);
```

（5）测量必要的统计量。下面各式，最左端是该统计量在数据文本框中显示的名字；然后是数据调用所用名字；最右段是要测量的表达式。实际操作时，可以执行菜单命令“测量｜测量表达式”，将表达式粘贴到测量表达式的对话框里进行测量；也可以在文本作图对话框里，使用函数“MeasureExpress ();”进行测量。

$\sum X_i = m020 = m000 + m001 + m002 + m003 + m004 + m005 + m006 + m007 + m008 + m009$

$\sum Y_i = m021 = m010 + m011 + m012 + m013 + m014 + m015 + m016 + m017 + m018 + m019$

$\sum X_i Y_i = m022 = m000m010 + m001m011 + m002m012 + m003m013 + m004m014 + m005m015 + m006m016 + m007m017 + m008m018 + m009m019$

数据点个数 n= m023= floor(n)

$\frac{\sum x_i}{n} = m024 = \frac{m020}{floor(n)}$

$\frac{\sum y_i}{n} = m025 = \frac{m021}{floor(n)}$

$\frac{\sum x_i y_i}{n} = m026 = \frac{m022}{floor(n)}$

Sxy= m027= m026- m025m024

$\sum (x_i)^2 = m028 = m000^2 + m001^2 + m002^2 + m003^2 + m004^2 + m005^2 + m006^2 + m007^2 + m008^2 + m009^2$

$Sx^2 = m029 = \frac{m028}{floor(n)} - m024^2$

$b = m030 = \frac{m027}{m029}$

a= m031= m025-m030m024

上述统计量的数据文本框编号为 45-56。

（6）作出参数 n 的变量尺和回归直线（编号 57，58）：

```
Variable (n,);
LineOfEquation (Y= m031+ m030 * X,);
```

（7）作出回归直线上的点和它在两坐标轴上的投影点用于给出预测。这里把 x 轴上的点（编号 59）作成可拖动的，过点 59 作 x 轴（编号 2）的垂线和回归直线（编号 58）交于点 60；过点 60 向 y 轴（编号 3）引垂足 61。分别测量出点 59 的 x 坐标和点 61 的 y 坐标：

```
PointOnLine(2,);
IntersectionOfLineVLine(58,59,2,);
Foot(60,3,);
Segment(59,60,);
Segment(60,61,);
MeasureXCoor(59);
MeasureYCoor(61);
```

剩下的工作，除了添加标题、说明，调整文本按钮位置，设置颜色尺度以及隐藏不必要出现的对象外，还应当对 10 个数据点的动态 alpha 参数进行设置，使得当数据个数 n 减少时多余的点会消失。查看上述文件可知，按字母顺序，第 1 个点的动态 alpha 参数为 `255 * sign (n, 1)`，第 k 个点的动态 alpha 参数为 `255 * sign (n, k)`。

【习题 6-5】 按照本节的说明，并利用文件文本命令，制作一个回归直线的模板。用所制作的模板，作出前述. zjz 文件第 3、4 页中的回归直线。

五、绘制统计图表

根据统计数据绘制统计图表，是实际工作中常常要做的事情，也是数学课程中要学习的内容。使用《超级画板》，可以方便地绘制条形图、折线图、饼形图等常见的统计图。

如果是已注册的《超级画板》，执行菜单命令“插入｜统计表格”，就可以建立一张统计表。但是，在免费的超级画板中，这一项菜单是灰色的，不能执行。这时，可以使用文本命令来建立统计表格。

两次双击文本作图命令的“文本”类函数列表的倒 2 行，如图 6-9。

运行命令后，作图工作窗口的左上角出现两个小点。用鼠标选择小点并且把它拖动拉大，得到两个 1 行 2 列的表格，编号分别为 5、6，如图 6-10。

右键单击 6 号表格，打开其“对象的属性”设置对话框，将行列数分别设置为 4 和 7，并勾选“显示平均值”，如图 6-11。

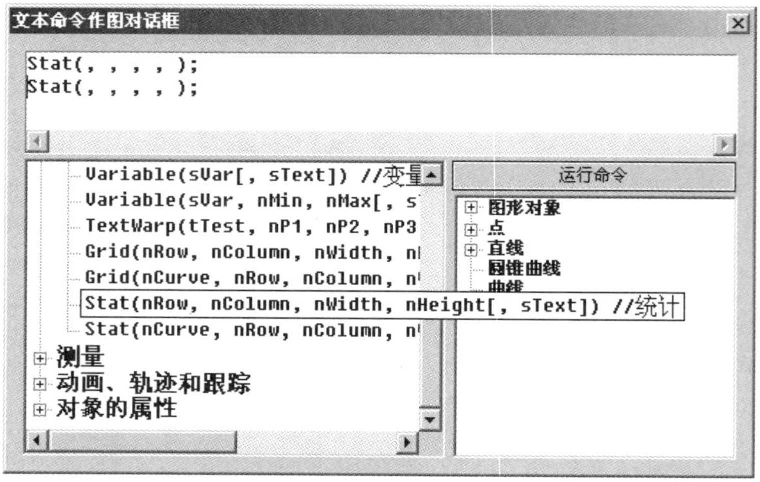

图 6-9

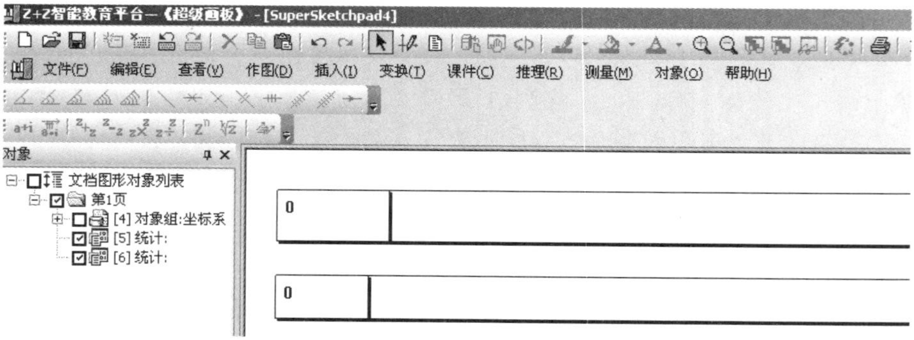

图 6-10

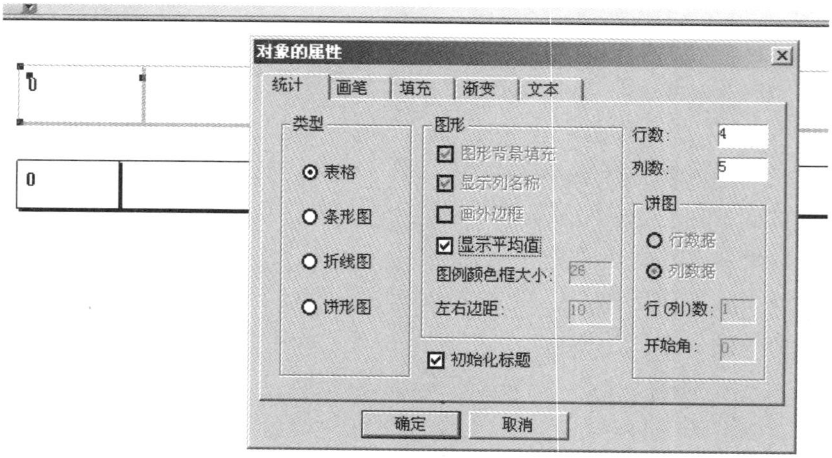

图 6-11

单击“确定”关闭对话框，则 6 号表格变为 4 行 8 列，如图 6-12。（本书所附光盘中的文件“6-7 统计表格. zjz”的第 1 页）

图 6-12

注意：很多函数命令最后的参数是一个可选的文本参数［，Text］，需要注意的就是 Text 前面的逗号，其中绝大部分函数是否有逗号并无区别，譬如输入“`Point (1, 2,);`”和输入“`Point (1, 2);`”是一回事，但有些函数就大有不同，譬如输入“`Stat (4, 7, 70, 50,);`”就只能得到一行的表格，而去掉最后的逗号，输入“`Stat (4, 7, 70, 50);`”就能达到我们预期的目的：生成一个 4 行 7 列的统计表格。

双击表格的一格，这一格就进入可编辑状态，可以键入数据。把 6 号表格里填上一些项目名称和数据；再把 5 号表格也设置为 4 行 7 列。然后在文本作图对话框里或程序工作区执行命令：

StatDataAssoc（5，6）；

则 6 号表格里的项目名和数据都被复制到 5 号表格里了，如图 6-13。

这时，如果改动 6 号表格中的数据，则 5 号表格里的数据会随着变化。我们说，统计表 5 和统计表 6 相关联。

在统计表 5 的属性对话框的“类型”栏里选择“条形图”并单击“确定”，则表 5 成为表 6 中的数据的条形图，如图 6-14。

注意：开始可能看不到条形图左边的标注和右边的色样。只要用鼠标拖动条形图的外边框和内边框，便可使它们露出来。双击右边的色样或背景，可以打开调色板设置对应的颜色。

如果在 5 号表格的“对象的属性”对话框里选择“折线图”，便得到对应于 6 号表格中的数据的折线图，如图 6-15。

当然，也可以选择“饼形图”。不过饼形图只能将 6 号数据表中某一列的各

执行命令
StatDataAssoc(5,6);
5号表数据和6号表关联。
5号表跟着6号表变化。

统计表的关联

0	a	b	c	d	e	f	平均
A	5	7	-4	8	3	9	4.67
B	6	2	1	7	6	11	5.50
C	3	8	-2	6	6	10	5.17

0	a	b	c	d	e	f	平均
A	5	7	-4	8	3	9	4.67
B	6	2	1	7	6	11	5.50
C	3	8	-2	6	6	10	5.17

图 6-13

条形统计图

0	a	b	c	d	e	f	平均
A	5	7	-4	8	3	9	4.67
B	6	2	1	7	6	11	5.50
C	3	8	-2	6	6	10	5.17

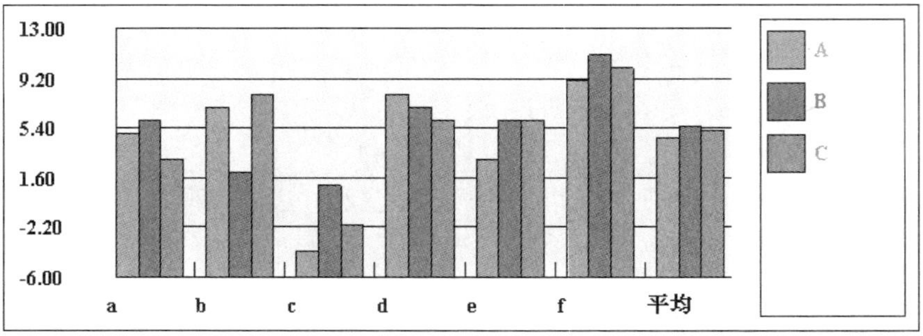

图 6-14

折线统计图

0	a	b	c	d	e	f	平均
A	5	7	-4	8	3	9	4.67
B	6	2	1	7	6	11	5.50
C	3	8	-2	6	6	10	5.17

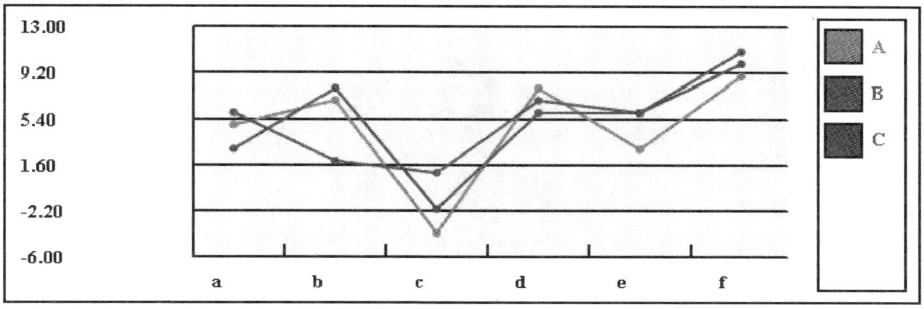

图 6-15

行或某一行的各列进行比较。如果要将 6 号数据表的第 2 行（项目 B）的各列数据进行比较，就在对话框的右下部分点选“列数据”，并在行“行（列）数”栏里填上 2，如图 6-16。

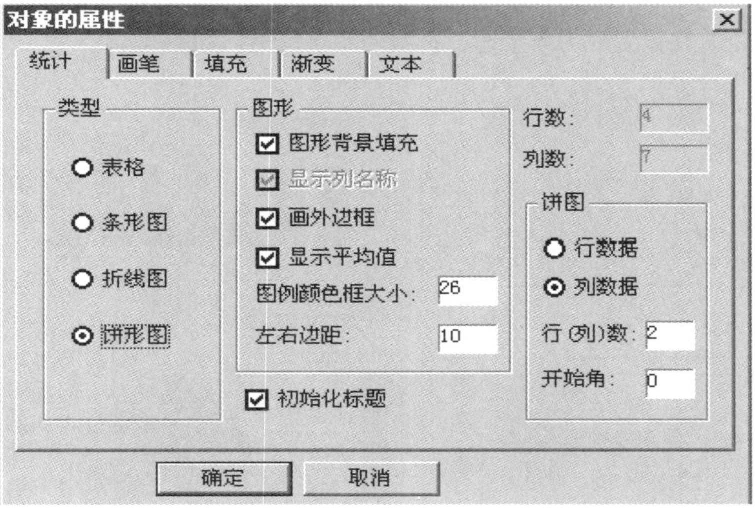

图 6-16

单击“确定”，就作出了表格 6 的第 2 行数据的饼形图，如图 6-17。

也可以让多个表格和一个表格关联，使同一个表格中的数据用不同的图表现出来。例如，在文本作图对话框里两次执行命令 Stat (,,,,)；作出 7 号和 8 号

饼形统计图　第2行数据（B）的饼形图

0	a	b	c	d	e	f	平均
A	5	7	-4	8	3	9	4.67
B	6	2	1	7	6	11	5.50
C	3	8	-2	6	6	10	5.17

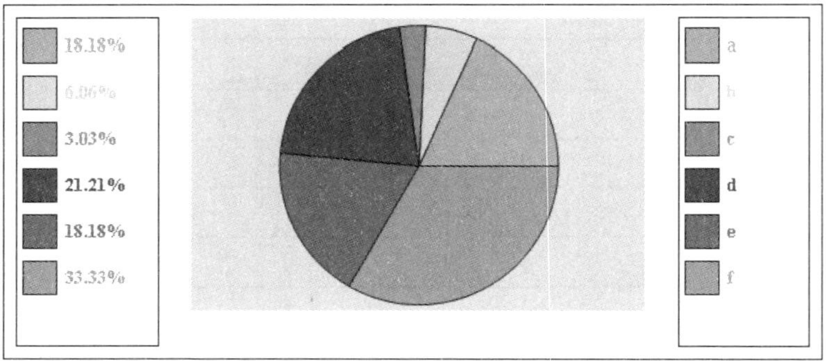

图 6-17

统计表并设置成 4 行 7 列。然后执行命令“StatDataAssoc (7, 6);”和“StatDataAssoc (8, 6)”，使 7 号和 8 号也和 6 号统计表格关联。分别把 5、7、8 这三个表格设置成为条形图、折线图和饼形图，如图 6-18。

统计图比较

0	a	b	c	d	e	f	平均
A	5	7	-4	8	3	9	4.67
B	6	2	1	7	6	11	5.50
C	3	8	-2	6	6	10	5.17

条形图

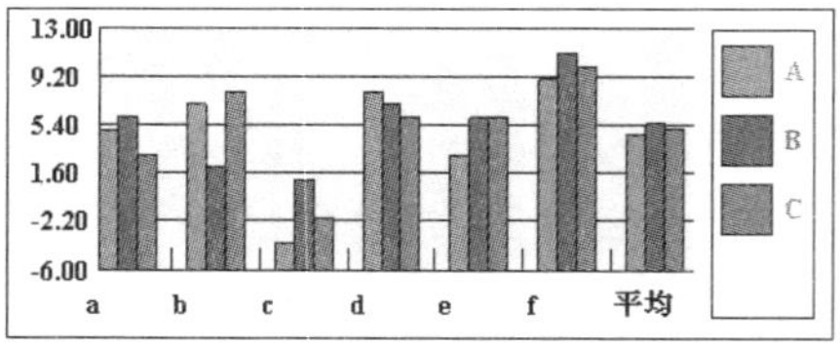

折线图

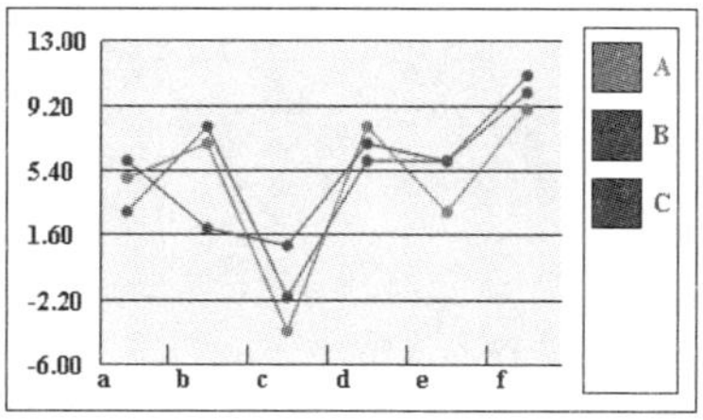

第2行数据的饼形图

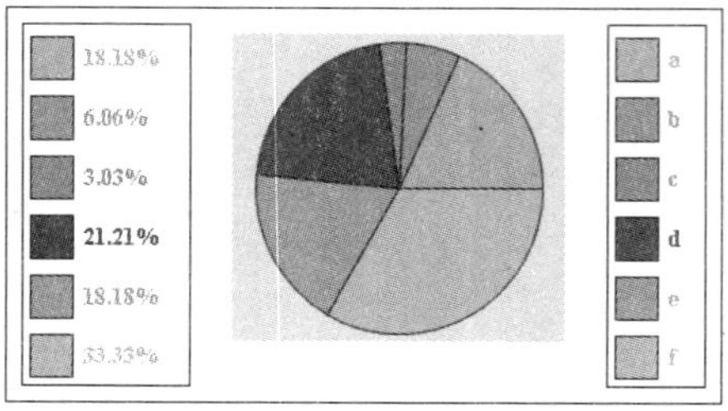

图 6-18

这时，如果改变 6 号表格里的数据，则另外 3 个统计图都会跟着变化。

【习题 6-6】 在教材中或其他资料中选择统计数据，用本节所讲的方法制作统计表和对应的统计图。

小　结

本节的内容在前面较少见到，难度较大，要细心地边读边做。投掷硬币和掷骰子的模拟实验，在有关概率的教学中会经常用到。制作这样的课件或学件，有 3 个关键点：一是产生随机数的函数。rand（x，y）的用法；二是使用“嵌套测量”记录投掷次数和出现特定状态的次数的方法；三是要注意使用“动态 alpha 参数”的设置来直观地显示所出现的状态。

投针和投豆的模拟试验，比起投掷硬币和掷骰子来，增加了几何状态的模拟。特别是投针试验，还要用不同颜色区别针和平行线是否相交，其难度较大，希望多加留意，掌握这种技巧。

有关“生日相同的概率”的动画，涉及的计算较多，几何图像和计算结果的呈现比前面的例子要难。作这样的课件，不仅有助于熟练使用软件，也有助于提高教师的数学素养。

回归直线模板的制作过程，看起来颇繁，但本质上难度不大。只要对有关的统计学知识有所了解，按部就班做就是了。

最后一节讲如何制作统计表格和统计图，虽然简单，却很有用。特别是统计表的关联，这里介绍了一个函数“StatDataAssoc (,);”是软件中查不到的。在本篇中常用的函数“MeasureExpress ();”也是软件中没有提到的，但它的作用可以用菜单命令实现。这些函数的名字以及其他比较常用的函数的名字，都可以在本书所附光盘中的文件“文本命令提要. doc”中查到。

第七篇

立体几何

本书介绍的超级画板的版本，并不具有立体几何作图的功能；但它也可以用来画一些模拟立体关系的图形。偶尔用上了，就免去了切换软件的麻烦。如果您在某一段相当长的时间内都要作立体图形，建议使用其他的软件，例如“Z+Z智能教育平台系列”中的“立体几何”。该软件具有的立体几何动态测量、直接作出三维坐标点、在空间对点、线、圆的跟踪以及空间参数曲线等功能，更要方便一些。但是，用超级画板作出的图形，会更漂亮一些。

一、长方体的截面

用一张平面截割一个长方体，得到的截面都是什么形状？这是立体几何课上常常要讲的内容。也常常被作为多媒体课件的题材。

本书所附光盘中的文件“7-1 长方体的截面. zjz”的第 1 页中，显示出用超级画板制作的交互性模拟长方体，如图 7-1。

拖动点 A 可以改变视角。当点 A 被拖到直线 DF 的右侧时，线段 HG 由实线变为虚线，而 OF 由虚线变为实线；当点 A 被拖到直线 OH 的上方时，线段 OH 由虚线变为实线，而 CF 由实线变为虚线；等等。

不妨先想想，这种模拟立体感的效果，是如何做出来的？

用来截割立方体的平面，是由分别在射线 DC、DE、DG 上所取的 3 个点 I、

长方体的截面

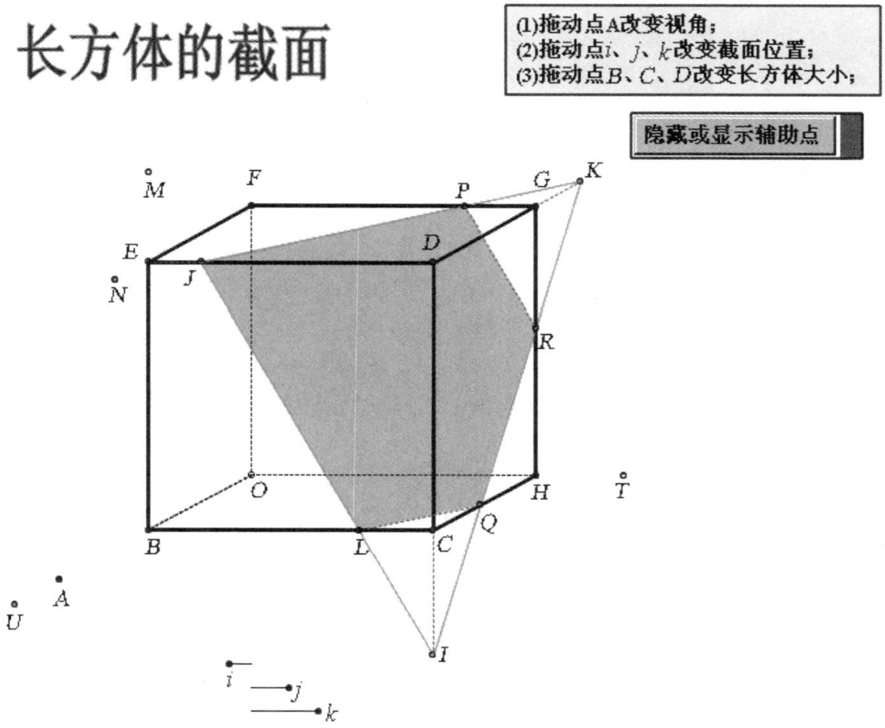

图 7-1

J、K 所确定的。文件中另外作了 3 个点，对应地命名为 i、j、k，拖动点 i、j、k 可以控制点 I、J、K 的位置，从而改变截割平面的位置。相应地，截面的形状变为三角形、四边形、五边形或六边形。

这些在不同情形分别显示出不同的截面的效果，又是如何做出来的？

下面来说明制作这样的立体效果的操作原理。说明了其实很简单。

先来说明虚线和实线相互转化的道理。

其实，这些能够虚实变化的线段，都是两条线重叠而成。当两条线中的实线隐藏起来时，就只看见虚线了。

你会想到，在一定条件下隐藏实线，要用到动态 alpha 参数。

类似地，截面的变化，也是利用动态 alpha 参数做出来的效果。

知道了最基本的道理，下面的具体操作就容易理解和记忆了。这个课件尽量少用文本作图，尽可能按下列步骤用鼠标操作。

（一）画出长方体的骨架

（1）先作自由点 A，用来调整视角。

(2) 连线段 AO，在 AO 上取点 B。

(3) 作平行于 x 轴的线段 BC。

(4) 作平行于 y 轴的线段 CD。

(5) 顺次选择 B、C、D 三点，执行菜单命令“作图｜常见多边形｜平行四边形”，作出点 E 使得 $BCDE$ 为平行四边形。

(6) 顺次选择 E、B、O 三点，执行菜单命令“作图｜常见多边形｜平行四边形”，作出点 F 使得 $EBOF$ 为平行四边形。

(7) 顺次选择 D、E、F 三点，执行菜单命令“作图｜常见多边形｜平行四边形”，作出点 G 使得 $DEFG$ 为平行四边形。

(8) 顺次选择 C、D、G 三点，执行菜单命令“作图｜常见多边形｜平行四边形”，作出点 H 使得 $CDGH$ 为平行四边形。

上述作图完全可以用鼠标和菜单操作实现。如果用文本作图，命令序列如下：

```
Point (- 3, - 5,);
//作出初始位置为（—3，—5）的自由点
Segment(1,5,);
PointOnLine(6,);
PointOnPLine(7,2,);
PointOnPLine(8,3,);
Parallelogram(7,8,9,);
Parallelogram(10,7,1,);
Parallelogram(9,10,11,);
Parallelogram(8,9,12,);
Segment(1,7,);
//透明参数 255*(sign(m000,0)+sign(0,m000)*sign(m001,0));
Segment(7,8,);
Segment(8,9,);
Segment(9,10,);
Segment(7,10,);
Segment(10,11,);
//透明参数 255*(sign(m000,0)*sign(m001,0)+sign(0,m001));
Segment(1,11,);
//透明参数 255*sign(m000,0);
Segment(11,12,);
//透明参数 255*sign(0,m001);
```

```
Segment(9,12,);
//透明参数 255*(sign(0,m000)*sign(m001,0)+sign(0,m001));
Segment(12,13,);
//透明参数 255*sign(0,m000);
Segment(1,13,);
//透明参数 255*sign(m001,0);
Segment(8,13,);
//透明参数 255*(sign(0,m000)+sign(m001,0)*sign(m000,0));
```

注意，鼠标菜单作图时常常将点和有关的线段同时作出，而文本作图时，要先作出点，再用一行命令作出线段。

上述程序中由“//”开始到“;”结束的部分是注释。例如，在“Segment(1，7,);”下面的一行：

“//透明参数 255* (sign (m000， 0) + sign (0， m000) * sign (m001， 0));”是说明线段 OB 的动态 alpha 参数可设置为：

255* (sign (m000， 0) + sign (0， m000) *sign (m001， 0))

其中的参数 m000 和 m001 将在后面的测量操作中给出。由于动态 alpha 参数可在任何时候设置，所以测量操作可以放在以后进行。这些参数的具体确定的方法，后面将作说明。

（二）作出截割平面和有关截面的顶点

（9）分别在射线 DC、DE、DG 上取点 I、J、K（编号为 26、27、28）。

（10）连接线段 IJ、JK、KI（编号为 29、30、31）。

（11）作直线 IJ、BC 的交点 L（编号 32）。

（12）作直线 IJ、BE 的交点 M（编号 33）。

（13）作直线 JK、EF 的交点 N（编号 34）。

（14）作直线 JK、FG 的交点 P（编号 35）。

（15）作直线 IK、CH 的交点 Q（编号 36）。

（16）作直线 IK、GH 的交点 R（编号 37）。

（17）连接线段 PR、QL（编号为 38、39）。

（18）作直线 PR、OF 的交点 S（编号 40）。

（19）作直线 PR、OH 的交点 T（编号 41）。

（20）作直线 QL、OB 的交点 U（编号 42）。

（21）连接线段 JE、CI、GK（编号为 43，44，45）。

这里作出的点，是后面构作截面多边形的基础。这些作图操作都可以用智能作图直接由鼠标实现。其文本作图的命令序列如下：

```
PointOnLine(16,);
PointOnLine(22,);
Segment(26,27,);
Segment(27,28,);
Segment(26,28,);
IntersectionOfLine(29,15,);
IntersectionOfLine(29,18,);
IntersectionOfLine(30,19,);
IntersectionOfLine(30,21,);
IntersectionOfLine(31,25,);
IntersectionOfLine(31,23,);
Segment(35,37,);
Segment(36,32,);
IntersectionOfLine(38,20,);
IntersectionOfLine(38,24,);
IntersectionOfLine(39,14,);
Segment(10,27,);
Segment(8,26,);
Segment(12,18,);
```

（三）实现虚实线变化的效果

在图 7-1 中，长方体的棱 *OB*、*OH*、*OF*、*EF*、*FG*、*DG*、*GH*、*CH* 随着点 *A* 的位置不同，会呈现出虚线和实线相互转化的效果。这种效果的实现，有赖于点 *A* 的坐标的变化。为此，要

（22）测量出点 *A* 的 *X* 坐标 m000 和 *y* 坐标 m001；可使用文本命令操作：

```
MeasureXCoor (5);
MeasureYCoor (5);
```

然后对这 8 条线段的动态 alpha 参数一一进行设置。例如，线段 EF（即 Seqment (10，11,)）的动态 alpha 参数（注解中也称为“透明参数”）设置为：

255＊ (sign (m000, 0) ＊sign (m001, 0) + sign (0, m001))

说明这条线段当点 *A* 在 *x* 轴下方 (m001< 0) 时为实线，当点 *A* 在 *x* 轴上方且在 *Y* 轴右方（m001> 0 且 m000> 0）时也为实线。又如，线段 *OF*（即 Segment (1, 11,)）的动态 alpha 参数设置为 255＊sign (m000, 0)，说明它当且

仅当点 A 在 y 轴右方（m000> 0）时为实线，等等。

对上述 8 线段进行动态 alpha 参数设置后，再作：

（23）在同一位置再作出 8 条线段 OB、OH、OF、EF、FG、DG、GH、CH，并在“属性”对话框中将它们设置为虚线。

以下是这 8 条虚线段的文本作图命令。当然，也可以不用文本命令，直接用鼠标画出来。

```
Segment(1,13,);
Segment(11,12,);
Segment(1,11,);
Segment(12,13,);
Segment(9,12,);
Segment(1,7,);
Segment(10,11,);
Segment(8,13,);
```

（四）作出截面多边形并设置其动态 alpha 参数

进行下列操作时，要先把 I、J、K 三点拖到适当的位置，根据当前的位置关系作出截面多边形，再填充多边形并设置动态 alpha 参数。

（24）将 I、J、K 三点分别拖到线段 CD、DE、DG 内，此时平面 IJK 切割长方体所得的截面就是三角形 IJK。选择 I、J、K 三点，执行右键菜单命令“多边形”，作出多边形 IJK，再将其动态 alpha 参数设置为：

160 * sign (u003, 0) * sign (1, u003) * sign (u004, 0) * sign (1, u004) * sign (u005, 0) * sign (1, u005)

这里，u003、u004 和 u005 分别是 I、J、K 三点在线段 CD、DE、DG 上的位置参数。

当参数为 0 时，对应的点在线段的始端点 C、D、D 处；当参数为 1 时，对应的点在线段的终端点 D、E、G 处。动态 alpha 参数的设置，说明 I、J、K 三点分别在线段 CD、DE、DG 内。

动态 alpha 参数中开始数值用 160 而不用 255，是让截面呈半透明状。

作出多边形的文本命令，可以在文本作图对话框的“曲线”部分找到，如图 7-2。

（25）将点 J 向左拖动到 DE 的延长线上，则多边形 IJK 消失；这时的截面应当是四边形 $MNKI$。顺次选择 M、N、K、I 四点，执行右键菜单命令“多边形”，作出多边形 $MNKI$，再将其动态 alpha 参数设置为：

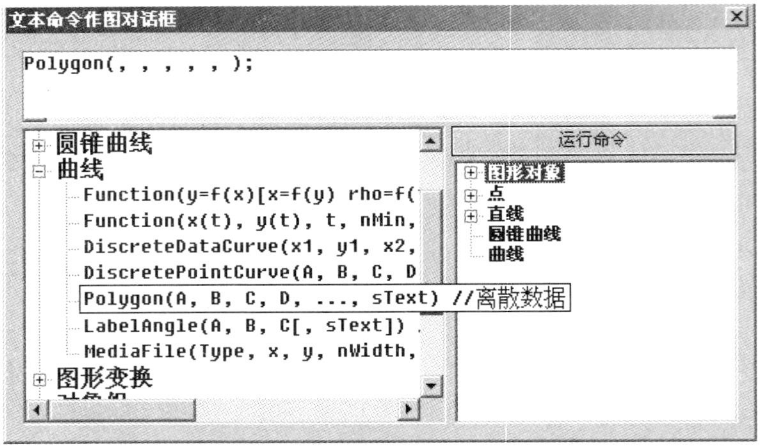

图 7-2

160＊sign (u003, 0) ＊sign (1, u003) ＊sign (u004, 1) ＊sign (u005, 0) ＊sign (1, u005)；其中参数设置的几何意义是很清楚的。

(26) 类似地，将点 E 拖回到线段 DE 内，将点 K 向右上拖动到 DG 的延长线上，则多边形 $MNKl$ 消失；这时的截面应当是四边形 $IJPR$。顺次选择 I、J、P、R 四点，执行右键菜单命令“多边形”，作出多边形 $IJPR$，再将其动态 alpha 参数设置为：

160＊sign (u003, 0) ＊sign (1, u003) ＊sign (u004, 0) ＊sign (1, u004) ＊sign (u005, 1)；

(27) 类似地，将点 K 拖回到线段 DG 内，将点，向下拖动到 DC 的延长线上，则多边形 $IJPR$ 消失；这时的截面应当是四边形 $JKQLo$ 顺次选择 J、K、Q、L 四点，执行右键菜单命令“多边形”，作出多边形 $IKQL$，再将其动态 alpha 参数设置为：

160＊sign (0, u003) ＊sign (u004, 0) ＊sign (1, u004) ＊sign (u005, 0) ＊sign (1, u005)；

作出上述 3 个四边形后，容易想到，如果把 I、J、K 三点中的两点拖到所在线段的延长线上，截面就是五边形了。但是，动手试一试，就知道这个想法还有漏洞：如果两点拖得过远，截面会变成另一种四边形！

具体地，把点 I 拖到线段 CD 内，再把 J、K 分别拖到 DE、DG 的延长线上，则截面为五边形 $IMNPR$；但若继续将一，向左拖且将 K 向右上拖，当平面 IJK 和直线 OF 的交点 S 位置变化到点 F 的下方时，截面就不再是五边形 $IMNPR$ 而是四边形 $IMSR$ 了。因此，在设置五边形截面 $IMNPR$ 的动态 alpha 参数时，必须考虑到点 S 和点 F 的相对位置；为此要先对这两点的 Y 坐标进行测量。明白这一点，以下的操作就不难理解了。

(28) 把点 I 拖到线段 CD 内，再把 J、K 分别拖到 DE、DG 的延长线上，并注意保持点 S 位置在点 F 的上方。用文本作图命令测量出点 S 的纵坐标 $m002$ 和点 F 的纵坐标 m003；顺次选择 I、M、N、P、R 五点，执行右键菜单命令“多边形”，作出多边形 $IMNPR$，再将其动态 *alpha* 参数设置为：

160 * sign (u003, 0) * sign (1, u003) * sign (u004, 1) * sign (u005, 1) * sign (m002, m003);

(29) 把点 J 拖到线段 DE 内，再把 I、K 分别拖到 DC、DG 的延长线上，并注意保持点 T 位置在点日的右方。用文本作图命令测量出点 T 的横坐标 m004 和点日的横坐标 m005；顺次选择 J、P、R、Q、L 五点，执行右键菜单命令“多边形”，作出多边形 $JPRQL$，再将其动态 alpha 参数设置为：

160 * sign (0, u003) * sign (u004, 0) * sign (1, u004) * sign (u005, 1) * sign (m004, m005);

(30) 把点 K 拖到线段 DG 内，再把 I、J 分别拖到 DC、DE 的延长线上，并注意保持点 U 在 OB 的延长线上。用文本作图命令测量出点 U 到 O 的距离 m006 和点 B 到 O 的距离 m007；顺次选择 K、Q、L、M、N 五点，执行右键菜单命令“多边形”，作出多边形 $KQLMN$，再将其动态 alpha 参数设置为：

160 * sign (0, u003) * sign (u005, 0) * sign (1, u005) * sign (u004, 1) * sign (m006, m007);

3 个五边形的截面完成后，就轮到六边形的截面了。

(31) 把 I、J、K 分别拖到 DC、DE、DG 的延长线上；并注意保持点 S 位置在点 F 的上方，点 T 位置在点 H 的右方，且点 U 在 OB 的延长线上。顺次选择 L、M、N、P、R、Q 六点，执行右键菜单命令“多边形”，作出多边形 $LMNPRQ$，再将其动态 alpha 参数设置为：

160 * sign (0, u003) * sign (u005, 1) * sign (u004, 1) * sign (m006, m007) * sign (m004, m005) * sign (m002, m003);

至此，我们已经制作了 8 个截面：1 个三角形，3 个四边形，3 个五边形和 1 个六边形。如果继续在 3 条射线 DC、DE、DG 上分别拖动点 I、J、K 进行探索，还能够发现另外的 10 个截面：1 个三角形，6 个四边形和 3 个五边形。下面列出所有这些截面的文本作图命令以及它们的动态 alpha 参数设置。

```
Polygon(26,27,28,,,);
//透明参数
//160 * sign(u003,0) * sign(1,u003) * sign(u004,0) * sign(1,
```

```
u004) * sign(u005,0) * sign(1,u005);
    Polygon(26,28,34,33,);
    //透明参数
    160 * sign(u003,0) * sign(1,u003) * sign(u004,1) * sign(u005,0)
 * sign(1,u005);Polygon(26,27,35,37,,);
    //透明参数
    160 * sign(u003,0) * sign(1,u003) * sign(u004,0) * sign(1,u004)
 * sign(u005,1);Polygon(27,28,36,32,,);
    //透明参数
    160 * sign(0,u003) * sign(u004,0) * sign(1,u004) * sign(u005,O)
 * sign(1,u005);MeasureYCoor(40);
    //m002,点 S 的纵坐标;
    MeasureYCoor(11);
    //m003,点 F 的纵坐标;
    Polygon(26,37,35,34,33,);
    //透明参数
    160 * sign(u003,0) * sign(1,u003) * sign(u004,1) * sign(u005,1)
 * sign(m002,m003);MeasureXCoor(41);
    //m004,点 T 的横坐标;
    MeasureXCoor(13);
    //m005,点 H 的横坐标;
    Polygon(27,35,37,36,32,);
    //透明参数
    160 * sign(0,u003) * sign(u004,0) * sign(1,u004) * sign(u005,1)
 * sign(m004,m005);MeasureLength(42,1);
    //m006,点 U 到 O 的距离;
    MeasureLength(7,1);
    //m007,点 B 到 O 的距离;
    Polygon(28,34,33,32,36,);
    //透明参数
    160 * sign(0,u003) * sign(u005,0) * sign(1,u005) * sign(u004,1)
 * sign(m006,m007);Polygon(32,33,34,35.37,36,);
    //透明参数
    160 * sign(0,u003) * sign(u005,1) * sign(u004,1) * sign(m006,
```

```
m007) * sign(m004,m005) * sign(m002,m003);
    Polygon(26,37,40,33,,);
    //透明参数
    160 * sign(u003,0) * sign(1,u003) * sign(u004,1) * sign(u005,1)
 * sign(m003,m002);Polygon(27,32,41,35,,);
    //透明参数
    160 * sign(0,u003) * sign(u004,0) * sign(1,u004) * sign(u005,1)
 * sign(m005,m004);Polygon(28,36,42,34,,);
    //透明参数
    160 * sign(0,u003) * sign(u005,0) * sign(1,u005) * sign(u004,1)
 * sign(m007,m006);Polygon(32,33,40,37,36,);
    //透明参数
    160 * sign(0,u003) * sign(u005,1) * sign(u004,1) * sign(m006,
m007) * sign(m004,m005) * sign(m003,m002);
    Polygon(32,33,34,35,41,);
    //透明参数
    160 * sign(0,u003) * sign(u005,1) * sign(u004,1) * sign(m006,
m007) * sign(m005,m004) * sign(m002,m003);
    Polygon(34,35,37,36,42,);
    //透明参数
    160 * sign(0,u003) * sign(u005,1) * sign(u004,1) * sign(m007,
m006) * sign(m004,m005) * sign(m002,m003);
    Polygon(40,41,42,,,);
    //透明参数
    160 * sign(0,u003) * sign(u005,1) * sign(u004,1) * sign(m007,
m006) * sign(m005,m004) * sign(m003,m002);
    Polygon(34,35,41,42,,,);
    //透明参数
    160 * sign(0,u003) * sign(u005,1) * sign(u004,1) * sign(m007,
m006) * sign(m005,m004) * sign(m002,m003);
    Polygon(36,37,40,42,,,);
    //透明参数
    160 * sign(0,u003) * sign(u005,1) * sign(u004,1) * sign(m007,
m006) * sign(m004,m005) * sign(m003,m002);
```

```
Polygon(32,33,40,41,,,);
//透明参数
160*sign(0,u003)*sign(u005,1)*sign(u004,1)*sign(m006,
m007)*sign(m005,m004)*sign(m003,m002);
```

最后，为了拖动方便，作出 3 个坐标点 i、j、k 分别用来拖动点 I、J、K；其文本命令为：

```
Point(u003,-4,u003,,,);
Point(u004,-4.5,u004,,,);
Point(u005,-5,u005,,,);
```

其他如添加标题说明等从略。

从本节可见，用平面几何作图工具作立体图形，有时是很辛苦的。

但是，动手做一次，对于提高空间直观能力和逻辑思维能力大有好处。

【习题 7-1】 打开上述文件的第 2 页，观察图中的立方体和截面。这里确定切割平面的 3 个点 I、J、K 分别在 3 条相互平行的棱上（图 7-3）。找寻应当填充而未填充（图 7-4，为其中之一）或填充错误（图 7-5，为其中之一）的截面，填充并且正确设置其动态 alpha 参数。

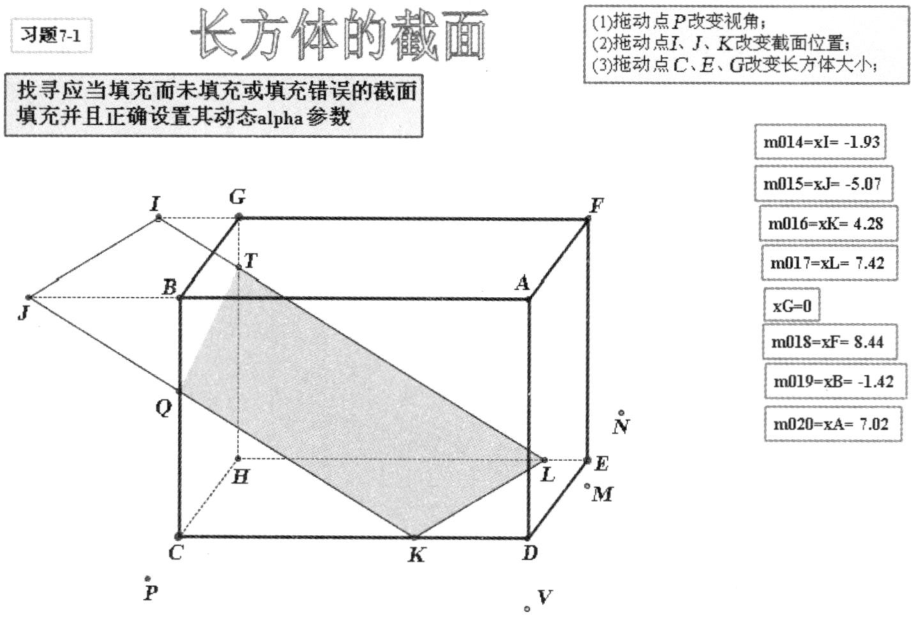

图 7-3

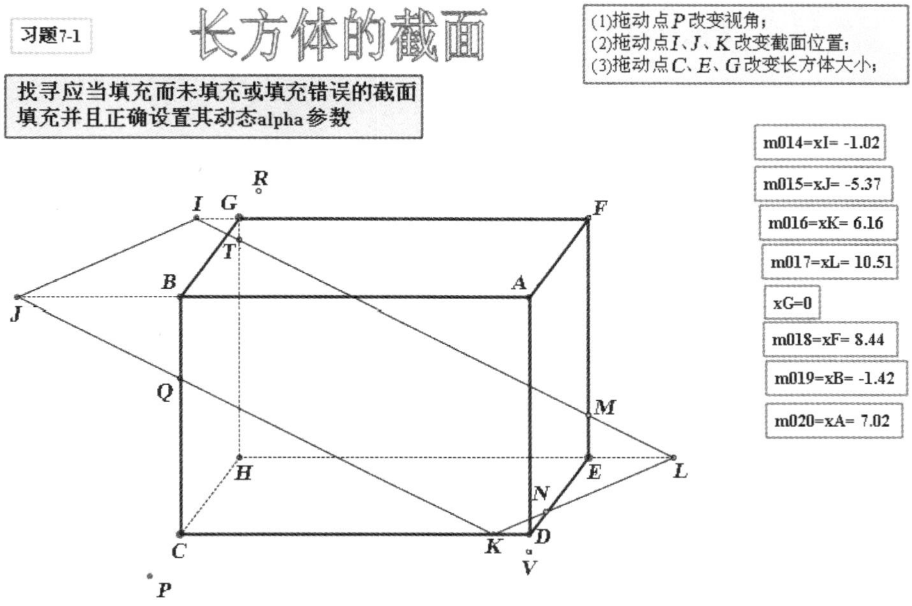

图 7-4

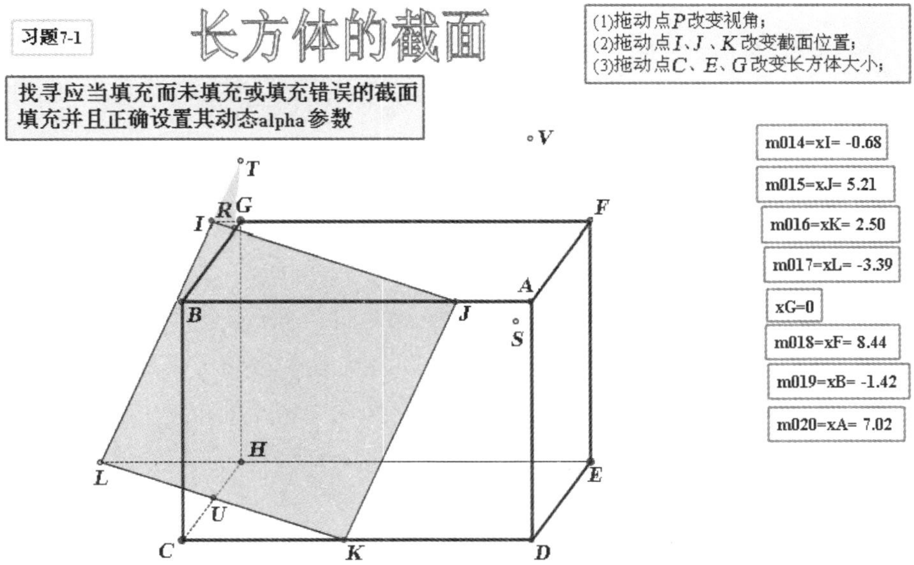

图 7-5（填充错误之一）

二、圆锥、圆台和圆柱的体积

上一节的习题，做起来比较辛苦。“文武之道，一张一弛”，这一节内容就简单多了。

打开所附光盘中文件“圆锥圆台和圆柱的体积. zjz”的第 1 页，如图 7-6。

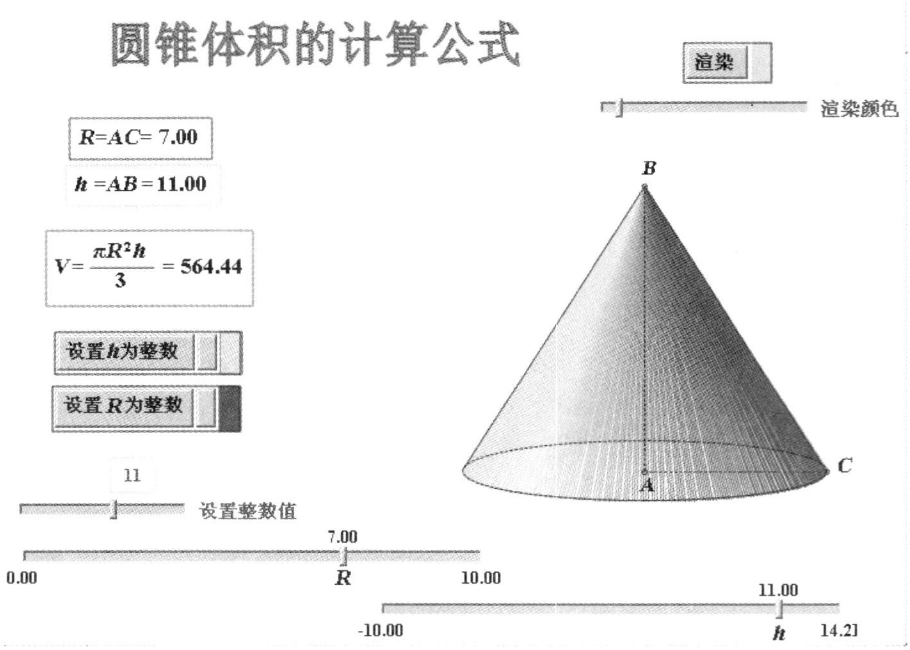

图 7-6

图 7-6 中有一个圆锥体的直观图。下方有参数 R 和 h 的变量尺。左上部的测量数据文本指出 $h=AB$ 是圆锥体的高，$R=AC$ 是圆锥体底面的半径，$V=\pi R^2 h/3$ 是圆锥的体积。拖动变量尺上的滑钮，可以改变圆锥的高 h 和底半径 R，这时图 7-6 中的圆锥和 3 个测量数据都会做相应的改变。

拖动变量尺上的滑钮来改变参数，很难让参数取到准确的整数值，这对于有些练习题的呈现很不方便。我们可以将变量动画和变量尺结合起来，方便地对参数 R 和 h 进行设置。注意到左下部有一条较短的变量尺，尺的右方注有“设置整数值”的字样。拖动这条变量尺上的滑钮，变量尺上面的数字框里的整数会改变。图 7-6 中的当前整数值是 11。这时单击标注有“设置 h 为整数”的按钮，h 的值就会准确地变成 11；若再拖动此变量尺的滑钮使上面的整数值调整为 7，单击标注有“设置 R 为整数”的按钮，R 的值就会准确地变成 7。当然，圆锥体积的测量数据也会相应地变化。

如果需要参数 R 和 h 准确地取其他数值，还可以打开这两个标注有“设置…为整数”的按钮的“属性”对话框，直接进行设置。

文件的第 2 页画了一个直观的圆台体，有类似的变量尺、测量数据文本框和按钮，只是多了一个参数 r，即圆台上底的半径。如图 7-7。

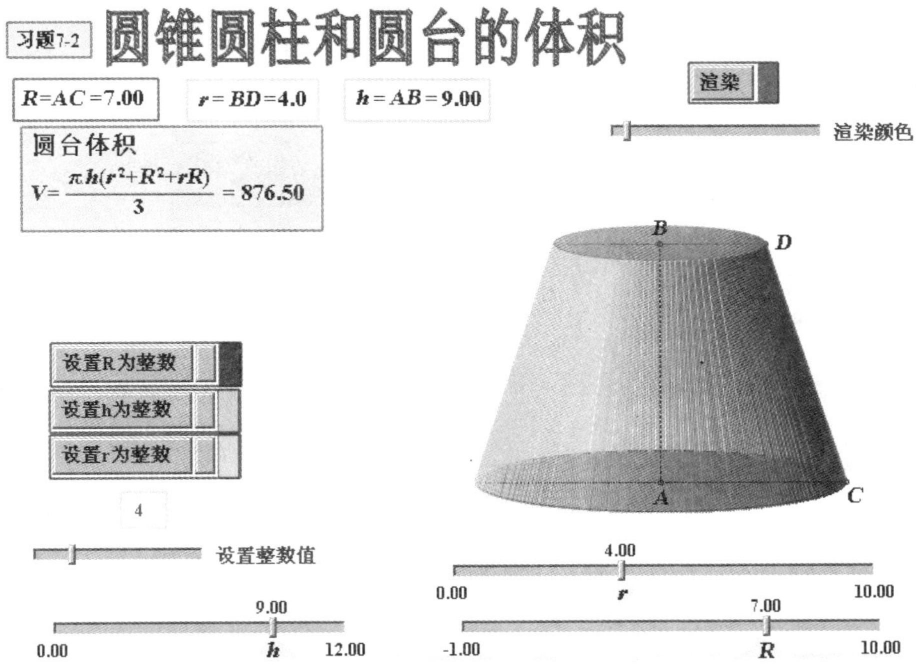

图 7-7

在图 7-7 中，右上部都有一个标注有“渲染”字样的按钮和一条标注有“渲染颜色”的变量尺。拖动该变量尺上的滑钮，锥体（台体）的渲染颜色会有多种多样的变化。单击“渲染”按钮，渲染颜色会消失而留下线条图，如图 7-8；再单击“渲染”按钮，渲染颜色恢复。

下面以第 1 页为例，说明圆锥体直观图的画法，渲染着色的方法，设置参数为整数的方法以及隐藏和恢复渲染颜色的按钮的制作方法。至于第 2 页，还多了一些功能，留作习题。

注意这里的说明中，操作顺序和上述文件不完全一样。

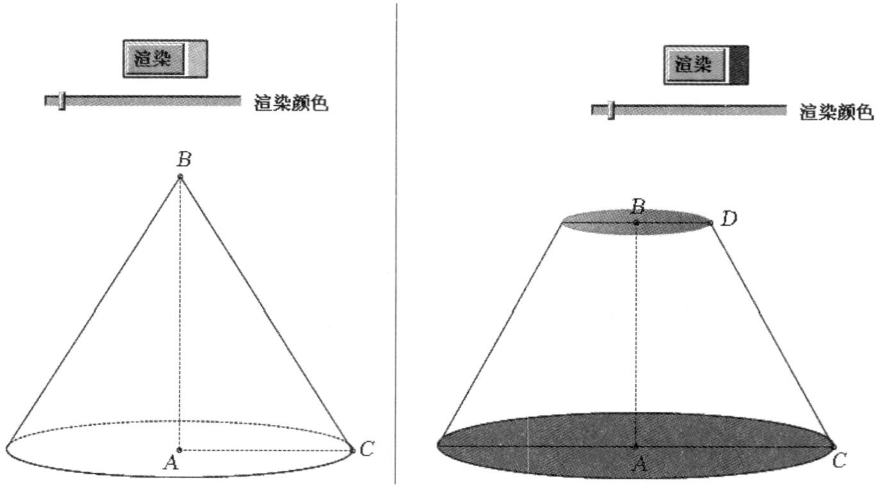

图 7-8

（一）圆锥体直观图的画法

（1）用文本作图命令，作锥体底面中心 A、顶点 B 和底面圆周上一点 C（编号顺次为 5、6、7）：

```
Point (0, 0,,,,);
Point (0, h,,,,);
Point (R, 0,,,,);
```

（2）连接线段 AB、AC、BC（编号顺次为 8、9、10）：

```
Segment (5, 6,);
Segment (5, 7,);
Segment (6, 7,);
```

（3）顺次选择点 C 和线段 AC、BC、AB（最后选择的是对称轴），在右键菜单中单击“关于直线的对称图形”，作出点 C 和线段 AC、BC 关于直线的对称图形点 D 和线段 AD、BD。若用文本命令，其函数序列为：

```
Symmetric (7, 8,);
Symmetric (9, 8,);
Symmetric (10, 8,);
```

这里的作图函数“Symmetric (,,);”是文本作图对话框里“图形变换”类里的第 1 个。其中第 1 个参数是要作对称变换的几何对象的编号，第 2 个参数是对称轴的编号。每执行一条命令只能对一个几何对象作变换。

(4) 使用文本作图命令作出圆锥底面的直观图。它是一个以 A 为圆心，$AC=R$ 为长半轴的标准椭圆（编号 14）。作图函数是文本作图对话框中“圆锥曲线”类里的第 1 个：

```
NormalEllipse (5, a= R, b= R/6, x,);
```

其中第 1 个参数是椭圆中心 A 的编号；第 2 个参数 $a=R$ 表示椭圆的长半轴为 R；第 3 个参数 $b=R/6$ 表示椭圆的短半轴为 $R/6$；第 4 个参数 x 表示椭圆的长轴平行于 x 轴。严格说来，等腰三角形 BCD 是圆锥体的平行于画面的轴截面，不是圆锥体的直观的轮廓线。直观地看，轮廓线应当是自点 B 所作的椭圆的两条切线段，它们与 BC、BD 很接近。另外，下面作出的圆锥体母线的轨迹，也就形成了圆锥体的直观的轮廓线。

（二）圆锥体渲染着色的方法

(5) 用智能画笔，在椭圆上取任意点 E（编号 15）；作线段 BE（编号 16，注意上述文件中为线段 BG，编号也不同）。文本作图命令为：

```
PointOnConic (14,);
Segment (6, 15,);
```

(6) 用文本作图命令作出线段 BE 的轨迹（编号 17）：

```
Locus (15,,,,,, 16);
```

(7) 对轨迹的属性进行设置：频率设置在 200 到 400 之间；参数保持缺省值 0 到 2＊pi。

(8) 注意，这轨迹是线段 BE 的轨迹，将线段 BE 的画笔设置为动态颜色，轨迹的颜色才能多姿多彩。选择线段 BE，单击右键打开其“属性”对话框，在“画笔”栏中点选“动态颜色”，打开“动态颜色”对话框；在对话框上部“颜色类型”栏点选“HLS (……) 颜色空间”；如图 7-9，在下部第 1 行左栏键入颜色参数 a+ u000＊36，将此行右栏中的 255 改为 360；在第 2 行左栏键入亮度参数 0.5；在第 3 行键入饱和度参数 1。单击“确定”关闭动态颜色对话框；再单击“确定”关闭属性对话框。图 7-9 中设置的颜色参数 a+ u000＊36 中的变量 u000，是点 E 在椭圆上的位置参数，也是 BE 的轨迹的参数。随着点 E 在椭圆上的位置的变化，u000 在 0 到 2π 之间取不同的值，BE 的轨迹也就呈现出不同的颜色。参数 a 是一个自由变量，a 的变化可以影响轨迹颜色的范围。

(9) 用文本命令作出参数 a 的变量尺，变化范围设置为 0～360：

```
Variable (a, 0, 360,);
```

拖动变量尺上的滑钮，可以看到轨迹颜色的变化。

（三）设置参数为整数的方法

（10）执行菜单命令“测量｜测量表达式”，在测量表达式对话框中分别输入 R、h 和 pi＊h＊R^2/3，作出 R、h 和圆锥体积 $\pi R^2h/3$ 的测量数据文本框。另外，再输入表达式 floor(x)，作出其测量数据的文本框，为设置参数为整数做准备。这些操作的文本命令为：

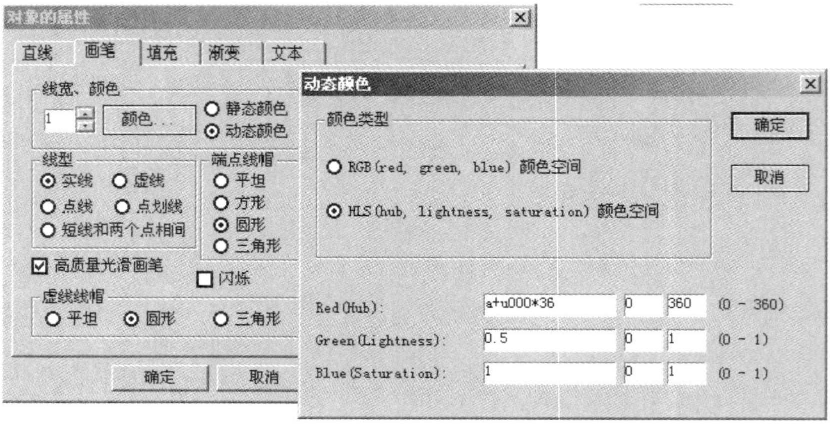

图 7-9

```
MeasureExpress (R);
MeasureExpress (h);
MeasureExpress (pi*R^2*h/3);
MeasureExpress (floor(x));
```

（11）用文本作图命令作出参数 R、h 和 x 的变量尺：

```
Variable (R, 0, 20,);
Variable (h, 0, 20,);
Variable (x, 0, 20,);
```

（12）在右键菜单中单击“动画”，在对话框中输入 R 和 h，两参数之间用逗号分开。单击“确定”，作出参数 R 和 h 的动画按钮。其文本命令为：

```
AnimationVar (R,);
AnimationVar (h,);
```

两个按钮的属性设置相同：频率设置为 1（或不超过 10），最大值和最小值都设置为 floor(x)，类型设置为一次运动，文本写成“设置 R 为整数”或“设置 h 为整数”。

这样操作后，只要单击其中一个按钮，就可以把 R 或 h 设置为 floor(x) 的当前值了。

(四) 制作隐藏和显示对象的按钮

前面我们都是用设置动态 alpha 参数的办法来控制对象的隐藏和显示。现在介绍直接制作隐藏显示按钮的方法。

(1) 打开文本作图命令对话框，展开“对象的属性”条目下的函数列表，两次双击第 1 行的“Button”函数（这是单变元函数，用来制作隐藏或显示按钮），再双击第 2 行的“Button”函数（这是多变元函数，用来制作序列按钮）。在上方的文本编辑栏里键入参数构造 3 行文本命令：

```
Buttton (A);
Button (B);
Button (28, 29,, 渲染);
```

如图 7-10。

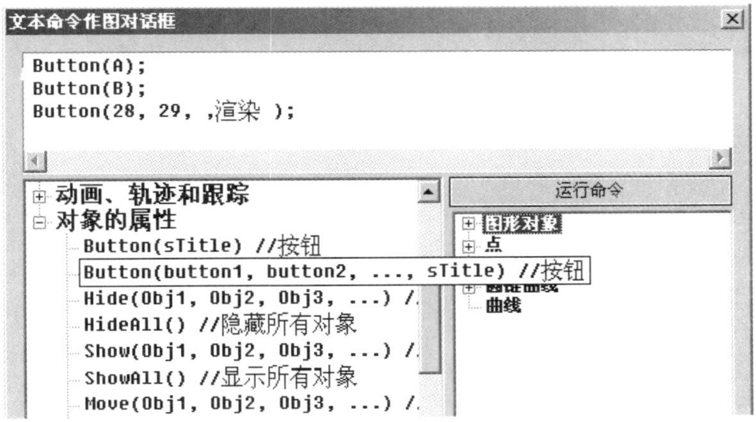

图 7-10

这里，前两个函数中的参数 A 和 B 分别是所生成的按钮上的文本，即按钮的名字。至于按钮的作用，下面要再作设置。第 3 个函数中的参数 28、29 分别是按钮 A、B 的编号。这是因为当前的对象编号已到 27，新生成的按钮编号自然是 28、29 了。参数“渲染”是第 3 个按钮上面的文本，即该按钮的名字。

运行文本命令后，生成按钮 A、按钮 B 和渲染按钮。

(2) 右键单击按钮 A，在右键菜单中单击“属性”打开属性对话框，如图 7-11的左部。

在图 7-11 对话框的“动作”栏的左上部空白条的右端，有一个带黑三角的

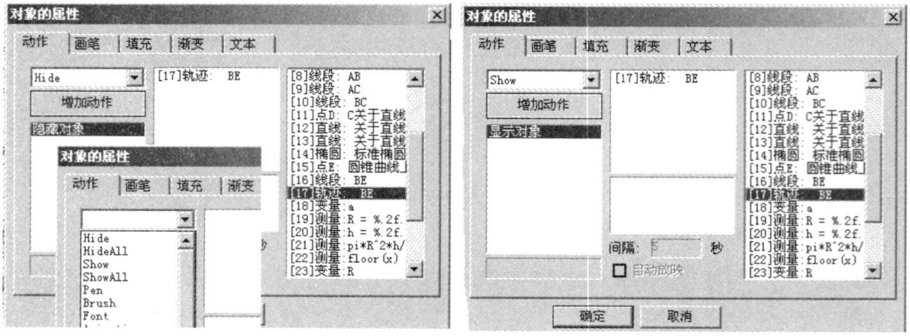

图 7-11

按钮。单击“黑三角”展开一个功能目录，其中第 1 行是“Hide”（隐藏），第 3 行是“Show”（显示），这是最常用的两种功能。单击“Hide”，则“Hide”出现在上部空白条内，功能目录关闭；单击“增加动作”按钮，则在左下部空白栏中出现“隐藏对象”字样。单击“隐藏对象”，则此行文本被黑色覆盖，文字反白。

这时可以指定要隐藏的对象了。在对话框右部的对象列表栏里，双击 17 号对象“轨迹 BE”，则在中上部空白栏里出现一行“[17] 轨迹 BE”。如果需要，还可以双击想隐藏的其他对象。这里我们只要隐藏此轨迹，就单击“确定”关闭对话框。

（3）右键单击按钮 B，在右键菜单中单击“属性”打开属性对话框，如图 7-11 的右部。

单击左上部空白条的右端黑三角，展开功能目录，单击“Show”，则“Show”出现在上部空白条内，功能目录关闭；单击“增加动作”按钮，则在左下部空白栏中出现“显示对象”字样。单击“显示对象”，则此行文本被黑色覆盖，文字反白。

这时可以指定要显示的对象了。在对话框右部的对象列表栏里，双击 17 号对象“轨迹 BE”，则在中上部空白栏里出现一行“[17] 轨迹 BE”。单击“确定”关闭对话框。

上述设置完成后，单击按钮 A 则轨迹隐藏，单击按钮 B 则轨迹出现。

若单击渲染按钮，则轨迹隐藏；再单击它，轨迹出现。所以，“渲染”按钮兼有按钮 A 和按钮 B 的作用，从而可以把按钮 A 和按钮 B 隐藏起来。这只要在对象工作区单击这两个按钮项前面的小方形；或选择这两个按钮再在右键菜单中单击“隐藏”。

文件的第 2 页，比第 1 页多了一个长半轴为 r 椭圆（圆台的上底面）。相应地多了有关 r 的变量尺、测量数据文本框和设置 r 为整数的动画按钮。此外，当设置 $r=0$ 时，圆台成为圆锥；当设置 R 和 r 为同一数值时，圆台又成为圆柱。

相应地，在这两种情形下，会出现圆锥体积公式和圆柱体积公式的测量数据文本框，如图 7-12 和图 7-13。

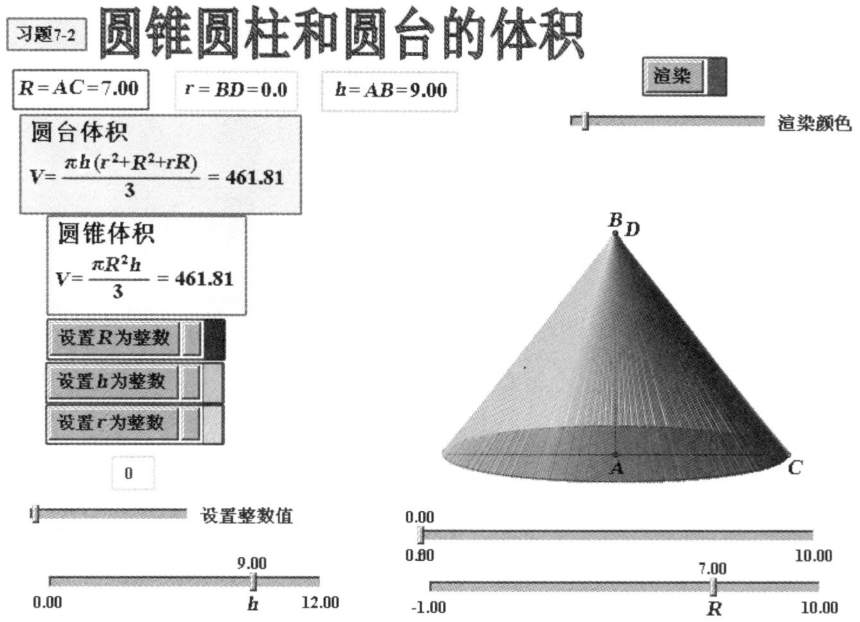

图 7-12

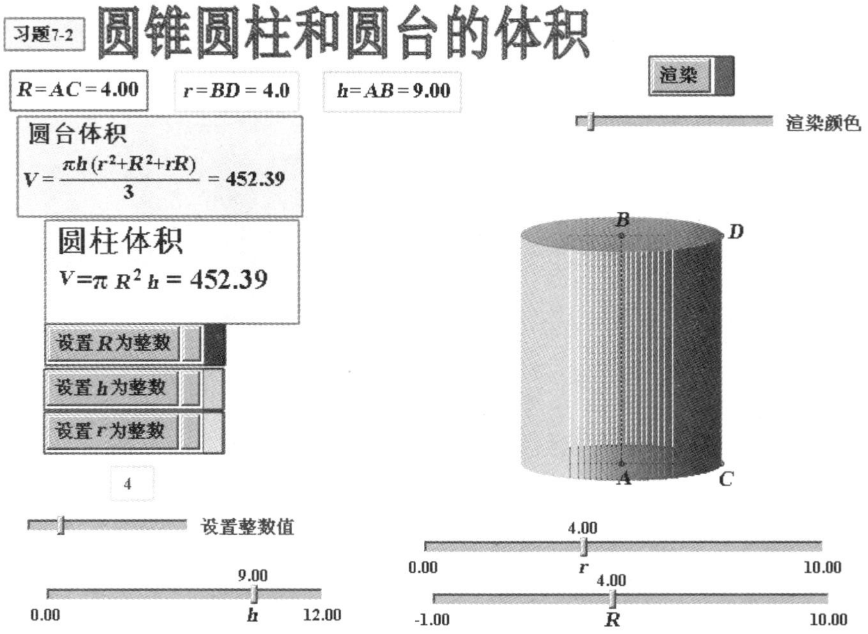

图 7-13

【习题 7-2】 参考上述文件的第 2 页，作出一个圆台的直观图和体积的测量数据文本框。要求当圆台上底半径为 0 时成为圆锥，当两底半径相等时成为圆柱，并同时出现圆锥和圆柱的体积公式和测量数据。

【习题 7-3】 试画出上述圆台的侧面展开图，并制作其面积测量数据文本框。（参看文件第 3 页）

三、空间的曲线

这一节里，我们以空间的螺旋线和李萨如曲线为例，说明绘制动态空间曲线的方法。

打开本书所附光盘中的文件“7-3 圆柱面上的螺旋线 .zjz”第 1 页，如图 7-14。

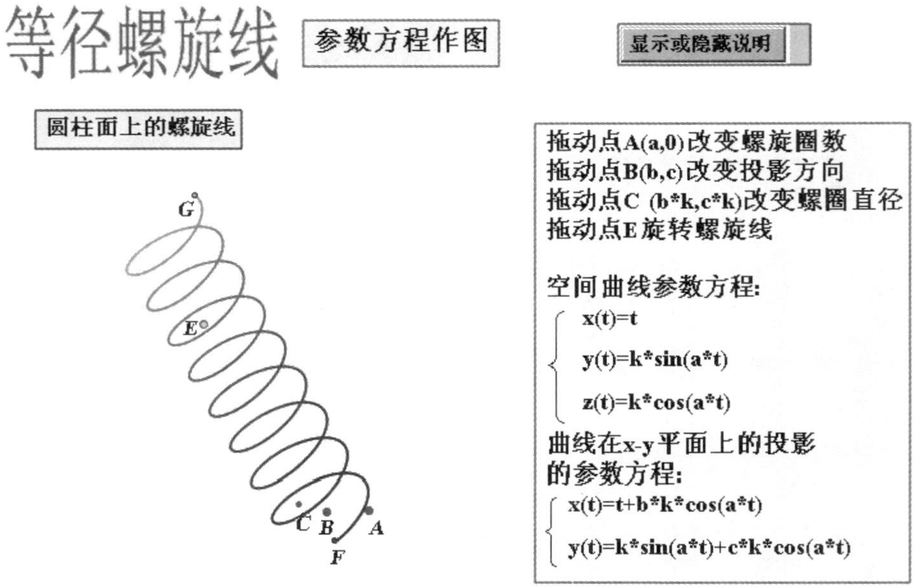

图 7-14

图 7-14 中的点 A、B、C、E 是可以拖动的。单击“显示或隐藏说明”按钮，会出现一个文本框，其中有操作说明和空间曲线参数方程以及它在平面上的投影的参数方程。操作说明指出：拖动点 A (a，0) 改变螺旋圈数，拖动点 B (b，c) 改变投影方向，拖动点 c (b * k，c * k) 改变螺圈直径，拖动点 E 旋转螺旋线。你不妨动手拖一拖，先有些感性认识。

再来看空间曲线的参数方程：

$$\begin{cases} x(t)=t \\ y(t)=k*\sin(a*t) \\ z(t)=k*\cos(a*t) \end{cases}$$

从方程看出，螺旋线的轴线应当和 x 轴重合，这和图上的曲线不一样。原来，图上的曲线是旋转过的。在左方的对象工作区用鼠标单击编号为 5 的曲线前的小方形来勾选它，就可以看见曲线的原型。

知道了空间曲线的参数方程，如何在平面坐标系里直观地把曲线画出来呢？设想把空间曲线投影在 xy 平面上，会有多种投影方法。不论哪种方法，都相当于用一组变换公式，把空间点的三维坐标变成投影点的二维坐标。用（x，y，z）表示空间点的三维坐标，（f，g）表示投影点的二维坐标，u、v 是两个参数，有一个简单的常用的变换是：

$$\begin{cases} f=x+u*z \\ g=y+v*z \end{cases}$$

这个变换表示的一类投影叫作“斜二侧类投影”。在上述变换公式中，取 $u=b$、$v=c$、$x=x(t)$、$y=y(t)$、$z=z(t)$，则上述空间曲线在夥平面上的投影的参数方程为：

$$\begin{cases} f=t+b*k*\cos(a*t) \\ g=k*\sin(a*t)+c*k*\cos(a*t) \end{cases}$$

有这个公式，以下的操作就是顺理成章的了。

(一) 根据空间曲线参数方程绘制圆柱面上的螺旋线

(1) 用文本命令作出曲线和有关的控制点：

```
Functin(t+ b*k*cos(a*t),k*sin(a*t)+ c*k*cos(a*t),t,0,6*pi,500,);
Point(a,0, a,,);
Point(b,c,b,c,,);
Point(b*k,c*k,k,,,);
Point(b*k*cos(6*a*pi)+ 6*pik*sin(6*a*pi)+ c*k*cos(6*a*pi),,,,);
```

这里第 1 行作出曲线，以下几行顺次作出坐标点 A、B、C、D；其中 C 和 D 分别是曲线的两端点，而点 D 是不能拖动的。

(2) 单击“文本”图标或执行菜单命令“插入｜文本”，在打开的对话框里输入说明文字和有关的数学表达式，单击“确定”作出说明文本，编号为 10。

此操作若用文本命令执行，命令文本为：

Text（拖动点 A（a，0）改变螺旋圈数

拖动点 B（b，c）改变投影方向

拖动点 c（b＊k，c＊k）改变螺圈直径

拖动点 E 旋转螺旋线

空间曲线参数方程：

＄fc{x(t)= t,y(t)= k＊sin(a＊t),z(t)= k＊cos(a＊t))

曲线在 x-y，平面上的投影的参数方程：

＄fc{x(t)= t+ b＊k＊cos(a＊t),y(t)= k＊sin(a＊t)+ c＊k＊cos(a＊t)))；

注意，在文本命令函数内使用分号可能会出错，所以这里在方程的表达式之间用逗号分隔。运行后，再将方程表达式中的逗号重新编辑为英文输入状态的分号，才能正确显示。

（3）以下添加其他文本标题，并制作按钮来控制编号为 10 的说明文本的隐藏和显示。

TransformText（等径螺旋线）；

Text（圆柱面上的螺旋线）；

Button（1）；

Button（2）；

Button（13，14，，显示或隐藏说明）；

Text（参数方程作图）；

控制隐藏显示的按钮的制作方法见前一节“二圆锥、圆台和圆柱的体积”的“（四）制作隐藏和显示对象的按钮”。

（4）最后，对曲线作一个旋转变换：

Point（3，2，）；

MeasureAngleOfVector（7，17）；

Rotate（5，7，m000，）；

Rotate（8，7，m000，）；

Rotate（9，7，m000，）；

这里第 1 行命令作出编号为 17 的自由点 E，其初始位置为（3，2）；第 2 行命令测量出 BE 的方向角 m000（注意，点 E 的编号为 7），作为后面旋转的参数。以下 3 条命令，分别对曲线（编号 5）、点 C 和点 D（编号分别为 8 和 9）作旋转；旋转中心为 B，旋转角为 m000。这样，把原来编号为 5 的曲线隐藏后，就是图 7-14 中的曲线了。

（二）绘制圆柱面上的螺旋线的轨迹方法

上述文件的第 2 页，如图 7-15，画出了圆柱侧面上的螺旋线。

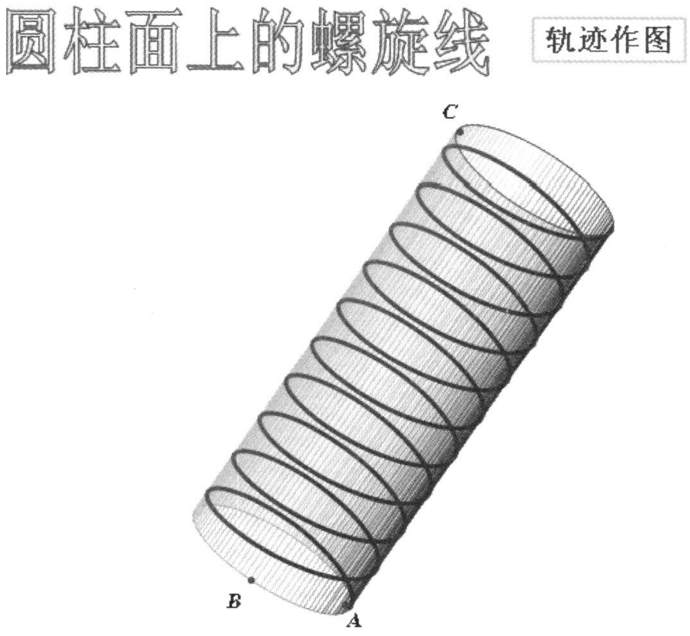

图 7-15

其文本作图命令只有 13 行：

```
Point(1,1,);
Point(1,- 1,);
EllipseOfF0cusPoint(1,5,6,);
Point(1,5,);
Translate(7,1,8,);
PointOnConic(7,);
Segment(1,8,);
PointOnLine(11,);
Parallelogram(10,1,12,);
Locus(10,12,,,,13);
Translate(11,1,10,);
Locus(10,,,,,,15);
TransformText(圆柱面上的螺旋线);
```

这里开始 2 行作出自由点 A、B（编号分别为 5，6）；

第 3 行，作出以 O、A 为焦点且经过点 B 的椭圆（编号为 7）作为圆柱体的下底面；

第 4 行，作出自由点 C；

第 5 行，对椭圆作沿向量 OC 的平移，得到圆柱体的上底面；

第 6 行，在前一个椭圆（编号为 7）上取点 D（编号为 10）；

第 7 行，连接线段 OC（编号为 11）；

第 8 行，在线段 OC 上取点 E（编号为 12）；

第 9 行，作点 F（编号为 13）使 $EODF$ 为平行四边形；

第 10 行，以点 D、E 为主动点，作点 F 的轨迹（螺旋线）；

第 11 行，对线段 OC 作沿向量 OD 的平移，得到圆柱体的一条母线（编号为 15）；

第 12 行，以点 D 为主动点，作圆柱体的母线的轨迹（渲染用）；

第 13 行，添加标题。

运行后，要对轨迹的属性进行设置。点 F 的轨迹频率设置在 200 以上，周期比设置为 10 和 1。母线的轨迹的颜色变化，是通过设置母线本身的动态颜色而实现的，方法和前一节类似。

（三）根据空间曲线参数方程绘制圆锥面上的螺旋线

操作过程和根据空间曲线参数方程绘制圆柱面上的螺旋线完全一样，不同的只是曲线的参数方程，可作为习题。操作时可参看文件“7-4 圆锥面上的螺旋线 .zjz”第 1 页，如图 7-16。

从图 7-16 中可以看出曲线在空间和在投影平面上的参数方程。文本命令程序如下：

```
Function(t+ b * (y * t/(6 * pi)+ (1- t/(6 * pi)) * k * sin(a * t)),
(x+ c * y) * t/(6 * pi)+ (1- t/(6 * pi)) * k * (cos(a * t)+ c * sin(a
* t)),t,0,6 * pi,500,);
Point(a,0,a,,);
Point(b,c,b,c,,);
Point(0,k,,k,,);
Point(6 * pi+ b * y,x+ c * y,y,x,,);
Text (拖动点 A(a,0)改变螺旋圈数
        拖动点 B(b,c)改变投影方向
        拖动点 C(0,k)改变螺圈直径
```

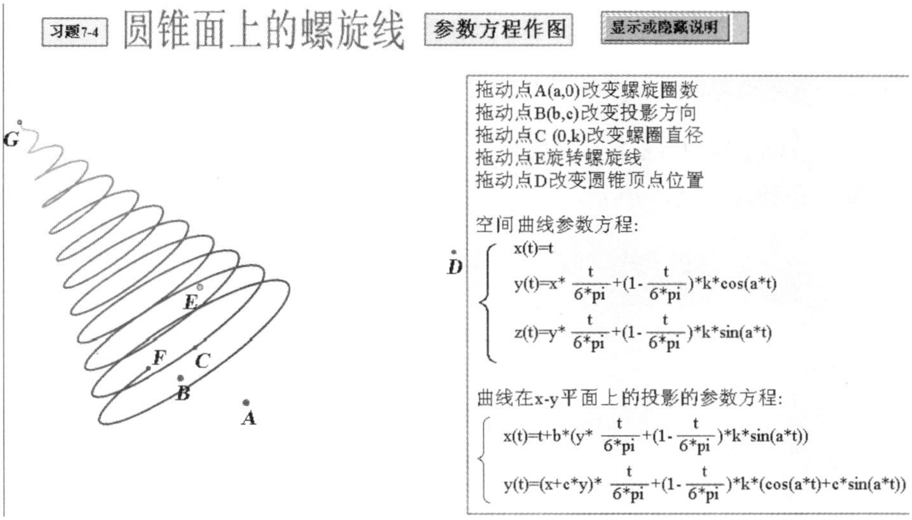

图 7-16

拖动点 E 旋转螺旋线

拖动点 D 改变圆锥顶点位置

空间曲线参数方程：

$fc{x(t)= t,

Y(t)= X*t/(6*pi)+ (1- t/(6*pi))*k*cos(a*t),

z(t)= Y*t/(6*pi)+ (1- t/(6*pi))*k*sin(a*t)}

曲线在 x- y 平面上的投影的参数方程：

$fc{X(t)= t+ b*(V*t/(6*pi)+ (1- t/(6*pi))*k*sin(a*t)),
y(t)= (x+ c*y)*t/(6*pi)+ (1- t/(6*pi))*k*(cos(a*t)+ C*
sin(a*t))));

//运行后将方程表达式之间的逗号重新编辑为分号；

Trans formText(圆锥面上的螺旋线)；

Button(1)；

Button(2)；

Button(12,13,,显示或隐藏说明)；

Text(参数方程作图)；

Point(3,2,)；

MeasureAngleOfVector(7,1 6)；

Rotate(5,7,m000,)；

Rotate(8,7,m000,)；

```
Rotate(9,7,m000,);
```

(四) 绘制圆锥面上的螺旋线的轨迹方法

操作类似于绘制圆柱面上的螺旋线的轨迹方法。参看上述文件的第 2 页（图 7-17）和下面的文本作图命令，可作为习题。

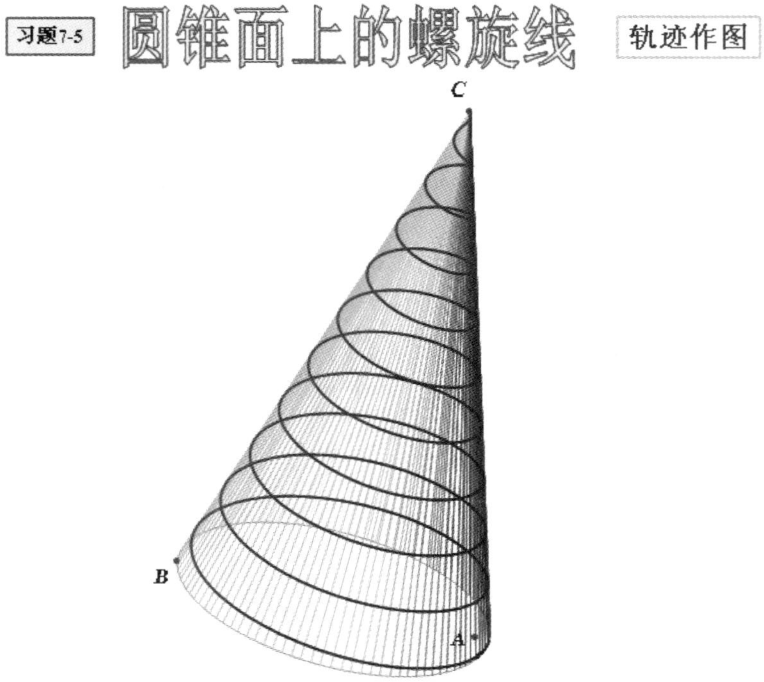

图 7-17

在运行下述程序后，注意对轨迹的属性进行设置。

```
Point (1, 1,);
Point (1, - 1,);
EllipseOfFocusPoint (1, 5, 6,);
Point (1, 5,);
PointOnConic (7,);
TransformText (圆柱面上的螺旋线);
Text (轨迹作图);
Segment (8, 9,);
Segment (5, 8,);
```

```
PointOnLine (13,);
Segment (5, 9,);
IntersectionOfLinePLine (12, 14, 15,);
Locus (9, 14,,,,, 16);
Locus (9,,,,,, 12);
```

（五）根据空间曲线参数方程绘制三维李萨如曲线

在第四篇中我们介绍过二维的李萨如曲线（图 4-25）。三维的李萨如曲线变化更多，更有趣。它的空间参数方程为：

$$\begin{cases} x(t) = a*\cos(k*t) \\ y(t) = b*\sin(m*t) \\ z(t) = \cos(n*t) \end{cases}$$

用带有参数 u、v 的斜二侧类投影，投影到 xy 平面上，其参数方程为：

$$\begin{cases} f = a*\cos(k*t) + u*\cos(n*t) \\ g = b*\sin(m*t) + v*\cos(n*t) \end{cases}$$

有了方程，以下就可以用文本命令绘制曲线了。文本命令程序为：

```
Function (a*cos (k*t) + u*cos (n*t), b*sin (m*t) + v*
cos (n*t), t, 0, 8*pi, 1000,);
Point (a, b, a, b,,);
Point (u, v, u, v,,);
Variable (k,);
Variable (m,);
Variable (n,);
Variable (x,);
AnimationVar (k,);
AnimationVar (m,);
AnimationVar (n,);
MeasureExpress (k);
MeasureExpress (m);
MeasureExpress (n);
TransformText (空间李萨如曲线);
Text (方程作图);
```

这 15 行命令可以分为 3 组：1～6 行是画曲线并作出有关参数的控制点或变量尺；7～13 行是制作按钮用来设置变量 k、m、n 为整数并显示出其当前值；最后两行是添加标题。

选择不同的参数，曲线显示出有趣的变化，如图 7-18、图 7-19、图 7-20 和图 7-21。

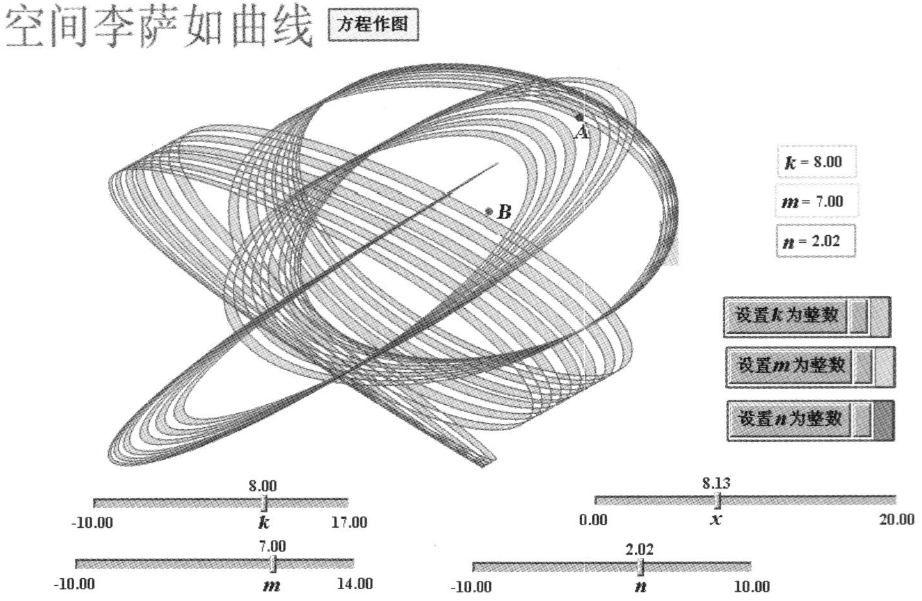

图 7-18

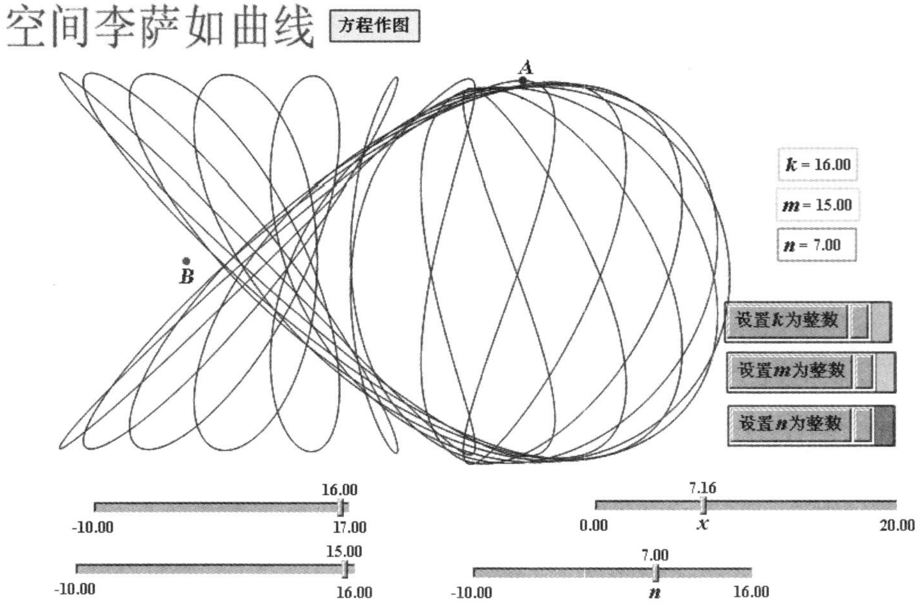

图 7-19

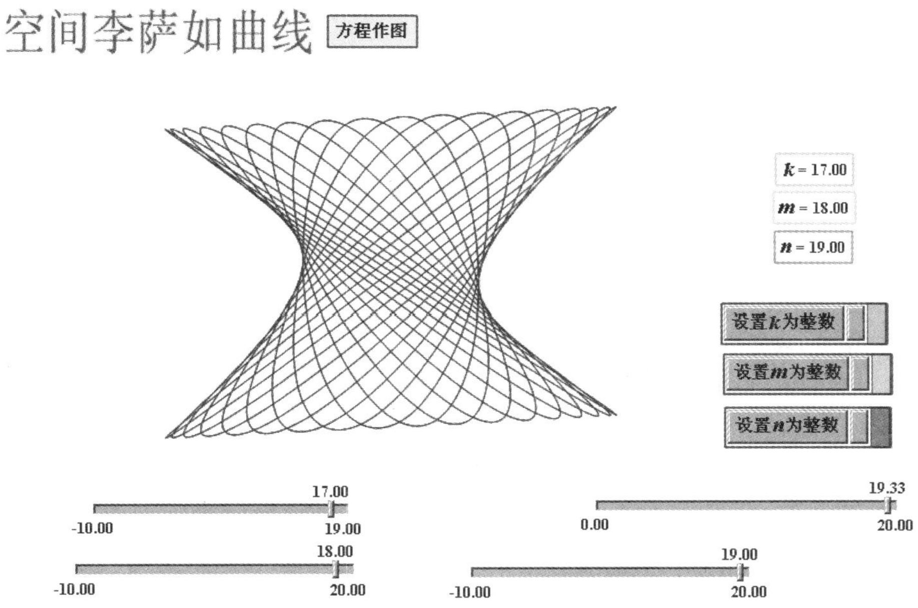
空间李萨如曲线
方程作图
k = 17.00
m = 18.00
n = 19.00
设置k为整数
设置m为整数
设置n为整数
17.00
-10.00
19.00
19.33
0.00
20.00
18.00
-10.00
20.00
19.00
-10.00
20.00

图 7-20

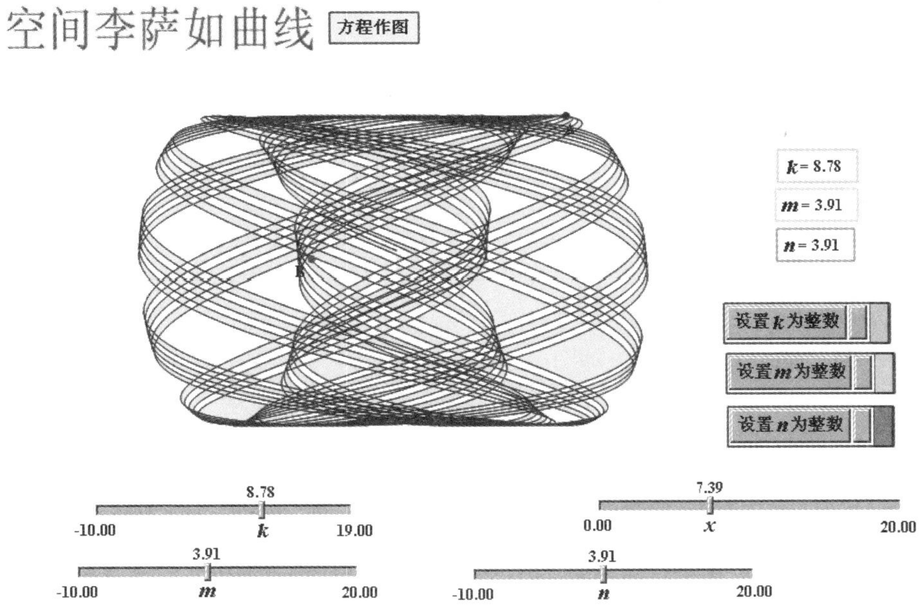
空间李萨如曲线
方程作图
k = 8.78
m = 3.91
n = 3.91
设置k为整数
设置m为整数
设置n为整数
8.78
-10.00
k
19.00
7.39
0.00
x
20.00
3.91
-10.00
m
20.00
3.91
-10.00
n
20.00

图 7-21

（六）绘制空间李萨如曲线的轨迹方法

下面我们用轨迹方法绘制空间李萨如曲线。

为了使曲线看起来更加直观更有立体感，我们用线条构作一个长方体的骨架，把曲线安排在长方体内。以下的很多操作是可以用鼠标菜单执行的。

1. 构作一个长方体的骨架

这里除了开始的两个坐标点 A、B 之外，都可以用鼠标菜单实现。

```
Point(a,b,a,b,,);
Point(u,v,u,v,,);
Foot(5,2,);
Foot(5,3,);
Parallelogram(6,1,7,);
Parallelogram(6,1,8,);
Parallelogram(5,7,9,);
Segment(1,6,);
Segment(1,7,);
Segment(1,8,);
Segment(5,7,);
Segment(5,8,);
Segment(6,9,);
Segment(6,10,);
Segment(7,9,);
Segment(11,10,);
Segment(11,5,);
Segment(11,9,);
Segment(10,8,);
```

2. 作出轨迹曲线

```
Point(a*(1+cos(k*t))/2,b*(1+sin(m*t))/2,t,,,);
Point(u*(1+sin(n*t))/2,v*(1+sin(n*t))/2,t,,,);
Foot(24,2,);
Parallelogram(25,1,26,);
Parallelogram(24,26,27,);
Locus(24,,,,,,28);
```

这里第 1 行和第 2 行作出两个以变量 t 为拖动参数的坐标点 H、I（编号为

24 和 25，注意，在线段 OB 上)；

第 3 行，自 H 向 X 轴引垂足 J（编号为 26)；

第 4 行，作点 K（编号为 27）使 $IOJK$ 为平行四边形；

第 5 行，作点 L（编号为 28）使 $HTKL$ 为平行四边形（图 7-22)；

第 6 行，以点 H 为主动点作点 L 的轨迹。

运行后，将轨迹的频率设置为 1000 以上，轨迹参数设置为 0 到 T，T 增加时曲线会延长。

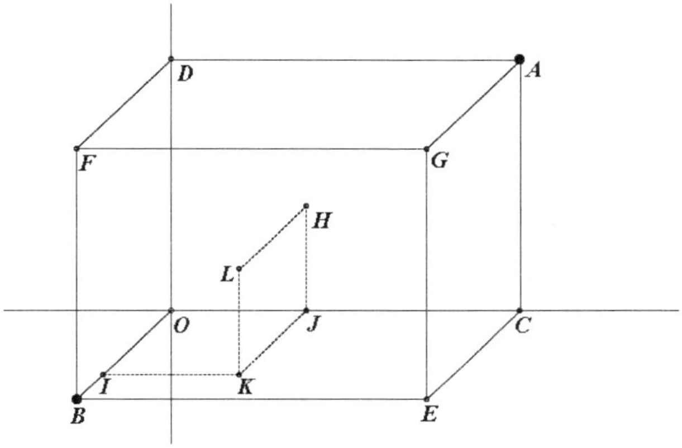

图 7-22

3. 作图程序

以下就容易理解了。无非是作出有关参数的变量尺，作出可以将 k、m、n 设置为整数的按钮，显示这些参数的变量值以及添加标题等。文本作图程序如下：

```
Variable (T,);
Variable (k,);
Variable (m,);
Variable (n,);
Variable (x,);
AnimationVar (k,);
AnimationVar (m,);
AnimationVar (n,);
MeasureExpress (k);
MeasureExpress (m);
MeasureExpress (n);
TransformText (空间的李萨如曲线);
```

Text (轨迹作图);

对参数 T、k、m、n 作不同的设置，得到丰富的图形，例如图 7-23～图 7-28。

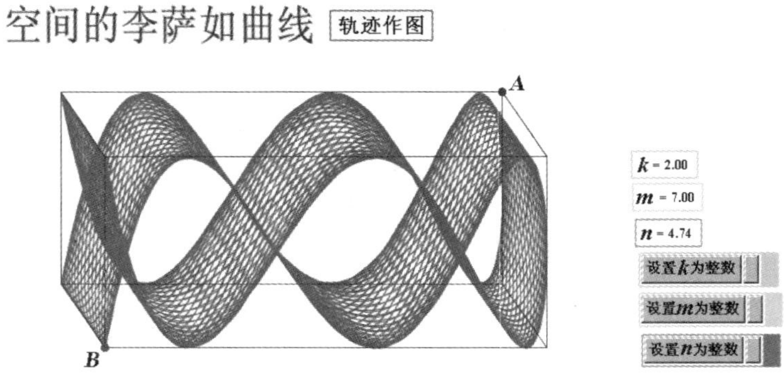

图 7-23

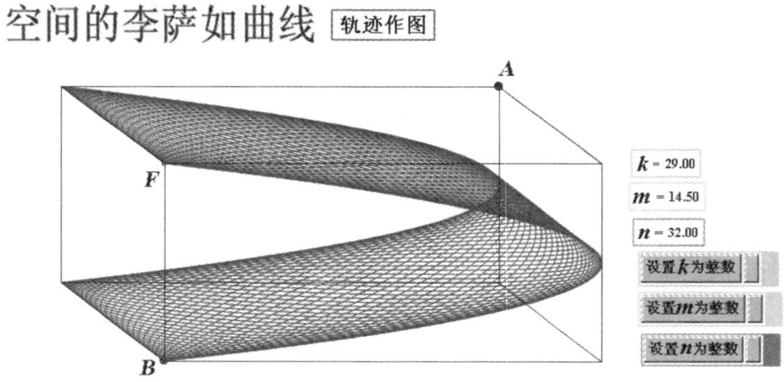

图 7-24

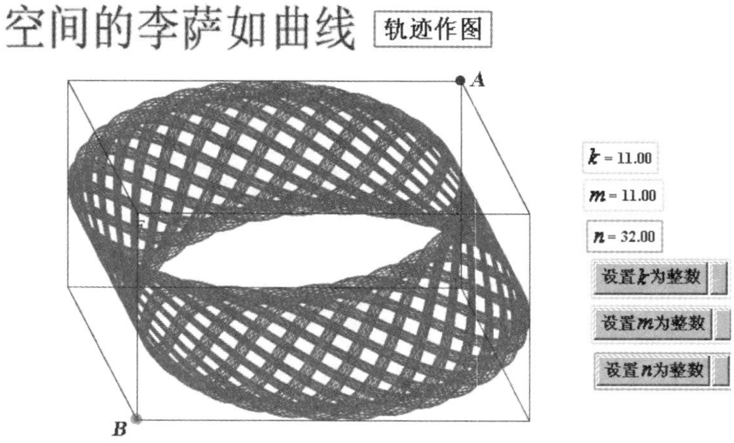

图 7-25

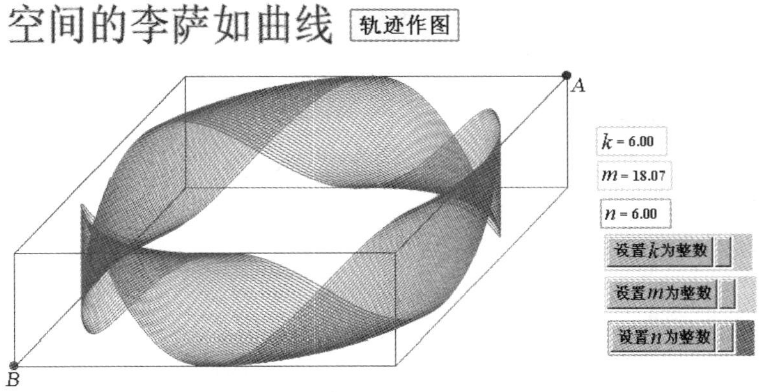

图 7-26

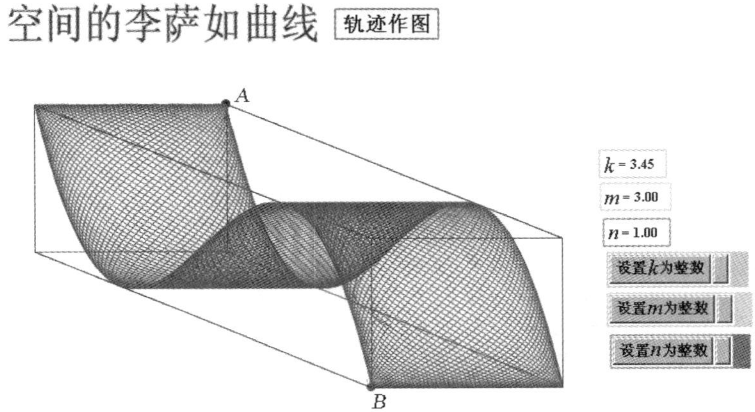

图 7-27

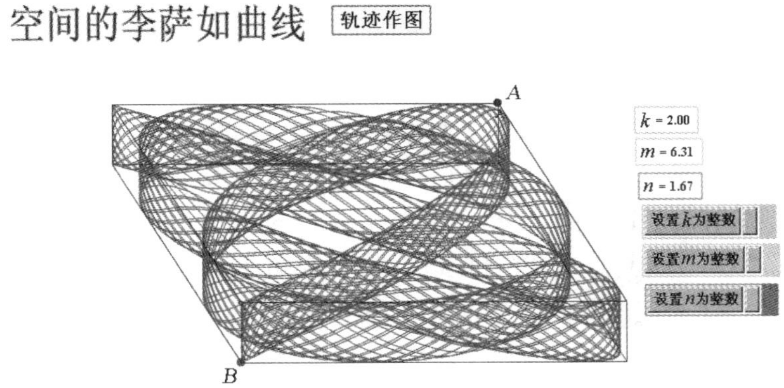

图 7-28

【习题 7-4】 参看文件“7-4 圆锥面上的螺旋线 . zjz”第 1 页和有关的文本

命令，用参数曲线作图命令作出圆锥面上的螺旋线。

【习题 7-5】 参看文件“7-4 圆锥面上的螺旋线 . zjz”第 2 页和有关的文本命令，用轨迹作图命令作出圆锥面上的螺旋线。

四、圆锥的截线和截面

平面和圆锥面相截，其截线可能是椭圆、抛物线或双曲线等。用动态图形直观地表现这个事实，当然是数学教学的要求。

本书所附光盘中的文件“7-6 圆锥的截线 . zjz”，可供这部分课程使用。

如图 7-29，圆锥和平面 LMPN 相截，截线是椭圆。拖动图上的几个红点，可以改变圆锥和平面的位置，从而改变截线的形状。

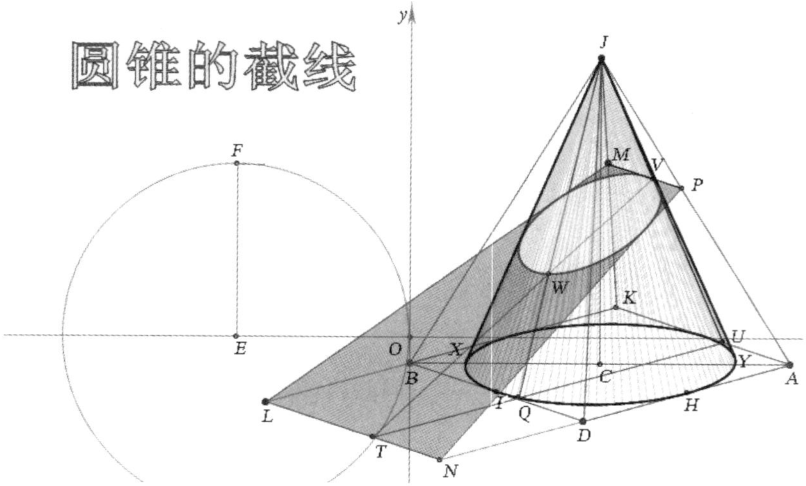

图 7-29

图 7-29 中圆锥体有一个外切正四棱锥，四棱锥的底为正方形 $ADBK$。在直线 BK 上取一点 L，过 L 作 BD 的平行线和直线 AD 交于 N。在棱锥的侧棱 JK 上取点 M，平面 LMN 和另一条侧棱 JA 交于 P；图上画出了等腰梯形 $LMPN$ 和它所在的平面和圆锥面的截线，是一个与梯形的 3 条边相切的椭圆。

截线上任一点都是圆锥母线和梯形所在平面的交点。交点作法如下：在圆锥体底面周界上任取一点 Q，过 Q 作 AN 的平行线分别和 LN、KA 交于 T 和 u，设 JU 和 MP 交于 V，则 TV 和圆锥母线 JQ 都在平面 JTU 上。设 W 是直线 TV 和 JQ 的交点。由于 TV 在梯形所在平面上，所以 W 也就是圆锥母线和梯形所在平面的交点。当点 Q 在圆锥底面上运动时，点 W 的轨迹就是梯形所在平面和圆锥面的截线。

拖动点 L，使 L 向点 K 方面运动，则所截割出的椭圆更倾斜变长变大，当梯形所在平面和平面 JBD 平行时，截线成为抛物线，如图 7-30。

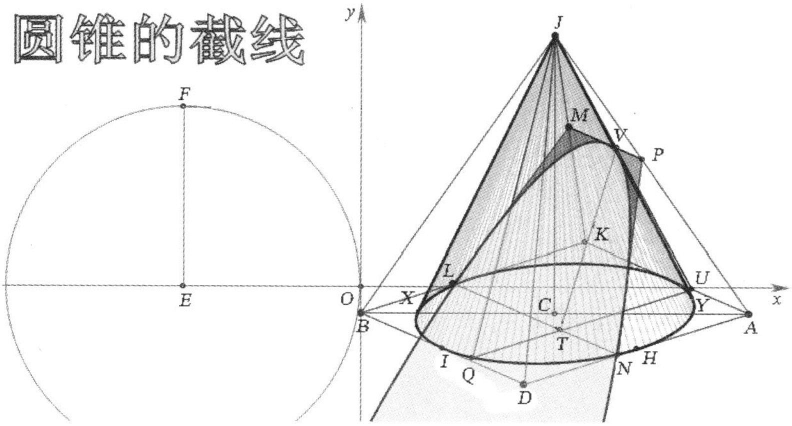

图 7-30

继续让点 L 向点 K 方面运动，则等腰梯形所在平面和圆锥面的截线将成为双曲线。这时可将母线加（文件中的 32 号对象）属性中的类型转换为直线或射线，如图 7-31。

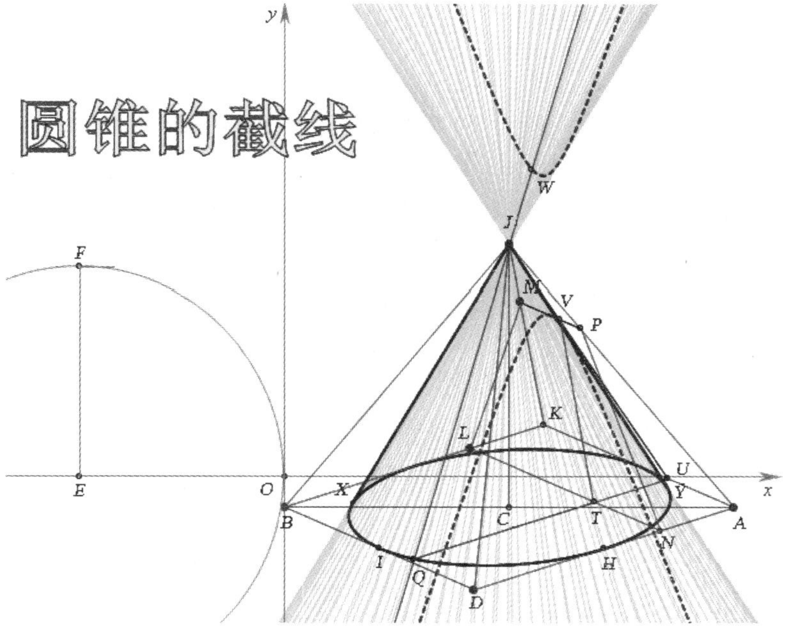

图 7-31

对上述文件中的图形有了初步的了解后，现在可以进而掌握构图的操作方法了。下面列出的步骤和文件中完全一致。

(一) 作圆锥的底面和轴线

(1) 作自由点 A；自 A 作 y 轴的垂线段 AB，B 为垂足。取 AB 中点 C（圆锥底面中心，编号为 8)；再取自由点 D。

(2) 在 x 轴上取点 E（编号 10)；以 E 为圆心过 O 作圆（编号 11)；过 E 作 x 轴的垂线和圆交于 F（编号 12)。

(3) 连接线段 BD、DA，分别作 DA、BD 的中点 H、I（编号为 16，17)。

(4) 使用把三角形 OEF 变为三角形 ICH 的仿射变换，对编号为 11 的圆作变换，得到以 C 为心的椭圆，编号为 18，即圆锥底面。这一步操作要用仿射变换文本作图命令：

```
AffineTriangle (11, 1, 10, 12, 17, 8, 16,);
```

其中的 7 个参数，第一个是被变换的对象（圆）的编号，其次是三角形 OEF 的顶点号，然后是三角形 ICH 的顶点号。

(5) 自点 C 作 AB 的垂线 CJ，J 是圆锥的顶点；连线段 JA、JB、JD。

(6) 作点 K 使 $ADBK$ 是平行四边形；连线段 KJ、KA、BK。

(二) 作截割平面和截线

(7) 在 BK 上作点 L，在 JK 上作点 M，连线段 ML。

(8) 在椭圆上取点 Q（编号 31)，连线段 QJ（编号 32)。

(9) 连线段 LB，过 L 作 BD 的平行线，交直线 AD 于 N。

(10) 连线段 LN，过 M 作 BD 的平行线，交直线 AJ 于 P。

(11) 连线段 MP、PN、ON。

(12) 过 Q 作 AD 的平行线，交 LN 于 T，交 AK 于 U；连 QT、QU。

(13) 连 JU，交 NIP 于 V。

(14) 连 TV，交 JQ 于 W（编号 47)。

(15) 用文本作图命令，作点 W 的轨迹，即截线（编号 48)：

```
Locus (31,,,,,, 47);
```

(16) 用文本作图命令，作线段 QJ 的轨迹，即用来渲染圆锥的线条：

```
Locus (31,,,,,, 32);
```

(三) 修饰和截面的填充

(17) 用文本命令，自圆锥顶点 J（编号 19)向底面椭圆(编号 18)作两切线：

```
Tangent (19, 18, 0,);
```

```
Tangent (19, 18, 1,);
```

(18) 作出上述两切线与椭圆的切点 X、Y。

(19) 隐藏两切线，连接线段 JX、YJ。

(20) 顺次选择 N、L、M、P 四点，执行右键菜单中“多边形”命令，作出多边形 $NLMP$（编号 56）；在多边性属性中不选择填充。

(21) 用文本命令，作出多边形 $NLMP$ 与截线（编号 48）区域的差（编号 57）：

```
RegionDiff (56, 48,);
```

对此区域和截线区域分别用不同的颜色填充，并使用“增加透明”图标，把填充的颜色调整为半透明状态。

(22) 用文本命令，作出可变换文本的标题：

```
TransformText (圆锥的截线);
```

在上面的操作中，步骤（21）用到了作出两区域的差的文本作图命令。类似的文本命令一共有 4 个，分别可以作出两区域的并、交、差以及与或：

```
RegionOr (m, n,);
RegionAnd (m, n,);
RegionDiff (m, n,);
RegionXor。(m, n,);
```

其中参数 m 和 n 是两个可填充的对象的编号。这是几个很有用的文本作图命令。

在上述文件中，再用适当的填充技巧，可以作出将圆锥的一部分截掉的效果，见所附光盘中文件“7-7 圆锥的截面 . zjz”，如图 7-32、图 7-33 和图 7-34 所示。有兴趣的读者，可以仔细分析该文件的作图过程，作为习题，自己动手模仿制作。

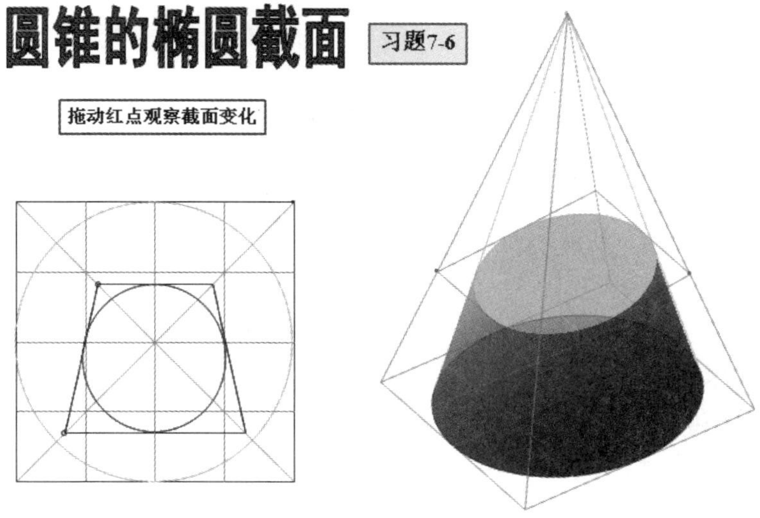

图 7-32

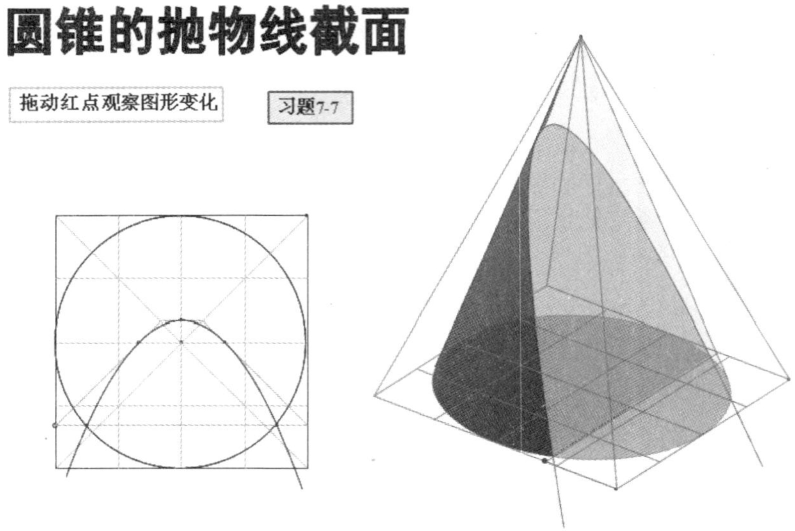

图 7-33

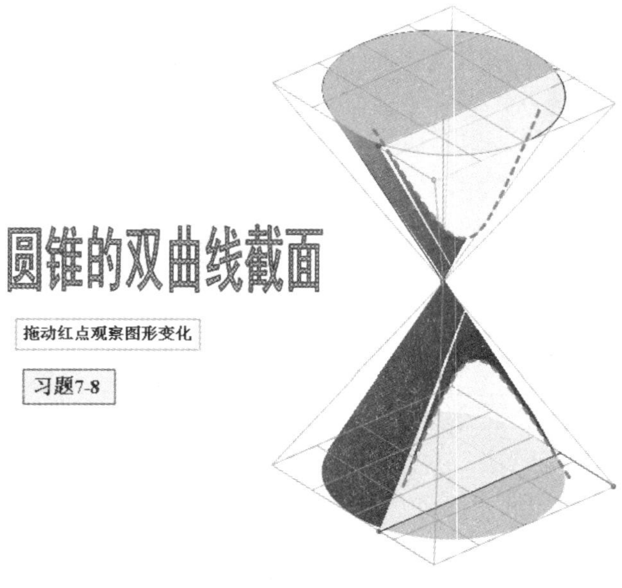

图 7-34

在完成下列习题时，可能遇到这样的困难：在文件“7-7 圆锥的截面 .zjz”的对象工作区里列出的不少对象没有名字。这时，你可以用右键单击该对象的所在行，打开对象的属性表，在“文本”栏里给对象添上名字，问题就解决了。

【习题 7-6】 参看文件“7-7 圆锥的截面 .zjz”的第 1 页（图 7-32），制作圆锥的椭圆形截面的直观图。

【习题 7-7】 参看文件“7-7 圆锥的截面 . zjz”的第 2 页（图 7-33），制作圆锥的抛物线形截面的直观图。

【习题 7-8】 参看文件“7-7 圆锥的截面 . zjz”的第 3 页（图 7-34），制作圆锥的双曲线形截面的直观图。

五、一些有用的立体几何素材

在教学中要用到的立体几何动态图形，如果都用《超级画板》来制作，工作量确实较大。本书所附光盘中提供了一些用《Z+Z 智能教育平台——立体几何》软件制作的素材，可供直接使用。

在文件夹“自由行/examples/第 7 篇立体几何/立体几何素材”中，有 20 多个后缀为 sg 文件。只要在计算机上安装了《z+z 智能教育平台——立体几何》软件的免费版，就可以双击打开这种文件。该免费软件可以在网站“www. zplusz. org”下载。本书所附光盘中文件夹“sg”中，包含了运行该免费软件的必要程序。把文件夹 sg 拷贝到计算机上，就可以运行软件和打开 sg 文件。

下面略举数例，说明这些素材的用法。

打开文件“7s23 正十二面体 . sg”，如图 7-35。单击图上的按钮，可以看到旋转的正 12 面体。这样的动态图形，用平面构图软件是不容易制作的。

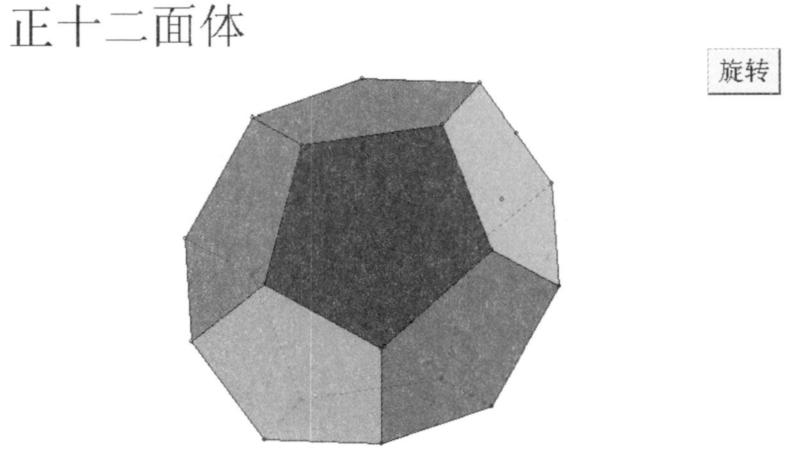

图 7-35

类似地，打开文件“7s15 正二十面体 .sg”，可以看到旋转的正 12 面体，如图 7-36。

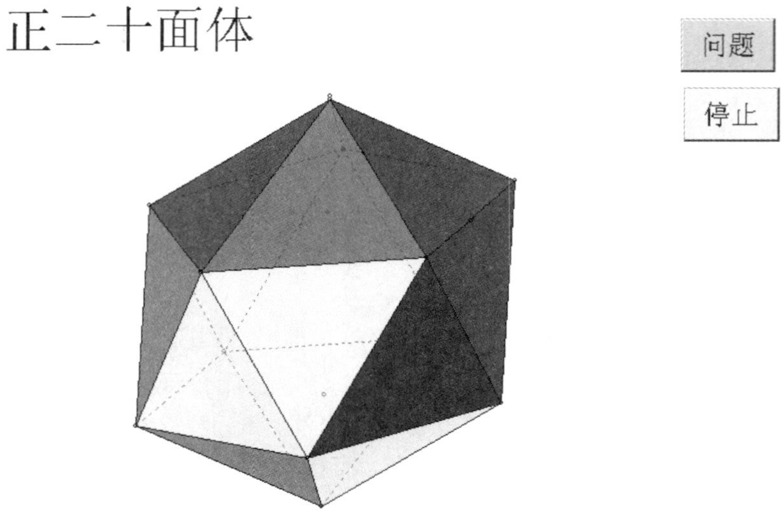

图 7-36

文件“7s17 正四棱台表面展开 .sg”，如图 7-37，画出了一个高度可变的正四棱台和它的表面展开图。拖动有关的点，棱台的直观图和表面展开图会作同步的变化。

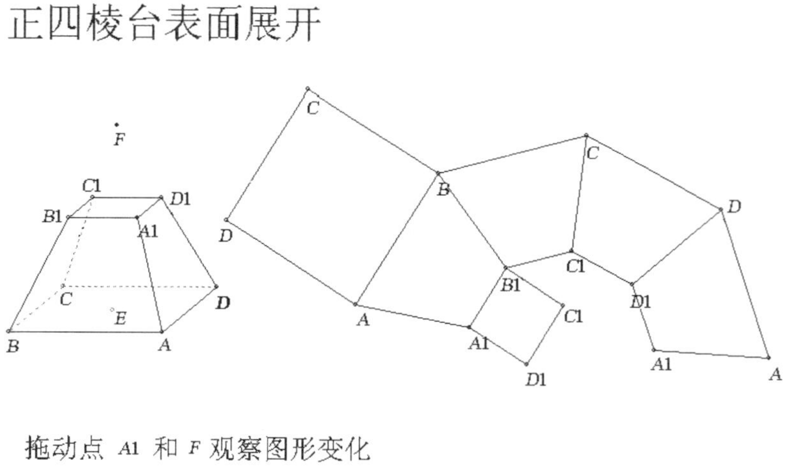

图 7-37

图 7-38 和图 7-39，表现的是平面和立方体和四棱锥相截得到的截面。其源文件分别为“7s14 正方体的截面 . sg”和“7s9 四棱锥的截面 . sg”。

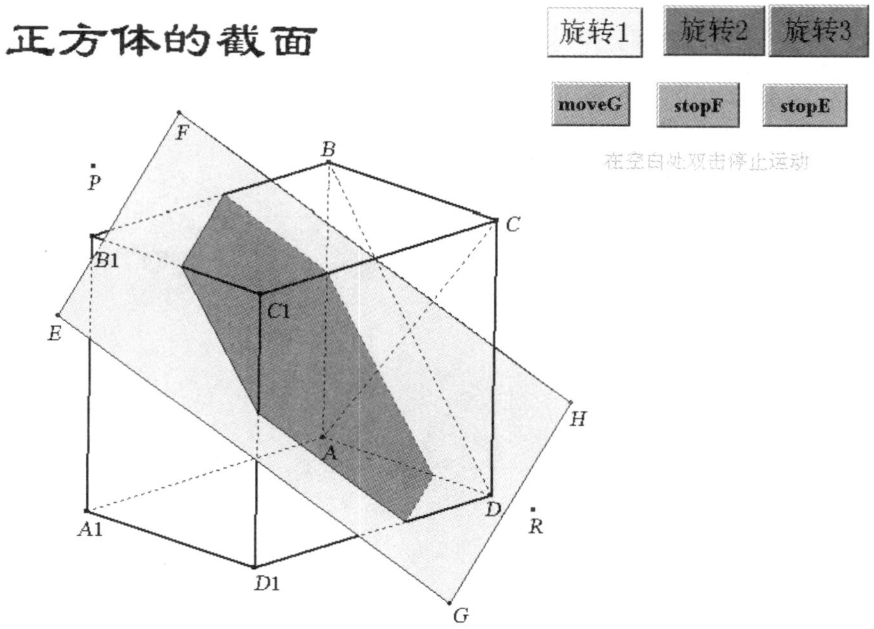

图 7-38

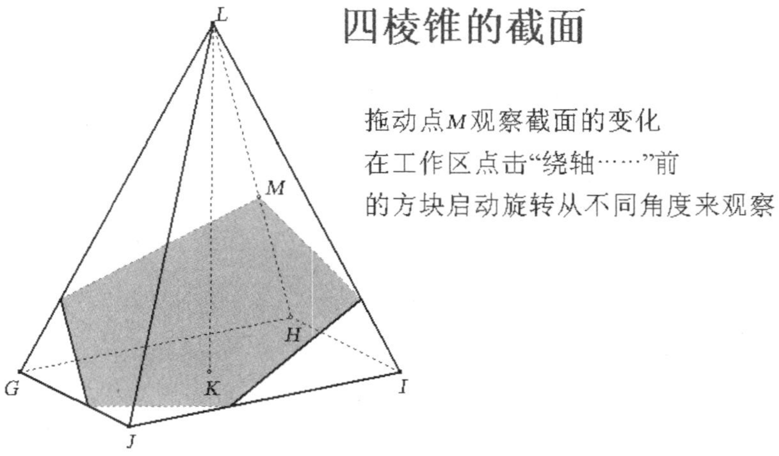

图 7-39

文件“7s3 无盖的纸盒 . sg”的主题是多种教材上常见的例题。这里用图形的直观变化和函数曲线表现问题的解答，如图 7-40。

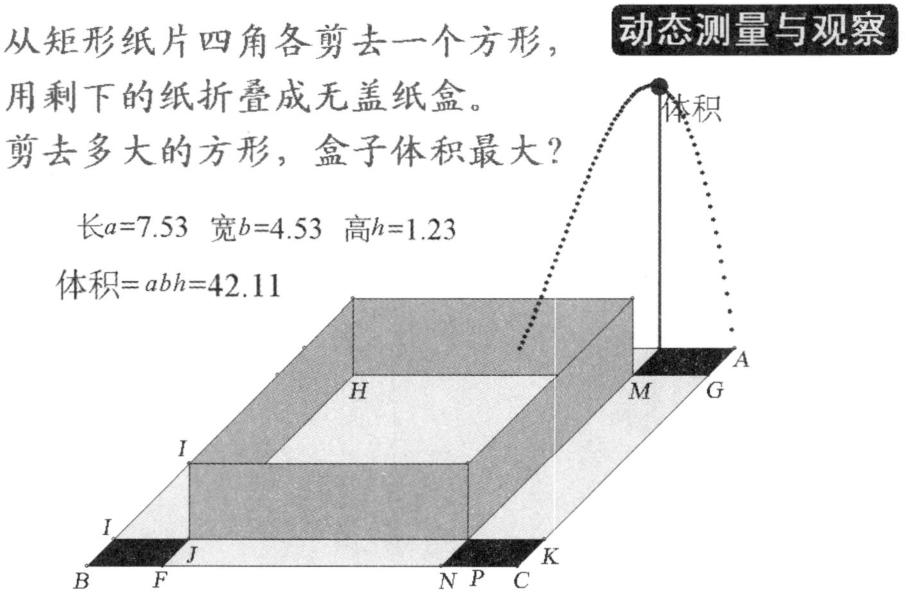

图 7-40

图 7-41 和图 7-42 分别是文件“7s18 正方体的展开 1. sg”和“7s19 正方体的展开 2. sg ”中的一个状态；一次次地单击图上的按钮，可以观察立方体表面按不同方法展开和合拢的过程。

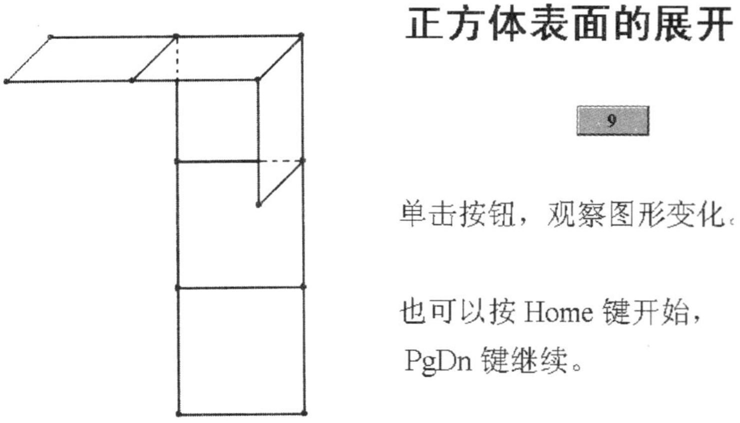

图 7-41

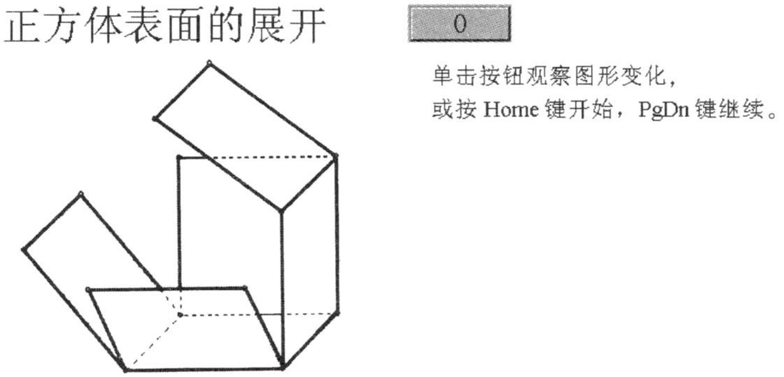

图 7-42

图 7-43 的源文件为“7s7 圆弧绕直径旋转 . sg”，呈现出空间一条半圆弧绕直径旋转，半圆弧的轨迹形成球面的过程。图 7-44 和图 7-45 分别给出“三垂线定理”和“异面直线”的动态图像。源文件分别为“7s21 三垂线定理 . sg”和“7s22 异面直线 . sg”。这些都是立体几何教学中常用的图形。

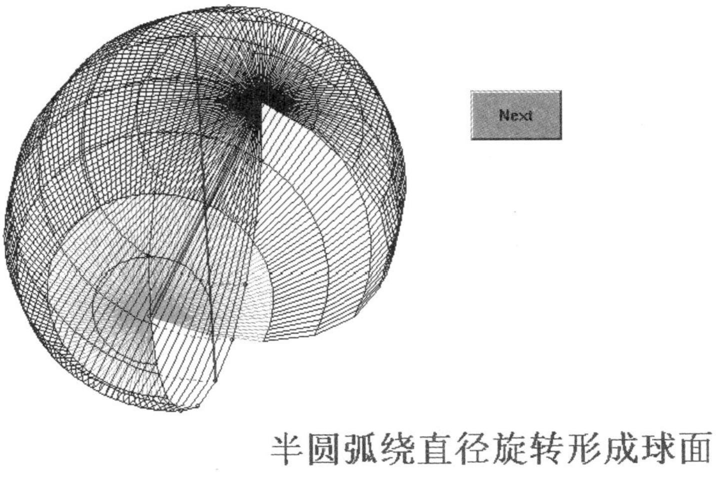

图 7-43

上述这些素材的制作，要基于软件《Z＋Z 智能教育平台——立体几何》的操作。方法虽然简单，但有些要用到该软件注册版本的功能。由于本书主题是说明《超级画板》免费版本的用法，这些素材的制作步骤就从略了。

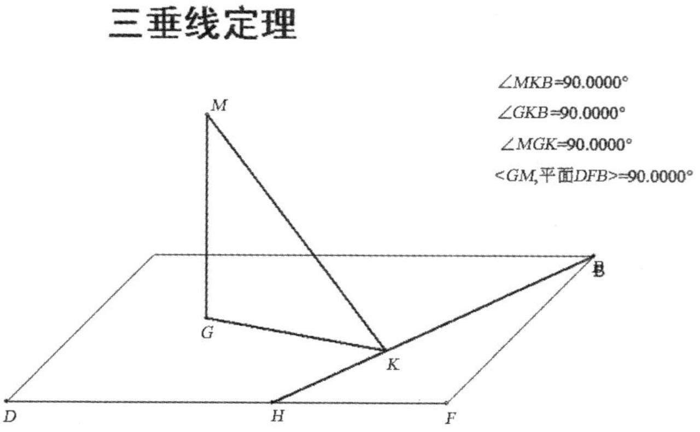

图 7-44

建议读者把文件夹“立体几何素材”中的文件一一打开试用。希望这些材料能给你的工作或学习带来方便。

异面直线的公垂线和角度

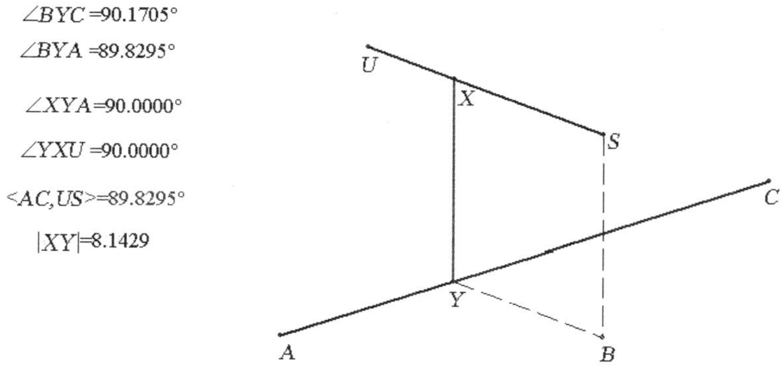

图 7-45

小　结

《超级画板》主要支持平面几何和平面曲线的作图。但如果善于灵活运用，也能够作出立体几何和空间曲线的图形。

本篇首先详细地讲了长方体截面的动态作图。这个模拟立体动态图形看起来简单，真正做好可不容易；其操作非常繁琐。主要的麻烦事是截面的填充和隐藏以及虚实线的变化。知道了这个工程的浩大，你才能体会到《超级画板》的姐妹软件《立体几何》的好处。

然后介绍的圆柱、圆锥和圆台的直观图和体积公式，做起来就容易多了。这里顺便讲了线段轨迹图形的渲染，准确设置参数的方法以及隐藏显示按钮的制作。这都是超级画板中常用的操作技巧。

关于空间曲线的绘制，这里虽然只讲了螺旋线和李萨如曲线，但所介绍的方法具有一般性。给了参数方程，用超级画板可以画出任意的空间曲线。

圆锥的截面和截线的动态图像，在高中数学课程中很有用。这方面的课件，好的不多。本篇较详细地作了介绍。光盘中相关的素材也比较丰富，有兴趣的读者可从这些素材的对象工作区里了解制作方法。

为方便读者的教学或学习，我们提供了更多的立体几何素材。这些文件可以用光盘中提供的《立体几何》软件试用版打开。

第八篇

算法编程

在新课程标准中，算法已被列为高中数学的必修内容。

学习算法，最好能有编程的实践。

动手编写程序，在计算机上运行自己的程序，你对算法的理解就会更深刻。

看到计算机执行你的计划，快速准确地给出问题的解答，你会有一种成就感。

编程和运行程序，需要一个环境。计算机和适当的软件，能提供这种环境。

在本书第一篇中说过，《超级画板》的免费下载版就提供了这种环境。

如第一篇第五节中第（四）小节所述，打开超级画板，在左方工作区下部单击“程序”按钮，进入程序工作区。

在程序工作区可以作数值计算、符号计算，并能实现课程标准中要求的算法语句和有关的程序实例。第一篇中作了简略的介绍，这里将提供更详细的说明和更多的实例。

一、赋值语句和定义函数

超级画板中的赋值语句和数学中常用的一样，用等号。要给 a 赋值 5，可在英文输入状态键入：

a= 5;

这里，分号表示一个语句的结束。

注意，在中文状态下键入的分号是不行的。

执行程序的操作方法，是把鼠标的光标放在分号后面，按“Ctrl 键”单击“Enter 键”（这是超级画板程序工作区中执行程序的操作方法，以下只说“执行”，不再解释），计算机返回：

>>5#（计算机执行下面的语句时，从这个＃后开始阅读，所以这个＃是有用的）

这是计算机对所执行的程序的回答，叫作“返回”，表示已经将 a 赋值为 5。不信你再键入：

a+ 3;

执行后返回：

> > 8#

这说明计算机已经知道 a 的当前值是 5。

如果要让 a 的值增加 2，可键入：

a= a+ 2;

这行命令的含义是把 a 的当前值加 2 后作为 a 的新值，我们知道这是赋值语句。

执行后返回：

> > 7#

这表明 a 的当前值已经改变为 7。如不放心，要确认，可键入：

a:

执行后返回：

> > 7#

现在将 b 赋值为 6，键入“b= 6;”，执行，于是 a、b 都被赋值，$a=7$、$b=6$。

【例 8-1】 编写一段程序，使 a、b 交换所赋的值。

解 要有第 3 个变量作为过渡，才能实现交换。程序为：

```
c= a;
a= b;
b= c;
```

执行上述程序（鼠标的光标放在最后一行的分号后面，用 Ctrl+Enter 键执行），再检查一下，a 和 b 的当前值是不是已经交换了？

【例 8-2】 圆台上下底半径分别为 $a=3$，$b=7$，高 $h=4$；编写一段程序计算圆台体积 V。

解 程序为：

```
a= 3; b= 7; h= 4;
V= π* (a^2+ b^2+ a*b) *h/3;
```

注意，在程序语言中一般用 * 表示乘号，不能省略。

执行后返回：

```
>> (316*pi) / (3) #
```

这里 pi 表示圆周率 π。上面有 4 句程序语句，前面的几句计算机只执行而不显示其返回值；最后一句才显示返回值。如果希望每一句都显示返回值，只有写一句执行一句了。

《超级画板》的程序工作区在缺省情形作符号计算，把圆周率 π 作为符号处理。若要求出近似值来，可以执行一个做浮点计算的命令：

```
Float (1);
```

返回为：

>>计算结果显示浮点数#

再执行计算 V 的命令：

```
V= π* (a^2+ b^2+ a*b) *h/3;
```

这回的返回就是近似值：

```
>> (316*pi) / (3) = 330.914= #
```

想要回到符号计算，则执行：

```
Float ();
```

返回为：

>>计算结果不显示浮点数#

这时再执行 `V= π*(a^2+ b^2+ a*b)*h/3;`又会返回“`(316*pi)/(3)`”。

上面的运行情形，保存为文件“8-1 赋值语句 .zjz”，如图 8-1。

你会想，直接键入“`v= π* (3^2+ 7^2+ 3*7) *4/3;`”，执行后不是一样吗，何必先给 a、b、h 赋值呢?

先给 a、b、h 赋值的好处在于，如果要计算其他圆台的体积，只要复制这段程序，把前面的数据改一下就可以执行，而不必改动公式中的数据。如果所用的公式比较复杂，这样先赋值再用公式计算的优越性就很明显了。

如果想再方便一些，可以把这段程序做成一个计算圆台的体积的函数。为此只要键入：

```
V (a, b, h) {π* (a^2+ b^2+ a*b) *h/3;}
```

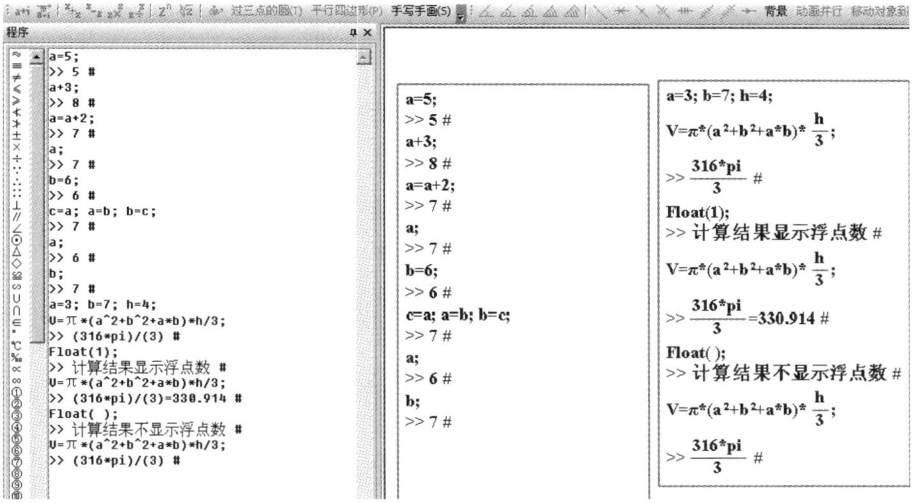

图 8-1

执行后返回：

> > V (a, b, h) #

这说明，函数 V (a，b，h) 的定义已经完成。这里，V 叫作函数名，a、b、h 叫作变元或参数；花括弧中的语句，可以是 1 行或几行，叫作函数体；这是定义函数的一般方法。

要使用这个函数计算上下底半径分别为 $a=2$，$b=5$，高 $h=6$ 的圆台的体积，只要键入：

V (2, 5, 6);

执行后就会返回答案，即 78 * pi。

【例 8-3】 编写一个由三角形三边 a、b、c 计算其面积 m 的函数程序。

解 使用海伦公式，即秦九韶的三斜求积公式，可写成下列函数程序：

```
m (a, b, c) {s= (a+ b+ c) /2;
(s * (s- a) * (s- b) * (s- c)) ^ (1/2);}
```

执行后就建立了函数 m (a，b，c)；要计算三边长为 5、6、7 的三角形面积，只要键入：

m (5, 6, 7);

执行即可。

【例 8-4】 编写解二元一次方程组的程序，并用来解下列方程组。

$$3x+2y=5$$
$$4x-3y=18$$

解　一般的二元一次方程组的形式是：

$$ax+by=e$$
$$cx+dy=f \quad (ad-bc\neq 0)$$

用消元法解此方程组，得到：

$$x=\frac{ed-bf}{ad-bc} \quad y=\frac{af-ce}{ad-bc}$$

据此，可以分别写出计算 x，y 的函数程序：

```
x (a, b, c, d, e, f) { (e*d- b*f) / (a*d- b*c);}
y (a, b, c, d, e, f) { (a*f- c*e) / (a*d- b*c);)
```

执行后就建立了二元一次方程组求解函数。要解例中的具体问题，只要执行：

```
x (3, 2, 4, - 3, 5, 18);
```

就得到 3，即 $x=3$；若执行：

```
y (3, 2, 4, - 3, 5, 18);
```

则得到 -2，即 $y=-2$。

上面的例子的运行结果，保存为文件“8-2 定义函数”，如图 8-2。

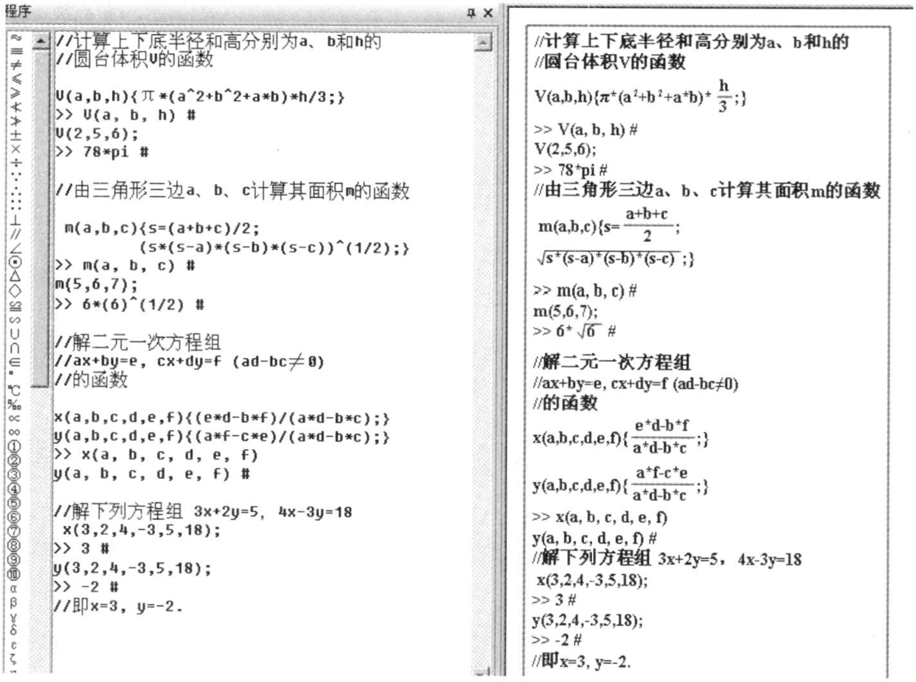

图 8-2

我们看到，赋值语句虽然简单，用它还是可以做不少事的。

上面所举的例子，都是把数字赋予字母变量。其实，也可以将字母或数学表达式赋予字母变量。如果键入：

```
a= 1+ y;
```

执行后返回：

```
> > y+ 1#
```

再键入：

```
a^3;
```

执行后得到：

> > y^3+ $3y^2$+ 3y+ 1#

【例 8-5】 把（$x+y+z$）的 9 次方的展开式看成 y 的多项式，写出程序求其中 y^7 项的系数。

解 函数 Coeff（f，u，k）可以求出多项式，中 u 的 k 次项的系数，使用它容易写出所要程序：

```
p=  (x+ y+ z) ^9;
Coeff (p, y, 7);
```

执行后返回：

```
> > 36 * x^2+ 72 * x * z+ 36 * z^2#
```

如果要求（$x+2y+xy$）的 9 次方的展开式中 x^5y^8 项的系数，可以两次调用函数 Coeff：

```
q=  (x+ 2 * y+ x * y) ^9;
A= Coeff (q, x, 5);
Coeff (A, y, 8);
```

执行后返回：

```
> > 10080#
```

要注意的是，把表达式赋值给变量后，表达式中的符号的赋值并不能影响该变量。也就是说，该变量所代表的表达式得到了“保护”。例如，把变量 b 赋值为 $u+2$ 后，再给 u 赋值为 2，这时 $u+2$ 的值为 9，但变量 b 仍保持 $u+2$ 的形式。因此，不宜通过变量赋值来做多次代换。需要作代换，可以使用定义函数的方式。

下面的操作说明把表达式赋值给变量后，表达式中的符号的赋值并不能影响该变量：

```
b= u+ 2;
> > u+ 2#
```

b;

> > u+ 2#

u= 7;

> > 7#

b;

> > u+ 2#

u+ 2;

> > 9#

b- (u+ 2);

> > u- 7#

这时 $u-7$ 为 0，但仍写成 $u-7$，就是为了保持 b 的形式。

如果定义 $B(u)=u+2$，则 $B(x)=x+2$，这是赋值和函数的不同。

上面的运算过程保存为文件“8-3 把表达式赋值给变量 . zjz”，如图 8-3。

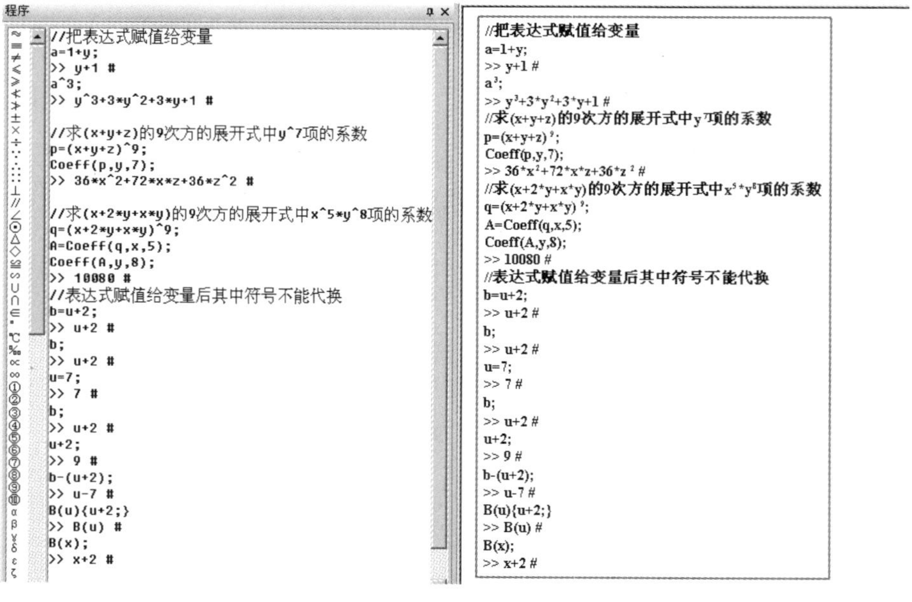

图 8-3

《超级画板》还允许把文本命令函数的运行结果赋值给变量。这时，变量的值就是该命令所创造的对象的编号。例如，下列语句作出一个初始位置为（3，2）的自由点 Z：

x= Point (3, 2, Z);

执行后返回：

> > 6#

这表明点 Z 的编号为 6，并且变量 x 被赋值为 6。键入 x 执行看看：

X：

> > 6#

说明确有 $x=6$。执行下面的语句把点 z 和原点 O 连成线段，并把线段的编号赋值给变量 a：

```
a= Segment (x, 1,);
```

> > 7#

执行下面的命令测量 OZ 的斜率：

```
MeasureSlope (a);
```

> > m000#

执行下面的命令，以 Z 为圆心过 O 作圆，并把圆的编号赋值给变量 b：

```
b= Circle (x, 1,);
```

> > 9#

测量圆面积时就可以用变量 b 代表圆：

```
MeasureAreaOfCi rcle (b);
```

> > m001#

上面几个语句的执行情形保存为文件“8-4 把对象编号赋值给变量 . zjz”，如图 8-4。

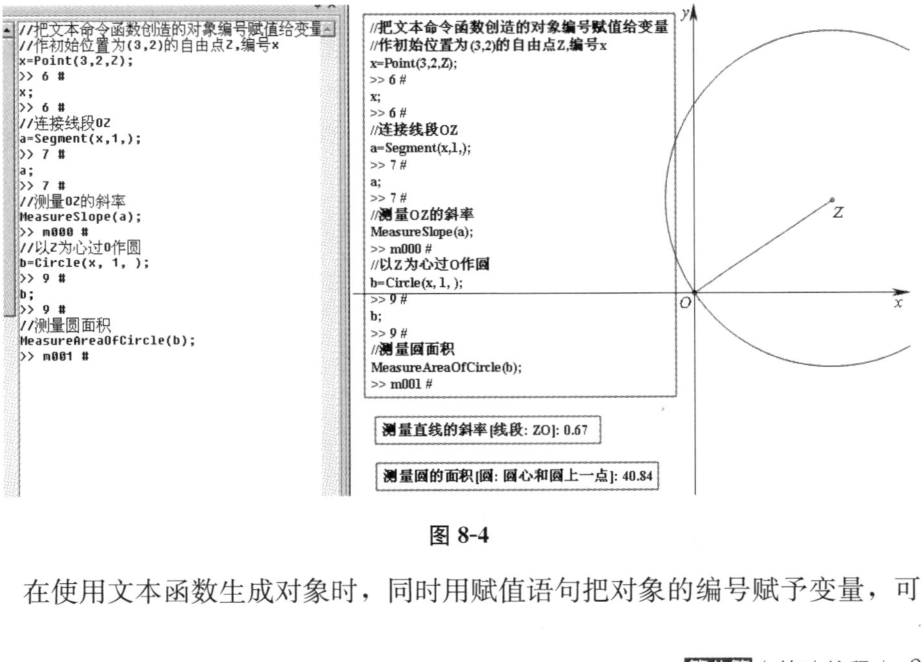

图 8-4

在使用文本函数生成对象时，同时用赋值语句把对象的编号赋予变量，可以方便后续语句中的使用，比直接用编号的数字要好。一方面，因为对象的编号依赖于当前已有的对象的数目，执行程序时要一个一个地检验，否则会出错；另一方面，读程序的时候很难判断一个数字代表哪个对象。用变量代表对象，不但程序容易看明白，执行时与当前已有的对象数目无关，不会因对象编号的出入而搞错。

为了程序看来更明白，可以把对象的名字作为被赋予编号的变量名，如例8-6。

【例 8-6】 已知平面上两个点 A、B，其距离小于 2，用一个只能画半径为 1 的圆的圆规，画出第三个点 C，使得三角形 ABC 为正三角形。编写程序实现此作图。

解 作图步骤为：

（1）分别以 A、B 为圆心作圆，在两圆交点中取一点 P。

（2）以 P 为圆心作圆，与两圆分别交于不同于 A、B 的点 D、E。

（3）分别以 D、E 为圆心作圆，交于不同于 P 的点 C。

（4）连接线段 AB、BC、CA。

则三角形 ABC 为正三角形。

调用超级画板的作图函数，写出程序如下：

```
A= Point(1,0,A);
B= Point(2.6,0,B);
c1= CircleOfRadius(A,1,c1);
c2= CircleOfRadius(B,1,c2);
P= IntersectionOfCircle(c1,c2,1,P);
c3= CircleOfRadius(P,1,c3);
D= IntersectionOfCircle(c1,c3,1,D);
E= IntersectionOfCircle(c2,c3,2,E);
c4= CircleOfRadius(D,1,c4);
c5= CircleOfRadius(E,1,c5);
C= IntersectionOfCircle(c4,c5,1,C);
Segment(A,B,);
Segment(A,C,);
Segment(C,B,);
```

作圆时圆的名字常被放在圆心附近。如果希望把圆的名字放在圆周附近，可先执行菜单命令“查看｜显示选中对象的把手”，再用鼠标把名字拖到所要的位置。

上述命令运行的情形保存为文件“8-5 用单位圆规作正三角形 .zjz”，如图 8-5。

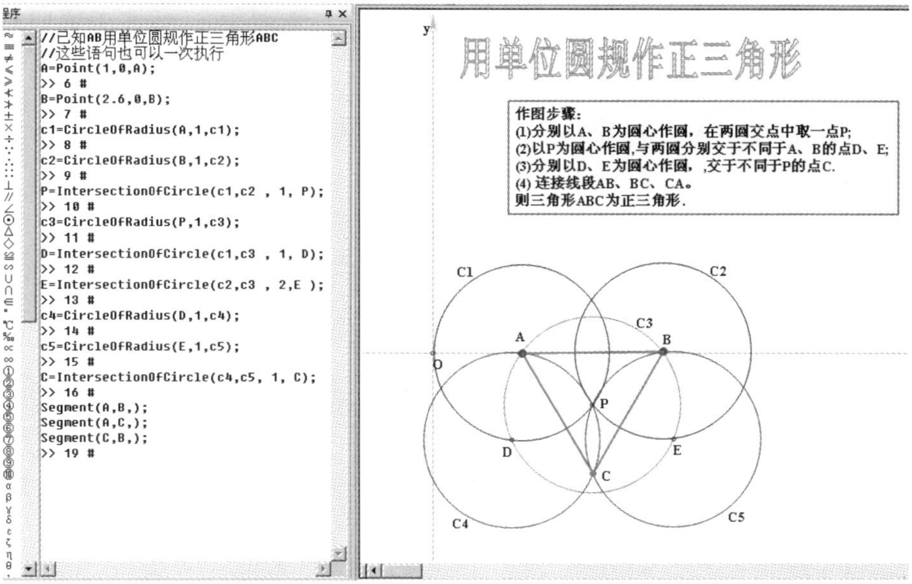

图 8-5

注意，这种带有赋值语句的命令只能在程序工作区运行，不能在文本作图对话框内运行。我们把宜于在文本作图对话框运行的命令叫“文本命令”，而把宜于在程序工作区运行文本命令叫“程序”。

【习题 8-1】 写出计算圆台表面积的函数程序并运行实例。

【习题 8-2】 写出画三角形的外接圆和内切圆的程序并运行。

二、条件语句

在超级画板提供的编程环境中，条件语句的一般格式是：

```
if (A) {B} else {C}
```

这里 A 是条件，B 是 A 成立时要执行的一些语句，C 是 A 不成立时要执行的一些语句。

在花括弧内的 B 和 C，也可以又是条件语句。

比起一般的伪代码，超级画板提供的编程环境省略了（A）和 {B} 之间的“then”。

【例 8-7】 编写求一元二次方程：

$$ax^2+bx+c=0 \quad (a\neq0)$$

的实根的函数程序。

解 先判断是否有实根，有实根时再用公式求根。函数定义如下：

```
root(a,b,C,i)
{d= b^2- 4 * a * c;
    if(d< 0){No;}
    else{if(i= = 1){(- b+ d^(1/2))/(2 * a);}
                else{(- b- d^(1/2))/(2 * a);}}}
```

若无实根返回“No”；有实根则当 $i=1$，2 时分别给出两根。

注意，判断条件 $i=1$ 要写成 $i==l$，以区别于赋值语句。

执行后返回：

```
> > root(a,b,C,i)#
```

若方程为 $x^2-3x+2=0$,执行情形为：

```
root(1,- 3,2,1);
> > 2#
root(1,- 3,2,2);
> > 1#
```

无实根的情形如：

```
root(1,1,2,1);
> > No#
```

利用条件语句，可以定义分段函数。

例 8-7 的实际运行见文件“8-6 解一元二次方程 . zjz”，如图 8-6。

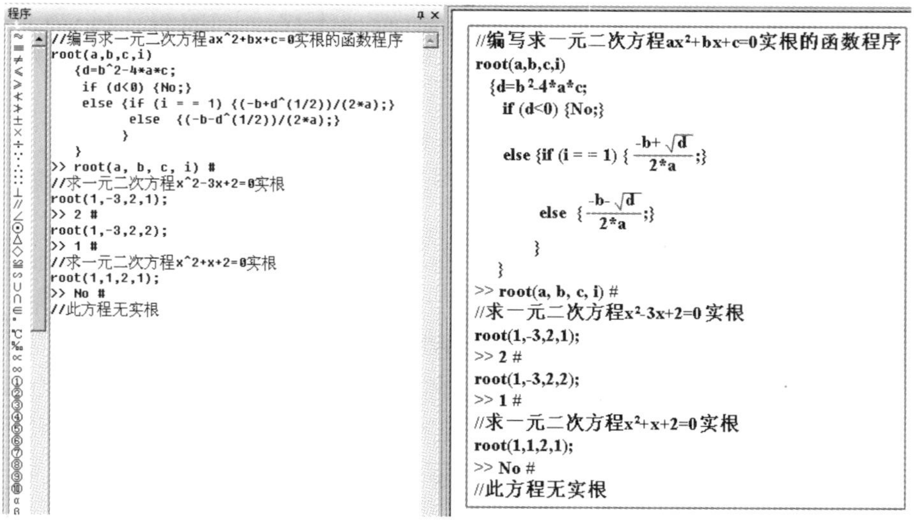

图 8-6

【例 8-8】 符号函数 sgn（x）的定义是：$x>0$ 时 sgn（x）$=1$，$x<0$ 时 sgn（x）$=-1$，$x=0$ 时 sgn（x）$=0$）。编写程序来定义 sgn（x）。

解 由 sgn（x）的定义可得：

```
sgn (x) {if (x= = 0) {0;}
         else {if (x> 0) {1;} else {- 1;}}}
```

请执行并检验是否正确。

将上列程序略加改动，可以定义其他分段函数。

【例 8-9】 设 m（a，b，c）是 a，b，c 三个实数中最小者，写出计算 m（a，b，c）的程序。

解 显然有：

```
m (a, b, c) {if (a< b) {if (a< c) {a;} else {c;}}
             else {if (b< c) {b;} else {c;}}}
```

也可以先定义一个函数从两个数中选出较小的，再用复合函数求出 3 个或 4 个数中最小的数来。例如，一次执行下列四行程序：

```
m (a, b) {if (a< b) {a;} else fb;}}
m3 (a, b, c) {m (m (a, b), c);}
m4 (a, b, c, d) fm (m (a, b), m (c, d));}
m5 (a, b, c, d, e) {m (m (a, b), m3 (c, d, e));}
```

就分别定义了从 2、3、4、5 个数中选出最小数的函数。若直接编写从 5 个数中选出最小数的函数的程序，要费事得多。可见函数概念多么有用。有了 $m5$，一下就能写出从 25 个数中选出最小数的程序！

有了求最小数的程序 $m(a,b,c)$，容易写出求最大数的程序 $M(a,b,c)$：

```
M (a, b, c) {- m (- a, - b, - c);)
```

运行一下，看效果如何？

上列两例的运行保存为文件“8-7 条件语句 1. zjz”，如图 8-7。

【例 8-10】 设 m，n 是两个整数且 $m>0$，写出函数程序计算用 m 除 n 的余数。也就是满足条件：

$$n=qm+r \quad (q,\ r\ 是整数，0\leqslant r<m)$$

的 r。

此函数一般记作 Mod（m，n），叫作模 n 求余函数。超级画板有此内置函数，为避免重名，我们将它取名为 modl。

解 函数 floor(x) 表示不大于 x 的最大整数。利用它容易写出：

```
modl (n, m) {m* (n/m—floor(n/m));}
```

请执行并用算例检验。

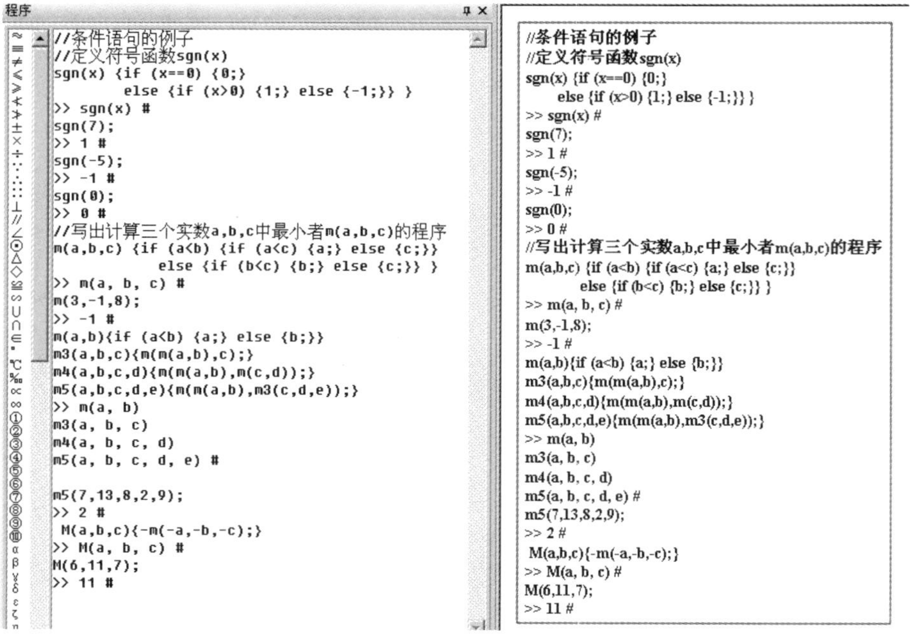

图 8-7

【例 8-11】 闰年的 2 月是 29 天，比平年的 2 月多 1 天。判断某一年是不是闰年，先看此年份能否被 4 整除，不能整除就是平年；能被 4 整除但不能被 100 整除则为闰年；能被 100 整除时若又能被 400 整除则为闰年，否则是平年。写出根据年份判断是否闰年的程序，并用来检验下列年份是否闰年：1816，1994，1800，2000。

解 调用函数 Mod（m，n）或 floor(x)，都可以检验年份能否被 4，100，400 整除。程序为：

```
Rn (m) {if (m/4- floor(m/4) > 0) {No;}
       else {if (m/100- floor(m/100) > 0) {Yes;}
            else {if (m/400- floor(m/400) = = 0) {Yes;}
                 else {No;}}}}
```

执行后检验：运行 Rn (1816)；Rn (1994)；Rn (1800)；Rn (2000)；分别返回 Yes，No，No，Yes。

如果用函数 Mod（m，n），则程序显得简单些：

```
Rn (m) {if (Mod (m, 4) > 0) {No;}
       else {if (Mod (m, 100) > 0) {Yes;}
            else {if (Mod (m, 400) = = 0) {Yes;}
```

        else {No;}}}}

例 8-10 和例 8-11 的运行记录保存为文件“8-8 条件语句 2. zjz”，如图 8-8。

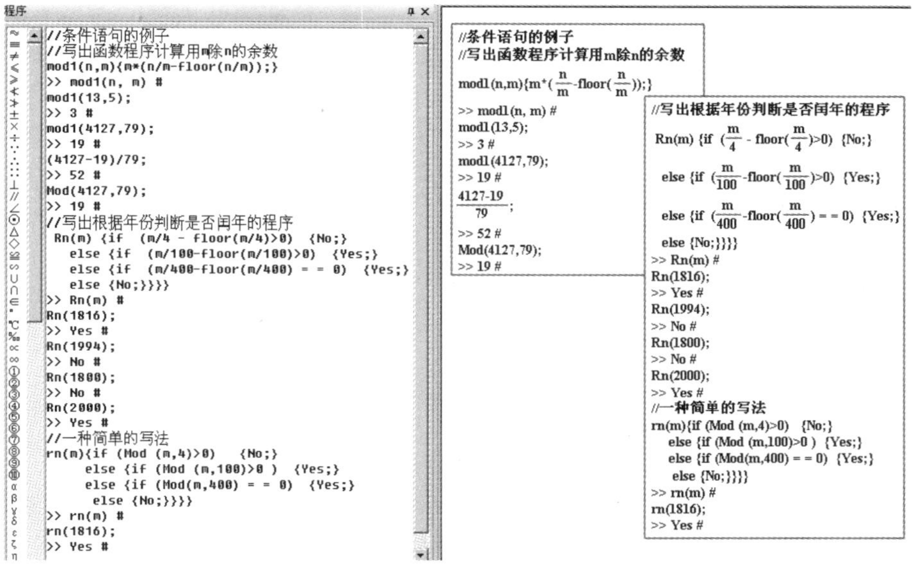

图 8-8

【习题 8-3】 写出求 5 个数的中位数的程序。

【习题 8-4】 能否不用条件语句，利用函数 sign（a，b）直接写出计算余数的表达式和判断闰年的函数？

三、循环语句

超级画板中的循环语句，主要有 for 语句和 while 语句。while 语句比较灵活，格式为：

while（条件）{一些语句}

当条件满足时就顺次执行花括弧中的语句，每执行一轮就检查一次条件，当条件不满足时就退出循环，跳过花括弧执行后面的语句。

用 while 语句可以实现各种循环过程，不论是否预先知道循环次数都行。

【例 8-12】 用 while 语句编写求两个正整数 a，b 的最大公约数的程序。

解 在第一篇中，曾用更相减损法写出求最大公约数的函数 gcd（a，b），程序如下：

```
gcd (a, b) {while (a> b || a< b)
                    {if (a> b) {a= a- b;} else {b= b- a;}}}
```

这里“‖逻辑连接词“或”，条件（$a>b \| a<b$）即“$a>b$ 或 $a<b$”，也就是 a 和 b 不相等之意。当 $a=b$ 时，循环结束。

执行后，返回的是最后一次循环后的 a 或 b 的值：

```
gcd (56, 35);
> > 7#
gcd (273, 147);
> > 21#
gcd (7267, 6192);
> > 43#
```

若用欧几里得辗转相除法，程序如下：

```
gcd (a, b)
{if (a< b) {C= b; b= a; a= c;}
   while (a*b> 0)
   {C= b; b= Mod (a, b); a= c;}}
```

这里第一行程序的意思是若 $a<b$ 则将 a、b 的值互换，使得以后总保持 a 不小于 b。这样，就可以将 a 除以 b 得到更小的余数。

例 8-12 的运行情形保存为文件“8-9 循环语句求最大公约数 .zjz”，如图 8-9。

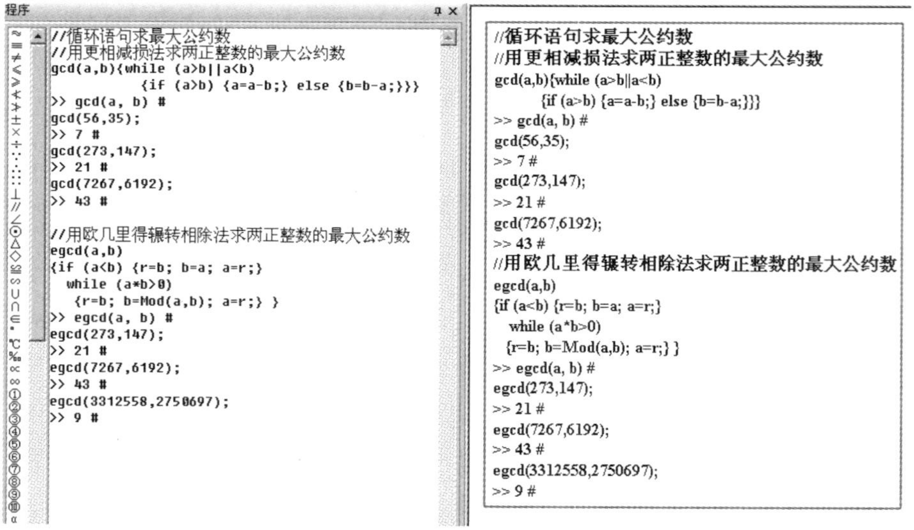

图 8-9

【例 8-13】 用 while 语句编写程序计算小于 n（$n>1$）的正奇数的平方和。

解 用 S（n）记所求的和，有：

S（n）{$k=-1$;

$S=0$;

while（$k+2<n$）{$k=k+2$; $S=S+k$^2;}}

执行后计算几个例子：

```
S (4);
> > 10#
S (10);
> > 165#
S (100);
> > 166650#
S (1000);
> > 166666500#
```

【例 8-14】 用 1000 块正方体的积木，垒一个金字塔，自上而下第 n 层用 n^2 块积木，问最多能垒几层？用 while 语句编程计算。

解 从 1000 中依次减去 1，4，9，…，到不够减时，返回减的次数；程序为：

```
m= 1000;
n= 1;
while (n^2= = m | | n^2< m) {m= m- n^2; n= n+ 1;}
n- 1;
```

执行后返回 13。

其中条件 (n^2= m | | n^2< m) 即 n^2 小于或等于 m 之意。

若有 m 块积木，则金字塔的层数 c（m）为：

```
C (m) {n= 1;
      while (n^2= = m | | n^2< m) {m= m- n^2; n= n+ 1;}
      n- 1;}
```

执行 c（30000）得 44，可见 30000 块积木最多能垒 44 层。

上面两例运行情形见文件"8-10 用 while 循环语句求和 . zjz"，如图 8-10。

【例 8-15】 编写一个程序，判断正整数 n（$n>2$）是不是素数。

解 如果 n 不是素数，则有两个大于 I 的正整数 a 和 b，满足 $ab=n$。a 和 b 中较小的一定不超过 $\sqrt{n}$。因此，只要检验 n 是否有不超过 n^（1/2）的因子即可。

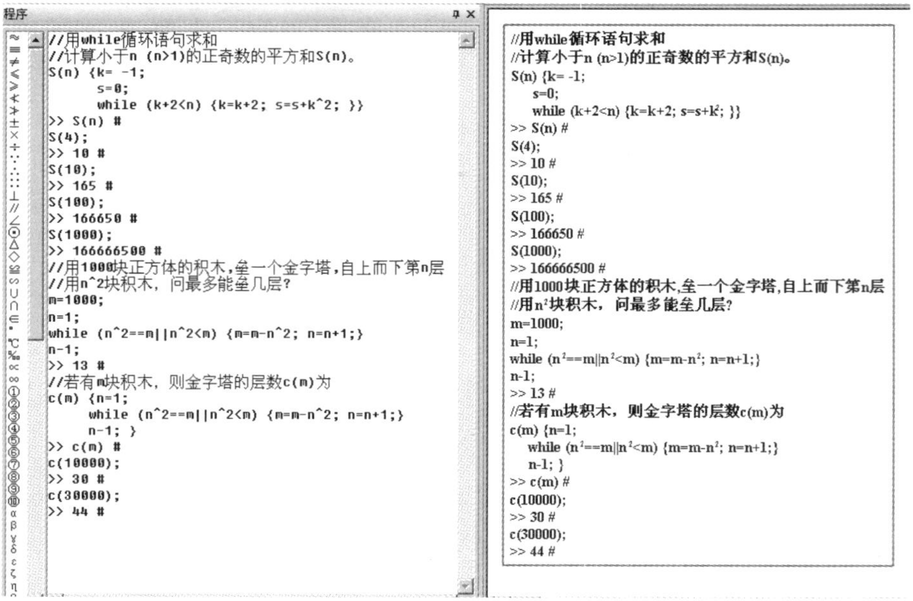

图 8-10

由此编出程序：

```
P (n) {if ( (n- 2) * (n- 3) = = 0) {prm;}
     else {if (Mod (n, 2) = = 0) {2;}
          else {k= 3;
          while (Mod (n, k) > 0&&k * k< n)
          {k= k+ 2;}
          if (Mod (n, k) = = 0)  {k;} else {prm;}}}}}
```

其中“&&”为连结词“且”，“A&&B”意即条件 A 和 B 同时成立。

此程序当 n 为素数时返回“pnn”，否则返回 n 的最小素因子。例如：

```
P (35);
> > 5#
P (127);
> > prm#
P (91);
> > 7#
```

【例 8-16】 韩信点兵一个正整数被 3 除余 2，被 5 除余 3，被 7 除余 6，编写程序求出此数的最小值。

解 从 6 开始，不断加 7，每次检查是否被 5 除余 3 且被 3 除余 2，满足时即为所求。程序如下：

```
n= 6;
while((Mod(n,5)- 3)^2+ (Mod(n,3)- 2)^2> 0){n= n+ 7;}
```

如果要求被 3 除余 a，被 5 除余 b，被 7 除余 c，写成函数就是：

```
ty357(a,b,c){n= c;
while((Mod(n,5)- b)^2+ (Mod(n,3)- a)^2> 0){n= n+ 7;}}
```

此函数要求 a、b、c 是分别小于 3、5、7 的正整数。执行后，运行下列命令得到：

```
ty357(2,3,4);
> > 53#
ty357(2,4,3);
> > 59#
ty357(1,2,3);
> > 52#
```

更一般情形，如果要求被 m 除余 a，被 n 除余 b，被 p 除余 c，写成函数就是：

```
ty(m,n ,p,a,b,c){X= c;
      while((Mod(x,m)- a)^2+ (Mod(x,n)- b)^2> 0){X= X+ P;}}
```

此函数要求 a、b、c 是分别小于 m、n、p 的正整数，且 m、n、p 两两互素。

执行后，运行下列命令得到：

```
ty (11，13，7，8，6，3);
> > 591#
ty (12，5，11，9，2，7);
> > 117#
```

例 8-16 原题的算法，可以改进为：从 6 开始，不断加 7，每次检查是否被 5 除余 3，满足后每次加 5×7=35，每次检查是否被 3 除余 2，满足时即为所求。程序如下：

```
n= 6;
while (Mod (n，5)! = 3) {n= n十 7;}
while (Mod (n，3)! = 2) {n= n+ 35;}
```

这里“!”是否定连接词，“! =”就是“不等于”。

写成一般的函数就是：

```
tynew (m，n，P，a，b，c) {x= C;
```

```
while (Mod (x, m)! = a) {x= x+ p;}
while (Mod (x, n)! = b) {x= x+ p*m;}}
```

执行后，运行下列命令得到：

```
tynew (3, 5, 7, 1, 2, 3);
> > 52#
tynew (13, 8, 9, 2, 5, 3);
> > 93#
```

想一想，算法 tynew 比 ty 好在哪里？

【例 8-17】 抛掷一枚均匀的色子，出现 1、2、3、4、5、6 点的机会是一样的。所以当抛掷次数很多时，出现 5 点的频率应当接近 1/6；请编写一个程序模拟抛掷色子的过程，并计算出现 5 点的频率。

解 在超级画板提供的编程环境中，有一个随机函数 rand（a，b），它能够产生 a 到 b 之间的随机数。取 $a=1$，$b=7$，用 floor (rand (1, 7)) = 5 表示出现 5 点。抛掷 100 次的模拟程序为：

```
k= 0;
s= 0;
while (k< 100)
{k= k+ 1; if (floor (rand (1, 7)) = = 5) {S= S+ 1;}}
S/100;
```

一般说来，抛掷 n 次，出现 a 点的频率为：

```
se (n, a) {k= 0; S= 0;
          while (k< n)
            {k= k+ 1;if(floor(rand(1,7))= = 5){s= s+ 1;}}
          S/n;}
```

执行后再运行下列命令，可得模拟抛掷 10000 次出 2 点的频率：

```
se (10000, 2);
> >  (102) / (625) = 0.1632#
```

不过，你做的可能不是这个结果。

如果要求抛掷 n 次中点数大于 a 的频率，函数要改写为：

```
sel (n, a) {k= 0; s= 0;
        while (k< n)
{k= k+ 1; if (floor (rand (1, 7)) > a) {s= s+ 1;}} s/n;}
```

执行后再运行下列命令，可得模拟抛掷 1000 次中点数大于 3 的频率：

```
sel (1000, 3);
```

```
> >  (517) / (1000) = 0.517#
```

例 8-17 的运行情形见文件“8.12 模拟掷色子 .zjz”，如图 8-11。

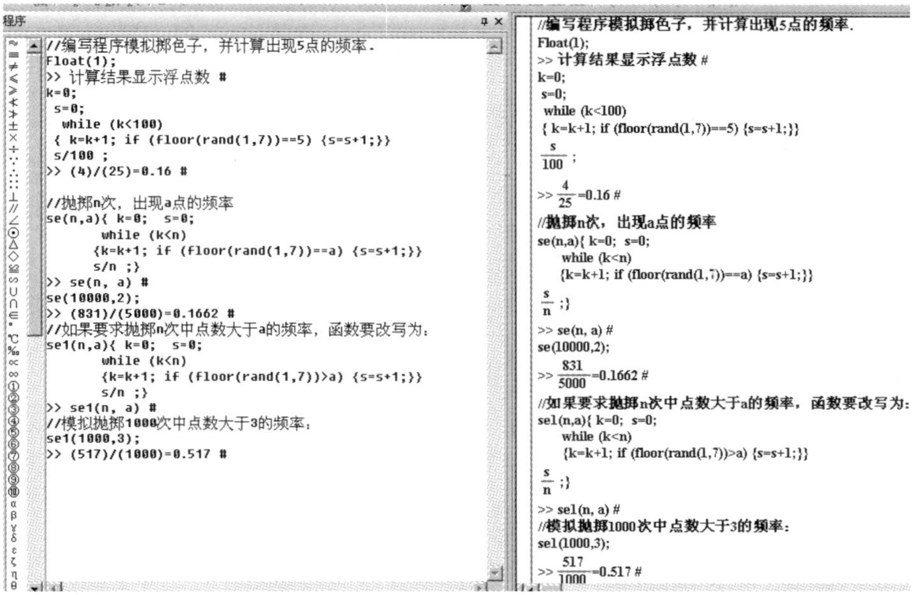

图 8-11

在本书第六篇中，曾用嵌套测量的方法，对掷色子进行过模拟。注意将两种方法比较，会对程序的编写有更好的理解。

上面的 6 个例子，都使用了 while 语句。其中有些问题，如例 8-13 和例 8-17，循环的次数可以事先确定，就可以用 for 语句。超级画板编程环境中的 for 语句格式为：

```
for (i= a; i< b; i= i+ d) {S}
```

其中圆括弧中的 i 是循环变量，也可以用其他字母表示循环变量。$i=a$ 表示 i 的值从 a 开始，a 为初值；$i<b$ 说明了 i 的上限为 b；$i=i+d$ 表示 i 每次加 d，d 为步长。花括弧中的 S 表示一些语句，叫作“循环体”。程序对每个 i 的值顺次执行循环体中的语句。

【例 8-18】 for 语句编写程序计算所有小于 100 的正奇数的倒数和。

解 循环变量的初值为 1，上限为 100，步长为 2，程序为：

```
s= 0:
for (k= 1; k< 100; k= k+ 2) {s= s+ 1/k;}
```

执行后返回为：

```
> > (2908397099990131201)/(990000000000000000)= 2.93777#
```

计算所有小于 n 的正奇数的倒数和的函数程序为：

```
sq(n){s= 0;for(k= 1;k< n;k= k+ 2){s= s+ 1/k;}}
```

用此函数求所有小于 1000 的正奇数的倒数和：

```
sq (1000);
> > (4084970086409177269)/(999000000000000000)= 4.08906#
```

【例 8-19】 用 for 语句编写模拟抛掷均匀硬币并计算 n 次中出现正面的频率的函数程序。

解 用 rand (0, 2) > 1 表示一次抛掷出现正面，所要的程序为：

```
Z (n) {s= 0;
      for(k= 0;k< n;k= k+ 1){if(rand(0,2)> 1){s= s+ 1;}}
      s/n;}
```

执行后再运行下列命令，可得模拟抛掷 1000 次中出正面的频率：

```
Z(1000);
> > (503)/(1000)= 0.503#
Z(1000);
> > (521)/(1000)= 0.521#
```

我们看到，每次模拟结果可能不同。

上述两例运行情形见文件“8-13 用 for 循环语句编程 .zjz”，如图 8-12。

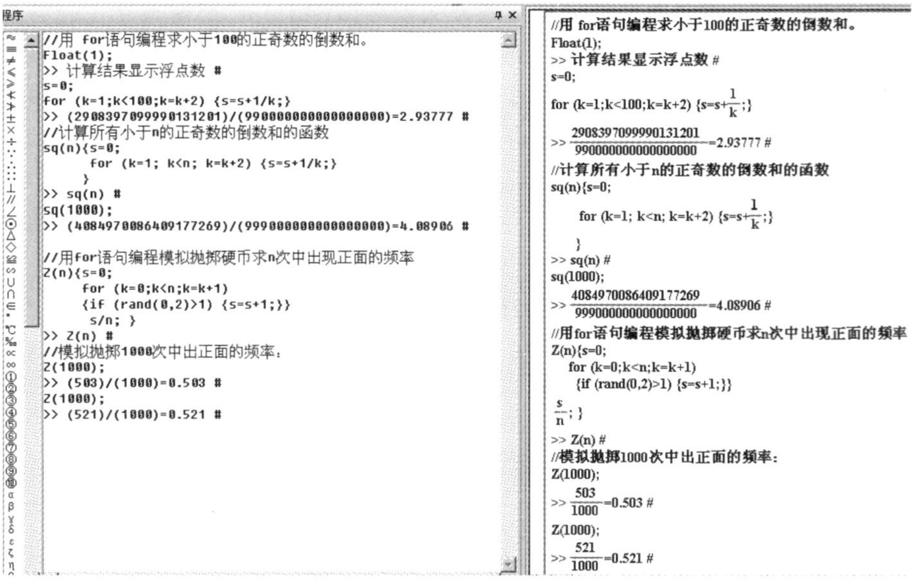

图 8-12

用二分法计算函数的零点，是新课标高中数学教学内容之一。下面给出的二分法的程序，能够同时画出直观的图像。

【例 8-20】 编写用二分法求函数零点的程序，求函数 e^x+x 的零点。

解 令 $f(x)=e^x+x$，则 $f(-1)<0$，$f(0)>0$，在 0 到 1 之间必有 $f(x)$ 的零点。用二分法求此零点的程序和执行情形如下：

```
Float (1);（此行单独执行!）
>>计算结果显示浮点数#
f(x){e^x+ x;}
a= - 1;b= 0;
u= f(a);v= f(b);
while(u*v< 0&&b- a> 0.000001)
fc= (a+ b)/2;
w= f (c);
     if (w= = 0){u= w;}
        else{if (u*w< 0){v= w;b= c;}
        else{u= w;a= c;}}}(a+ b)/2;
```

执行后得到：

```
> > f(x)
- (1134285926818847)/(2000000000000000)= - 0.567143#
```

结果精确到小数点后 6 位。

上述程序可以写成函数形式：

```
eff(a,b,d){u= f(a);v= f(b);
 while(u*v< 0&&b- a> d)
  {c= (a+ b)/2;w= f(C);
  if (w= = 0){u= w;}
     else{if(u*w< 0){v= w;b= c;}
        else{u= w;a= c;}}}
 (a+ b)/2;}
```

执行后，如果要计算方程 $x^3-x-1=0$ 在 1 到 2 之间的根精确到 4 位小数，可以运行：

```
f(x)fx^3- x- 1;}
eff(1,2,0.0001);
```

返回为：

```
> > f(x)
```

(43409)/(32768)= 1.32474#

上面的程序运行记录保存为文件“8-14 二分法 . zjz”，如图 8-13。

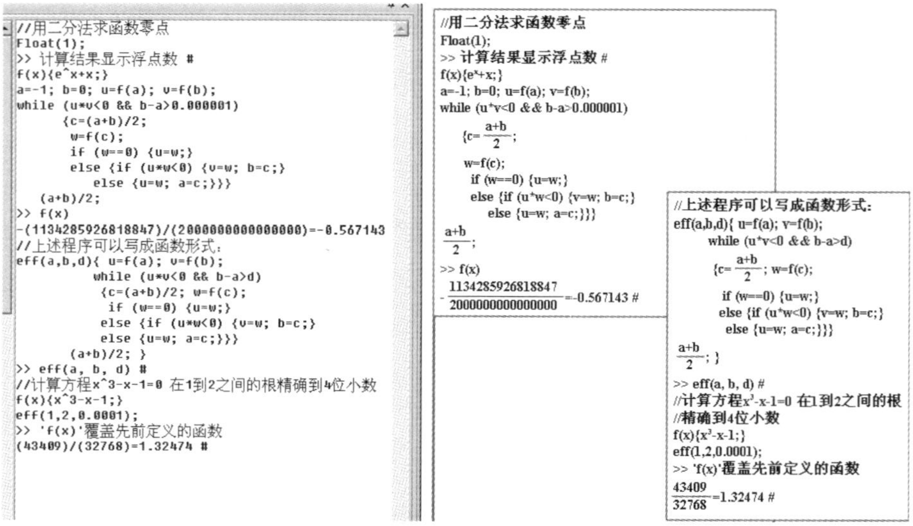

图 8-13

为了使学生更好地理解二分法，需要在求根的同时画出函数曲线和二分法过程图。程序可以改进为计算的同时也画图：

```
effh (a, b, d) {
     Function (t, f (t), t, a- 1, b+ 1, 50,);
     u= f (a); v= f (b);
     x= Point; (a, 0,,,, 1);
     y= Point (a, u,,,, 1);
        Segment (x, y,);
     Hide (y);
     x= Point (b, 0,,,, 2);
     y= Point (b, v,,,, 2);
     Segment (x, y,);
     Hide (y);
     i= 3;
     w= u;
while (u * v< 0&& (b- a> d&&abs (w) > d))
 {c= (a+ b) /2; W= f (c);
```

```
 X= Point (c, 0,,,, i);
 y= Point (c, w,,,, i);
    Segment (x, y,);
    Hide (y);
    i= i+ 1:
    if (u * W< 0) {v= W; b= c;}
      else {u= w; a= c;}}
 if (b- a< d) { (a+ b) /2;} else {c;}}
> > effh (a, b, d) #
```

运行下列命令，图像同时出现：

```
f (x) {x^3/27- x/3- 0.6;}
effh (3, 6, 0.01);
> > f (x)
(117) / (32) = 3.65625#
```

程序运行情形见文件“8-15 二分法并画图 . zjz”，如图 8-14。

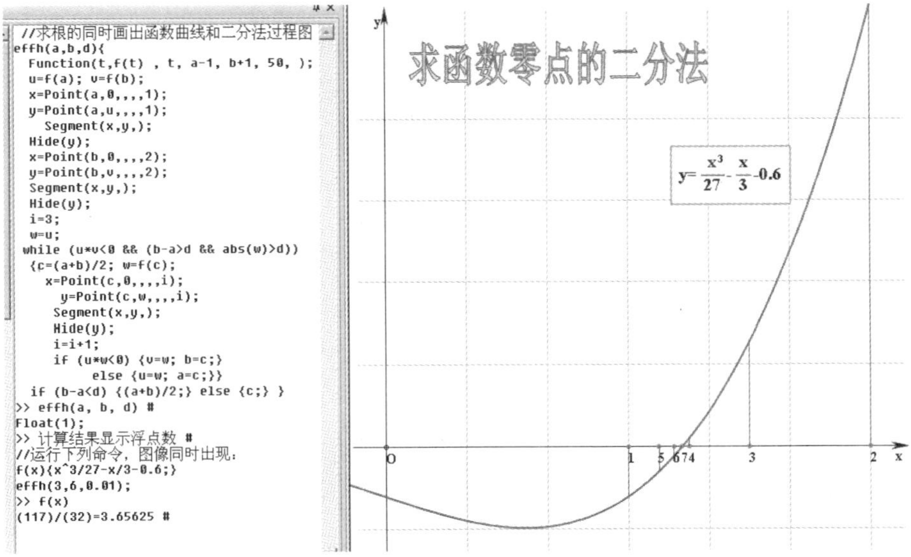

图 8-14

为了看起来清楚，程序中用语句“Hide (y);”隐藏了曲线上的点，并且给近似值编了号。程序当二分区间长度小于预给的值或区间中点的函数值小于预给的值时结束。返回零点的近似值。

【习题 8-5】 能否用 for 循环语句编写求最大公约数的程序？

【习题 8-6】 能否用 for 循环语句编写求函数零点的二分法的程序?

小结

在超级画板的程序工作区，可以做许多有趣的数学实验活动。本篇所介绍的，仅仅是和高中数学课程内容关系比较密切的部分。

赋值语句是算法语言的基本语句。有了赋值语句，可以方便地使用公式作各种基本的计算。超级画板提供的表达式赋值功能，可以保护表达式的形式不变；把文本命令产生的对象的编号赋予变量，为程序作图提供了方便；这些功能和常见的 BASIC 语言有所不同，应当注意。

条件语句和循环语句结合，可以实现具有丰富功能的多种算法。本篇介绍的例子，如求最大公约数、求和、检验素数、韩信点兵（中国剩余定理）、二分法等，都涉及有典型意义的基本算法，建议反复练习，并思考程序可能的变化。

大量的符号计算功能和作图功能，可以和编程结合起来，制作出有种种效果的动态图形。在下一篇里，有更多的例子。

第九篇

更上层楼

本篇将用更多的例子，展示《超级画板》的高级技巧所能做出的效果。

我们尽量从比较简单的问题开始。

对于每个例子的掌握程度，可以有三个层次。

第一个层次，是能用。这是最容易的。只要看看说明，动手做做，就能用了。

第二个层次，是会做。这要多花点时间和精力，但也不难。只要对照说明，一步一步地按文件在“对象工作区”中显示的对象性质和顺序来做，有些点的坐标和曲线的方程要复制粘贴一下，就会成功。

第三个层次，是明理。这比较困难。特别是有些点的坐标，有些曲线的方程，有些被测量的表达式，这些数学式子是如何设计出来的，不很容易理解。我们没有对这些数学表达式的由来作进一步的说明。数学功底较深厚的读者，花些力量能够理解其中的道理。对多数的读者，只要能用会做就可以了。

如果有读者确实对文件中的某些表达式的设计原理有很大的兴趣而又百思不解，不妨在网上提出来讨论（例如在 www. zplusz. org，www. maths－edu. net 或 www. qiusir. com 等网站上）。相信能够得到满意的解答。

一、线段和圆弧的动态 n 等分点

（一）等分线段的程序和函数

作出一条线段的等分点，例如 3 等分点或 8 等分点，这很容易。

最基本的做法，是用尺规作图。《超级画板》可以实现尺规作图，当然能等分线段。如果想快捷一些，可以使用作定比分点的文本作图命令。存文本作图对话框的作点类的函数中可以找到这个函数：

```
DivisionPoint (A, B, r);
```

其中参数 A、B 是要等分的线段的两端的编号，r 是分点所分的两端的长度的比。例如，4 个 5 等分点对应的比值顺次为 1/4、2/3、3/2、4/1。这样，一行命令只能作 1 个分点。

如果要一次作出 4 个 5 等分点，可以用 for 循环语句：

```
for (i= 1; i< 5; i= i+ 1) {DivisionPoint (A, B, i/ (5- i));}
```

或 while 循环语句：

```
i= 1;
while (i< 5) {DivisionPoint (A, B, i/ (5-i));
             i= i+ 1;}
```

也可以写成函数便于使用：

```
fd (A, B, n)
       {for (i= 1; i< n; i= i+ 1) {DivisionPoint (A, B, i/ (n
       - i));}}
```

这些程序运行情形见文件“9-1 等分线段 . zjz”，如图 9-1。

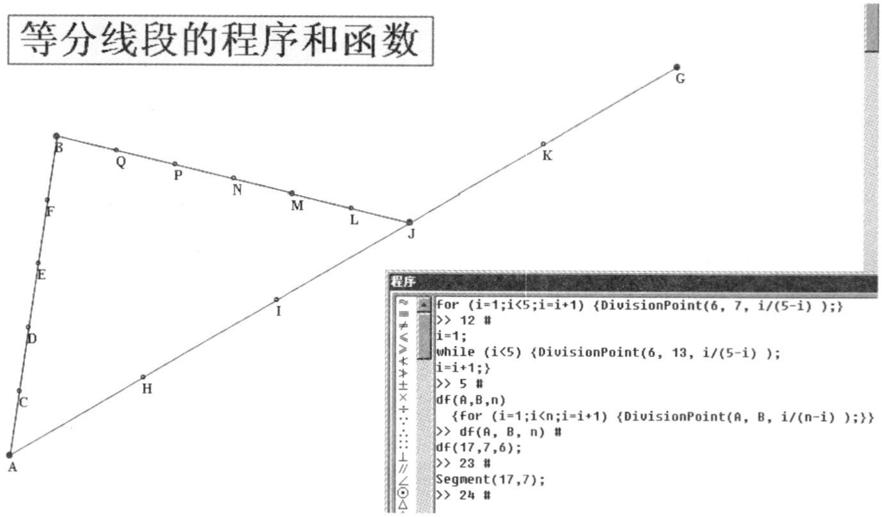

图 9-1

注意图 9-1 中程序工作区是浮动窗口。双击上边框可使它归位，再双击它又成为浮动窗口。

(二) 线段的动态 n 等分点

但是，上面的程序作出的分点，分段数是不能变化的。5 等分就是 5 等分，7 等分就是 7 等分。能不能作一般的 n 等分点，当 n 变化时分点的个数也随着变化呢?

文件“9-2 线段的 n 等分点 .zjz”中的程序和动态图形，就是可以变化的 n 等分点。如图 9-2，拖动 n 的变量尺改变 n 的数值，分点的个数会随着改变。

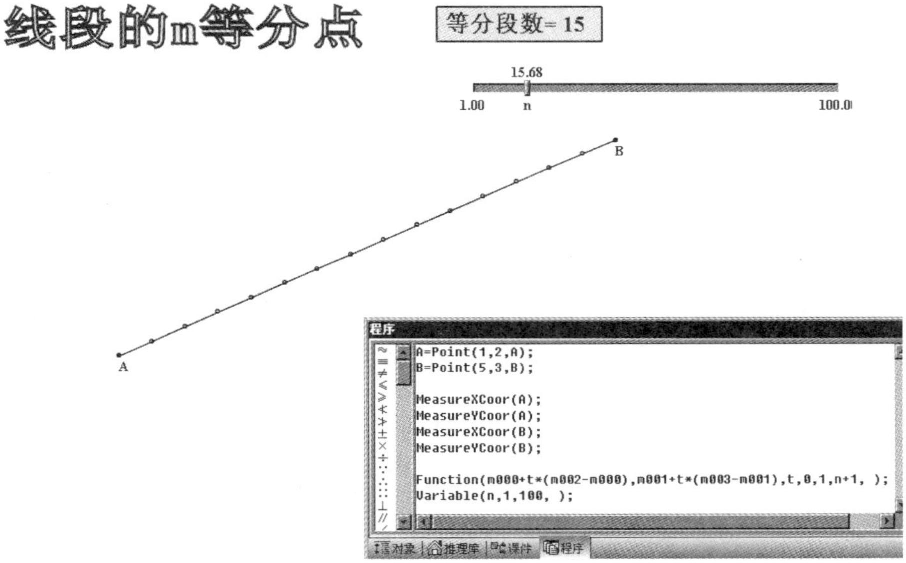

图 9-2

从作图的程序可见，先作出 A、B 两个自由点，再对两点的坐标进行测量。根据测量的数据，可以写出线段 AB 的参数方程。使用作参数曲线的函数命令：

```
Function(m000+ t * (m002- m000),m001+ t * (m003- m001),t,0,1,n
+ 1,);
```

这里将曲线的描点数目设置为 $n+1$，是因为所描的点的含线段的两端点，所以点数比分段数多 1。

执行作参数曲线的函数命令后，作出的线段上并没有分点。打开参数曲线的属性对话框，在左下部勾选“画点”(图 5-17)；点的大小可选择为 2。单击“确定”后，线段上的分点就出现了。

作出参数 n 的变量尺，拖动滑钮改变 n 的值，分点的数目随之改变。这种方法，$n<3$ 时分点不出现，要平分线段至少要作出 4 等分点。

（三）线段的可选择 n 等分点

上面的作图虽然实现了动态等分，但分点是不可选择的。既不可能从分点出发来作图，也不可能改变某一个分点的大小颜色。

文件“9-3 线段的可选择 n 等分点 . zjz”实现了线段的可选择的动态 n 等分点作图。如图 9-3。

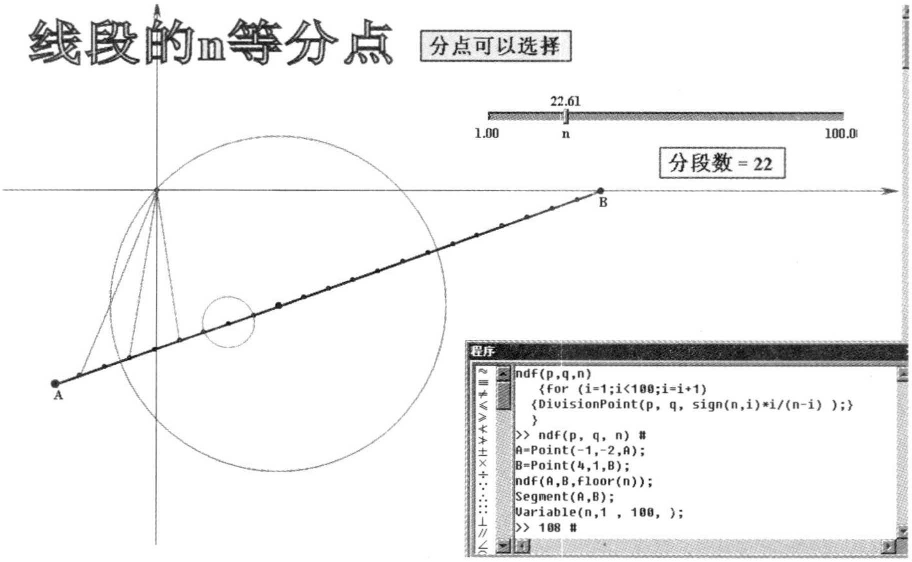

图 9-3

作出这些分点的关键的函数 ndf（p，q，n）的程序为：

```
ndf (p, q, n)
    {for (i= 1; i< i00; i= i+ 1)
    {DivisionPoint (p, q, sign (n, i) * i/ (n—i));}
    }
```

这个函数中使用了 for 循环语句，作了 99 个点，所以最多把线段 100 等分。但定比分点的分比为 sign (n，i) * i/ (n- i)；这就是说，当 $i=1, 2, \cdots, n-1$ 时 (siqn (n，i)：1)，分比为 $i/(n-i)$，作出了 $n-1$ 个 n 等分点；当 $i \geqslant n$ 时 (sign (n，i) = 0)，分比为 0，作出的点都和线段的端点 A 重合。这种把多余的点隐藏起来的技巧，后面将多次使用。

这样作出的分点可以被选择，隐藏，改变大小和颜色，可以作为进一步作图的基础。从图 9-3 看到，可以以分点为圆心作圆，以分点为端点作线段等。

(四) 圆弧的动态 n 等分点

一般说来，用尺规作图只可能作出圆弧的某些等分点，例如 2 等分、4 等分点。已经证明，尺规作图三等分任意圆弧是不可能的。

当然，计算机作图不受这样的限制。

文件“9-4 圆弧的 n 等分点 . zjz”，作出了任意一段圆弧的动态 n 等分点。拖动圆弧端点 B、C 可以改变圆弧的度数和它在圆上的位置；拖动圆心可以平移圆弧；拖动参数 r 的变量尺上的滑钮可以改变圆弧的半径；拖动参数 n 的变量尺上的滑钮可以改变分点的个数。如图 9-4。

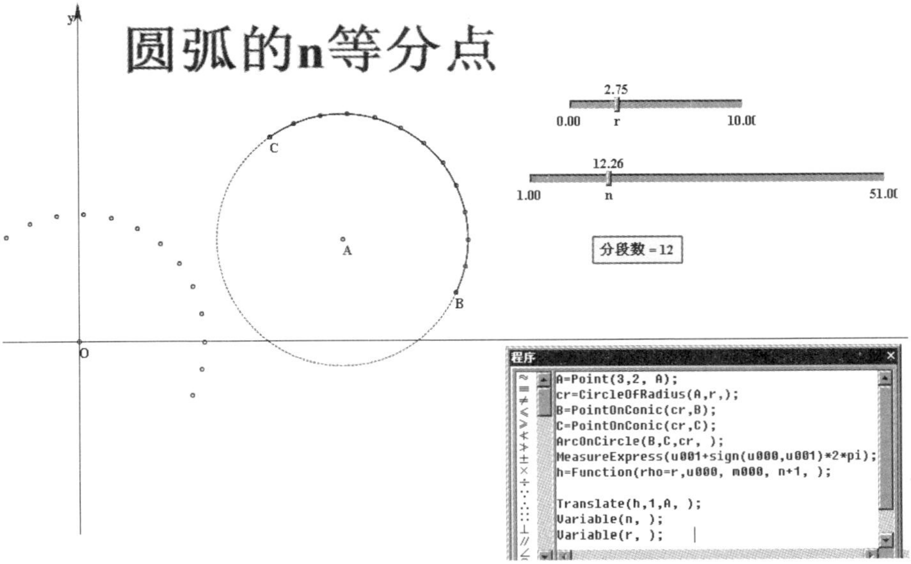

图 9-4

在程序工作区可以看到作出此动态等分点的主要程序：

```
A= Point (3, 2, A);
cr= CircleOfRadius (A, r,);
B= PointOnConic (cr, B);
C= PointOnConic (cr, C);
ArcOnCircle (B, C, cr,);
MeasureExpress (u001+ sign (u000, u001) *2*pi);
h= Function (rho= r, u000, m000, n+ 1,);
```

```
Translate (h, 1, A,);
Variable (n,);
Variable (r,);
```

程序的前 5 行顺次为：作自由点 A；作以 A 为圆心半径为 r 的圆 cr；在圆上取点 B、C；作弧 BC。

圆弧的等分点是这样作出的：在极坐标下作一条和圆弧 BC 全等且方位相同的曲线，利用曲线属性的“画点”功能，作出曲线上的动态分点，再把曲线和分点平移到圆弧 BC 的位置，就得到圆弧上的分点了。为了在极坐标中作出和圆弧 BC 全等且方位相同的曲线，需要确定圆弧 BC 的两个端点在圆上的位置参数的关系。打开点 B 和点 C 的属性对话框，可以看到两点的参数分别为 u000 和 u001。从 B 到 C 的圆弧，按超级画板的作图规则，总是沿反时针方向画出来的，而参数 u000 有时却会大于 u001。要使参数的大小关系和圆弧的走向一致，应当有 u000< u001。为此，当 u000> u001 时，我们给 u001 加上 2π，得到 m000= u001+ sign (u000, u001) * 2 * pi，把 u000 和 m000 作为极坐标曲线 $\rho=r$ 两端的参数，就能保证作出和圆弧 BC 全等且方位相同的曲线。

第 6 行测量语句，作出了变量 m000= u001+ sign (u000, u001) * 2 * pi，第 7 行语句作出以 u000 和 m000 作为两端参数的极坐标曲线 $\rho=r$，描点数为 $n+1$，编号为 h。执行后，要在曲线的属性对话框里勾选“画点”，并将“间断点最小值”设置得小些。

第 8 行，将极坐标曲线 h 沿向量 OA 平移到圆弧 AB 位置。最后作出 r 和 n 的变量尺。

程序可以复制到新建立的文件的程序工作区执行。注意，先执行前 7 行，再执行后 3 行。执行后，不要忘了设置曲线的属性和调整参数 n 和 r，使分点正确地出现。这种方法，$n<3$ 时分点不出现，要平分圆弧至少要作出 4 等分点。

（五）圆弧的可选择的动态 n 等分点

图 9-4 显示的圆弧等分点，和图 9-2 中的线段等分点类似，都是不可选择的。既不能给不同的分点染上不同的颜色，也不能将分点作为继续作图的基础。例如，我们不能以一个分点为圆心作圆。

比照图 9-3 中作出线段的可选择等分点的方法，也可以作出圆弧的可选择等分点。打开文件“9-5 圆弧的可选择 n 等分点 .zjz”，如图 9-5，可以看到这里的圆弧等分点是可以选择的。可以设置分点的大小和颜色，也可以以分点为圆心作圆，或以分点为圆心作线段。

作图程序酌前 6 行和图 9-4 中的程序前 6 行相同：

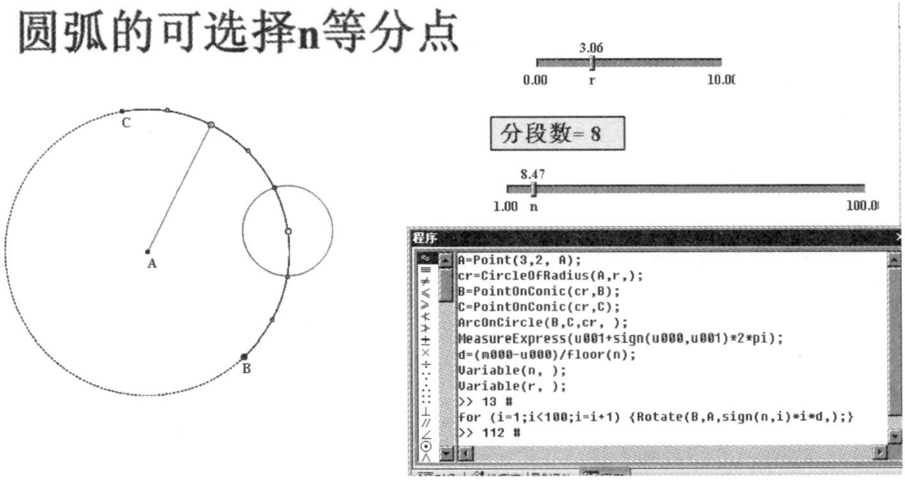

图 9-5

```
A= Point(3,2,A);
cr= CircleOfRadius(A,r,);
B= PointOnConic(cr,B);
C= PointOnConic(cr,C);
ArcOnCircle(B,C,cr,);
MeasureExpress(u001+ sign(u000,u001) * 2 * pi);
d= (m000- u000)/floor(n);
Variable(n,);
Variable(r,);
for(i= 1;i< 100;i= i+ 1){Rotate(B,A,sign(n,i) * i * d,);}
```

第 7 行计算出等分出来的一小段弧的弧度 d；第 8、9 行作出参数 n、r 的变量尺；最后一行用 for 循环语句和以 A 为圆心的旋转变换，使点 B 旋转，作出 99 个点。当 $i<n$ 时，旋转角是 d 的 1 至 $n-1$ 倍，作出各分点；对于更大的 i，因 sign (n, i) $=0$ 故旋转角为 0，作出的点和圆弧的端点 B 重合。这样，表面上就只看见分点了。

将上面的 10 行程序复制并粘贴到新文件的程序区，可以一次执行。为了不显示分点的名字，在执行程序前可以先看看菜单项“对象｜新点自动生成名字”。如果此项前面有个“√”，就单击它使“√”消失。这时执行程序，分点就没有名字了。

还要注意的是，程序执行后，圆弧两端点 B、C 会重合。用鼠标把它们拖开即可。为了显示分点，还要让参数 n 大于 2。

【习题 9-1】 本节叙述的作圆弧等分点的方法，是对在圆上任意取点后作出的圆弧而言。如果先指定了圆弧的两端点（自由点或约束点）和圆弧的圆心，该如何作出圆弧的动态 n 等分点呢？

（提示：作出圆弧的圆心，测量从圆心到圆弧端点的向量角来代替原作图方法中所用的参数 u000 和 u001；具体分别见前述两文件的第 2 页。）

二、动态的正 *n* 边形和完全图

既然能够作圆弧的动态 n 等分点，当然也可以作动态的圆内接正 n 边形。

图 9-6 显示的是文件“9-6 正 n 边形面积和周长 .zjz”中所作的动态正 n 边形。拖动参数 n 的变量尺上的滑钮，正多边形的边数会从 3 逐步增加到 99。不过，当 $n>40$ 时，看起来已经几乎是一个圆了。

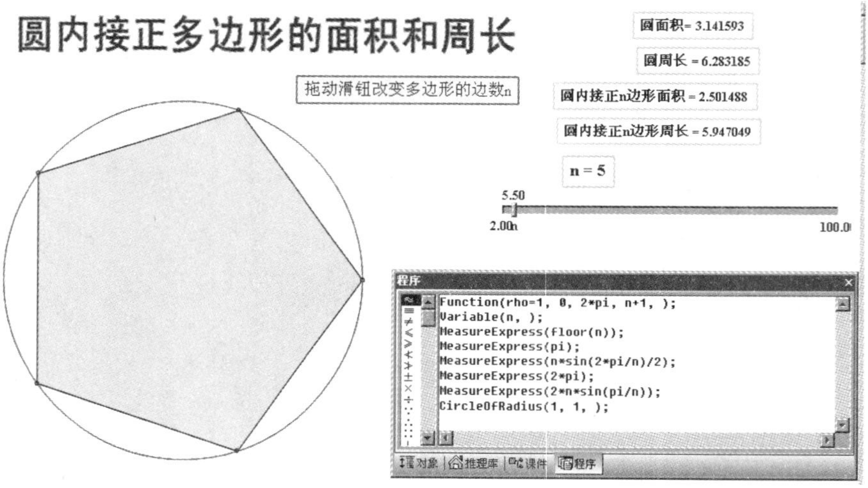

图 9-6

和图形变化同时，正多边形的面积和周长的数据也会作同步的变化。但这并不是对图 9-6 上的正多边形直接测量得到的，而是测量对应的公式的结果。

图 9-6 的右下方是文本作图命令：

```
Function(rho= 1,0,2 * pi,n+ 1,);
Variable(n,);
MeasureExpress(floor(n));
MeasureExpres s(pi);
MeasureExpress(n * sin(2 * pi/n)/2);
MeasureExpress(2 * pi);
```

```
MeasureExpress(2*n*sin(pi/n));
CircleOfRadi.us(1,1,);
```

上面第 1 条命令是在极坐标下作方程为 $\rho=1$ 的曲线，自变量 θ 的范围设置为 0 到 2π，曲线上取，$n+1$ 个点（注意，首尾两点重合，只看见 n 个点）。这样画出来的曲线是圆。在曲线的属性表中勾选“折线段”（图 9-7），就成为正多边形了。后面的几条命令留给读者自己理解。

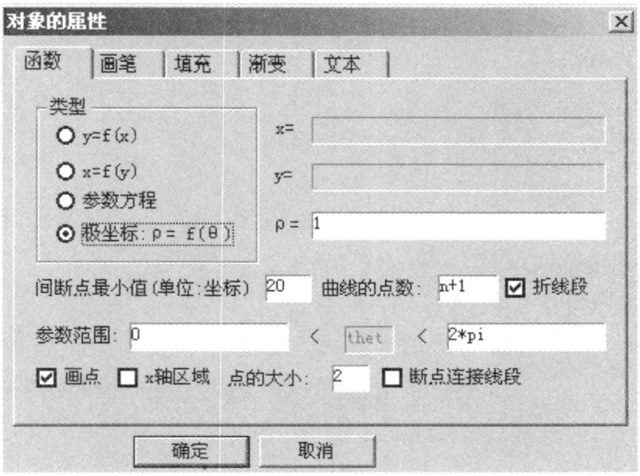

图 9-7

你会想到，使用类似于上一节图 9-5 中的程序，可以作出顶点可选择的动态正 n 边形。其实，作正 n 边形比 n 等分圆弧要简单一些，其方法见于文件“9-7 顶点可选择的动态正 n 边形 . zjz”，如图 9-8。

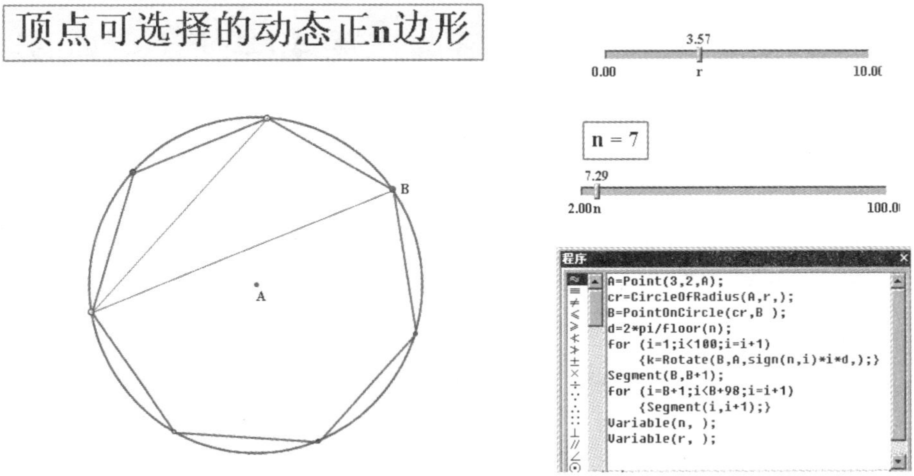

图 9-8

比较一下，图 9-7 和图 9-5 的作图命令有哪些不同？

比正多边形复杂一些的图形是所谓的“完全图”。准确地说，是从正多边形的顶点出发所作出的完全图。也就是由一个正多边形和它的所有的对角线构成的图形。

例如，图 9-9 是顶点数为 29 的完全图。

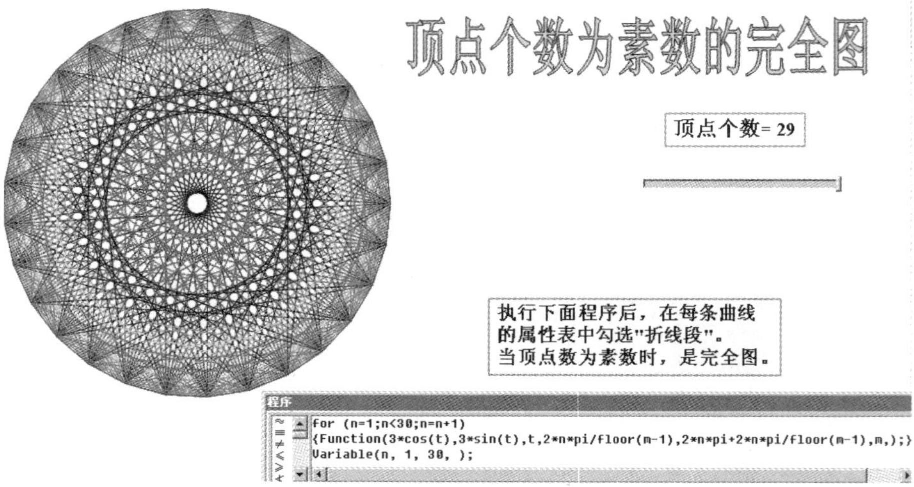

图 9-9

图 9-9 是由文件“9-8 顶点数为素数的完全图 . zjz”生成的。图中有 29×28/2＝406 条线段，图的结构看不清楚。拖动图中的变量尺可减少顶点的数目，当顶点数为 7 时，如图 9-10。

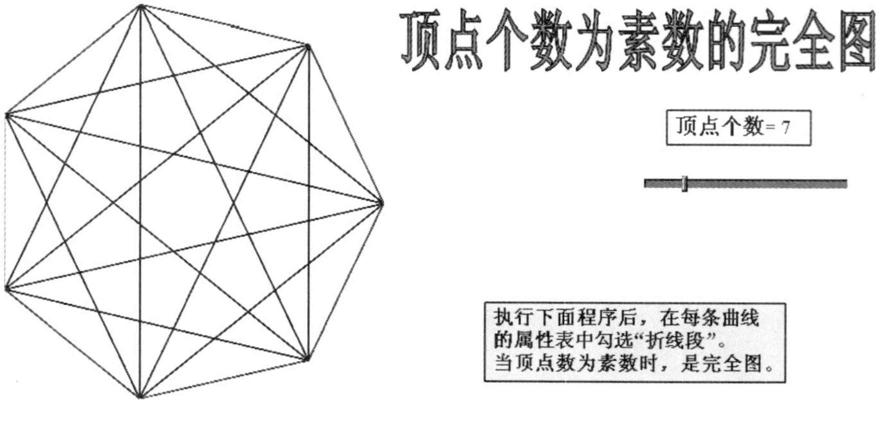

图 9-10

在图 9-9 的右下部，显示有 3 行命令：

```
for (n= 1; n< 30; n= n+ 1)
{Function (3*cos (t), 3*sin (t), t, 2*n*pi/floor (m- 1), 2*n*pi+ 2*n*pi/floor (m- 1), m,);}
Variable (m, 1, 30,);
```

在新窗口的程序工作区执行这 3 行命令，作出 29 条曲线。在每条曲线的属性表中勾选“折线段”，并设置不同的颜色。拖动 m 的变量尺时看到，当 m 的整数部分是小于 30 的奇素数时，图形是顶点为 floor（m）的完全图。

如果想理解这些命令，可以在对象工作区先把 29 条曲线都隐藏了，再显示其中一条，让 m 变化，同时观察这一条曲线的变化，就能有所体会了。

当然，主要是会用这三行程序画图，道理不明白也无妨，以后慢慢学习。

当顶点个数不是素数，得到的可能不是完全图，如图 9-11。

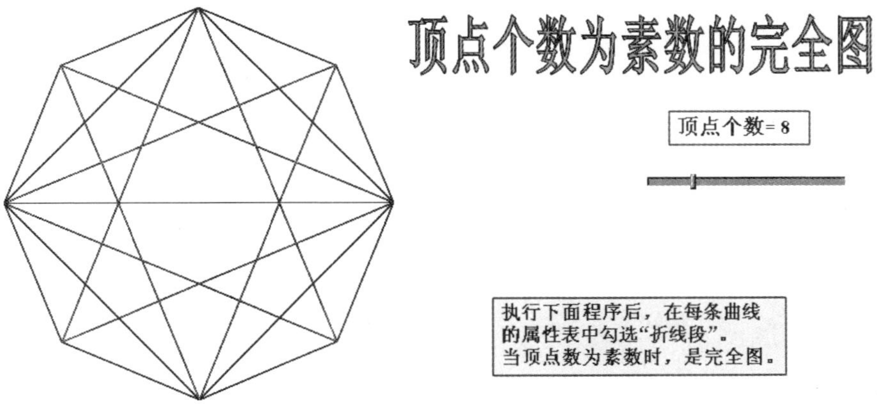

图 9-11

事实上，顶点数为 8 的完全图上应当有 28 条线段，但这里只有 21 条。

在图 9-12 中，画出了顶点数为 8 的完全图。这是由文件“9-9 完全图 .zjz”所生成的。

此文件中的程序和图 9-9 中的不同。拖动参数 n 的变量尺改变顶点数目，可以得到顶点数小于 30 的所有完全图，图 9-13 是顶点数目为 15 的情形。

这里，图 9-13 中的点和线段都是可以选择的。

仔细读读这个文件所用的文本命令：

```
a= Point(3,0,,,,);
for(i= 1;i< 30;i= i+ 1)
```

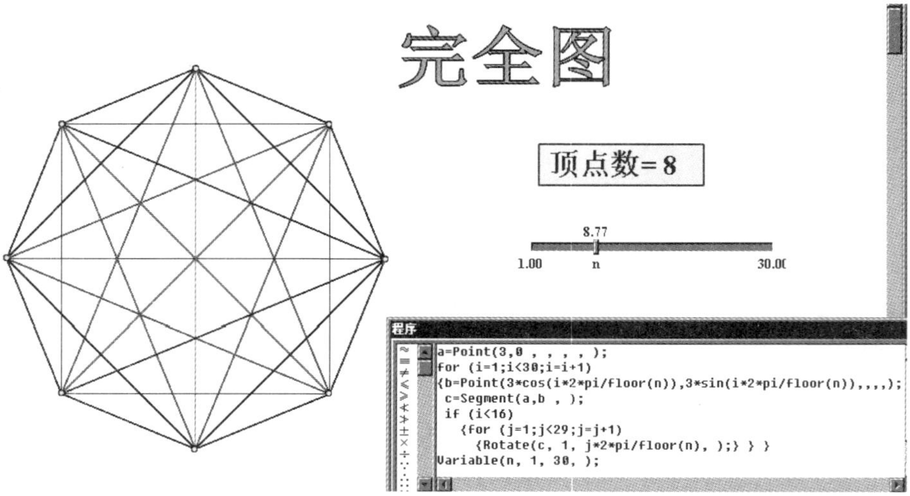

图 9-12

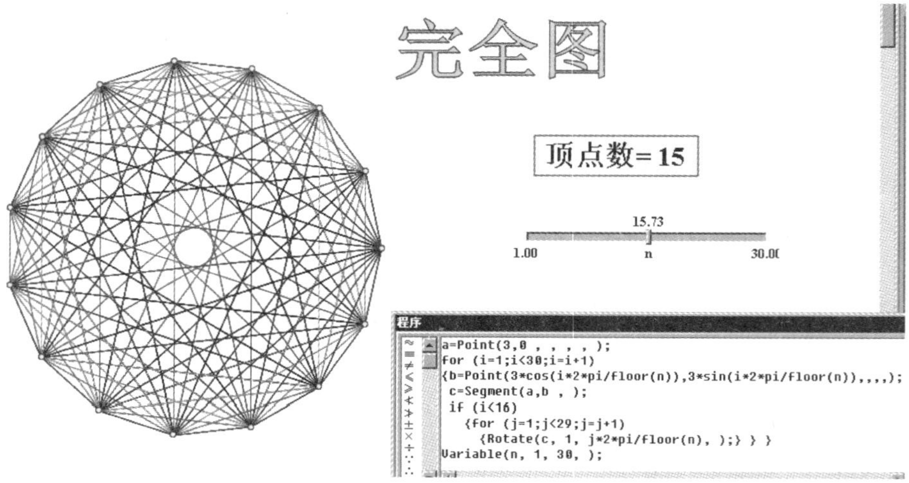

图 9-13

```
    {b= Point(3 * cos(i * 2 * pi/floor(n)),3 * sin(i * 2 * pi/floor
     (n)),,,,);
     c= Segment(a,b,);
     if(i< 1 6)
             {for(j= 1;j< 29;j= j+ 1)
         {Rotate(c,1,j * 2 * pi/floor(n),);}}}
Variable(n,1,30,);
```

你会发现，这里是用 for 循环语句先作出正 n 边形的顶点；从第 1 个顶点向其他顶点连线段；再将这些线段以原点为中心旋转，便得到了所有的边和对角线。

【习题 9-2】 将文件“9-9 完全图 . zjz”（第 1 页）的程序复制到新窗口的“程序工作区”并执行；将生成的线段组成若干对象组（在文本作图函数列表中找寻有关命令），分别给每组线段设置不同的颜色，做出动态完全图。

【习题 9-3】 参看文件“9-9 完全图 . zjz”第 2 页，构作以若干自由点为顶点的动态完全图，如图 9-14。特别注意如何用文本命令设置动态 alpha 参数来控制对象的显示和隐藏。

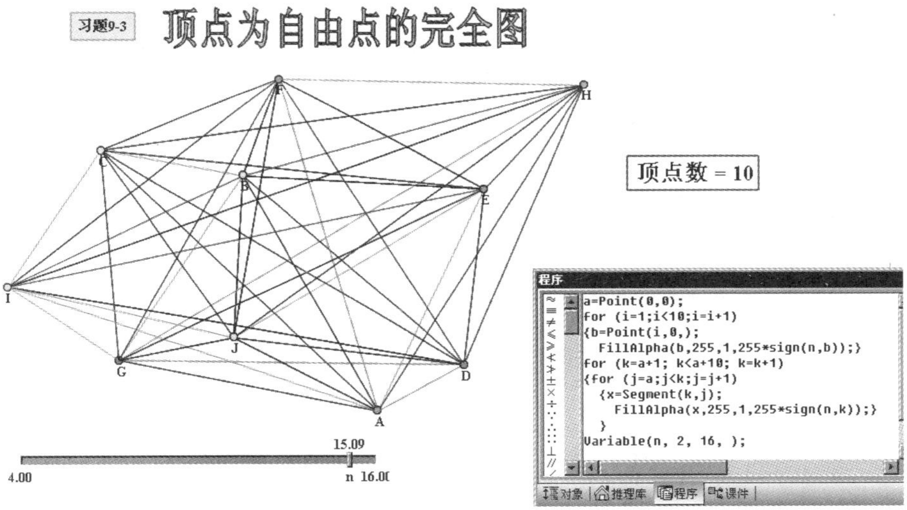

图 9-14

三、旋轮线和摆线

（一）变幅的旋轮线

车轮在平直的道路上滚动向前，轮子边缘上的一点的轨迹，叫作“旋轮线”，也叫平摆线。旋轮线有许多有趣的物理性质和几何性质，是一种重要的曲线。

在本丛书的《超级画板范例教程》中，讲了模拟旋轮线生成过程的动画的制作步骤。这里要说的方法略有不同，而且适于用超级画板的免费版本制作。

打开文件“9-10 变幅平摆线的生成 . zjz”，如图 9-15。

图上有一条曲线和一个带有十字轮辐的车轮。单击“动画”按钮，车轮开始

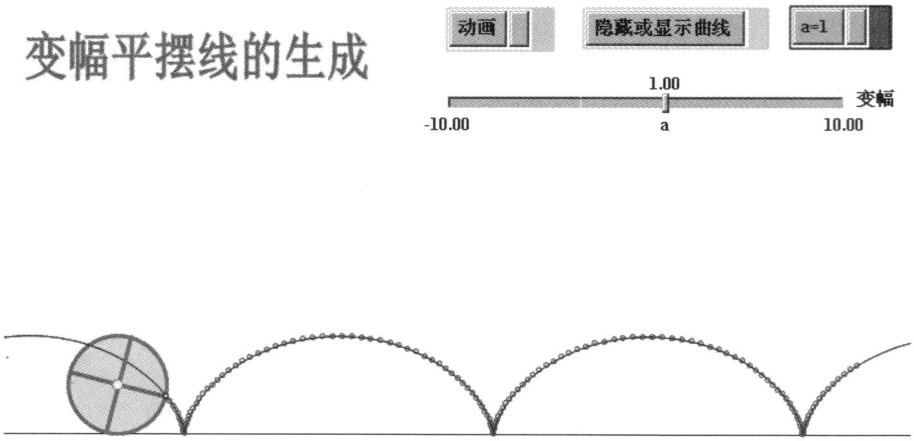

图 9-15

滚动；一条轮辐的外端留下的踪迹恰好在曲线上。可见这曲线就是旋轮线。

单击“隐藏或显示曲线”按钮，曲线隐藏，只看见轮辐的外端留下的踪迹。

拖动参数 a 的变量尺上的滑钮让 a 变大，则那条轮辐伸长，曲线和轮辐端点的踪迹发生变化，如图 9-16。

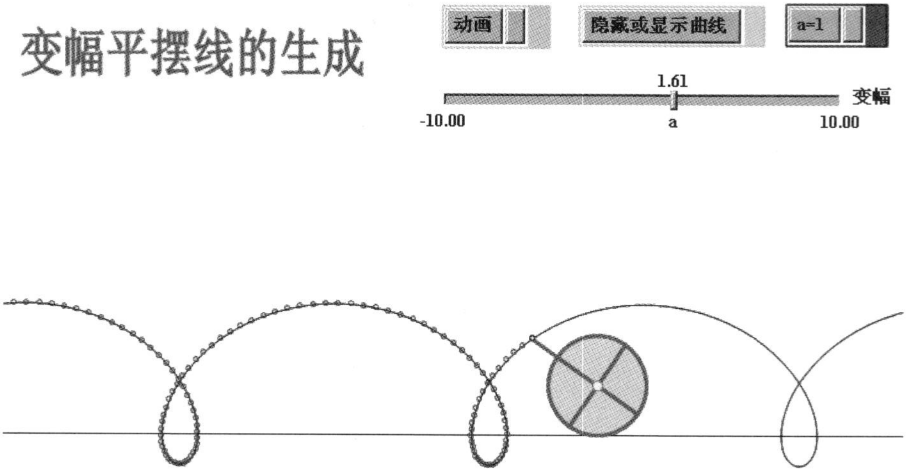

图 9-16

如果拖动参数 a 的变量尺上的滑钮让 a 变小，则那条轮辐缩短，曲线和轮辐端点的踪迹发生变化，如图 9-17。

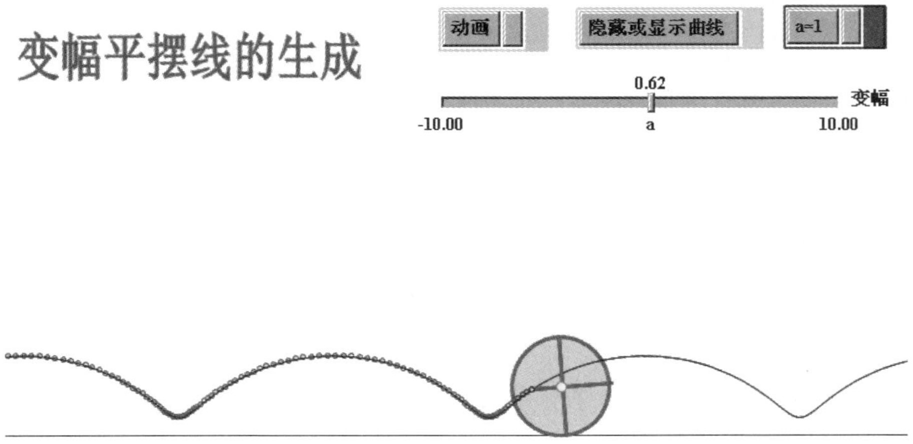

图 9-17

这两幅图上的曲线，叫作变幅平摆线，或变幅旋轮线。

单击写有“$a=1$”的按钮，该轮辐长度复原，曲线复原为旋轮线。

在文件的“对象工作区”，可以找到动画的制作方法。其中主要的步骤是：

[5] 作坐标点 A=（t，1)，它是车轮的圆心；

[6] 作坐标点 B= (t- a * cos (t)，1+ a * sin (t))，它是那条轮辐的端点；

[7] 作参数 a 的动画按钮，参数范围是 1 到 1，频率为 10，作用是让 a 变成 1；

[8] 以 A 为圆心，作半径为 1 的圆；

[9] 作参数 t 的动画按钮，参数范围是－3 到 7，频率为 200～300；用来驱动点 A、B；

[10] 对点 B 跟踪；

[11] 作点 B 的轨迹，即变幅平摆线；

[19] 作参数 a 的变量尺。

有了上面的 8 个对象，就可以演示旋轮线和变幅平摆线的生成过程了。剩下的事是画出轮辐，作出曲线的隐藏显示按钮等。

上面的操作可以先用下列文本命令生成对象，再设置属性而实现：

```
A= Point (t, 1,,,,);
```

```
B= Point (t- a*cos (t), 1+ a*sin (t), t,,,);
AnimationVar (a,);
CircleOfRadius (A, 1,);
AnimationVar (t,);
Trace (B,);
Locus (B,,, B);
Variable (a,);
```

（二）变幅的内外摆线

从几何上看，旋轮线是在直线上滚动的圆上一点的轨迹。

若一动圆和一定圆外切并沿定圆圆周滚动，则动圆上一点的轨迹叫作外摆线；若一动圆和一定圆内切并沿定圆圆周滚动，则动圆上一点的轨迹叫作内摆线。

文件“9-11 变幅内外摆线的生成 . zjz”显示出内外摆线的生成过程。图 9-18 是内摆线的情形。

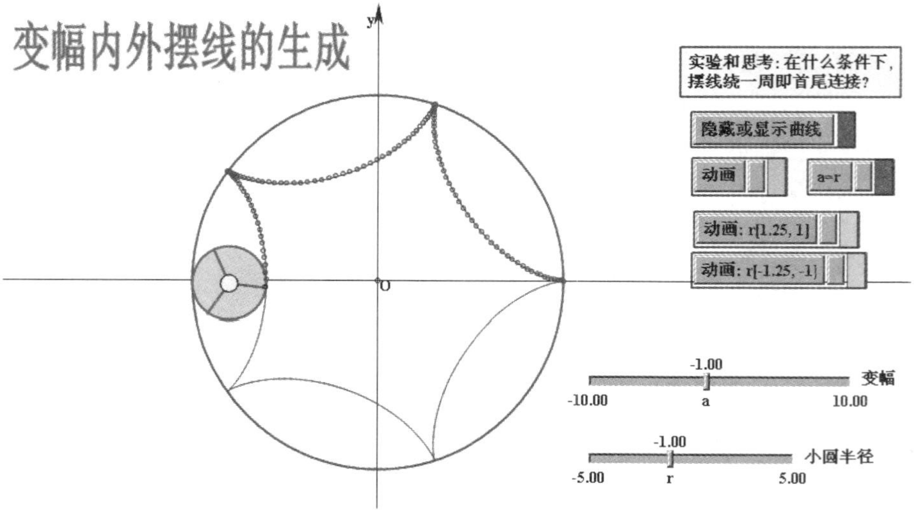

图 9-18

图 9-18 中的定圆半径为 5，动圆半径 $r=-1$；这里 r 为负表示动圆和定圆内切。单击“动画”按钮，小圆开始滚动，一条轮辐的外端留下的踪迹恰好在曲线上。

单击标注为“动画：r［1.25，1］”的按钮副钮，r 变为 1.25，此时小圆与大圆外切。单击“$a=r$”按钮使 $a=1.25$，再单击“动画”按钮，小圆开始在大圆外滚动，如图 9-19。

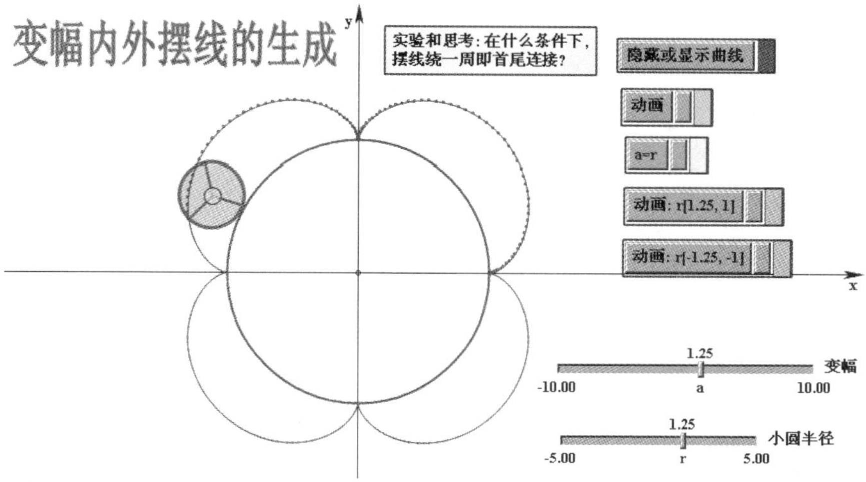

图 9-19

单击标注为“动画：r［1.25，1］”的按钮主钮，r 变为 1；拖动 a 的变量尺使 a 大于 r，于是那条轮辐伸长，曲线如图 9-20。

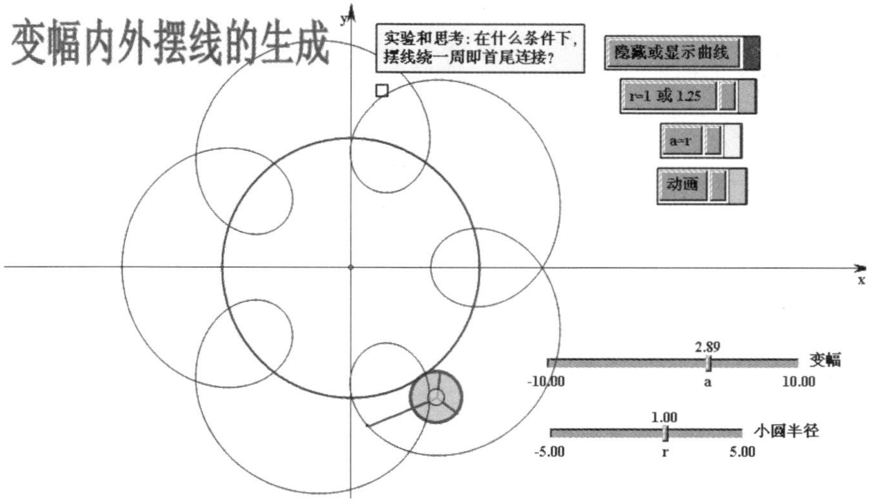

图 9-20

这时稍微拖动 r 的变量尺，使大小圆的半径比不再是整数，则曲线不再封闭，如图 9-21。

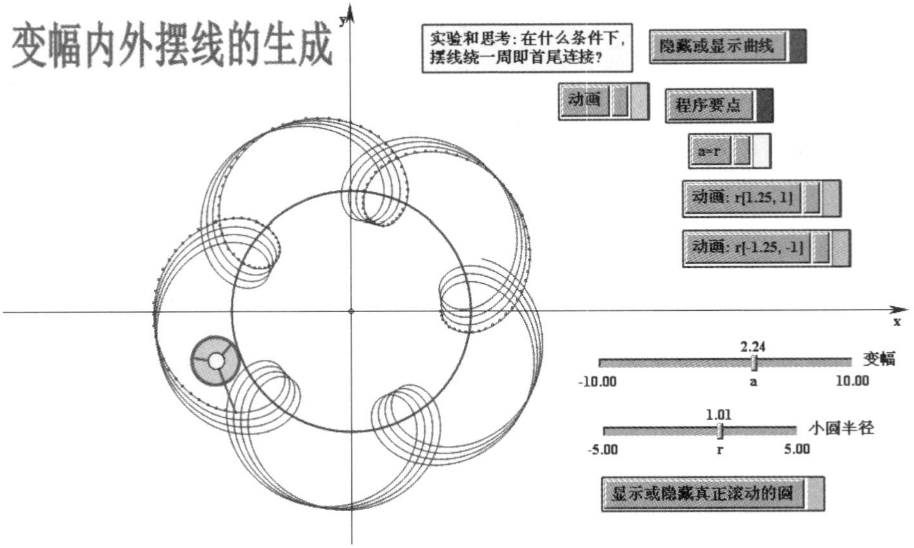

图 9-21

随着 r 和 a 的变化，变幅的内外摆线真是千变万化，丰富多彩。图 9-22 和 9-23 是变幅内摆线的两个例子。

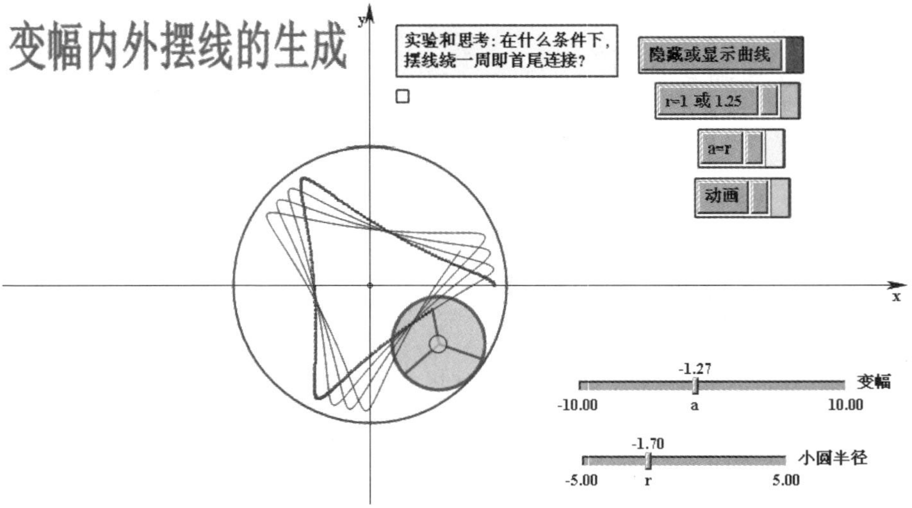

图 9-22

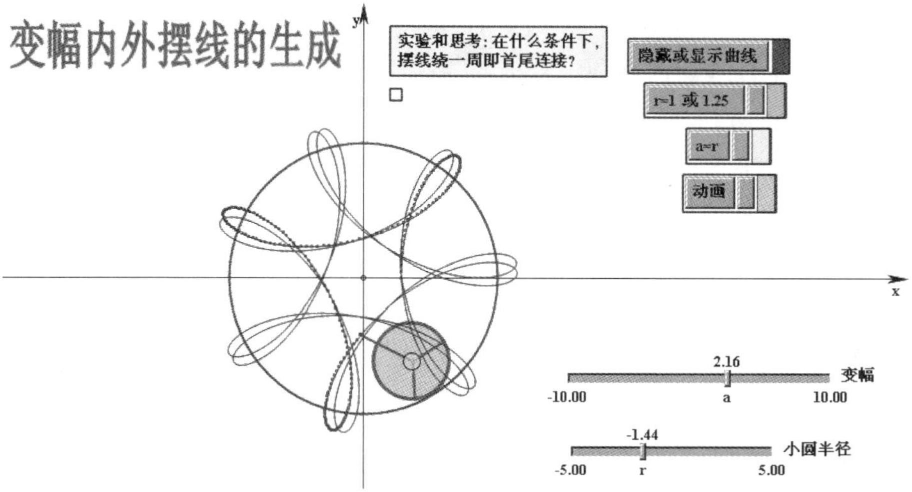

图 9-23

研究文件的对象工作区，可以了解动画的制作方法。其中关键的几步是：

[5] 以原点为圆心，作半径为 5 的定圆；

[6] 作坐标点 A= ((r+ 5) * cos (t) - a * cos ((r+ 5) * t/r), (r + 5) * sin (t) - a * sin ((r+ 5) * t/r))，x 坐标的拖动参数为 t，点 A 的轨迹就是变幅的内摆线（$r<0$）或外摆线（$r>0$）；[7] 作参数 t 的动画，变化范围从 0 到 8 * pi，或更多一些；

[8] 作参数 r 的变量尺；

[9] 作坐标点 B= ((r+ 5), * cos (t), (r+ 5) * sin (t))，它是动圆的圆心；

[10] 以点 B 为圆心，作半径为 r 的圆；

[11] 作参数 a 的动画；

[12] 作参数 a 的变量尺；

[13] 作点 A 的轨迹；

[14] 跟踪点 A；

其余的工作，就是画出动圆上的轮辐（[17] ～ [22]），制作按钮（[14] [15] [16] [25]）以及设置文本（[24] [26]）等。

上述关键步骤的文本作图命令是：

```
CircleOfRadius(1,5,);.
A= Point((r+ 5) * cos(t)- a * cos((r+ 5) * t/r),(r+ 5) * sin(t)-
a * sin((r+ 5) * t/r),t,,,);
```

```
AnimationVar(t,);
Variable(r,);
B= Point((r+ 5) * cos(t), (r+ 5) * sin(t),,,,);
CircleOfRadius(B,r,);
AnimationVar(a,);
Variable(a,);
Locus(A,,,,,,A);
Trace(A,);
```

（三）真正滚动的圆

仔细阅读分析上面两个文件中的作图步骤后就会发现，图中的动圆并没有真正旋转起来，它只不过随着圆心作直线运动或圆周运动罢了。作出旋轮线的动点 B 和作出内外摆线的动点 A，它的运动是坐标表达式中的参数 t 的变化所驱动的结果，而不是由于动圆沿着直线或圆周的滚动。我们所看到的曲线生成的过程，其实是一个假象。

要检验图上的动圆是否在滚动，也并不难。只要在它的圆周上作个点，看看这个点的轨迹是不是旋轮线或摆线就真相大白了。

在图 9-15 所示的圆上任取一点 N，对点 N 跟踪并启动动画，点 N 的踪迹不是旋轮线，而是一条直线。如图 9-24。

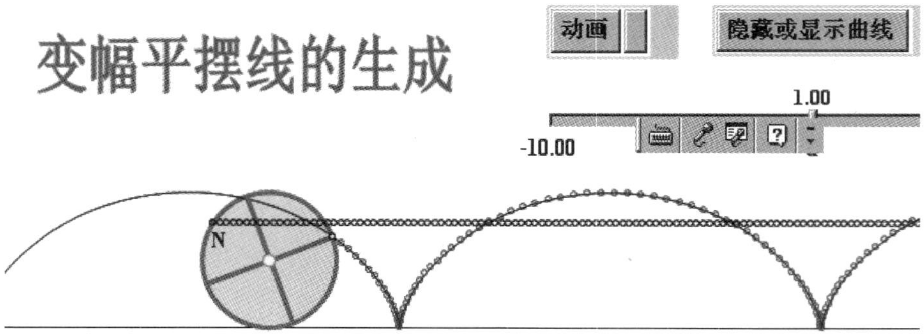

图 9-24

在图 9-19 所示的圆上任取一点 I，对点 I 跟踪并启动动画，点 I 的踪迹不是外摆线，而是一条圆弧。如图 9-25。

如何才能作出真正滚动的圆呢？

如果作出了真正滚动的圆，只要在圆上任作一点，当圆滚动起来时，所作的

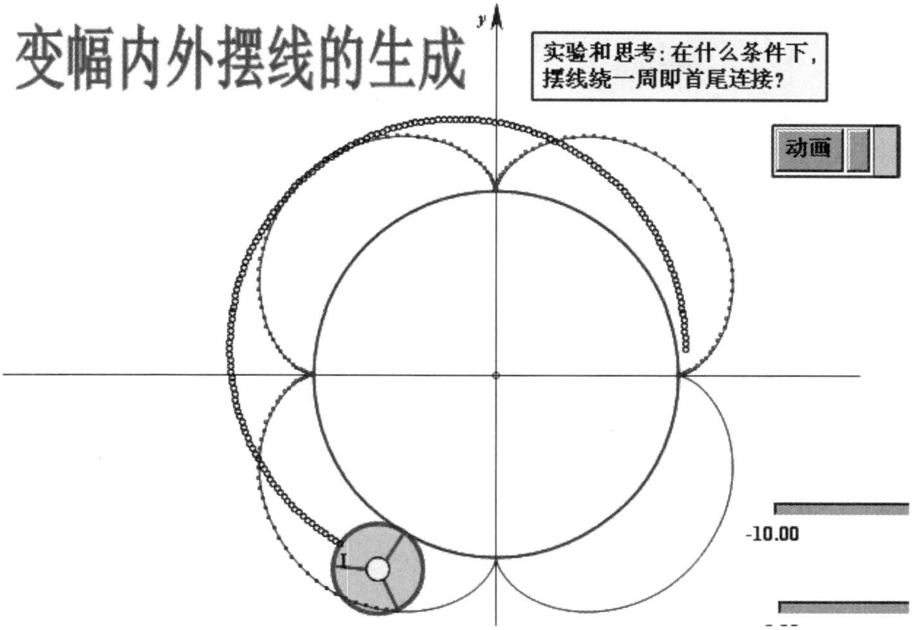

图 9-25

点就会自然地沿旋轮线或摆线而运动。

其实在上述两个文件中，我们也作出了真正滚动的圆。

打开文件“9-10 变幅平摆线的生成 . zjz”，在对象工作区将对象［8］隐藏，再单击“显示或隐藏真正滚动的圆”，就可以看到一个单线条的圆周，上面有几个点。你也可以在圆周上任意再作一个或几个点并跟踪。启动动画时，圆上的每个点都画出旋轮线的踪迹，如图 9-26。

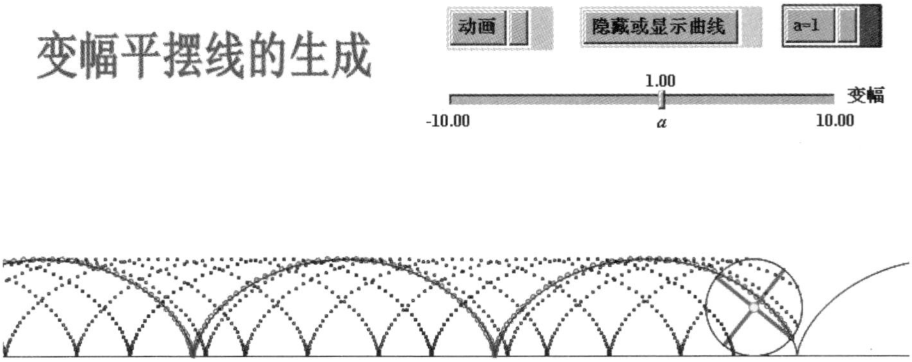

图 9-26

实践表明，这是一个真正沿直线滚动的圆。

选择这个圆，查出其对象编号为 25；打开它的“属性”对话框，看到这是一条参数曲线。其参数方程是 $x=t+\cos(n+t)$，$y=1-\sin(u+t)$。只要执行下列文本命令：

```
Function(t+ cos(u+ t),1- sin(u+ t),u,t,t+ 2*pi,50,);
```

就可以生成这个真正沿直线滚动的圆。

要注意的是，在参数方程中的参数是 u，其变化范围是 t 到 $t+2\pi$。

类似地，在文件“9-11 变幅内外摆线的生成 .zjz”中，在对象工作区将对象［10］隐藏，再单击“显示或隐藏真正滚动的圆”，就可以看到一个单线条的圆周，上面有几个点。你也可以在圆周上再作一个或几个点并跟踪。启动动画时，圆上的每个点都画出外摆线的踪迹，如图 9-27。

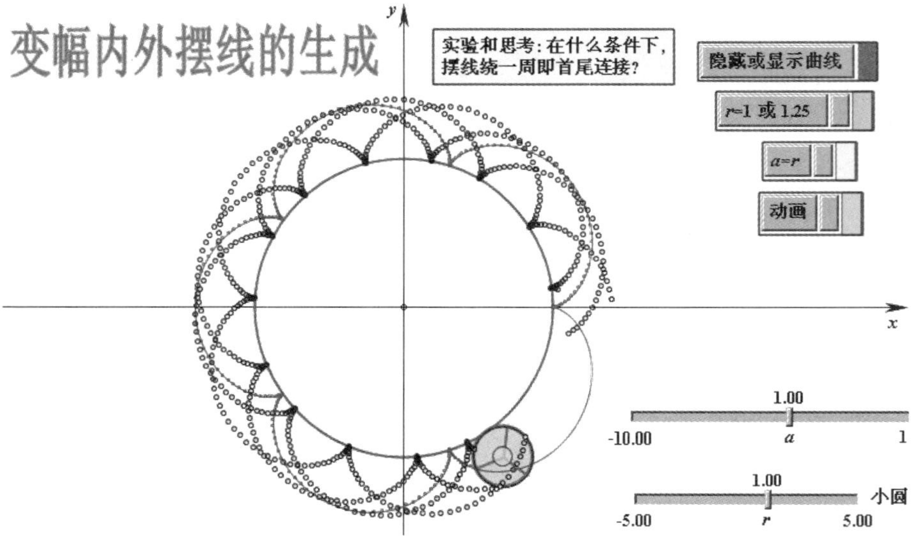

图 9-27

选择这个圆，查出其对象编号为 27；打开它的“属性”对话框，看到这是一条参数曲线。其参数方程是 `x= (r+ 5) * cos(t)- r * cos(u+ t * (1+ 5/r)),y= (r+ 5) * sin(t)- r * sin(u+ t * (1+ 5/r))`。只要执行下列文本命令：

```
Function((r+ 5) * cos(t)- r * cos(u+ t * (1+ 5/r)), (r+ 5) * sin(t)- r * sin(u+ t * (1+ 5/r)),u,t,t+ 2*pi,50,);
```

就可以生成这个真正沿圆周滚动的圆。

【习题 9-4】 参看文件“9-10 变幅平摆线的生成 . zjz”的第 2 页，制作沿一条任意直线滚动的圆的动画（如图 9-28）。

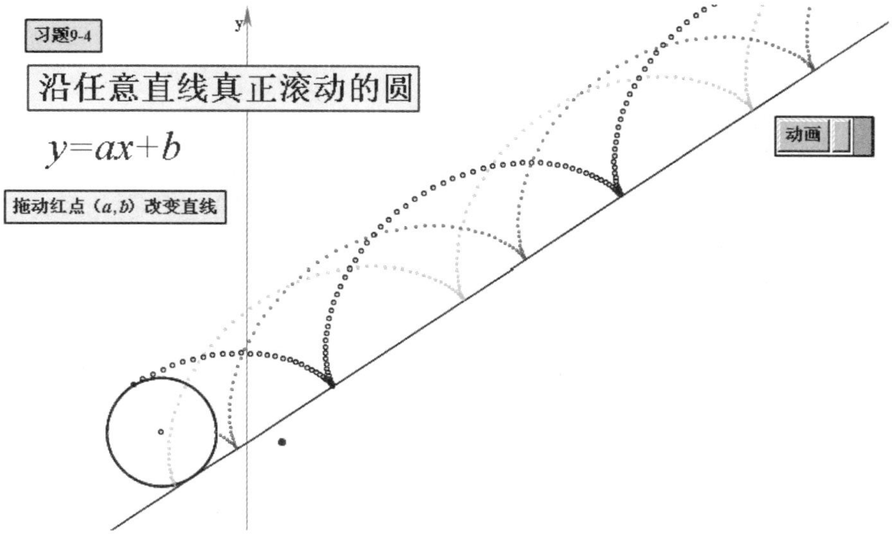

图 9-28

四、滚动的椭圆和正多边形

比起滚动的圆来，制作滚动的椭圆和正多边形的动画难度更大，需要更高的技巧，也更富于挑战性，更有趣味。

按下面介绍的方法，作出的动画只能近似地接近数学的真实。完全准确地用动画模拟滚动的椭圆和正多边形，做起来更难，需要更多的数学知识。

（一）滚动的椭圆

打开文件“9-12 滚动的椭圆 .zjz”，看到画面上有一个和 x 轴相切的椭圆。单击“动画”按钮，椭圆开始沿 x 轴滚动，并留下一系列的踪迹，如图 9-29。如果没有踪迹，单击“跟踪或暂停跟踪椭圆”按钮，即可出现；再单击则踪迹隐藏。

若单击“跟踪或暂停跟踪椭圆上的点”按钮和“跟踪或暂停跟踪椭圆中心”按钮，再启动动画，就可以看到当椭圆滚动时其中心的踪迹和椭圆上一点的踪迹；后者类似于旋轮线。若在椭圆上任取一点进行跟踪，也可以看到它的踪迹，如图 9-30。

在画面的左下部有 5 条线段，每条线段有一个端点可以拖动。拖动端点 a 或 b 可以改变椭圆的形状和大小；拖动端点 c 可以改变椭圆滑动的程度（例如，当

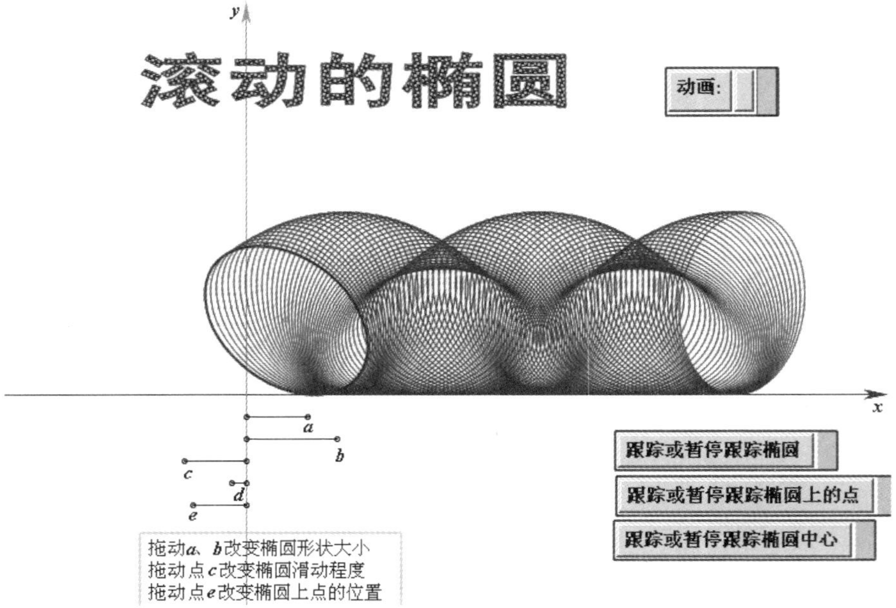
滚动的椭圆
动画:
a
b
c
d
e
x
y
跟踪或暂停跟踪椭圆
跟踪或暂停跟踪椭圆上的点
跟踪或暂停跟踪椭圆中心
拖动a、b改变椭圆形状大小
拖动点c改变椭圆滑动程度
拖动点e改变椭圆上点的位置

图 9-29

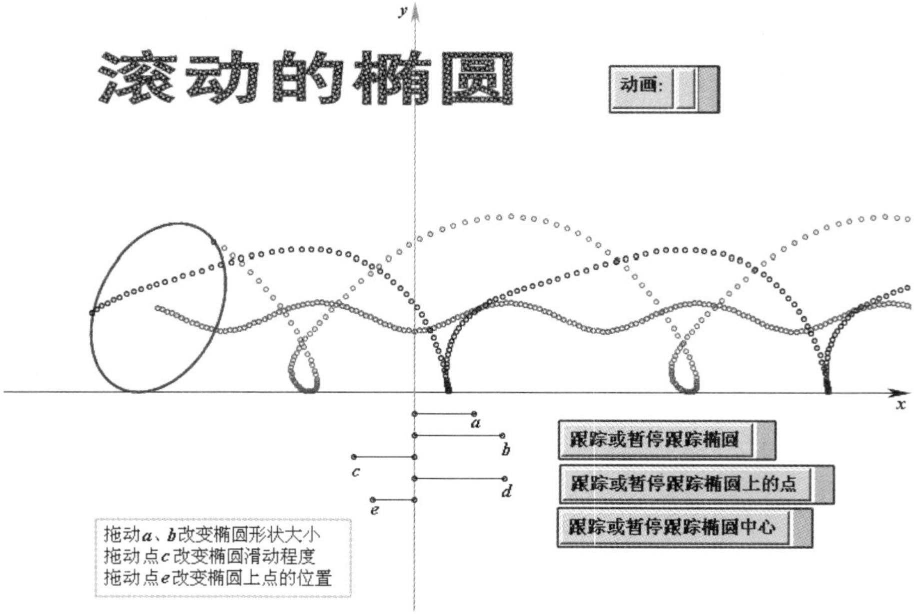
滚动的椭圆
动画:
a
b
c
d
e
x
y
跟踪或暂停跟踪椭圆
跟踪或暂停跟踪椭圆上的点
跟踪或暂停跟踪椭圆中心
拖动a、b改变椭圆形状大小
拖动点c改变椭圆滑动程度
拖动点e改变椭圆上点的位置

图 9-30

点 c 所在的线段长度接近 0 时，椭圆几乎在原地转动）；拖动点 D 可以改变椭圆的位置；拖动点 E 改变椭圆上被跟踪的点的位置。

制作这个动画，关键是作出对象［5］，即具有如下参数方程的动态的椭圆：

$$\begin{cases} x(t)=uc+a\cos(t)\sin(u)+b\sin(t)\cos(u) \\ y(t)=\sqrt{a^2\cos^2(u)+b^2\sin^2(u)}-a\cos(t)\cos(u)+b\sin(t)\sin(u) \end{cases}$$

其余主要对象有：

［6］点 $a=(a,-1)$；

［7］点 $b=(b,-2)$；

［8］点 $c=(c,-3)$；

［9］点 $D=(u,-4)$；

［10］点 $E=(v,-5)$；

［11］参数 u 的动画按钮；

［24］椭圆上的点 $F=(x(v),y(v))$；

［28］椭圆的中心 G，其坐标为

$$\left(uc,\sqrt{a^2\cos^2(u)+b^2\sin^2(u)}\right)$$

以及从点［6］～［10］到 y 轴作的垂线段、对几个运动对象的跟踪、文本和隐藏显示按钮。

主要的文本命令为：

```
S= Function(u*c+ a*cos(t)*sin(u)+ b*sin(t)*cos(u),
    (a^2,cos^2(u)+ b^2*sin^2(u))^(1/2)- a*cos(t)*cos(u)+
    b*sin(t)*sin(u),t,0,2*pi,50,);
Point(a,- 1,a,,,a);
Point(b,- 2,b,,,b);
Point(c,- 3,c,,,c);
Point(u,- 4,u,,,D);
Point(v,- 5,v,,,E);
AnimationVar(u,);
F= Point(u*c+ a*cos(v)*sin(u)+ b*sin(v)*cos(u),
    (a^2*cos^2(u)+ b^2*sin^2(u))^(1/2)- a*cos(v)*cos(u)+
    b*sin(v)*sin(u),v,,,F);
G= Point(u*c,(a^2*cos^2(u)+ b^2*sin^2(u))^(1/2),,,,G);
Trace(S,);
Trace(F,);
```

```
Trace(G,);
```

把这些命令复制到新文件的程序工作区执行，作一个滚动的椭圆试试看！

（二）正多边形的车轮

车辆在平坦的道路上能稳当地行驶，是因为车轮是圆的。圆心到路面的距离总等于半径，就使车身能保持固定的高度。

如果车轮是方形或正五边形，还要车身保持固定的高度，就只有把路面修成某种曲线的形状了。

文件“9-13 多边形车轮 .zjz”让我们看到这种正多边形的车轮在曲线形的道路上“平稳”行驶的有趣的情形。打开文件并启动“动画”，一个正三角形的轮子滚动起来，但三角形的中心保持在一条水平直线上运动，如图 9-31。

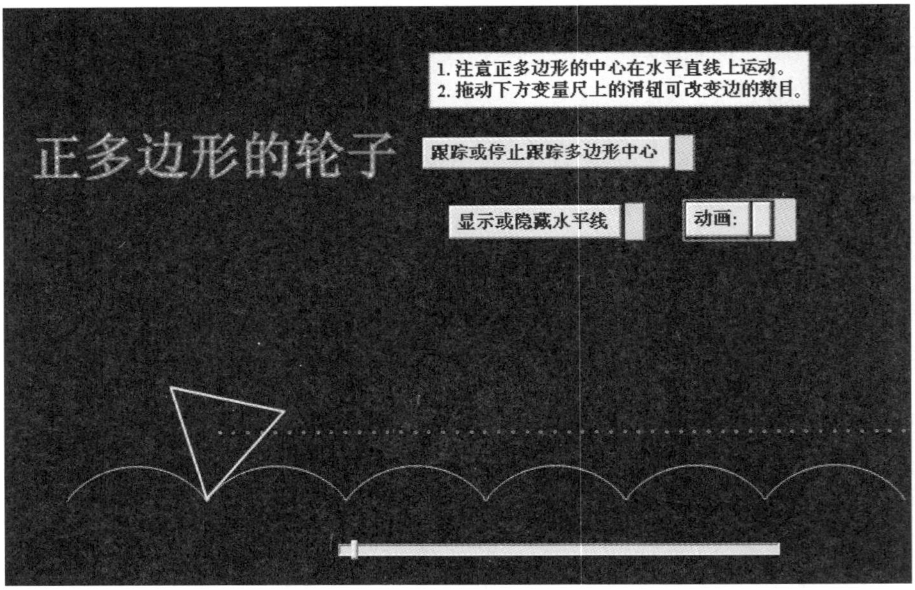

图 9-31

拖动下方变量尺上的滑钮，可改变边的数目。例如，稍微拖一点，就能把三角形变成正方形或正五边形。图 9-32 呈现了正五边形车轮的滚动。当然，下面的道路曲线也要作相应的变化。当多边形的边数增加时，轮子形状越来越接近圆，道路曲线越来越接近直线。

下面指出此动画的制作要点。关键之处自然是轮子和道路的曲线方程。这里道路曲线是使用圆弧近似代替的。

［5］参数 n 的变量尺；

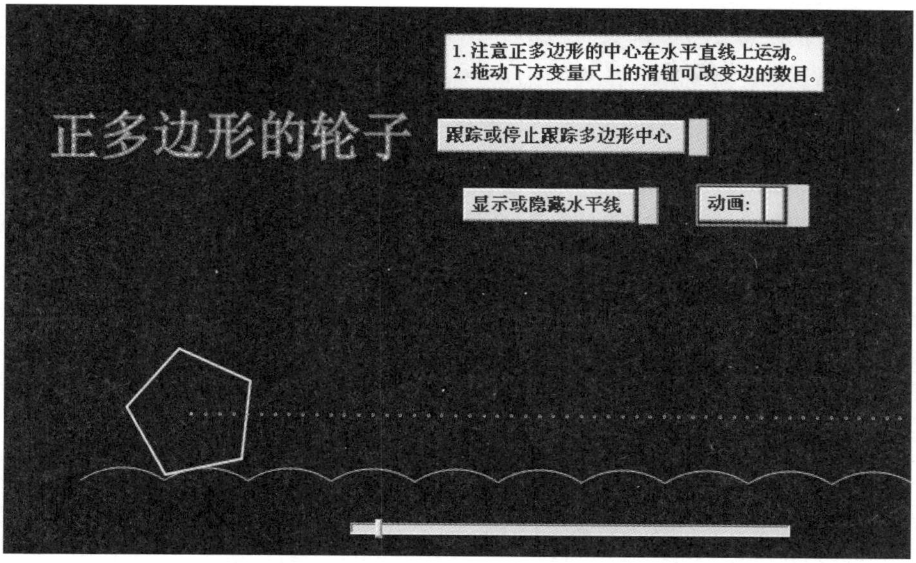

图 9-32

[6] 轮子的中心 $A=(t, 0)$；

[7] 变量 t 的动画按钮，变化范围是 0 到 4π；

[8] 轮子曲线 $x(M)=t+\cos(u)$，$y(u)=\sin(u)$，u 的变化范围是 $-t-\pi/2$ 到 $-t+3\pi/2$，点数 n，勾选“折线”；

[9] 测量表达式 m000：π/floor (n- 1)；

[10] 测量表达式 m001；

$$\frac{-\mathrm{m000}^2+\cos^2(\mathrm{m000})-1}{-2*\cos(\mathrm{m000})+2}$$

[11] 点 $B=$ (m000，m001)；

[12] 点 $C=(0, -1)$；

[13] 点 $D=(000, 0)$；

[14] 线段 BD；

[15] 点 E，点 C 关于 BD 的对称点；

[16] 测量线段 BC 的长度，为 m002；

[17] 曲线

$$y=\mathrm{m001}+\sqrt{\mathrm{m002}^2-((x-2*\mathrm{m000}*\mathrm{floor}\left(\frac{x}{2*\mathrm{m000}}\right))-\mathrm{m000})2}$$

x 从 0 到 4π；

[18] 直线 $y=0$，x 从 0 到 4π；

[19] 跟踪点 A;

[20] 跟踪轮子曲线;

上面从 [9] 到 [16] 是为了确定路面曲线表达式中的 m002;相应的文本作图命令为:

```
Variable(n,2,100,);
A= Point(t,0,,,,A);
AnimationVar(t,);
S= Function(t+ cos(u),sin(u),u,- t- pi/2,- t+ 3*pi/2,n,);
MeasureExpress(pi/floor(n- 1));
MeasureExpress(- 1- (m000^2/(1- cos(m000))- (1- cos(m000)))/
2);
B= Point(m000,m001,,,,B);
C= Point(0,- 1,,,,C);
D= Point(m000,0,,,,D);
BD= Segment(B,D);
E= Syrmaetric(C,BD,E);
MeasureLength(B,C);
Function(v,m001+ (m002^2- ((v- 2*m000*floor(v/(2*m000)))-
m000)^2)^(1/2),v,0,4*pi,6*10*n+ 1,);
Function(v,0,v,0,4*pi,20,);
Trace(A);
Trace(S);
```

在文件中单击“程序提要”按钮,可以看见上述文本命令,可以复制后执行。

(三) 滚动的正多边形

在文件“9-14 滚动的正多边形 . zjz”中,呈现了在直线上滚动的正多边形,如图 9-33。

按画面上的提示,拖动变量尺上的滑钮可以改变边数;图 9-34 是正 6 边形的情形。当然,边数增多时,多边形接近于圆。

和前例类似,图上的多边形实际上是一条曲线。制作这个动画的难点就在于写出此曲线的方程。如果你暂时理解不了下面操作的原理,能够复制应用也好。

为了写出曲线的方程,先要做几次测量;否则,方程表达式就太繁了。

操作要点为:

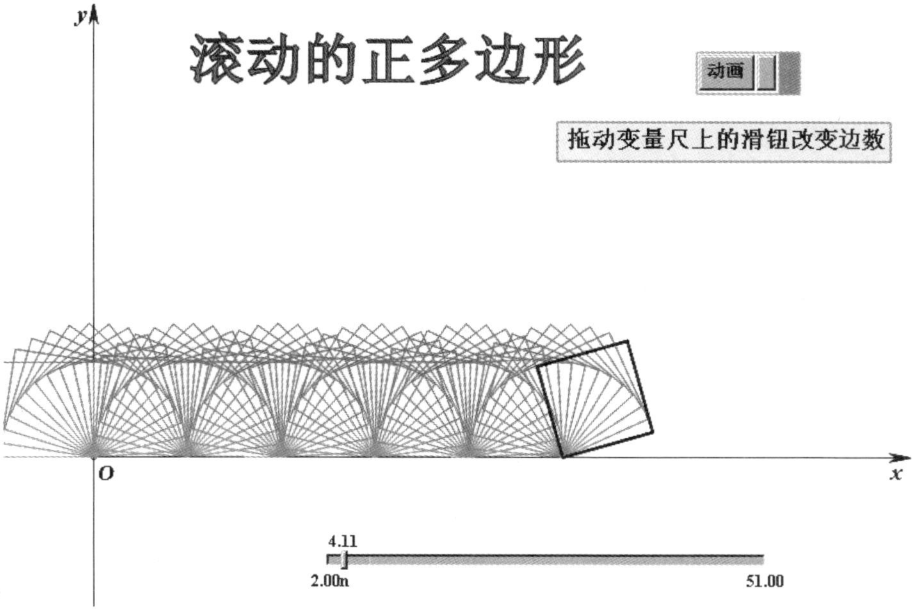
y
滚动的正多边形
动画
拖动变量尺上的滑钮改变边数
O
x
4.11
2.00n
51.00

图 9-33

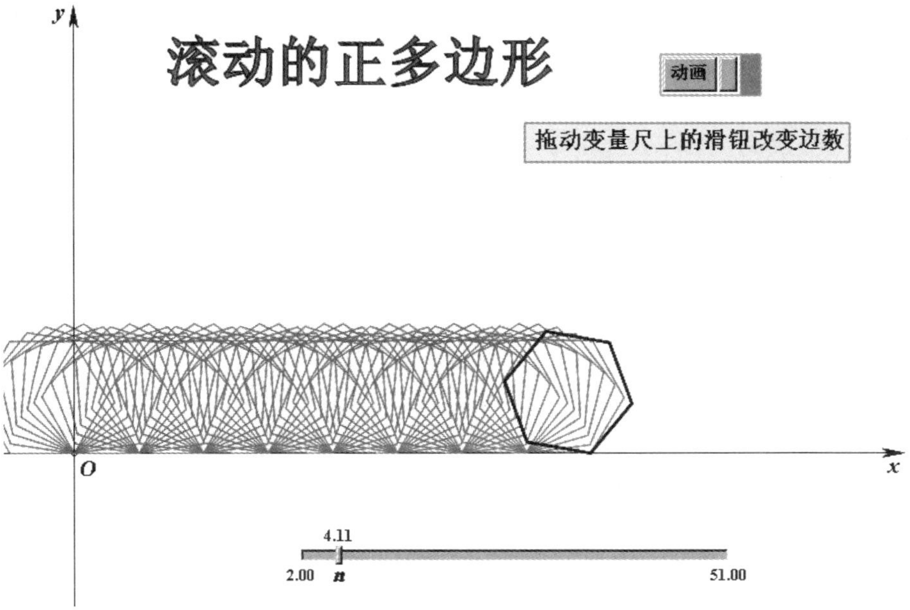
y
滚动的正多边形
动画
拖动变量尺上的滑钮改变边数
O
x
4.11
2.00
n
51.00

图 9-34

[5] 测量 m000：2π/floor (n)；

[6] 测量 m001：u- m000 * floor (u/m000)；

[7] 测量 m002：u/m000；

[8] 参数曲线

$$\begin{cases} x(t)=2*\sin(t)*\cos(t-m001+m000/2)+2*floor(m002)*\\ \qquad \sin(pi/floor(n)) \\ y(t)=2D\sin(t)*\sin(t-m001+m000/2) \end{cases}$$

参数 t 的范围是 0 到 π；点数为 $n+1$；勾选“折线”。

[9]变量 u 的动画按钮，变化范围是 0 到 15；

[10]参数 n 的变量尺；

[11]跟踪曲线；

其文本命令为：

```
MeasureExpress(2 * pi/floor(n));
MeasureExpress(u- m000 * floor(u/m000));
MeasureExpress(u/m000);
s= Function(2 * sin(t) * cos(t- m001+ m000/2)+ floor(m002) * 2 * sin(pi/floor(n)),2 * sin(t) * sin(t- m001+ m000/2),t,0,pi,n + 1,);
AnimationVar(u,);
Variable(n,2,50,);
Trace(S,);
```

在新文件的“程序工作区”执行上述命令后，不要忘了在曲线的“属性”对话框里勾选“折线”以及在“动画”按钮的“属性”对话框里设置变化范围。

【习题 9-5】 用智能画笔在“正多边形车轮”上作点，此点会出现在正多边形的边上吗？对此点跟踪，它的轨迹是什么曲线？如果在“滚动的正多边形”上取点，又是什么样的情形呢？

五、曲线的互相变化

前面早已知道，带有参数的曲线，其形状会随着参数的变化而变化。

如果有两条不同的曲线，能不能让一条曲线连续地变成另一条呢？

文件“9-15 曲线的互变 . zjz”提供了一个简单的方法：设有两条函数曲线，表达式分别是 $y=f(x)$ 和 $y=g(x)$，作一个函数 $y=tf(x)+(1-t)g(x)$，则当 t 从 1 变为 0 时，它从 $f(x)$ 变为 $g(x)$，而 t 从 0 变为 1 时，它从 $g(x)$ 变为 $f(x)$。如图 9-

35，两条虚线曲线分别是[−4,4]上的函数 y= x^2/2 和[−π,π]上的函数 $y=\sin(x)$的图像，而实的红色曲线是函数：

$$t\ \sin(x)+(1-t)\frac{x^2}{2}$$

在区间$[-\pi t-4(1-t),\pi t+4(1-t)]$上的图像。单击“动画”按钮，实曲线从一条虚曲线渐渐变成另一条。对实的曲线跟踪，可以看到变化的过程。

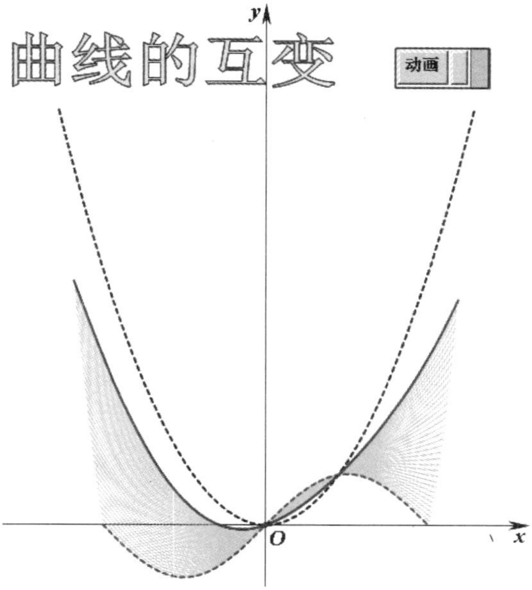

图 9-35

这样的动画制作步骤很简单，只不过作 3 条曲线和一个动画按钮罢了。

再来看文件“9-16 圆和四边形互变 . zjz”，如图 9-36，单击“动画”按钮，实的红色闭曲线从圆变为一个四边形。

拖动四边形的顶点改变它们的位置，即使四边形看来差别不大，但变化的过程会有很大不同。例如，图 9-37 和图 9-36 就很不一样，因为 4 个顶点的位置调换了。

图 9-36 中动画制作方法和图 9-35 不同，是用轨迹而不是方程。操作步骤如下：

[5]自由点 A；

[6]以原点为圆心过 A 作圆；

[7]圆上任取一点 G；

[9-12]自由点 I、J、K、L；

[13]多边形 $IJKL$；

[14]多边形周界上一点 M；

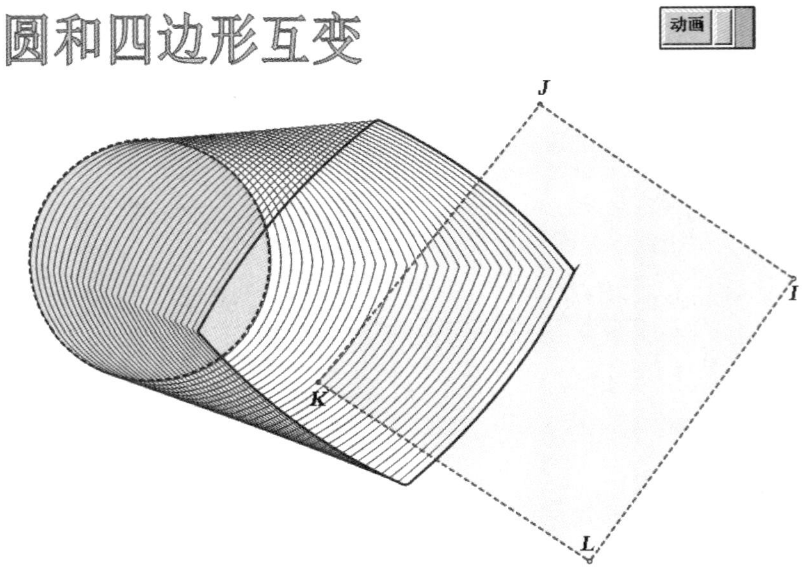

图 9-36

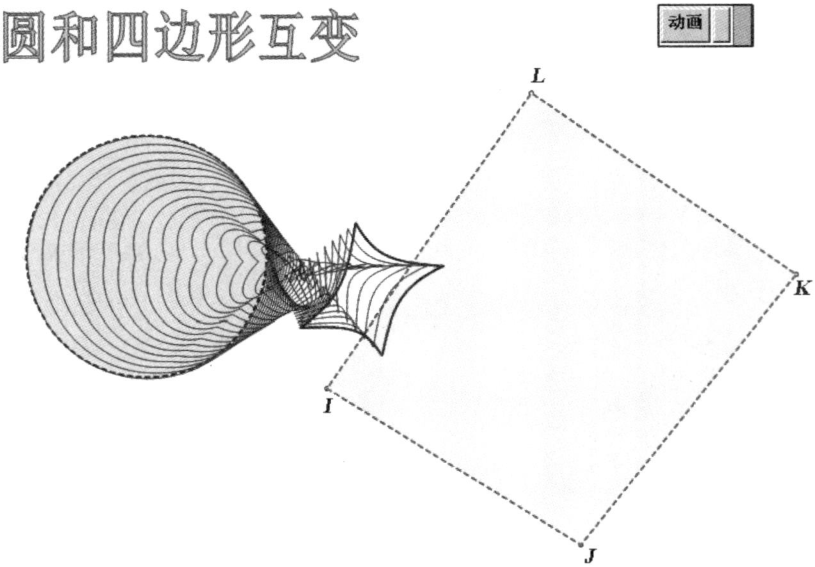

图 9-37

[15]线段 GM;

[16]GM 上取一点 P;

[17]作点 P 的轨迹,在轨迹属性表中将点 M 的参数范围设置为 0 到 4;

[18]作点 P 的动画，参数范围为 0 到 1；

[19]跟踪点 P 的轨迹；

文本作图命令为：

```
A= Point(1,0,A);
CR= Circle(1,A);
G= PointOnCircle(CR,G);
I= Point(6,0,I);
J= Point(4,3,J);
K= Point(2,0,K);
L= Point(4,- 2,L);
PG= P0lygon(I,J,K,L,,);
M= PointOnPolygon(I,J,K,L,M);
SM= Segment(G,M);
P= PointOnLine(SM,P);
LC= Locus(G,M,,,,,P);
Animation(P,);
Trace(LC);
```

上述 14 条中，有 2 条只能用文本作图命令实现，其余的也可用鼠标菜单操作。

能不能让圆和一个边数可变的 n 边形相互变化呢？

我们已经有两类方法作出边数可变的 n 边形，但那样作出的 n 边形都不能方便地和圆相互变化。下面给出另一种办法。

打开文件“9-17 圆与正多边形互变 .zjz”的第一页，画面上有一个虚线圆和一个虚线的星形，还有一条实线的封闭曲线。单击“动画”按钮，封闭曲线由圆渐变为星形，或由星形渐变为圆，如图 9-38。

拖动参数 n 的变量尺，星形的角数会改变，从 5 角直到 50 角。不过，当角的数目超过 30 时，看上去已经是一个圆了。

这里的星形是在极坐标下输入下列方程而作出的：

$$\rho=\frac{a}{\cos\left(\theta-\text{floor}\left(\frac{\theta\text{floor}(n)}{2\pi}\right)\frac{2\pi}{\text{floor}(n)}\right)}$$

而在极坐标下，以极点为圆心的圆方程是 $\rho=b$；两者组合起来，可知在圆和星形之间互变的曲线的方程为：

$$\rho=bt+\frac{(1-t)a}{\cos\left(\theta-\text{floor}\left(\frac{\theta\text{floor}(n)}{2\pi}\right)\frac{2\pi}{\text{floor}(n)}\right)}$$

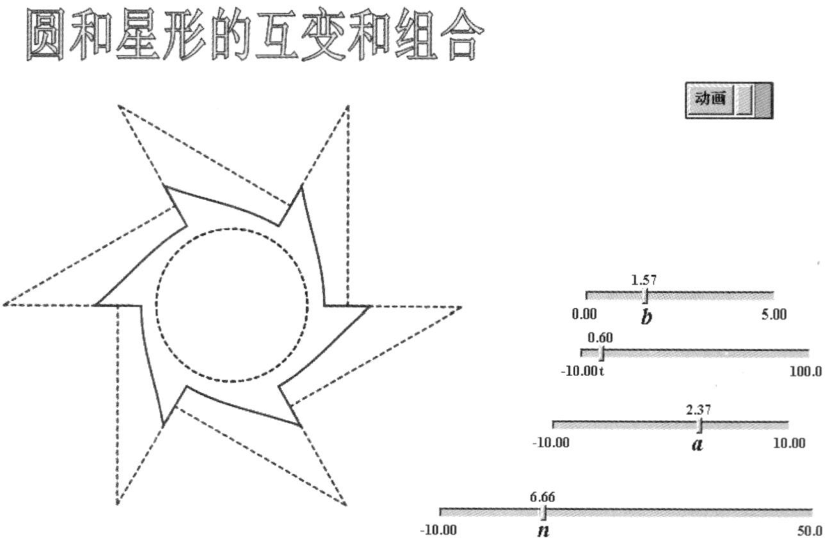

图 9-38

显然，当 t 从 0 变到 1 时，曲线就从星形变为圆。如果想看看 t 比 1 大时曲线的样子，不妨作 t 的变量尺，拖动滑钮试试。这时，会出现一些更有趣的图形，如图 9-39。

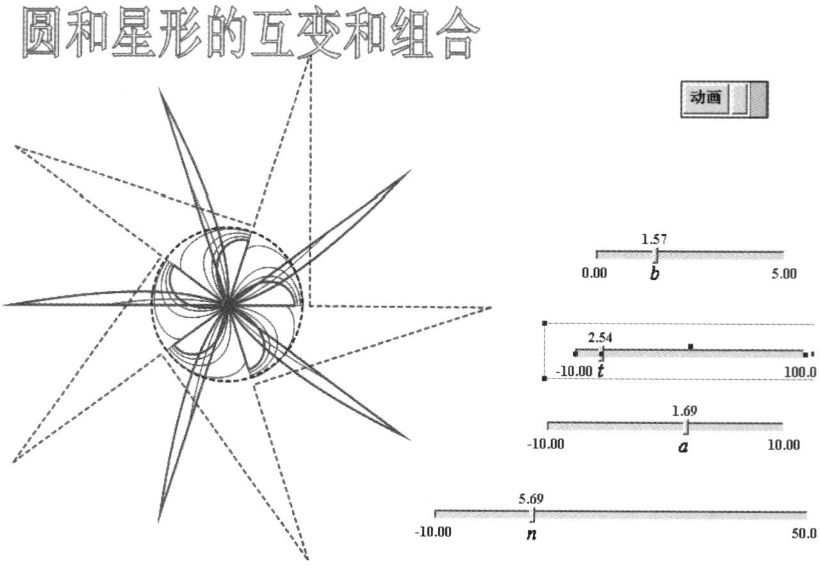

图 9-39

这个动画的制作很简单，关键是会写出星形的曲线方程。输入极坐标曲线方程时，要用 rho 表示 ρ，用 thet 表示 θ。其文本命令如下：

```
CircleOfRadius(1,b,);
Variable(a,);
Variable(b,);
Variable(t,);
Variable(n,);
AnimationVar(t,);
Function(rho= a/cos(thet- floor(floor(n) * thet/(2 * pi)) * pi * 2/floor(n)),0,2 * pi+ 0.1,2000,);
Function(rho= b * t+ (1- t) * a/cos(thet- floor(floor(n) * thet/(2 * pi)) * pi * 2/floor(n)),0,2 * pi+ 0.1,2000,);
```

执行后，注意动画设置 t 的范围是 0 到 1，一次运动；曲线的变量范围是 0 到 $2\pi+0.1$；加上 0.1 是为了避免曲线有缺口。曲线的属性中可以勾选“折线”，使转角处更好看。

文件的第 2 页，其结构和第 1 页完全一样，只是改变了两个方程，用正多边形曲线代替了星形曲线。所用的正多边形曲线在极坐标下的方程为：

$$\rho= \mathrm{sign}(0.5,0 * m000- \mathrm{floor}(m000 * \theta)) * \frac{a}{\cos\left(\theta- \frac{\mathrm{floor}(m000 * \theta)}{m000}\right)} + \mathrm{sign}(\theta * m000- \mathrm{floor}(m000 * \theta),0.5) * \frac{a}{\cos\left(\theta- \frac{1+ \mathrm{floor}(m000 * \theta)}{m000}\right)}$$

这里 m000= floor (n) /2π。于是容易写出可在圆和正多边形之间变化的曲线方程为：

$$p= b(1- t)+ t(\mathrm{sign}(0.5,\theta * m000- \mathrm{floor}(m000 * \theta)) * \frac{a}{\cos\left(\theta- \frac{\mathrm{floor}(m000 * \theta)}{m000}\right)} + \mathrm{sign}(\theta * m000- \mathrm{floor}(m000 * \theta), 0.5) * \frac{a}{\cos\left(\theta- \frac{1+ \mathrm{floor}(m000 * \theta)}{m000}\right)}$$

有了上面的方程，就知道文本作图命令为：

```
CircleOfRadius(1,b,);
Variable(a,);
```

```
Variable(b,);
Variable(t,);
Variable(n,);
AnimationVar(t,);
MeasureExpress(floor(n)/(2*pi));
Function (rho= sign(0.5,thet*m000- floor(m000*thet))*a/
         cos(thet- floor(m000*thet)/m000)+ sign(thet*m000
         - floor(m000*thet),0.5)*a/cos(thet- (1+ floor
         (m000*thet))/m000),0,2*pi,1000,);
Function (rho= b*(1- t)+ t*(sign(0.5,thet*m000- floor(m000
         *thet))*a/cos(thet- floor(m000*thet)/m000)+ sign
         (thet*m000- floor(m000*thet),0.5)*a/cos(thet- (1
         + floor(m000*thet))/m000)),0,2*pi,1000,);
```

执行上述命令并适当设置曲线和按钮的属性参数后，对最后作出的曲线跟踪；单击“动画”按钮，可见曲线在圆和正多边形之间变化，如图 9-40。

当 a 和 b 符号相反时，变化过程更为有趣，不妨一试。

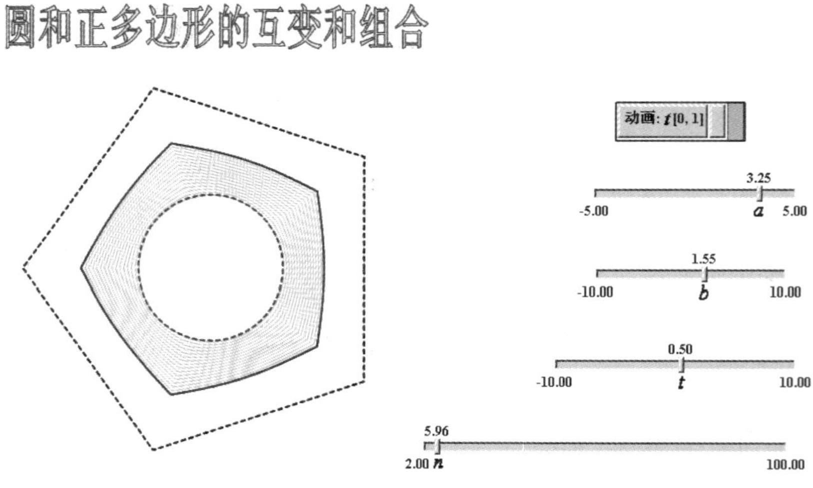

图 9-40

而当 t 的值超出 [0, 1] 时，会得到其他有趣的曲线，其中之一如图 9-41。

在图 9-41 中，把圆和来回变化的曲线删去，只剩下一条多边形曲线；再作以下操作：

[11] 多边形曲线上任取点 A；

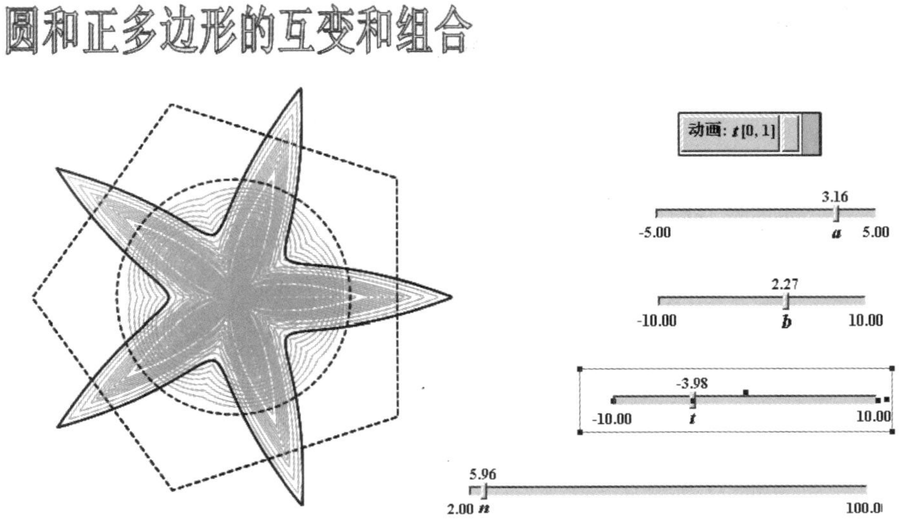

图 9-41

[12] 自由点 B；

[13] 自由点 C；

[14] 以 B 为圆心过点 C 的圆；

[15] 圆上任取点 D；

[16] 线段 AD；

[17] AD 上任取点 E；

[18] 以 A、D 为主动点作点 E 的轨迹：Locus (11，15,,，17)；

[19] 作点 E 的动画按钮，参数 0 到 1，一次运动；

[20] 跟踪轨迹 [18]；

[21] 在点 E 的“属性”对话框查出其参数为 u003，作 u003 的变量尺：Variable (m003,)。

这样，使用类似于文件“9-16 圆和四边形互变 .zjz”（图 9-36）中的方法，作出一条可以在圆与正多边形之间互变的轨迹曲线。单击“动画”按钮，看到曲线的变化，如图 9-42。

这样用两个或更多主动点生成轨迹时，要注意设置好主动点的参数范围。例如，在图 9-36 中，圆上和四边形上的两个主动点的参数范围分别为 0 到 2π 和 0 到 4；在图 9-42 中，圆上和多边形曲线上的两个主动点的参数范围都是 0 到 2π。如果打开轨迹曲线的“对象的扁性”对话框，把点 A 的参数范围改为 0 到 12π，如图 9-43。

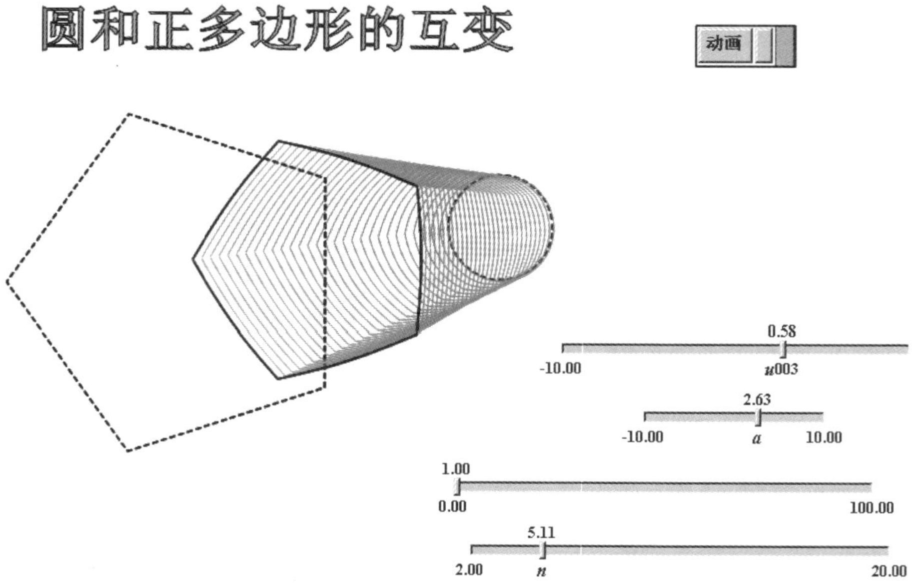

图 9-42

图 9-43

再启动“动画”时，轨迹曲线会编出有趣的花样来，其中之一如图 9-44。

使用这种改变参数范围的方法，可以从 3 个做圆周运动的点出发，组合出很复杂的曲线图案，例如图 9-45，这就作为习题的内容了。

【习题 9-6】 作一条封闭曲线，它可以从圆渐变成正多边形，同时变化其内部和边界的颜色（参看文件“9-17 圆与正多边形互变 . zjz”第 4 页）。

【习题 9-7】 作 3 个圆。分别在两个圆上取半自由点 G、H；在线段 GH 上取半自由点 I；在第三个圆上取半自由点 J；在线段 IJ 上取半自由点 K；以 G、H、J 为主动点作点 K 的轨迹；在轨迹的“属性”对话框中用不同方法设置

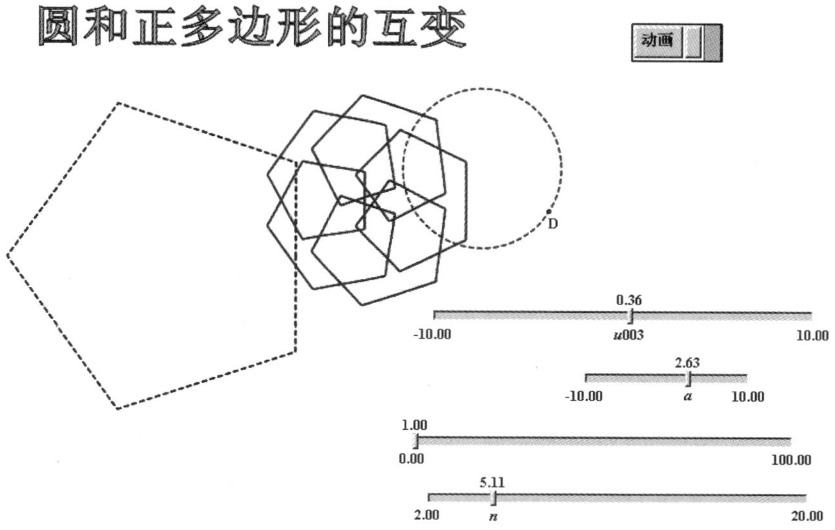

图 9-44

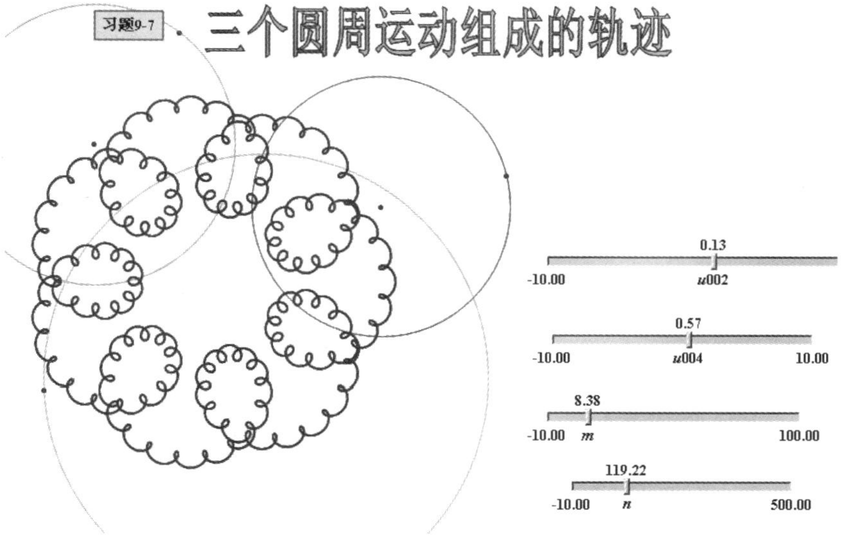

图 9-45

参数范围，观察轨迹的变化（参看文件“9-17 圆与正多边形互变 .zjz”第 5 页和图 9-45）。

六、泰勒多项式和三角级数

初等函数可以近似地用幂级数表示，例如：

$$e^x=\sum_{k=0}^{\infty}\frac{x^k}{k!}=1+\frac{x}{2}+\frac{x^2}{6}+\cdots+\frac{x^k}{k!}+\cdots$$

$$\sin(x)=\sum_{k=0}^{\infty}\frac{(-1)^k x^{2k+1}}{(2k+1)!}=x-\frac{x^3}{6}+\frac{x^5}{120}-\cdots+\frac{(-1)^k x^{2k+1}}{(2k+1)!}+\cdots$$

$$\cos(x)=\sum_{k=0}^{\infty}\frac{(-1)^k x^{2k}}{(2k)!}=1-\frac{x^2}{2}+\frac{x^4}{24}-\cdots+\frac{(-1)^k x^{2k}}{(2k)!}+\cdots$$

这样表示可以容易地计算函数的值。例如，当 x 的绝对值小于 1 时，只要取级数的前 2 项或 3 项，就可以求出 sin（x）和 cos（x）的 3 到 4 位小数的值。

上面这样的级数也叫相应的函数的泰勒级数，泰勒级数的前面有限项的和是 x 的多项式，叫作相应的函数的泰勒多项式。

用动态的图像表示项数可变的泰勒多项式，有助于直观地认识泰勒多项式逼近相应的函数的过程。

文件“9-18 泰勒多项式 . zjz”第 1 页分别用绿色虚线和红色实线表示指数函数 $y=e^x$ 和它的泰勒多项式的图像。从 0 开始拖动 n 的参数尺的滑钮并跟踪泰勒多项式的图像，看到当 $n=0$、1、2、3 时，泰勒多项式的图像顺次为水平直线、斜率为 1 的直线、抛物线和 3 次曲线，它在 $x=0$ 附近越来越接近函数 $y=e^x$ 的图像，如图 9-46。

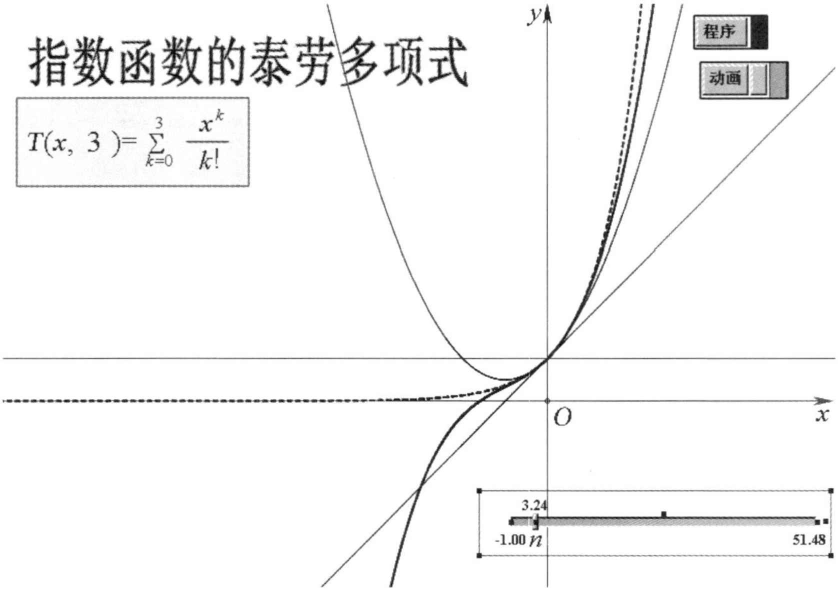

图 9-46

若单击“动画”按钮，则随着 n 的增长，红色曲线在越来越大的范围内逼近绿色虚线，同时左上方的和式的指标也和 n 同步增加；如图 9-47。

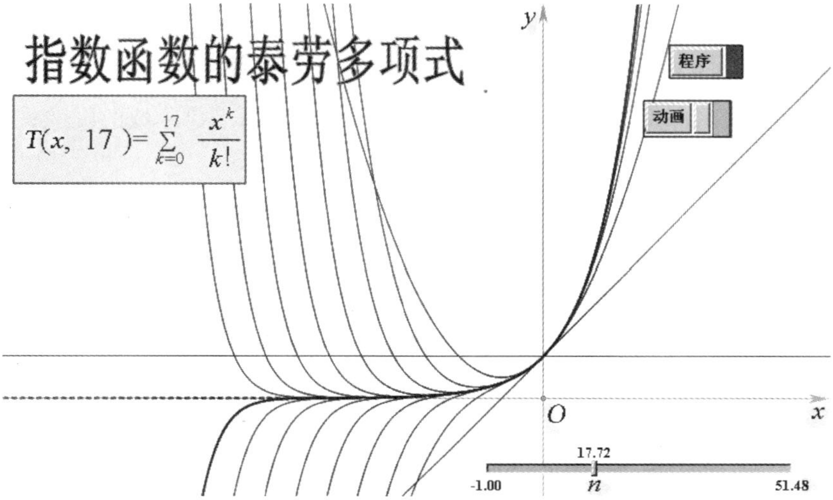

图 9-47

作出上面的动画，关键之处当然是泰勒多项式的动态图像的生成和动态和式的输入。单击“程序”按钮，再双击出现的程序文本，可以看到文本命令的输入形式：

```
TE (x, n, k) {i= 0; f= 1;
        while (i< k)
          {i= i+ 1;
        f= f+ sign (n, i) *X^/Factorial (i);}}
S= Function (x, TE (x, n, 50), x, - 20, 10, 100, 0);
Function (x, e^x, x, - 20, 10, 100, 0);
Trace (S);
MeasureExpress (floor (n));
Text (T (x, $bl {m000, 0)) = $he ({k= 0, $bl {m000, 0)) (x^
k/k!)});
Variable (n,);
AnimationVar (n,);
TransformText (“指数函数的泰勒多项式”);
```

上面 1～4 行构成一个循环语句，定义了一个函数 TE（x，n，k），形式上它有 $k+1$ 项；但由于 sign（n，i）的作用，当 i 不小于 n 时第 i 项为 0，所以它实际上只有 n 项，即指数函数的泰勒级数的前 n 项；而 n 是可变参数，这就得到了泰勒多项式的动态表达式。表达式中的 Factorial (i) 表示 i 的阶乘，即 $i!$。理解了这 4 行，以后可以制作很多类似的动态图像。

第 5 行利用前面定义的函数 TE，作出泰勒多项式的动态图像。用的是参数曲线的文本作图命令。参数 x 的范围是−20 到 10，作 100 个点。

第 6 行同样用的是参数曲线的文本作图命令，作出指数函数的图像；

第 7 行对泰勒多项式的动态图像跟踪；

第 8 行测量 floor (n)，即 m000，是为了下一行制作动态和式时使用；

第 9 行输入动态和式的文本；

第 10 和 11 行生成参数 n 的变量尺和动画按钮；

最后输入可变换文本标题。

注意，7、9、10、11 行可以不用文本作图。

将上面的程序略加变换，可得正弦函数的动态泰勒多项式的制作程序：

```
TS (x, n, k) {i= 0; f= x;
                 while (i< k)
                  fi= i+ 1;
                  f= f+ sign (n, i) * (- 1) ^i * x^ (2 * i+
                  1) /Factorial (2 * i+ 1);)
S= Function (x, TS (x, n, 50), x, - 10, 10, 100, 0);
Function (x, sin (x), x, - 10, 10, 100, 0);
Trace (S);
MeasureExpress (floor (n));
Text (TS (x, $bl {m000, 0}) = $he { {k= 0, $bl {m000, 0}}
( ( (- 1) ^k x^ (2k1)) / (2k+ 1)!)});
Variable (n,);
AnimationVar (n,);
TransformText ("正弦函数的泰勒多项式");
```

对应的动画见上述文件第 2 页，如图 9-48。

余弦函数的动态泰勒多项式的制作留作习题，参看上述文件第 3 页，如图 9-49。

除了泰勒级数外，科学技术活动中还常常使用正弦和余弦函数的和式，即三角级数来近似地表示各种函数，特别是波型函数。三角级数也叫傅里叶级数。

有趣的是，用三角级数还能近似表示图像由线段构成的函数。例如，下面两个级数分别表示图像为矩形波和锯齿形波的函数：

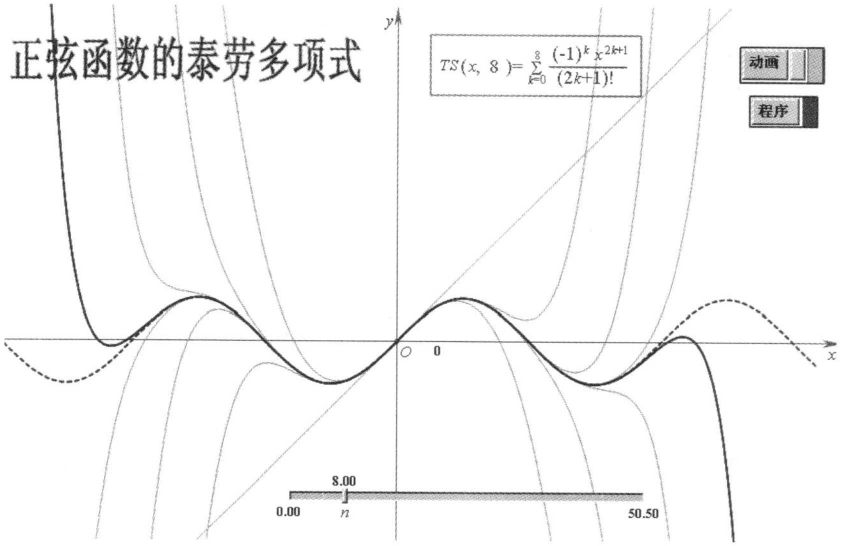

图 9-48

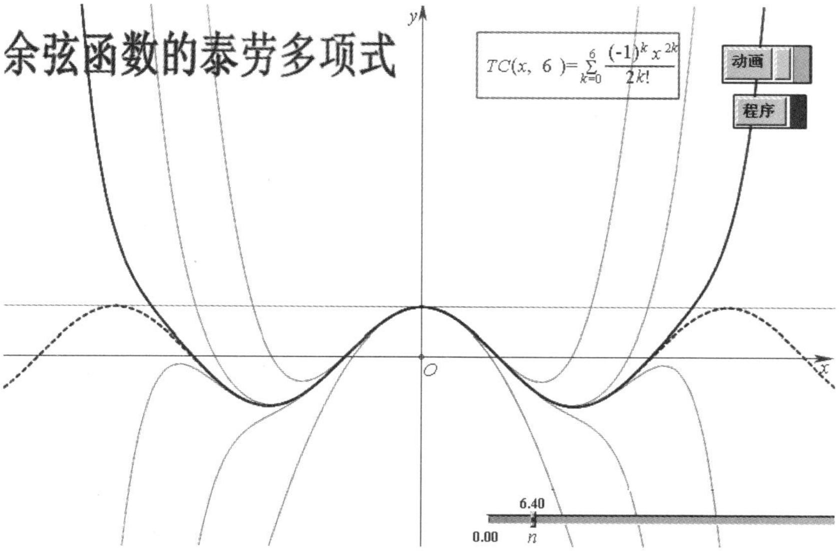

图 9-49

$$\sum_{k=1}^{\infty} \frac{\sin((2k-1)x)}{2k-1} = \sin(x) + \frac{\sin(3x)}{3} + \frac{\sin(5x)}{5} + \frac{\sin(7x)}{7} + \cdots$$

$$\sum_{k=1}^{\infty} \frac{\sin(kx)}{k} = \sin(x) + \frac{\sin(2x)}{2} + \frac{\sin(3x)}{3} + \frac{\sin(4x)}{4} + \cdots$$

文件“9-19 三角级数 . zjz”的第 1 页呈现了用正弦波的叠加逼近矩形波的过程，图 9-50 和图 9-51 是级数的前若干项之和的图像。

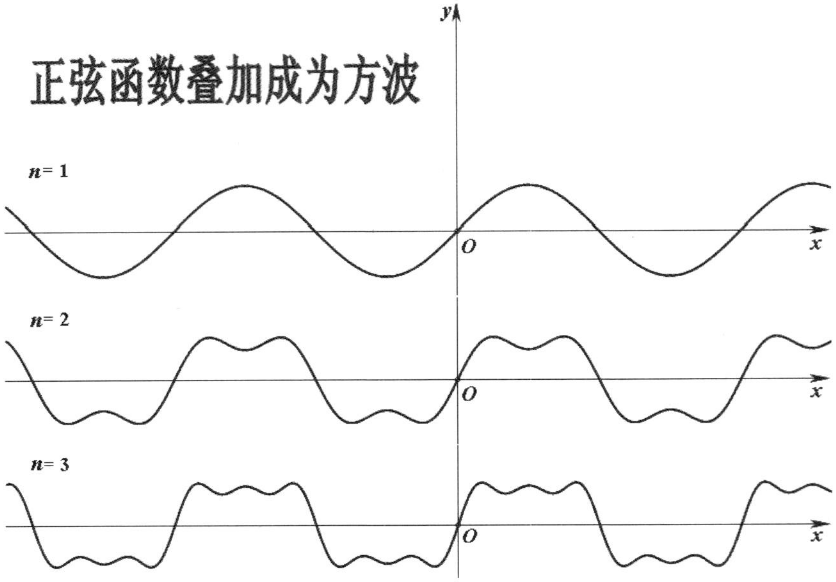

图 9-50

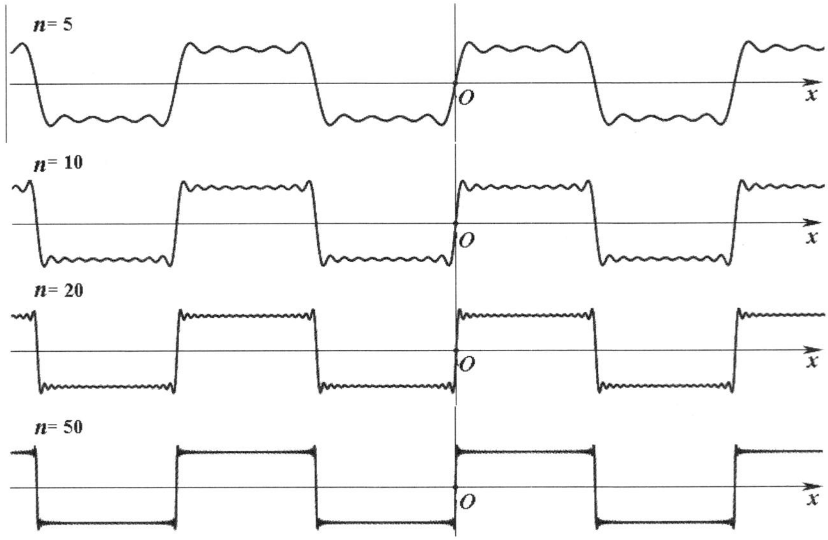

图 9-51

三角级数的前面若干项之和组成傅里叶多项式。构作动态的傅里叶多项式的程序和上面构造动态的泰勒多项式的方法大体相同。单击文件“9-19 三角级数.zjz”第 1 页上的动画按钮可看到项数增加时曲线波逼近矩形波的过程。而单击“程序”按钮可以看到有关的程序：

```
SF(x,n,k){i= 1;f= sin(x);
     while(i< k)
      {i= i+ 1;
       f= f+ sign(n,i) * sin((2 * i- 1) * x)/(2 * i- 1);}}
Function(x,SF(x,n,50),x,- 10,10,2000,0);
MeasureExpress(floor(n));
Text(SF(x,$bl{m000,0})= $he{{k= 1,$bl{m000,0}}((sin(2k- 1)
X)/
(2k- 1))));
Variable(n,);
AnimationVar(n,);
TransformText(“正弦函数叠加成为方波”);
```

将此程序和前两个对比，看明白其相同和不同处，是提高功力的好办法。

【习题 9-8】 参看文件“9-18 泰勒多项式.zjz”第 3 页和图 9-49，制作余弦函数的泰勒多项式的动态图像，观察它如何逼近余弦曲线。

【习题 9-9】 参看文件“9-19 三角级数.zjz”第 2 页，制作表现正弦波叠加成锯齿波的动画，如图 9-52。

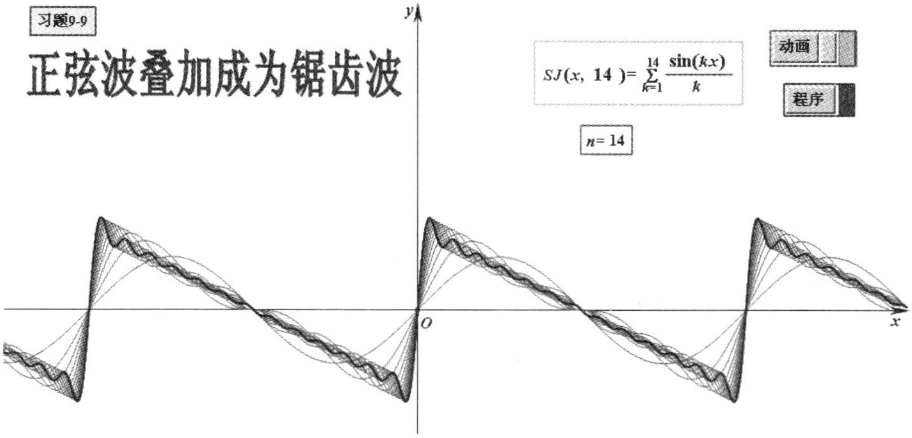

图 9-52

【习题 9-10】 用下列语句也能定义指数函数的泰勒多项式函数 $TE(x,n,k)$：

```
TE (x, n, k) {if (k= = 0) {1;}
             else {TE (x, n, k- 1) + sign (n, k) * x^k/Facto-
             rial (k);}
```

类似地，也可以用来定义其他函数的泰勒多项式函数和傅里叶多项式。用这种语句代替本节中举出的程序的前 4 行来运行，比较两种语句生成的函数的运行效率（可以使用函数 Timer () 来计时；执行“Timer ();”返回的整数是自 1980 年 1 月 1 日 00：00 到当前的秒数，在程序第 1 行前加命令行“T= Timer ();”，最后加命令行“Timer () - T;”，就可得到程序运行的时间）。

七、更多的例子

本节列出具有较高技巧的更多例子。对每个例子，简单地说明其使用方法。有兴趣的读者可以从文件中提供的程序和对象工作区里的信息来了解其制作方法。

（一）二次函数在闭区间上的最值

给了参数 a、b、c、u、v，要求找出二次函数 $f(x)=ax^2+bx+c$ 在闭区间 $[u, v]$ 上的最大值和最小值，这是中学数学课程中常见的问题之一。文件“9-20 二次函数在闭区间上的最值.zjz”给出这类问题的直观的解答，如图 9-53。

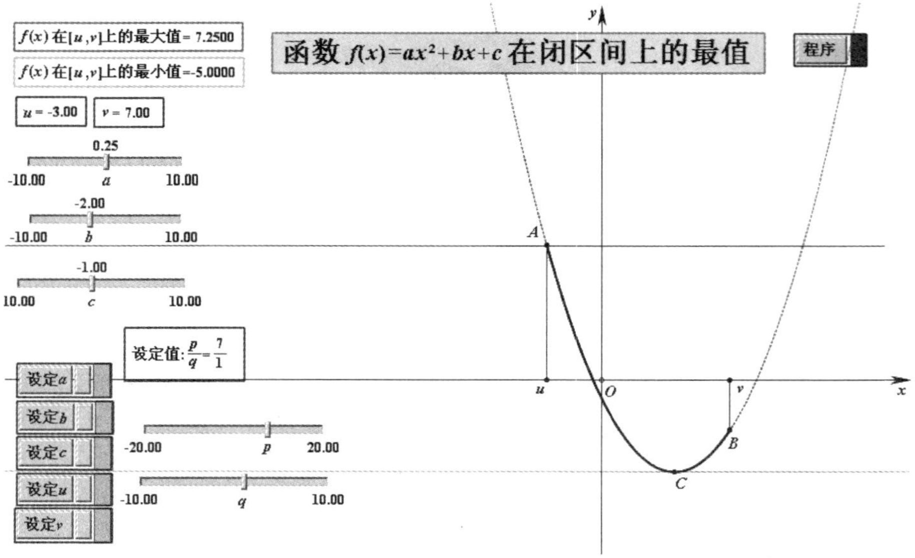

图 9-53

图 9-53 中画出二次函数 $f(x)=ax^2+bx+c$ 的曲线，并用较粗的红线表示它在闭区间 $[u, v]$ 上的一段。两条水平线的高度分别表示此函数在 $[u, v]$ 上的最大值和最小值，其具体的数值则显示在画面的左上角。拖动 z 轴上的两个红点 u 和 v 可以连续地调整 $[u, v]$ 的范围，而系数 a、b、c 的值则可以用左方的变量尺上的滑钮来控制。

也可以将这些参数准确设定为某些指定的整数或分数。例如，要把 a 设定为 1/4，可以拖动左下方的 p 和 q 的变量尺的滑钮，使得变量尺上方标有“设定值：p/q”的数据文本框中的分数成为 1/4；这时单击左下方的“设定 a”按钮，a 的值就变成了 1/4。同样的方法，可以设定其他 4 个参数的值。

（二）搜索函数的最大最小值

打开文件“9-21 寻找最大和最小 . zjz”，先单击“归零”按钮，再单击“开始”按钮，则点 A 沿曲线运动。同时，曲线上还有一个红点和一个绿点，红点总是停留在点 A 走过的最高处，绿点总是停留在点 A 走过的最低处。当点 A 的位置比红点高时，红点就跟着点 A；当点 A 的位置比绿点低时，绿点就跟着点 A。如图 9-54。

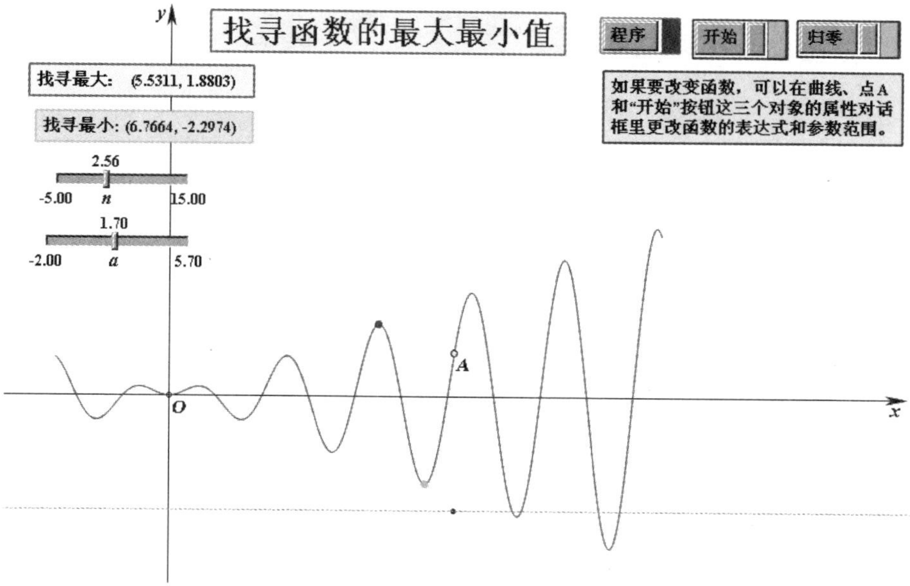

图 9-54

这样，当点 A 在曲线上走一遍时，红点和绿点分别停留在曲线的最高和最低点。左上方的数据文本框里，显示出红绿两点的坐标，也就是对应的函数的最值点和最值。这里的函数是 $y=a\sin(nx)/5$，其中参数 a 和 n 可以用变量尺调整。

也可以直接拖动 x 轴下方水平线上的点来驱动点 A 进行搜索。

(三) 搜索函数的零点

既然可以搜索函数的最值，也应当可以搜索函数的零点；因为 $f(x)$ 的零点可以看成是 $(f(x))^2$ 的最小值点。但是当零点不止一个时，需要在编程中作一些特殊处理。具体处理的方法，请参看文件“9-22 找寻零点 .zjz”的程序进行思考。

文件打开后，单击“动画”按钮，可以看到一个红点在 x 轴上自左向右运动；当它经过函数曲线和 x 轴的交点时，交点附近就出现一个点。在红点继续运动时，原来出现的点还会自动调整位置使自己更逼近交点，即函数的零点。如图 9-55。

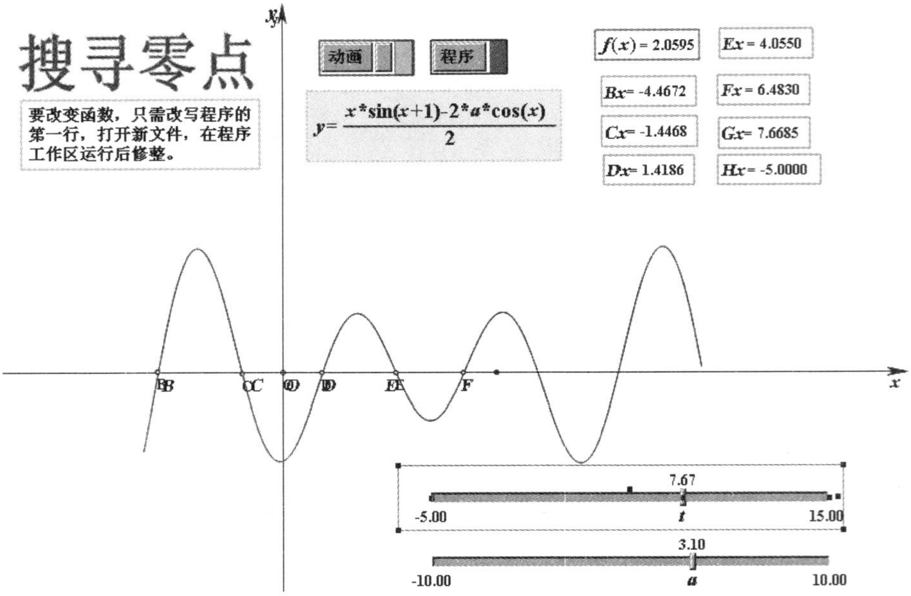

图 9-55

画面的右上方的数据文本框中，动态地显示出各点的横坐标，它们在红点运动过程中分别逼近函数的各个零点。

这个文件的程序设置，最多可以搜索出函数的 7 个零点。如要搜索更多的零点，可以对程序进行修改，在后面多加几行。

（四）二分法求函数零点的动态演示

在第八篇里，我们介绍了用二分法求函数零点近似值的程序。该程序每运行一次，就要生成一系列的点，不便于反复演示。如果利用嵌套测量和跟踪，可以制作便于反复演示的二分法求函数零点的动态过程课件。

打开文件“9-23 用嵌套测量实现二分法求零点 . zjz”，拖动 A、B 两点使它们分别在 x 轴的上下两侧；单击“准备”按钮，则红点 x。移动到区间 $[a, 6]$ 的中点处。上方的一个数据文本显示出“对分次数 $n=1$”；再单击“动画”按钮，n 变为 2、3、4…，其他数据也作相应的变化；同时红点 x_n 经过一系列 2 分点逼近方程的根，如图 9-56。

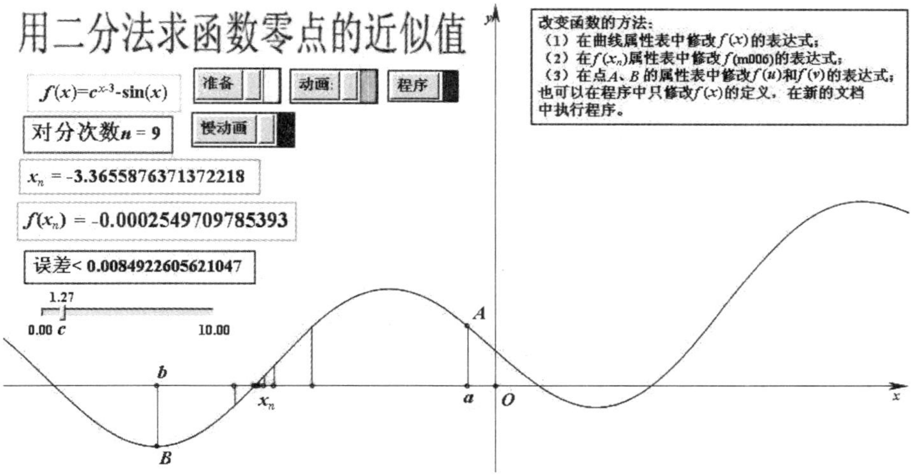

图 9-56

再单击“准备”按钮，则图形还原，可以重新开始。如果单击“慢动画”按钮，则过程变慢，易于观察。

（五）二次函数的迭代和混沌

一个函数 $f(x)$ 的值域如果不超出其定义域，则自己和自己复合后其定义域保持不变。通常记：

$$f^{[0]}(x)=x，f^{[1]}(x)=f(x)，f^{[n+1]}(x)=f(f^{[n]}(x))$$

这里函数 $f^{[n]}(x)$ 叫作 $f(x)$ 的 n 次迭代函数。

近 30 年来，数学家对迭代函数做了大量的研究，发现许多有趣的现象。看来很简单的函数，例如二次函数 $f(x)=ax(1-x)$，迭代起来也会有多种变化。

打开文件“9-24 迭代蛛网 . zjz”，看到一条开口向下的二次曲线 $f(x)=ax(1-x)$ 和直线 $y=x$。在横轴上有一点 x，坐标为 $(x, 0)$；单击“动画”按钮，从点 x 处会生出一系列线段，如图 9-57。自点 x 作垂直于横轴的直线段和曲线相交于交点 1，交点 1 坐标自然是 $(x, f(x))$；自交点 1 作平行于横轴的直线段和直线 $y=x$ 相交于交点 2，交点 2 坐标自然是 $(f(x), f(x))$；自交点 2 作垂直于横轴的直线段和曲线相交于交点 3，坐标是 $(f(x), f(f(x)))$；自交点 3 作平行于横轴的直线段和直线 $y=x$ 相交于交点 4，坐标是 $(f(f(x)), f(f(x)))$；继续交替由交点引垂直或平行于横轴的直线段和曲线或直线 $y=x$ 相交，第 $2n$ 个交点坐标为 $(f^{[n]}(x), f^{[n]}(x))$，第 $2n+1$ 个交点坐标为 $(f^{[n]}(x), f^{[n+1]}(x))$。这些线段构成的图形叫作 $f(x)$ 的迭代蛛网图。从迭代蛛网图可以直观地看出序列 $\{f^{[n]}(x)\}$ 的大体性质。

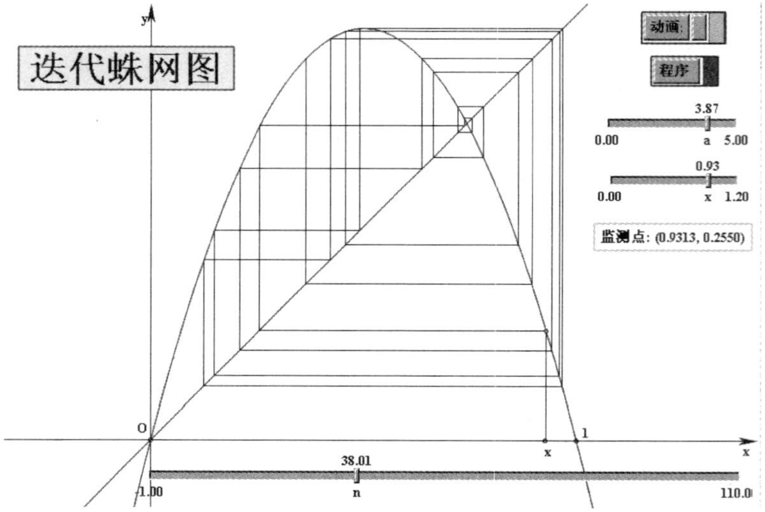

图 9-57

在图 9-57 中，下面的变量尺上 n 约为 38，即蛛网图显示出函数的 19 次迭代的情形。不点击“动画”按钮，直接拖动参数 n 的变量尺上的滑钮，也可以观察蛛网图的生成过程。文件中做到了至多 50 次迭代的情形。

随参数 a 的不同，蛛网图表现出不同的性质。图 9-58 是 $2<a<3$ 的情形。建议读者自己观察一下 $0<a<2$ 的情形。

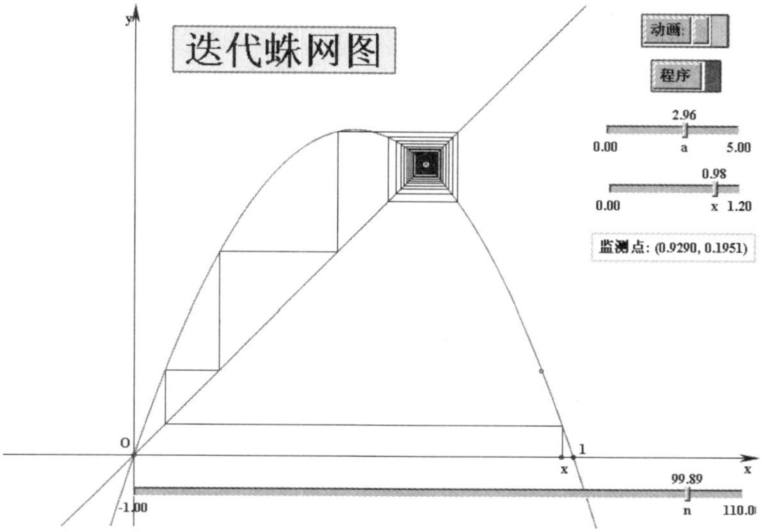

图 9-58

当 a 接近 4 时（注意 $a<4$，才能保证当 $x\in[0,1]$ 时有 $f^{[n]}(x)\in[0,1]$），序列 $\{f^{[n]}(x)\}$ 在 $[0,1]$ 中的分布呈随机状态，蛛网图好像一片混乱，这就是数学中所谓的“混沌现象”。如图 9-59。

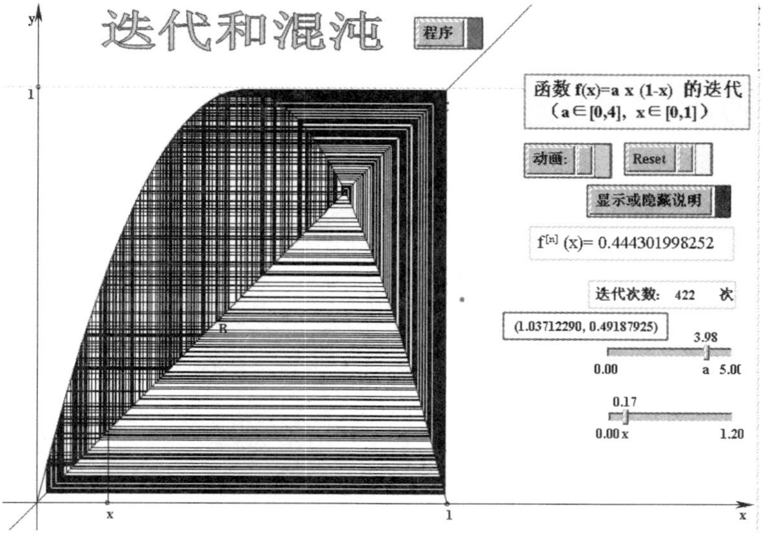

图 9-59

在文件“9-24 迭代蛛网 .zjz”中（图 9-57，9-58），只做了有关 50 次迭代的图形。观察其程序，可见大量作图是使用循环语句来实现的。注意其中的函数 `FillAlpha (c, 255, 1, 255 * sign (n, i))`；其作用是设置动态 Alpha 参数；若不用这个函数，要手工设置 100 条线段的参数，就太辛苦了。

若你尝试执行此文件中的程序，在程序运行后注意将参数 a 调整到 [0, 4] 内，参数 x 调整到 [0, 1] 内；n 的变量尺范围设置为 0 到 100；这样才能正常使用。

在图 9-59 中显示出 400 多次迭代的蛛网图，显然超出了上述文件对迭代次数的限制。事实上，图 9-59 是另一个文件“9-25 迭代蛛网和混沌 . zjz”所演示的一个画面。此文件利用嵌套测量构造出 3 个动点 A、B、C 并作出线段 AB、BC，通过对这两条线段的跟踪而显示出迭代蛛网图。这样做的好处是迭代次数原则上不受限制，文件也较小；缺点是迭代蛛网图不能随参数 a 和 x 的变化而及时地连续变化。

（六）超级画板解题两例

超级画板也是很有用的解题工具。这里举两个有趣的例子。

文件“9-26 抛物线的定长弦 . zjz”显示出这样一个问题的解答：如何作出一条抛物线的给定长度的弦，并画出弦的中点的轨迹。如图 9-60。

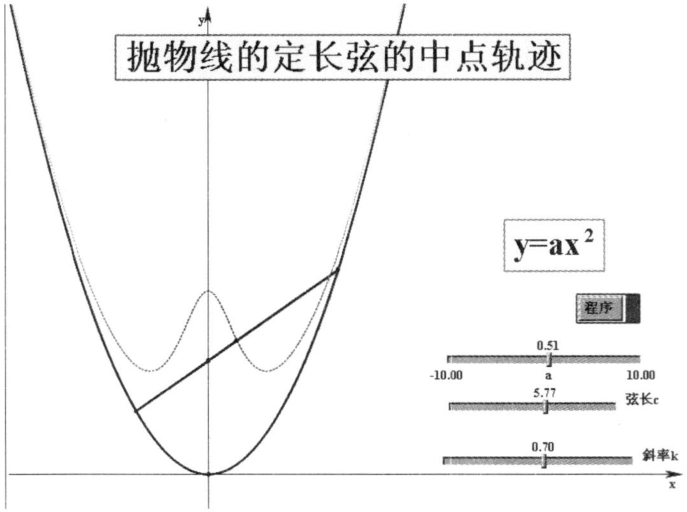

图 9-60

拖动弦长或弦的斜率的变量尺的滑钮，可以观察轨迹的变化和弦的运动。

查看程序，可以分析出解题的思路。设抛物线的方程是 $y=ax^2$，弦的斜率为 k。如果弦的长度为 c，则可以求出弦所在的直线在 y 轴上的截距为：

$$\frac{\frac{ac^2}{1+k^2}-\left(\frac{k^2}{a}\right)}{4}$$

于是就可以作出弦所在的直线，求出直线和抛物线的交点，作出弦和它的中点，进一步画出中点的轨迹。

上面的例子，有明确的解决步骤，可以按部就班，手到擒来。

下面这个例子则是探索性的，是找寻三角形的“角格点”的问题。

如果三角形 ABC 内有一点 P，P 到三顶点的连线和三条边所成的 6 个角的度数都是某个整数 k 的整数倍，就称 P 是三角形 ABC 的一个 k 度的“角格点”。

当然，这时三角形 ABC 的各角的度数也都是 k 的整数倍。

给了整数 k 和各角的度数都是 k 的整数倍的三角形 ABC，如何搜索出相应的角格点？文件“9-27 角格点试验 .zjz”提供了在图上直观地找寻角格点的工具。

在图 9-61 中，点 P 是三角形 ABC 的一个 10 度的“角格点”。

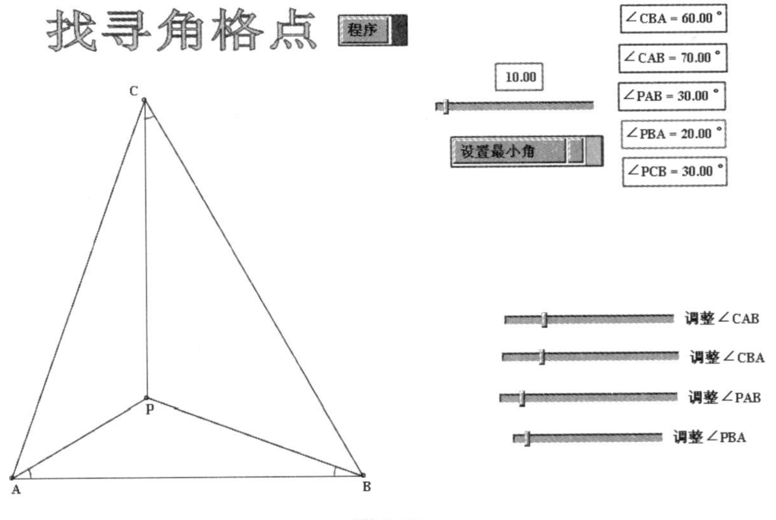

图 9-61

拖动右上部的变量尺，可以改变 k 的值。选择 k 为 180 的约数，单击“设置最小角度数 k”按钮，则三角形 ABC 的各角和$\angle PAB$、$\angle PBA$ 的度数都成为 k 的整数倍。拖动右下方的几根变量尺来调整各角，当$\angle PCB$ 的度数显示为 k 的整数倍时，就找到了一个“角格点”。

每个角格点都可以产生一个有趣的几何题。例如，图 9-61 就对应这样的问题：已知在三角形 ABC 中，$\angle CAB=70°$、$\angle CBA=60°$、$\angle ACB=50°$，在三角形内取点 P，使得$\angle PAB=30°$、$\angle PBA=20°$，问$\angle BPC$ 是多少度？

（七）仿射变换

在窗玻璃上画一个几何图形，阳光把几何图形投射到地板上。窗玻璃上的线段，投射到地板上还是线段，平行线段还是平行线段。但直角可能变成锐角或钝角，圆就变成了椭圆。这种保持平行性质的图形变换，叫仿射变换。

把一个指定的三角形的 3 个顶点按顺序变成另一个指定的三角形的 3 个顶点的平面仿射变换是唯一确定的。所以，指定了两个三角形的顶点的对应关系，就可以确定一个仿射变换。

文件“9-28 仿射变换 .zjz”的第 1 页显示出一个图案经过仿射变换变成另一个图案的效果。如图 9-62。

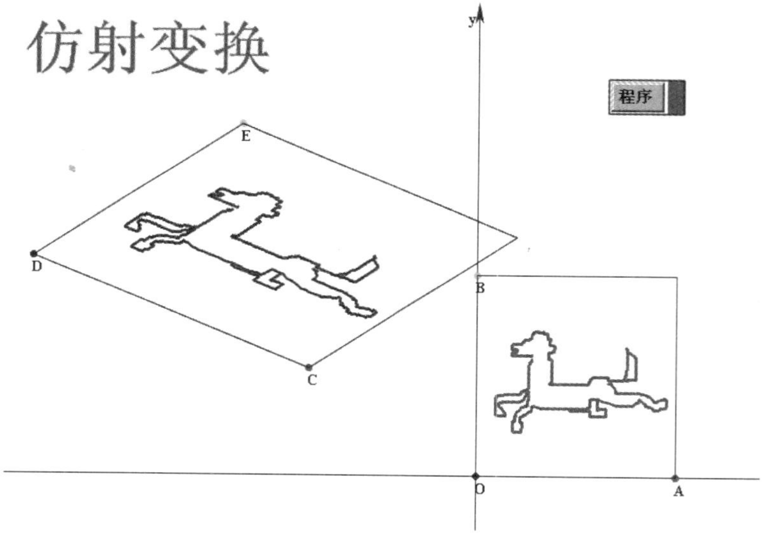

图 9-62

这里的仿射变换是由 A、O、B 和 C、D、E 的顺序对应确定的。在此仿射变换下，用手写手画功能所画的马变成了另一个图案。拖动 C、D、E 中的一个点，图案随着变化。

查看程序，可知对图案作仿射变换的文本命令是：

```
AffineTriangle (E+ 1, A, 1, B, C, D, E,);
```

这里 $E+1$ 是手写手画的图案的对象编号。因为在作出点 E 后接着画图案，而前面将点 E 的编号赋值为 E，所以图案的编号是 $E+1$。后面的 6 个参数对应于确定仿射变换的 6 个点，其中 1 是原点的编号。

上述文件的第 2 页显示出仿射变换的一个应用，如图 9-63。

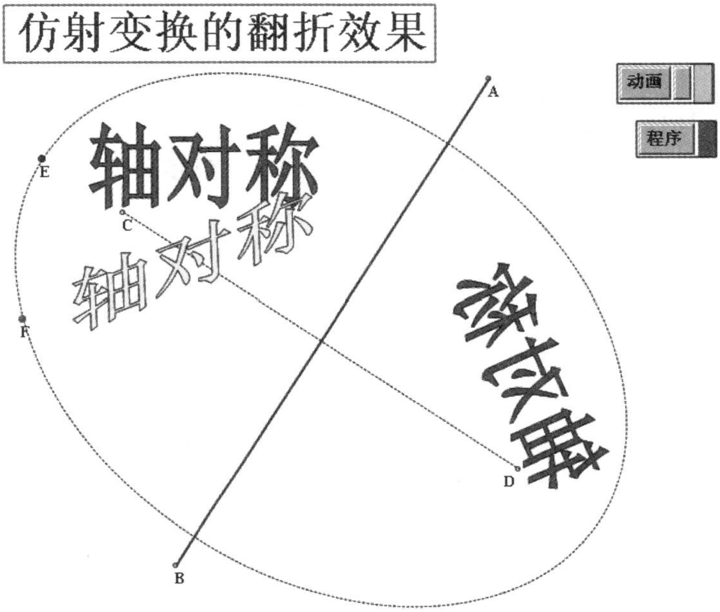

图 9-63

单击“动画”按钮，“轴对称”三字似乎从空间翻折过来，最后落到关于直线 AB 对称的位置。查看程序，可知这是仿射变换的效果：作一个以 AB 为对称轴的椭圆，E 是椭圆的顶点，F 是椭圆上的一个动点。用点列 A、B、E、A、B、F 确定的仿射变换对“轴对称”三字作变换，当点 F 从点 E 处运动到椭圆的另一顶点时，就出现了翻折的效果。

用 6 个点来确定仿射变换，是确定仿射变换的几何方法。也可以用代数方法来确定仿射变换。设在一个仿射变换下，点（x，y）变成点（u，v），则有 6 个与仿射变换有关的参数 A、B、C、D、E、F，使 u、v、x、y 之间有下列关系：

$$u=Ax+By+C$$
$$v=Dx+Ey+F$$

这里 $AE-BD$ 不能为 0，否则就会把平面变成一条线，就“退化”了。

利用待定系数法，不难从仿射变换的几何表示求出其代数表示。

对一个点相继进行同一个仿射变换，得到一个点列。这些点的坐标相当于某个“2 阶线性差分方程”的解。用线段顺序把这些点连起来，会得到有规律而又变化多端的许多图案，这些图案反映了对应的差分方程解的特性。

文件“9-29 仿射变换的迭代 .zjz”构作了一个动态的仿射变换。在此仿射变换的相继作用下，由点 F 得到一系列的点。图 9-64 显示出用线段顺序把这些点连起来得到的图形。拖动点 A、B 改变仿射变换，得到一系列的图形，如图 9-65～图 9-70。单击“动画”按钮，可以看到图形随迭代次数增加而生长的情形。

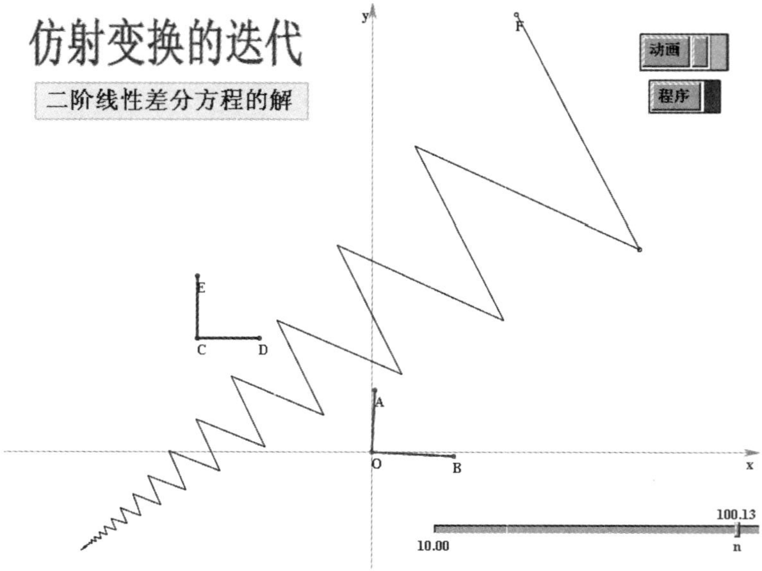

图 9-64

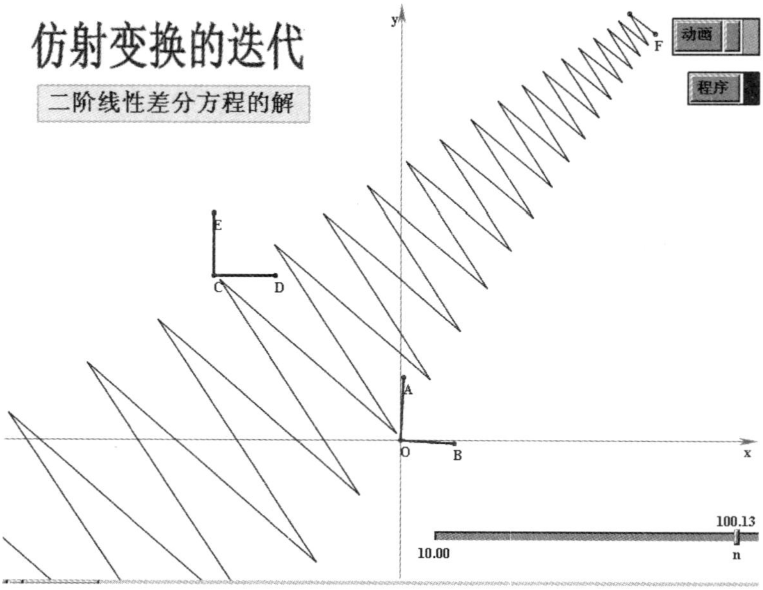

图 9-65

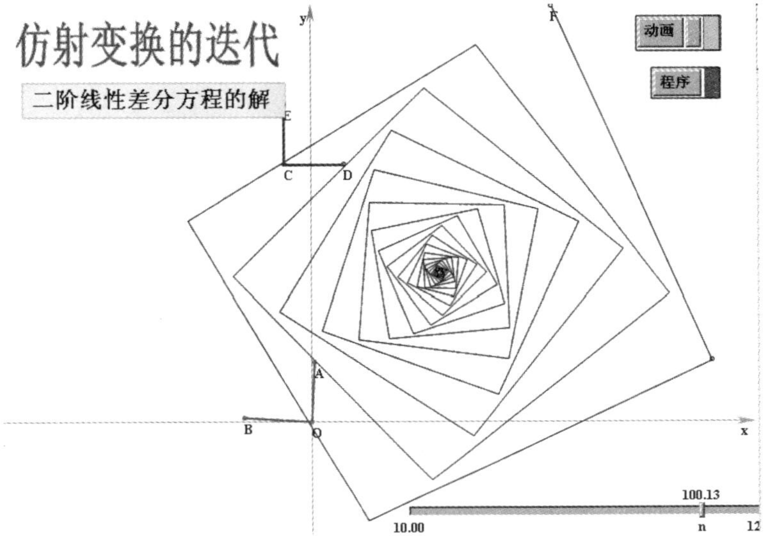
仿射变换的迭代
二阶线性差分方程的解
动画
程序
E
C
D
F
A
B
O
x
y
100.13
10.00
n
12

图 9-66

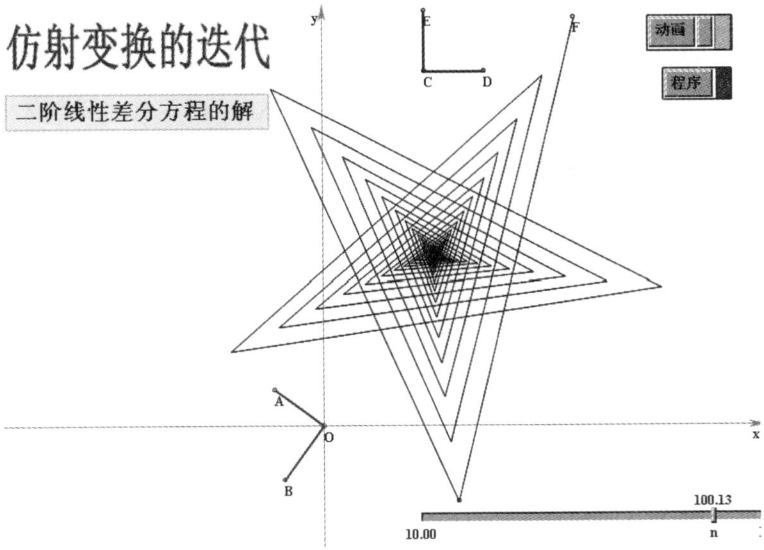
仿射变换的迭代
二阶线性差分方程的解
动画
程序
E
C
D
F
A
B
O
x
y
100.13
10.00
n

图 9-67

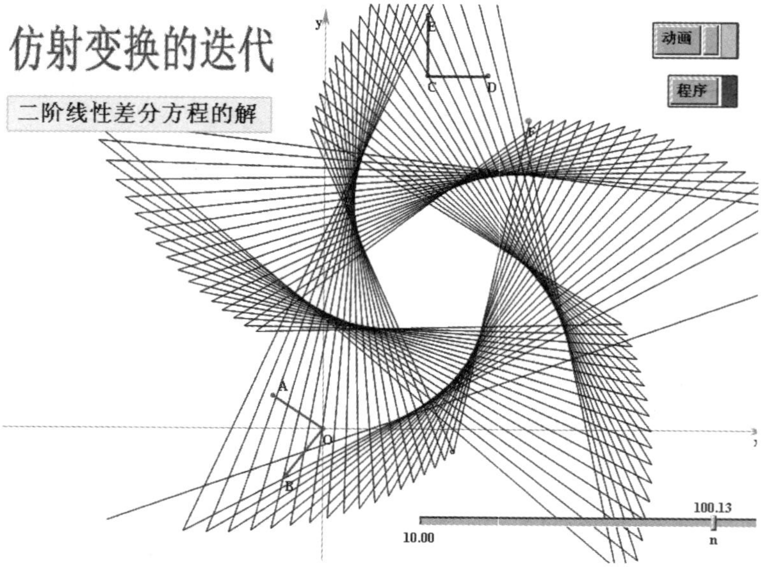
仿射变换的迭代
二阶线性差分方程的解
动画
程序
y
E
C
D
F
A
O
B
100.13
10.00
n

图 9-68

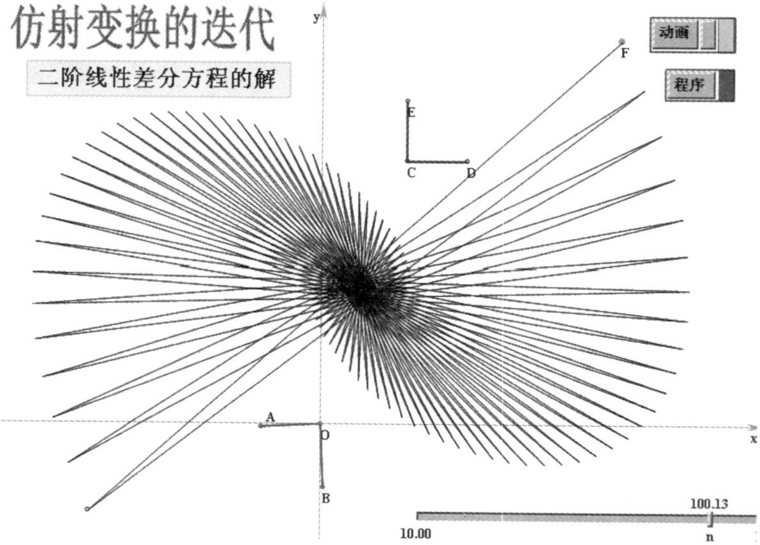
仿射变换的迭代
二阶线性差分方程的解
y
动画
程序
F
E
C
D
A
O
x
B
100.13
10.00
n

图 9-69

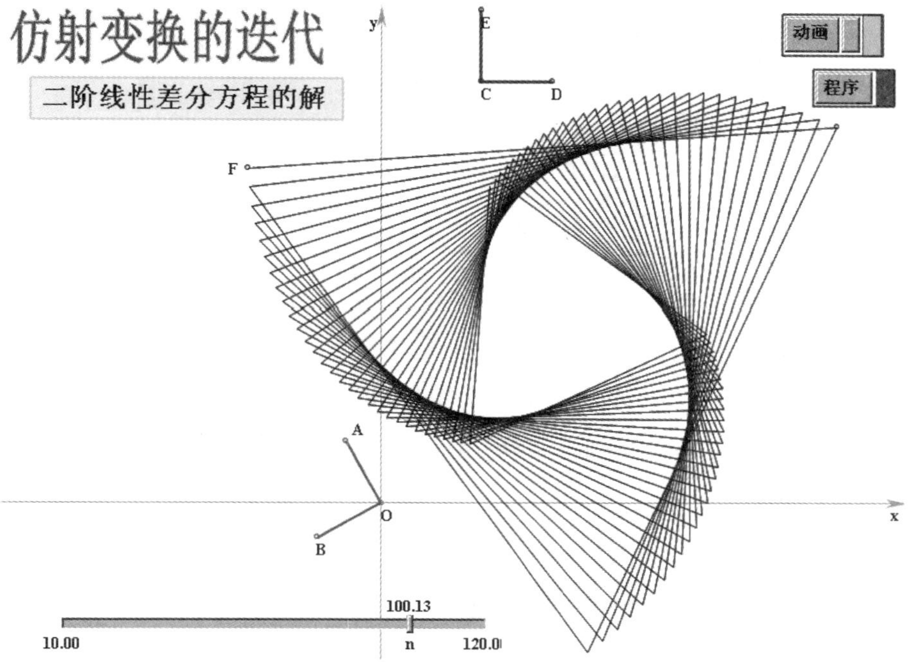

图 9-70

适当改变程序，可以把图中的线段染上不同的颜色，见文件“9-30 仿射变换的迭代彩图 . zjz”。此文件产生的有趣的彩色图形的例子，在子目录“插图/第九篇更上层楼/仿射变换彩图”中。

（八）追赶形成的曲线

一只兔子沿着直线奔跑，一只狗从直线外某一点出发追赶兔子。设兔子和狗的速率都是常数，狗运动的方向时时刻刻都朝着兔子。这样条件下狗跑的路线在数学中叫作“狗跑线”，这是微分方程的一个有名的例子。

用超级画板可以模拟这类追赶运动，并描出狗奔跑的踪迹；而且可以让兔子沿着更复杂的路线奔跑。

文件“9-31 追赶曲线 . zjz”中，让兔子沿着任意 5 条首尾相连的线段奔跑，如图 9-71。

单击“跑”字按钮，代表兔子的点开始运动；再单击“追”字按钮，代表狗的点开始追赶，并留下一条踪迹曲线。双击可以使两点停止运动。单击“重置”按钮，则代表狗的点回到起点。拖动下方变量尺上的滑钮，可以改变“狗”的初始位置。拖动 x 轴上标有“调速”两字的点，可以改变狗的速度。拖动各条线段

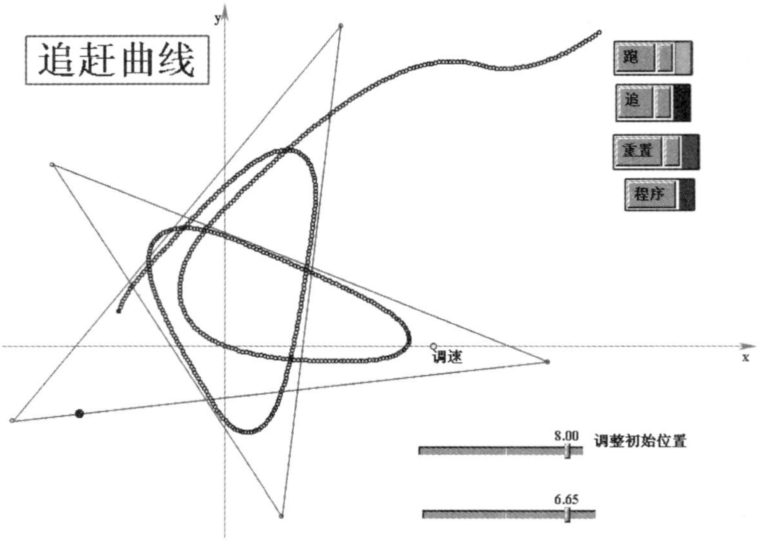

图 9-71

的端点，可以改变兔子奔跑的路线，从而改变狗的追赶路线。

查看程序，可看出嵌套测量在这个动画制作过程中的作用。

利用嵌套测量还可以构造出更有趣的追赶动画。例如，文件“9-32 四龟互追. zjz”模拟了 4 只海龟相互追赶的过程。这 4 只海龟，A 追 B，B 追 C，C 追 D，D 追 A；其路径形成会聚一点的 4 条螺旋曲线，如图 9-72。

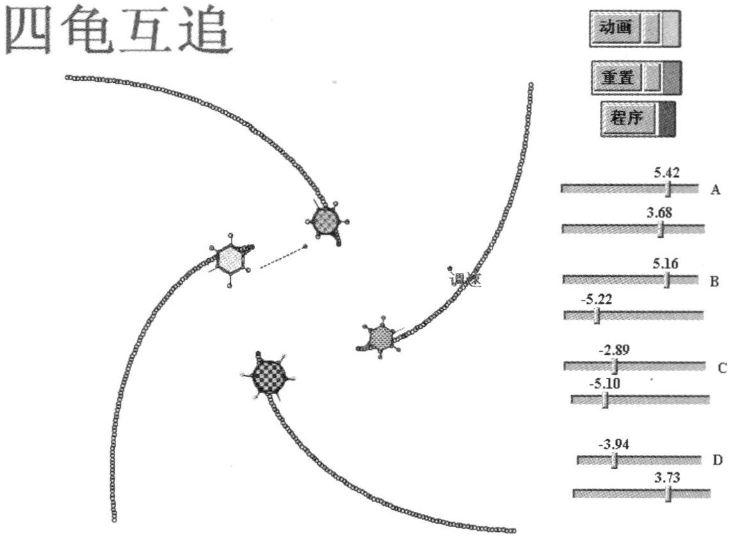

图 9-72

操作方法和前一文件类似。单击“动画”按钮开始追赶；双击停止运动。单击“重置”按钮，4 只龟回到起点；拖动龟的头部可以改变其初始位置。程序编写的关键是设置测量的表达式。

（九）颜色的变化

超级画板中的颜色设置有两个系统可选择。一个叫作 RGB（Red－红，Green－绿，Blue－蓝）颜色空间，即红绿蓝系统。在这个系统中，红绿蓝三种颜色叫基色，每种基色分为 256 级，分别用 0 到 255 表示。超过此范围的数可以加上或减去 256 的整数倍来转换到此范围内。例如，256 相当于 0，500 相当于 244，－100 相当于 156 等。分别指定三基色的级别，就配制出一种色彩。

文件“9-33 配色 . zjz”显示出用三基色调色的效果，如图 9-73。每个圆盘对应一种基色，两圆盘相重的部分对应于两基色的混合色；三圆盘相重的部分对应于两基色的混合色。三基色的级别分别为 r、g、b，拖动参数 r、g、b 的变量尺上的滑钮可以调整三基色的级别。

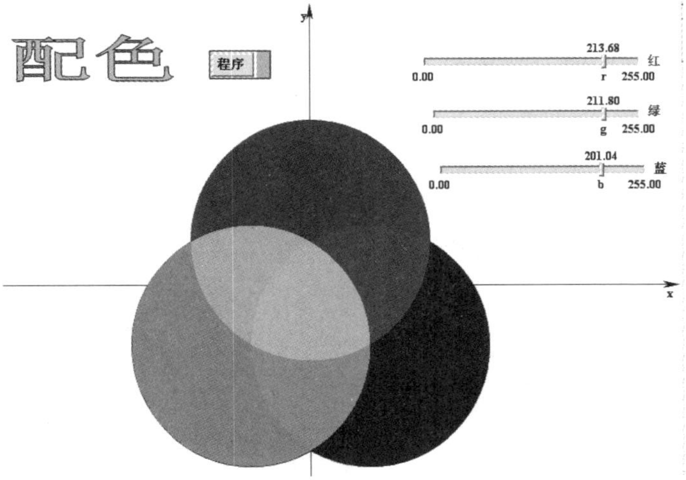

图 9-73

在作图过程中多次用到两区域的交的作图命令。在程序注解中还有两区域的并、差和“与或”等命令。这些命令在文本作图的对话框里是没有的。图中的每个区域的填充颜色都要设置为“动态颜色”，各个区域要单独设置。在区域的“属性”对话框里选“填充”，再单击“动态颜色”，就可以查出设置的方法。

还有一个颜色系统，叫 HLS 颜色空间。这里 H 代表色相，取值在 0 到 360 之间；L 代表亮度，S 代表饱和度，这两个属性取值都在 0 到 1 之间。

文件“9-34 数字和颜色 . zjz”第 1 页中，在制作彩色条时使用了 HLS 颜色空间，如图 9-74，单击“动画”按钮，代表色相值的一个点开始运动，这时测量出的色相值开始变化，彩条下面的矩形的颜色随着变化。点所在的位置彩条的颜色和下面矩形的当前颜色一致，就是当前色相值对应的颜色。

图 9-74

查看程序，可以知道彩条其实是由线段 AB 的轨迹组成的。将线段 AB 设置为动态颜色，其轨迹就成为彩条了。彩条下面的矩形则是由线段 CD 的轨迹组成的，将轨迹本身设置为动态颜色，则轨迹的颜色是单一的，只是会随着有关参数的改变而变化。

在线段 AB 的对话框里选择“画笔”，单击“动态颜色”，可以看到这里选用了 HLS 颜色空间；其亮度为 0.55，饱和度为 1。如图 9-75。

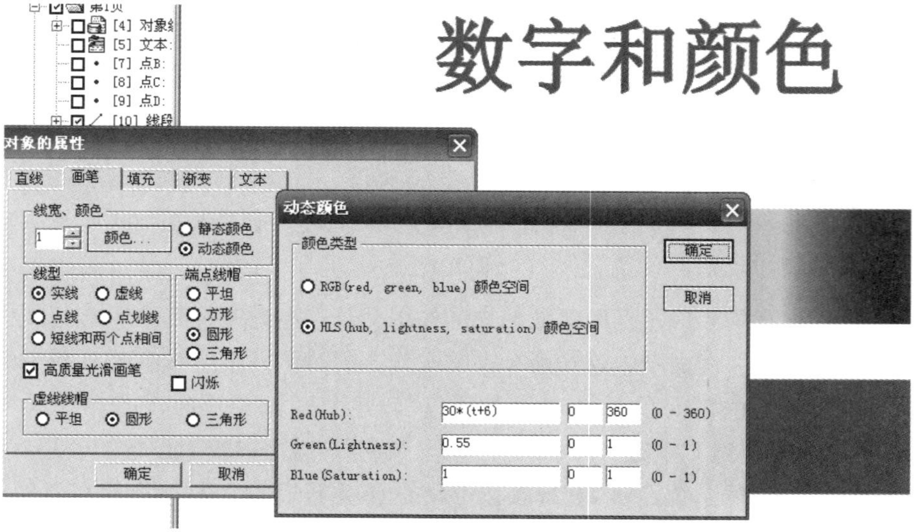

图 9-75

如果作一个可在圆周上运动的点，过此点作圆的半径后再作此半径的轨迹；将半径的颜色设置为动态的，其轨迹就组成一个美丽的彩色圆盘。见上述文件的第 2 页，如图 9-76。

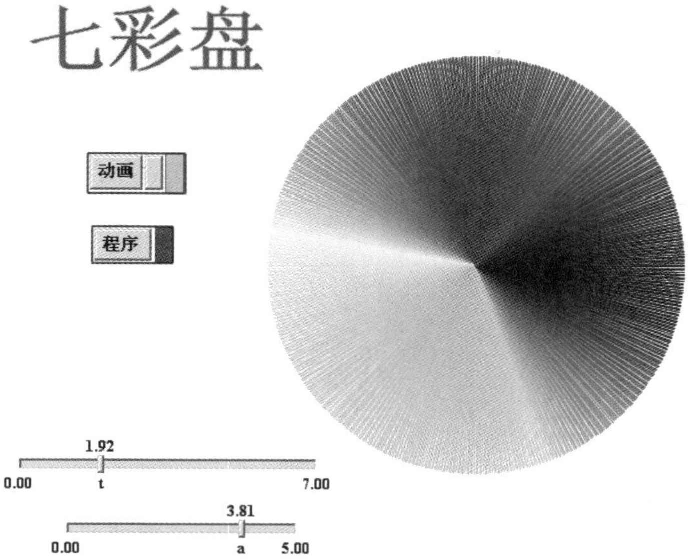

图 9-76

（十）物理课件的几个例子

用超级画板制作物理课件，也是一个得心应手的工具。

对物理现象的了解和探索，最好在现实的条件下进行观察和实验，而不应当也不可能全用计算机屏幕上的模拟动画来替代。但是，在具体的观察实验之前或以后，在屏幕上模拟现实的物理现象进行观察分析，有助于对将要进行的观察实验活动的操作预备性的了解，也有利于更好地对观察实验活动进行复习和总结。此外，有些物理观察和实验活动由于设备条件或安全问题不宜在学校进行，也有些物理现象由于过程太快或太慢给观察实验带来困难，在计算机屏幕上的模拟就能发挥重要的作用了。

文件“9-35 弹簧 . zjz”模拟了一个悬挂着小球的弹簧。如图 9-77，单击“动画”按钮，弹簧开始作简谐运动；画面上同步地显示出球心高度随时间变化所形成的函数曲线。拖动左边几个变量尺上的滑钮，可以改变有关的参数，观察小球质量、弹性系数等和振动的振幅与周期的联系。

这个动画的制作程序，难点在于写出弹簧曲线的方程和弹簧和小球的连接点的坐标。注意在弹簧曲线的方程中几个参变量的不同作用，其中 T 是驱动振动

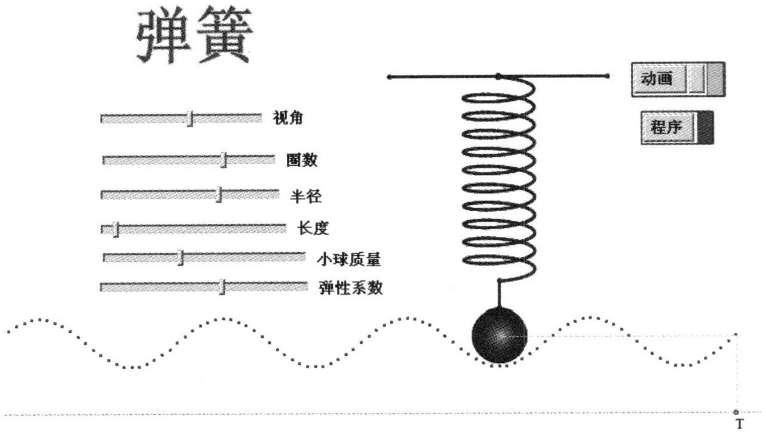

图 9-77

时间变量，t 是参数曲线的参数，m 是小球的质量，k 是弹性系数，其他的参数则刻画了弹簧的形状。

运动的声源所发出的声音，不同位置的观察者听起来其高低不同。如果声源向着观察者运动，所听到的声音较高。如果声源离开观察者而去，所听到的声音较低。这种现象叫作多普勒现象。对于运动的光源，有类似的现象：若天体向着观察者运动时，所测得的光的频率较高，即在光谱上的位置向紫外线位置偏移；若天体离开观察者运动时，所测得的光的频率较低，即在光谱上的位置向红外线位置偏移。文件“9-36 多普勒现象 . zjz”直观地说明这个现象的原因。单击“动画”按钮，看到一个向右运动的点，它代表声源或光源。在运动中相继以此点为圆心作圆，并且圆的半径由小变大。这些圆表示声波。动画清楚地表现出，在动点的右面波纹较密，而左边波纹较疏，如图 9-78。此动画程序很短，却略有技巧。

文件“9-37 布朗运动 . zjz”中用动画模拟了显微镜下可以观察到的布朗运动现象。单击“Reset”按钮后再单击“动画”按钮，可以观察到一个微粒在流体分子的热运动影响下产生的随机运动的轨迹，如图 9-79。程序虽不长，其中随机数生成函数和动态测量的运用值得玩味。

单摆的运动是中学物理重要内容之一。文件“9-38 单摆模型 . zjz”模拟了单摆运动，并着重显示出重力常数、摆长和运动周期的关系。如图 9-80 中的测量数据表明，当摆动次数较多时，测出的周期接近理论周期；这对于实际的实验操作有指导作用。

文件“9-39 力的合成 . zjz”看来简单，其实制作起来工作量不少。因为一方

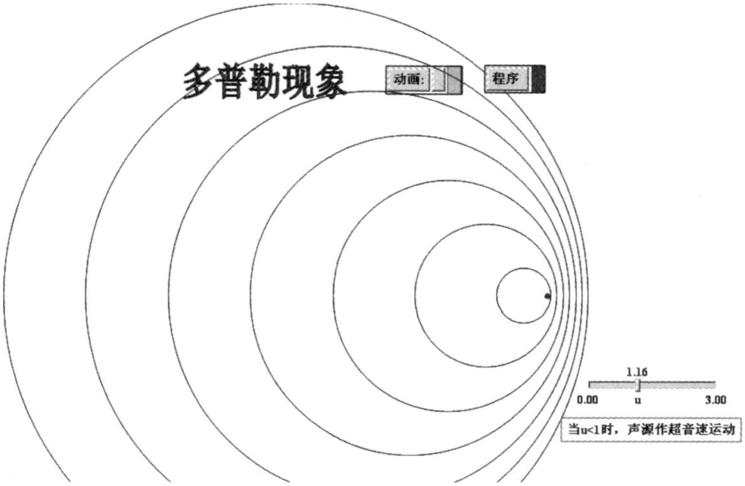

图 9-78

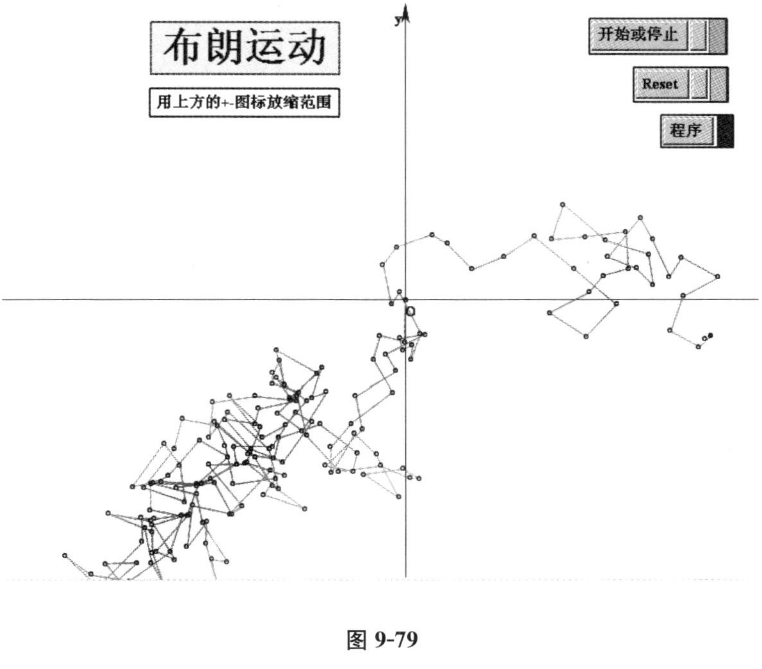

图 9-79

面要考虑到问题中力的大小范围要允许有较大幅度的变化；另一方面要支持角度和力的准确设置。为此设计了可变的测量比例尺和设置准确数据的按钮。如图 9-81，调整 x 轴上红点的位置时，可以使 1 个长度单位所代表的力有 1N、5N、

25N、50N、100N、250N 这 6 级变化；直接拖动点 A 和 B，可以直观地调整力 $F1$ 和 $F2$ 的大小；拖动 x 轴上方标有“调整角度”的变量尺上的滑钮，可以调整 $F1$ 的方向和 $F2$ 与 $F1$ 的夹角。随着调整，测量数据文本框里不但显示出已知的 $F1$、$F2$ 及其夹角，也给出合力的大小和方向。

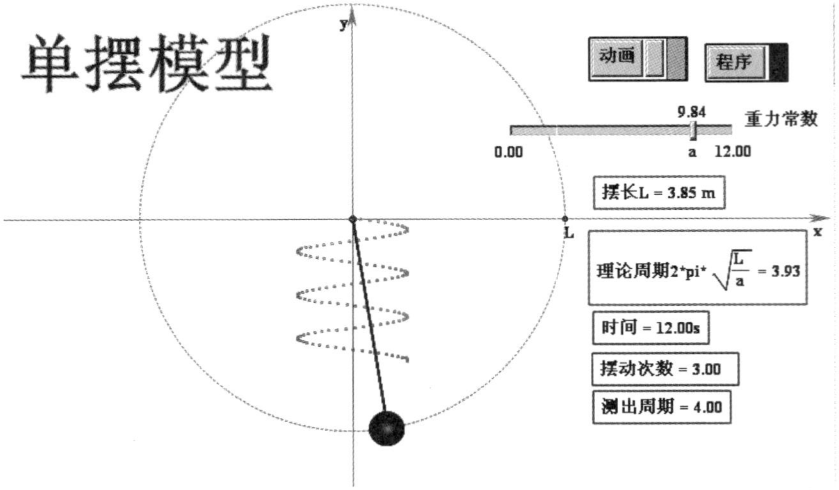

图 9-80

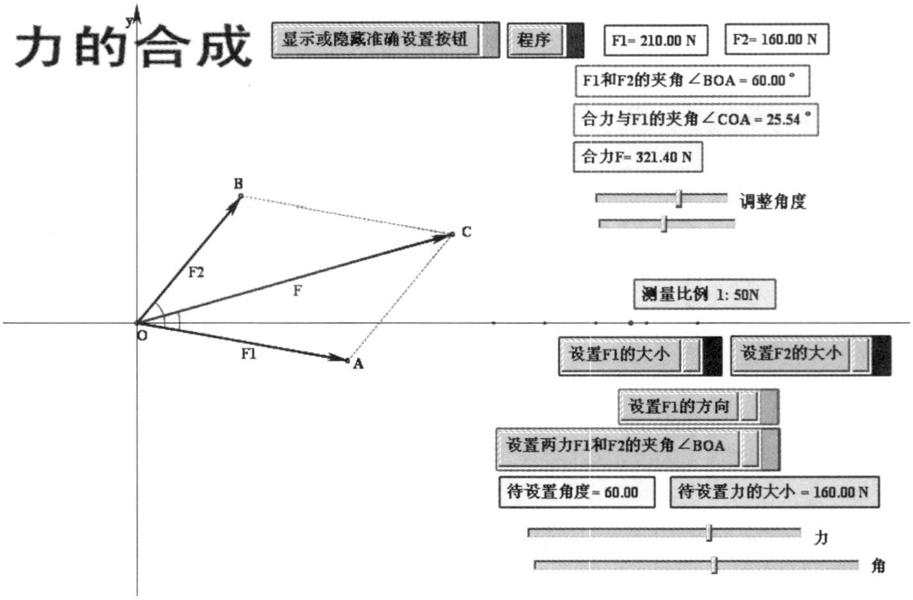

图 9-81

单击“显示或隐藏准确设置按钮”，在 x 轴下方出现 6 个按钮和两根变量尺。调整“角”变量尺，可以改变“待设置角度”的值；然后单击“设置 $F1$ 的方向”或“设置 $F1$ 与 $F2$ 的夹角”按钮，就可以把 x 轴到 $F1$ 的角或 $F2$ 与 $F1$ 的夹角设置为“待设置角度”的值。同样，调整“力”变量尺，可以改变“待设置力的大小”的值；然后单击“设置 $F1$ 的大小”或“设置 $F2$ 的大小”按钮，就可以把 $F1$ 或 $F2$ 的大小设置为“待设置力的大小”的值。

此文件程序的要点，在于用表达式的测量和动画的设置，来实现测量比例的分级变化以及数据的准确设置。

文件“9-40 声的传播 . zjz”意在说明波的传播和介质运动的区别。对于横波，这个区别比较容易用动画表示。但声波是纵波，所以程序的设计要花点心思。如图 9-82，单击“动画”按钮，看到一簇簇疏密相间的同心圆周向外扩散，表示从圆心发出的声波向远处传播。单击“改变 1 个圆的颜色”的按钮的主钮，其中一个圆变成红色。这时可以清楚地看出，原来这些圆周本身都在原处附近往复变大变小，并没有远去。可见波的传播是介质运动状态的传播，不是介质本身的运动。

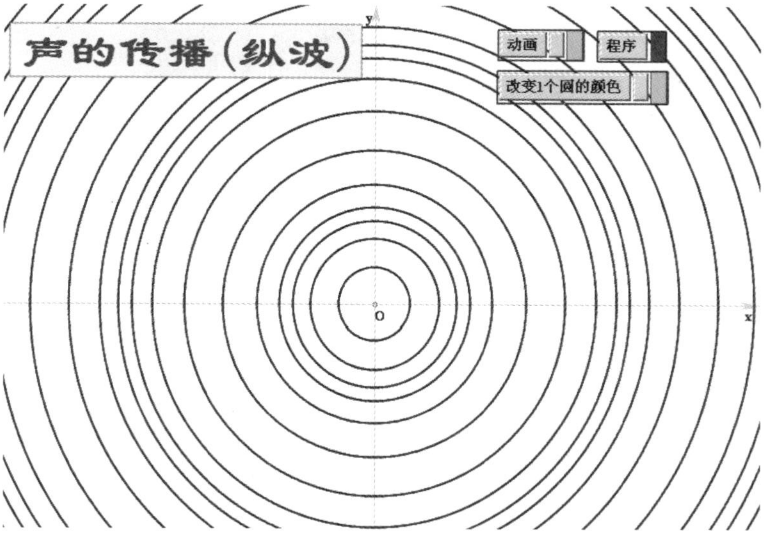

图 9-82

在程序中看不到那一个圆的颜色是如何改变的。从该圆的属性对话框里查出，画线的颜色被设置为“动态颜色”，用到了参数 t 的符号。这是让对象变色的基本方法。

（十一）作图的迭代

前面在文件"9-24 迭代蛛网 .zjz"和"9-25 迭代蛛网和混沌 .zjz"中，涉及了函数求值计算的迭代。而在"9-29 仿射变换的迭代 .zjz"中，则涉及作图的迭代。

一般说来，作图总是从一个或几个基本点（也叫父母点）开始，产生出一些后继的点（也叫子女点）。例如，有了两个自由点 A、B，就可以作出线段 AB 的中点 M。如果把后继点又当做作图的基本点重复同样的作图，例如继续作出 AM 和（或）BM 的中点，就叫作作图的迭代。一个简单作图的多次迭代，可以产生有趣的图形。"9-29 仿射变换的迭代 . zjz" 就是一个例子。

在《超级画板》的注册版的作图菜单中，有作图迭代的功能。免费的使用板里，这项菜单不能激活，但可以自己编程序实现作图的迭代。这里举 3 个例子供欣赏。如果你能读懂这些例子中的程序，你一定是超级画板的高手，而且有相当的数学素养了。

文件 "9-41 二叉树 . zjz" 是 3 个例子中最简单的。其中的基本作图，就是从一个线段的一个端点再作两条线段，新作的线段的长度和原来的线段成比例，并且和原来的线段成一定的角度。继续在两条新作的线段的另两个端点处分别又各作两条线段，如此继续，使线段的数目成倍增长，如图 9-83。

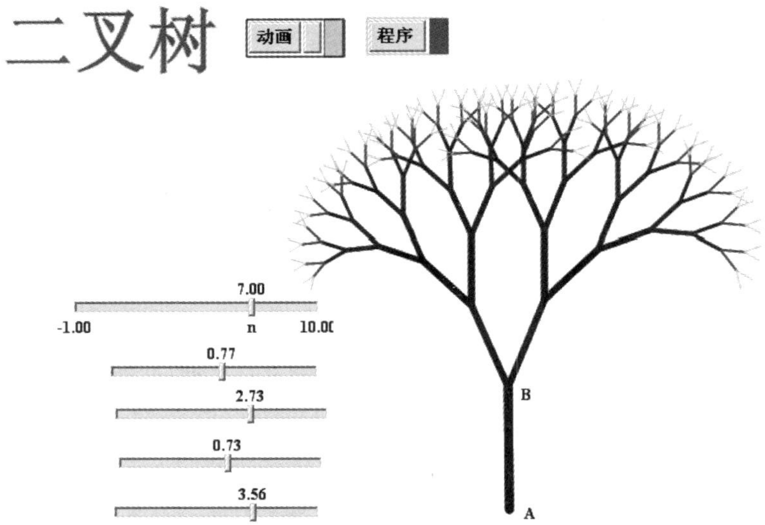

图 9-83

这个图形层次分明，程序不算复杂。如果不考虑色彩和动态的隐藏，还可以再简单些。单击"动画"按钮，可以看到作图的顺序。拖动左方的几个变量尺，可以改变比例参数和角度参数，使图形出现千姿百态的变化。

另一个著名的迭代作图叫作“雪花曲线”。文件“9-42 雪花曲线 . zjz”的第 1 页，如图 9-84，是由 3 层迭代作图构成的雪花曲线。单击“动画”按钮，可以看到一笔画出曲线的过程。但是，雪花曲线实际上不是一笔画成的！文件的第 2 页说明了迭代作图的过程，如图 9-85。单击“动画”按钮，看到开始只有两个点 A、B。接着作出的 3 点中，C 和 E 是线段 AB 的 3 等分点，而 D、C、E 是一个等边三角形的 3 个顶点；不过这里为了减少作图工作量，没有画出线段。这是第一层作图。分别以 AC、CD、DE、EB 为基础代替 AB，又作出 12 个点，这是第 2 层作图。第 3 层，作出 48 个点；第 4 层作出 192 个点。总共 257 个点，顺次连接可以得到 256 条线段。

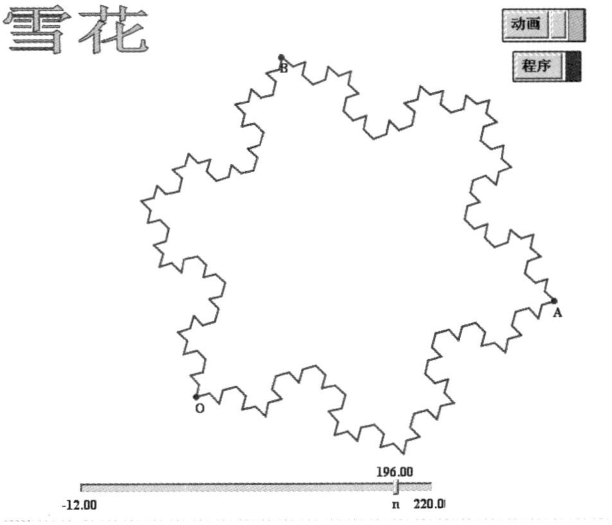

图 9-84

在图 9-84 中，分别从三角形 ABC 的三边出发，各作一条 3 层的雪花曲线，总共 192 条线段。所有的点都隐藏了。雪花曲线作图的程序要难写一些，因为前面的点后面作图时要多次使用，层次不清楚。

文件“9-43 谢尔品斯基地毯 . zjz”是著名数学家谢尔品斯基提出的一个迭代作图。文件的第 1 页说明作图的过程：从一个三角形出发，作出其三边的中点，得到 4 个相互全等的三角形。把中间由 3 个中点构成三角形的挖掉，剩下 3 个三角形，这是第一层。分别作出剩下这 3 个三角形的中点，每个三角形又被分成 4 个；分别都挖掉中间的那一个，剩下 9 个三角形，这是第 2 层。如此继续下去。如图 9-86，单击“动画”按钮，可以看到作出一系列中点的过程。

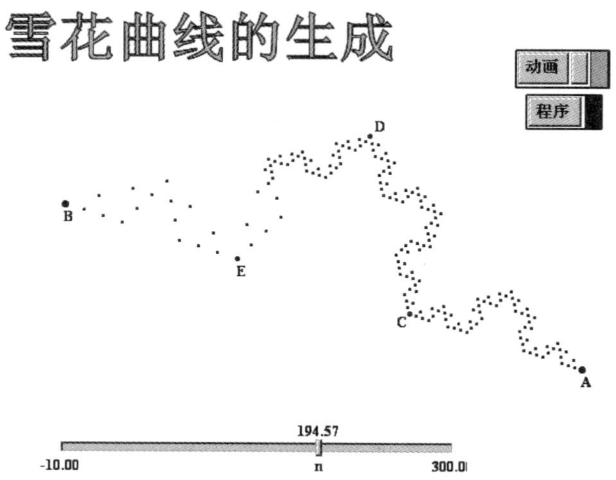

图 9-85

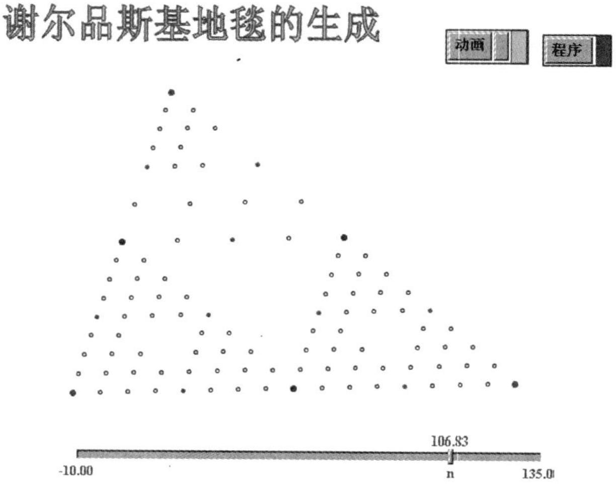

图 9-86

在文件的第 2 页，展示出一个大三角形被挖掉一系列中点三角形后的图形。如果无穷无尽地作下去，最后就得到数学中著名的谢尔品斯基地毯。单击“动画”按钮，可以看到一个一个三角形被挖掉的过程。图 9-87 中共挖掉了多少个中点三角形，你能数出来吗？

谢尔品斯基地毯的作图程序，比起雪花曲线来更难一些。如果使用注册版，用鼠标菜单操作，就很容易了。

上面这类用迭代作图构造出的图形，在数学中叫作“分形”。分形广泛存在自然界中，是现代数学的一个重要研究对象。科学家们发现了许多有趣的分形。

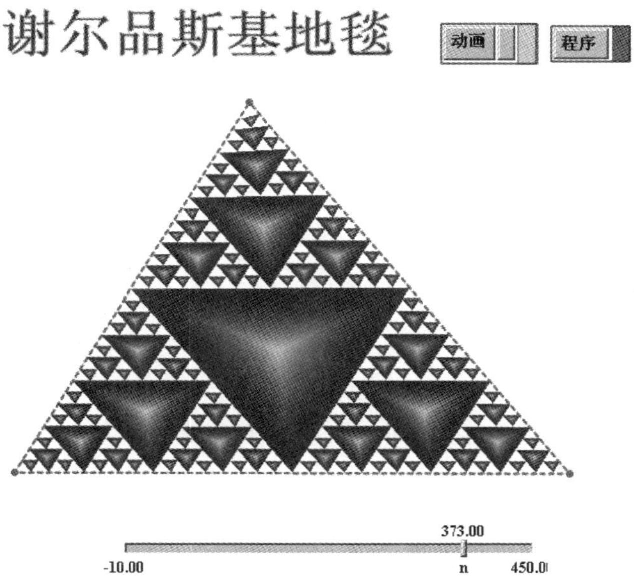

图 9-87

对分形的研究，形成一个十分活跃的数学分支。

小　结

浏览了本篇，你可以看到，即使只用《超级画板》的免费试用版，也能花样翻新，创造出令人惊叹的作品。

可见，玩《超级画板》如同下象棋：入门十分容易，成为高手却需要不断地操作体验，广泛地浏览观摩和深入地钻研思考。

在玩《超级画板》的过程中，除了享受到逻辑与艺术的乐趣和创造的喜悦，你的数学素养会得到提高，你会变得更聪明。

也许你会问，《超级画板》的免费试用版有如此强大的功能，还要花钱买注册版干什么呢？

真是天外有天。注册版的功能，要比免费试用版更强大。

第一，大量的操作不再需要文本命令或编程，动动鼠标点点菜单就行了。学起来更容易，用起来更快捷。省事省时省力，提高工作效率。

第二，注册版具有“对象锁定”的功能。你的作品可以用文本或“手写手画”功能署名，把名字用密码锁定，使用者就不能从画面上删除或隐藏你的名字，无法剽窃你的创造性劳动成果。你还可以把画面上的一些或全部对象锁定，使别人不能随便拖动你不希望拖动的对象，也不能打开“属性”对话框查询对象的属性，更不能任意修改属性参数。这样一方面可以保持你的作品在交互操作下的稳定性，同时也保护了你作品中的技巧不至于公开。

第三，注册版具有几何和三角推理的功能。你在屏幕上画一个几何图形，再执行菜单命令进行推理，计算机很快能推出图形中许多几何性质，而且每条性质都能给出可读的证明。例如，画一个三角形和它的 3 条高线以及垂心，计算机能推出图中有 105 组比例线段。你在“三角推理”对话框里输入一个三角函数表达式，计算机可以独立或和你合作来化简它或求值。这些功能，用计算机减轻或代替了人的某些高级脑力劳动。

第四，注册版的作图功能中包含了“宏”和“迭代”的功能。不用编程，就可以将指定的作图操作记录为“宏”，便于以后直接调用。图形的迭代也可以直接用鼠标菜单构造，记录添加到菜单中，方便调用。

第五，注册版具有把页面直接保存为网页（html 格式）文件的功能，网页文件保持原来页面上的动画和其他交互功能，还比原来的超级画板文件体积小得多，便于传输；网页上面还可以进行智能作图，改变对象的属性。例如，可以把网页上的二次函数曲线的属性表重新设置，变成正弦函数曲线。还可以改写网页上的文本，改变字体或线条的颜色。

第六，注册版有“视窗”功能。你可以在页面上建立矩形、椭圆形或任意多边形的视窗，并指定和每个视窗关联的图形对象。这样，和某个视窗关联的对象，只能显示出在视窗内的部分。这在课堂教学中十分有用。

第七，注册版可以生成“关联点”，不用嵌套迭代也能制作许多特殊效果的动画，例如追赶运动的动画。

第八，注册版支持更多种类对象的插入，例如，可以插入 Flash 动画。

第九，注册版支持中学数学教学需要的更多的内容，例如，二元一次不等式解的图形区域显示，排列组合的直观表示，等等。

如此强大的功能，装一台机器 100 多元，而且还附赠一套姐妹软件《立体几何》，可谓物有所值。

在本书所附的光盘中，有一个子目录名为“注册版功能展示”，其中包括若干文件，帮你了解上述功能。关于订购的详情和其他有关软件，请登录网站 www. zplusz. org 查询。

参 考 文 献

[1] 李传中，张景中. Z+Z 智能教育平台——超级画板（软件）［M]. 北京：北京师范大学出版社. 2004.
[2] 李传中，张景中. Z+Z 智能教育平台——立体几何（软件）［M]. 北京：北京师范大学出版社. 2002.
[3] 李传中，左传波. 超级画板范例教程［M]. 北京：科学出版社.. 2004
[4] 深圳市西乡中学课题组，广东省电化教育馆. 超级画板与发现数学（七年级）[M]. 广州：广东音像教材出版社. 2004.
[5] 王鹏远，马复. 超级画板与数学新课程［M]. 北京：科学出版社. 2005.
[6] 曾美露. 初中数学单元复习课教学设计［M]. 济南：山东教育出版社. 2005.
[7] 左传波. 三角函数课件制作实用范例教程［M]. 北京：群众出版社. 2003.